高等职业教育土木建筑类专业新形态教材

安装工程计量与计价

（第2版）

主　编　李晓璠
副主编　金　晶
主　审　时　思

北京理工大学出版社
BEIJING INSTITUTE OF TECHNOLOGY PRESS

内 容 提 要

本书共七章，主要内容包括：工程造价基础知识、安装工程施工图识读、安装工程定额概述、定额工程量计算、工程量清单及计价、安装工程造价审核与管理、安装工程BIM造价运用。本书按照“识图—列项—计量—套价—计费”五步骤，阐述安装工程各专业造价计算原理，旨在使初入门的学生、行业人员快速学习、掌握安装工程造价知识。

本书可作为高等院校土木工程专业学习造价管理的教材，也可作为建筑学、城市规划、给水排水、建筑技术、工程监理、项目管理以及测绘工程等专业的教材，还可作为土建工程技术人员的继续教育教材及相关工程技术人员的参考用书。

图书在版编目（CIP）数据

安装工程计量与计价 / 李晓璠主编. --2版. --北京：北京理工大学出版社，2021.11（2024.2重印）
ISBN 978-7-5763-0763-4

Ⅰ.①安…　Ⅱ.①李…　Ⅲ.①建筑安装－工程造价－教材　Ⅳ.①TU723.32

中国版本图书馆CIP数据核字（2021）第261005号

责任编辑： 钟　博　　**文案编辑：** 钟　博
责任校对： 周瑞红　　**责任印制：** 边心超

出版发行／北京理工大学出版社有限责任公司
社　　址／北京市丰台区四合庄路 6 号
邮　　编／100070
电　　话／（010）68914026（教材售后服务热线）
（010）68944437（课件资源服务热线）
网　　址／http：//www.bitpress.com.cn

版 印 次／2024 年 2 月第 2 版第 4 次印刷
印　　刷／北京紫瑞利印刷有限公司
开　　本／787 mm × 1092 mm　1/16
印　　张／24
字　　数／570 千字
定　　价／58.50 元

前言 FOREWORD

党的二十大报告指出，“高质量发展是全面建设社会主义现代化国家的首要任务。”促进区域协调发展，“坚持人民城市人民建、人民城市为人民，提高城市规划、建设、治理水平，加快转变超大特大城市发展方式，实施城市更新行动，加强城市基础设施建设，打造宜居、韧性、智慧城市。”深入实施人才强国战略，“培养造就大批德才兼备的高素质人才，是国家和民族长远发展大计。”建筑业作为国民经济的支柱产业，在全面建成社会主义现代化强国的进程中，人才培养是一项必不可少的重要工作。

“安装工程计量与计价”是高职高专工程造价专业一门核心技能课程，是培养工程造价专业人才的重点课程，内容包含建筑、建筑电气（强电、弱电）、水暖、通风空调等工程的识图，安装施工技术和施工工艺，设备、材料与元件，计量与计价原理与运用，因涉及的专业多、内容多、知识面广，本书在阐述基本原理、基本方法的同时，依据《全国统一安装工程预算定额》、《建设工程工程量清单计价规范》（GB 50500—2013）、《通用安装工程工程量计算规范》（GB 50856—2013）、《云南省通用安装工程消耗量定额》、《云南省建设工程造价计价规则及机械仪器仪表台班费用定额》、《云南省建设工程造价管理文件汇编》及相关规定，通过识图、计量、计价、工程实际案例分析设计等步骤，从简单到综合，将上述有关课程知识有机结合起来，使学生具备安装工程费用划分、计算工程量和各项费用、进行施工图预算和独立编制基本造价文件的能力。

本次修订，编者将新标准、新工艺、新工法融入工程案例中，更新迭代，力求与时代技术发展相匹配，与项目融合更贴切，为行业服务，为职业技能教育服务。教材从基础知识入手，使学生掌握工程造价、建筑识图、建筑工艺、造价组价的基本技能。后面章节介绍了安装工程工程量计算规则、安装定额，常用的计量方法；人工、材料、机械消耗量和相应单价的组成内容，计算人、材、机三项费用方法；安装工程各项费用的计算方法和计算程序，运用定额模式进行施工图预算的编制方法；安装工程工程量清单编制方法，根据工程量清单，系统运用清单计价模式编制各种相关费用表格，并完成招标控制价及投标报价的计算方法；安装工程结算及竣工决算文件的编制方法。

本书由昆明冶金高等专科学校李晓璠担任主编，昆明冶金高等专科学校金晶担任副主编。具体编写分工如下：李晓璠编写第一、三、四、五、七章和附录，金晶编写第二章和第六章，全书由李晓璠统稿，昆明冶金高等专科学校建工学院时思教授主审并对本书提出了许多宝贵建议，在此表示衷心的感谢。

由于编者水平有限，书中不当之处敬请读者、同行批评指正。

编　者

目录 CONTENTS

第一章　工程造价基础知识

知识目标

1. 了解基本建设基础知识，熟悉工程造价的构成。
2. 了解建设项目投资知识。
3. 熟悉安装工程计量计价规范，了解工程计量计价原理及方法。

技能目标

1. 能对基本建设相关概念做描述。
2. 掌握工程造价的构成部分，并能熟悉讲述。
3. 掌握工程计量计价规范并阐述安装工程计量计价基本方法。

素质目标

1. 让学生了解我国基本建设基础知识，培养学生担当工程建设大任的壮志。
2. 通过工程造价构成知识的学习，培养学生审慎、节约的习惯。
3. 通过对工程计价规范和计价方法的学习，培养学生规范、严谨做事的品格。

第一节　基本建设基础知识

一、基本建设的相关概念

固定资产是指使用年限在一年以上，单位价值在规定限额(2 000 元)以上的主要劳动资料(包括生产用房屋建筑物、机械设备、工具用具等)和非生产用房屋建筑物、设备等。

固定资产投资是指经货币形式表现的计划期内建造、购置、安装或更新生产性和非生产性固定资产的工作量。一般将固定资产投资分为基本建设投资和更新改造措施投资两大类别。

二、基本建设与建设项目

基本建设是指形成固定资产的经济活动过程。其包括各个国民经济部门的生产性和非生产性固定资产的新建、扩建、改建、迁建、恢复工程及与之相连带的其他有关工作。

基本建设投资活动的最终结果是完成某项基本建设项目(或称建设项目)。

建设项目是指在总体设计或初步设计的范围内，由一个或若干个单项工程所组成的经济上实行统一核算、行政上有独立机构或组织形式、实行统一管理的建设工程实体。

三、建设工程项目的构成

根据我国现行的有关规定，建设项目的构成层次可分为单项工程、单位工程、分部工程、分项工程四个层次。

1. 单项工程

单项工程又称工程项目，是指具有单独的设计文件、独立的施工条件，建成后能够独立发挥生产能力或使用效益的工程。一个建设项目可以是一个单项工程，也可以包括多个单项工程。工业建设项目的单项工程，一般是指能够生产出设计所规定的主要产品的生产车间或生产线及其他辅助或附属工程，如工业项目中某机械厂的一个铸造车间或装配车间等。非工业建设项目的单项工程，一般是指能够独立发挥设计规定的使用功能和使用效益的各项独立工程，如民用建筑项目中某大学的一幢教学楼或实验楼、图书馆等。

2. 单位工程

单位工程是指具有单独的设计文件、独立的施工条件，但建成后不能独立发挥生产能力和效益的工程。单位工程是单项工程的组成部分，如建筑工程中的一般土建工程、装饰装修工程、给水排水工程、采暖工程、燃气工程、电气设备安装工程、通风空调工程、煤气管道工程、园林绿化工程等均可作为单位工程。

3. 分部工程

分部工程是指各单位工程的组成部分。它一般根据建筑物、构筑物的主要部位、工程结构、工种内容、材料结构或施工程序等来划分，如给水排水、采暖、燃气安装工程可划分为管道安装、阀门安装、水标尺安装、卫生器具制作安装等分部工程。

4. 分项工程

分项工程是指能够单独地经过一定的施工工序完成，并且可以采用适当计量单位计算的建筑或安装工程。分项工程是分部工程的组成部分，一般按照不同的施工方法、不同构造、不同的规格等来划分。它是工程造价计算的基本要素和概预算最基本的计量单元，如管道安装工程中直径 50 mm 以内的镀锌钢管的安装、直径 100 mm 以内的镀锌钢管的安装等，均为分项工程。图 1-1 所示为某土建工程项目的构成。

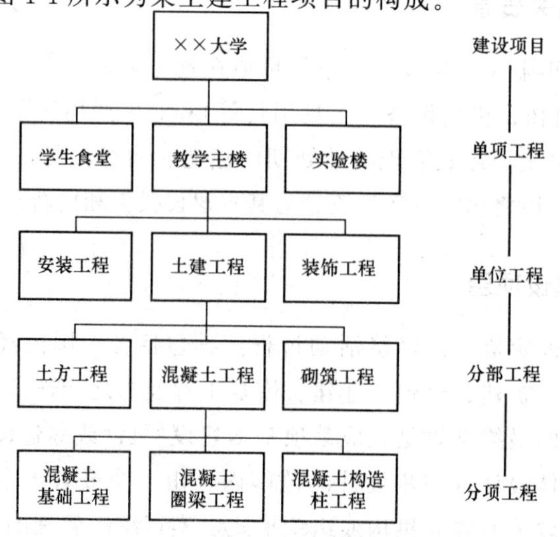

图 1-1　某土建工程项目的构成

四、基本建设程序认知

(一)基本建设程序组成

建设项目的建设程序是指建设项目从策划、选择、评估、决策、设计、施工到竣工验收、投入生产或交付使用的整个建设过程中，各项工作必须遵循的先后工作次序。按照我国现行的规定，一般大中型及限额以上建设项目的建设程序可分为以下几个阶段：

(1)根据国民经济和社会发展的长远规划，结合行业和地区发展规划的要求，提出项目建议书(项目建议书阶段)。

(2)在勘察、试验、调查研究及详细技术经济论证的基础上编制可行性研究报告(可行性研究阶段)。

(3)根据咨询评估情况，对工程项目进行决策(评估决策阶段)。

(4)根据可行性研究报告，编制设计文件(设计阶段)。

(5)初步设计经批准后，做好施工前的各项准备工作(建设准备阶段)。

(6)组织施工，并根据施工进度做好生产或动工前的准备工作(施工阶段、生产准备阶段)。

(7)项目按批准的设计完成，经投料试车验收合格后正式投产交付使用(竣工验收阶段)。

(8)生产运营一段时间(通常为1年)后，进行项目后评价(后评价阶段)。

(二)建设项目建设各阶段工作内容

1. 项目建议书阶段

项目建议书是业主单位向国家提出的要求建设某一建设项目的建议文件，是对建设项目建设轮廓的设想。项目建议书的主要作用是推荐一个拟建项目，论述其建设的必要性、建设条件的可行性和获利的可能性，供国家选择并确定是否进行下一步工作。项目建议书一般包括以下几个方面的内容：

(1)建设项目提出的必要性和依据。

(2)产品方案、拟建规模和建设地点的初步设想。

(3)资源情况、建设条件、协作关系等的初步分析。

(4)投资估算和资金筹措的设想。

(5)项目的进度安排。

(6)经济效益和社会效益的估计。

(7)环境影响的初步评价。

对于政府投资项目，项目建议书按要求编制完成后，应根据建设规模和限额划分分别报有关部门审批。项目建议书经批准后，可以进行详细的可行性研究工作，但并不表明项目非上马不可，批准的项目建议书不是项目的最终决策。

根据《国务院关于投资体制改革的决定》(国发〔2004〕20号)，对于企业不使用政府投资建设的项目，一律不再实行审批制，区别不同情况实行核准制或备案制，企业不需要编制项目建议书而可直接编制可行性研究报告。

2. 可行性研究阶段

可行性研究阶段是对建设项目在技术上是否可行和经济上是否合理进行科学分析与论证。

(1)可行性研究应完成的工作内容。

1)进行市场研究，以解决建设项目的必要性问题。

2)进行工艺技术方案的研究，以解决建设项目技术可能性的问题。

3)进行财务和经济分析，以解决建设项目经济合理性的问题。

(2)可行性研究报告包括的基本内容。

1)项目提出的背景、投资的必要性和研究工作的依据。

2)需求预测及拟建规模、产品方案和发展方向的技术经济比较与分析。

3)资源、原材料、燃料和公用设施情况。

4)项目设计方案及协作配套工程。

5)建厂条件和选址方案。

6)环境保护、防震、防洪等要求及相应的措施。

7)企业组织、劳动定额和人员培训。

8)建设工期和实施进度。

9)投资估算和资金筹措方式。

10)经济效益和社会效益。

3. 项目评估决策阶段

项目评估决策阶段是通过对可行性研究报告的评价，从客观经济和微观经济相结合的角度，在不同的建设方案中筛选并提出更优化的方案或措施，供主管部门决策后，使项目投资效果最好或者用最少的投资来取得最大的经济效益和社会效益。

项目评估决策的作用概括为以下几个方面：

(1)优化建设方案，完善项目可行性研究。

(2)实事求是地校核投资，落实资金筹措方法和渠道。

(3)促进项目决策科学化，避免重复建设和盲目建设。

(4)有利于宏观经济调控，落实科学发展规划。

(5)有助于统一认识，协调行动，为项目实施创造条件。

4. 设计阶段

设计是对拟建工程的实施，在技术上和经济上所进行的全面而详尽的安排，是基本建设的具体化，同时也是组织施工的依据。建设项目的设计工作一般分为初步设计阶段和施工图设计阶段两个阶段。重大、技术复杂项目可根据不同行业的特点和需要，在初步设计阶段后增加技术设计或扩大初步设计阶段，即进行初步设计、技术设计和施工图设计。

(1)初步设计是根据可行性研究报告的要求所做的具体实施方案。初步设计由主要投资方组织审批。初步设计总概算超过可行性研究报告确定的投资估算的10%以上或其他指标必须变更时，需重新报批可行性研究报告。

(2)技术设计是进一步解决初步设计中的重大技术问题，如工艺流程、建筑结构、设备选型及数量确定等。

(3)施工图设计是根据已批准的初步设计或技术设计的要求，结合现场实际情况，完整地表现建筑外形、内部空间分割、结构体系、构造状况及建筑群的组成和周围环境的配合。编制施工图设计后，应报建设主管部门审查批准，并编制施工图预算，施工图预算的工程造价应控制在设计概算以内。

5. 建设准备阶段

建设项目在开工建设之前要切实做好各项准备工作，主要包括：征地、拆迁和场地平整；完成施工用水、电、路等工作；组织设备、材料订货；准备必要的施工图纸；组织施工招标，择优选定施工单位等工作内容。建设单位完成工程建设准备工作并具备工程开工条件后，应及时办理工程质量监督手续和施工许可证。

6. 施工阶段

建设项目在取得建筑施工许可证后方可开工建设，项目即进入施工阶段。项目开工时间是指工程建设项目设计文件中规定的任何一项永久性工程第一次正式破土开槽开始施工的日期。不需要开槽的工程，正式开始打桩的日期就是开工日期。铁路、公路、水库等需要进行大量土石方工程的，以开工进行土石方工程的日期为准。工程地质勘察、平整场地、旧建筑物的拆除、临时建筑、施工用的临时道路和水、电等工程的开始施工的日期不能算作正式开工的日期。

7. 生产准备阶段

对于生产性工程建设项目而言，生产准备是项目投产前由建设单位进行的一项重要工作。它是衔接建设与生产的桥梁，是项目建设转入生产经营的必要条件。生产准备阶段的主要工作内容包括：人员准备，招收和培训生产人员，组织人员参加设备的安装调试；组织准备，做好生产管理机构的设置、管理制度的制定、生产人员的配备等工作；技术准备，做好国内外设计技术资料汇总建档、施工技术资料的收集整理、编制生产岗位操作规程和采用新技术的准备工作；物质准备，落实产品原材料、协作配套产品、燃料、水、电气等的来源和其他协作配合条件。

8. 竣工验收阶段

当建设项目按照设计文件的规定内容和施工图纸的要求全部建成后，便可组织验收。竣工验收是工程建设过程的最后一个环节，是投资成果转入生产或使用的标志，也是全面考核基本建设成果、检验设计和工作质量的重要步骤。其对促进建设项目及时投产、发挥投资效益及总结建设经验都具有重要的作用。

9. 后评价阶段

项目后评价是工程项目竣工投产、生产运营一段时间后，再对项目的立项决策、设计施工、竣工投产、生产运营等全过程进行系统评价的一种技术经济活动，是固定资产投资管理的一项重要内容。通过后评价以达到肯定成绩、总结经验、吸取教训、改进工作、不断提高项目决策水平和投资效果的目的。建设项目从效益评价、过程评价两个方面进行后评价。

第二节　工程造价构成

一、工程造价的含义

工程造价直译就是工程的建造价格。工程造价有两种含义，即工程投资费用和工程建造价格。

(1)工程投资费用(固定资产投资)。从投资者(业主)的角度来定义，工程造价是指建设一项工程，预期开支或实际开支的全部固定资产投资费用。投资者选定一个投资项目，为了获得预期的效益，就要通过项目评估进行决策，然后进行设计招标、工程招标，直至竣工验收等一系列投资管理活动。在投资活动中所支付的全部费用形成了固定资产和无形资产，所有这些开支就构成了工程造价。从这个角度来说，工程投资费用就是建设项目工程造价，也就是建设项目的固定资产投资。其费用构成的主要内容为：设备及工、器具购置费；建筑安装工程费用；工程建设其他费用；预备费；建设期贷款利息；固定资产方向调节税。

(2)工程建造价格(建安工程费)。从承包者(承包商)，或供应商，或规划、设计等机构的角度来定义，工程建造价格为建成一项工程，预计或实际在土地市场、设备市场、技术劳务市场，以及承包市场等交易活动中所形成的建筑安装工程的价格和建设工程总价格。工程建造价格又称建安工程费，我国现行的建安工程费由人工费、材料费、施工机械使用费构成。

二、工程造价的特点

(1)工程造价的大额性。要发挥工程项目的投资效用，其工程造价都非常高昂，动辄数百万、数千万，特大的工程项目造价可达百亿人民币。

(2)工程造价的个别性、差异性。任何一项工程都有特定的用途、功能和规模。因此，对每一项工程的结构、造型、空间分割、设备配置和内外装饰都有具体的要求，所以，工程内容和实物形态都具有个别性、差异性。产品的差异性决定了工程造价的个别性差异。同时，每期工程所处的地理位置也不同，从而使这一特点得到了强化。

(3)工程造价的动态性。任何一项工程从决策到竣工交付使用，都有一个较长的建设期间，在建设期内，往往由于不可控制因素的原因，造成许多影响工程造价的动态因素。如设计变更，材料和设备价格，工资标准及取费费率的调整，贷款利率、汇率的变化，都必然会影响到工程造价的变动。所以，工程造价在整个建设期处于不确定状态，直至竣工决算后才能最终确定工程的实际造价。

(4)工程造价的层次性。工程造价的层次性取决于工程的层次性。一个建设项目往往包含多项能够独立发挥生产能力和工程效益的单项工程。一个单项工程又由多个单位工程组成。与此相适应，工程造价有三个层次，即建设项目总造价、单项工程造价和单位工程造价。如果专业分工更细，分部分项工程也可以作为承发包的对象，如大型土方工程、桩基础工程、装饰工程等。这样，工程造价的层次因增加分部工程和分项工程而成为五个层次。即使从工程造价的计算程序和工程管理角度来分析，工程造价的层次也是非常明确的。

(5)工程造价的兼容性。首先表现在其本身具有的两种含义，其次表现在工程造价构成的广泛性和复杂性，工程造价除建筑安装工程费用，设备及工、器具购置费用外，征用土地费用、项目可行性研究费用、规划设计费用、与一定时期政府政策(产业和税收政策)相关的费用也占有相当的份额。盈利的构成较为复杂，资金成本较大。

三、工程造价的计价特征

1. 计价的单件性

每个建设产品都为特定的用途而建造，在结构、造型、选用材料、内部装饰、体积和面积等方面都会有所不同，建筑物要有个性，不能千篇一律，只能单独设计、单独建造。由于建造地点的地质情况不同，建造时人工材料的价格变动，使用者不同的功能要求，最终导致工程造价的千差万别。

2. 计价的多次性

建设产品的生产过程是一个周期长、规模大、消耗多、造价高的投资生产活动，必须按照规定的建设程序分阶段进行。工程造价多次性计价的特点，表现在建设程序的每个阶段都有相对应的计价活动，以便有效地确定与控制工程造价。各个阶段的造价文件是相互衔接的，由粗到细、由浅到深、由预期到实际，前者制约后者，后者修正和补充前者。工程造价多次性计价与建设程序的关系(计价过程)如图 1-2 所示。

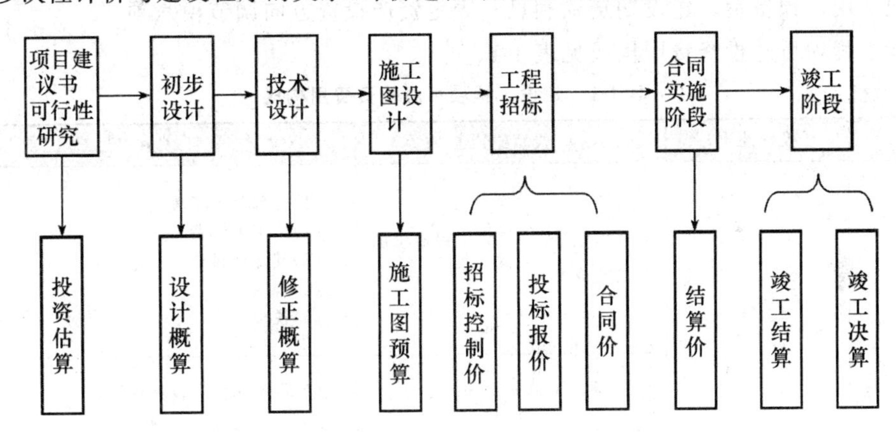

图 1-2　工程造价多次性计价与建设程序的关系

3. 计价的组合性

每个工程项目都可以按照建设项目、单项工程、单位工程、分部工程、分项工程的层次分解，然后按相反的次序组合计价。工程计价的最小单元是分项工程或构配件。

工程计价的基本对象是单位工程。

4. 方法的多样性

工程造价多次性计价有各自不同的计价依据，对造价的精度要求也不同，这就决定了计价方法的多样性特征。

5. 依据的复杂性

影响工程造价的因素主要有以下几类：

(1)项目建议书、可行性研究报告、设计文件、招标文件等。

(2)投资估算指标、概算指标、概算定额、消耗量定额、企业定额文件等。

(3)人工、材料费、机械台班、设备的单价。

(4)计价规则、取费标准等。

(5)政府和有关部门规定的税费。

(6)物价指数和工程造价指数。

第三节　建设项目投资构成

一、建设工程项目总投资费用构成

建设项目投资包含工程项目按照确定的建设内容、建设规模、建设标准、功能和使用要求等全部建成并验收合格后交付使用所需的全部费用。

按照原国家计委审定发布的《投资项目可行性研究指南》(计办投资〔2002〕15号)的规定，我国现行工程造价的构成主要内容为设备及工、器具购置费用，建筑安装工程费用，工程建设其他费用，预备费，建设期贷款利息，固定资产投资方向调节税六项。

建设工程项目总投资费用构成见表1-1。

表1-1　建设工程项目总投资费用构成

<table>
<tr><th></th><th>投资性质</th><th>投资组成</th><th>费　用</th></tr>
<tr><td rowspan="7">建设工程项目总投资</td><td rowspan="6">固定资产投资(工程造价的第一层含义)</td><td>建筑安装工程费(工程造价的第二层含义)</td><td>(1)分部分项工程费
(2)措施项目费
(3)其他项目费
(4)规费
(5)税金</td></tr>
<tr><td>设备、工器具、生产家具用具购置费</td><td>(1)设备原价及设备运杂费
(2)工、器具购置费</td></tr>
<tr><td>工程建设其他费用</td><td>(1)土地使用费
(2)生产准备费
(3)建设相关费</td></tr>
<tr><td>预备费</td><td>(1)基本预备费
(2)调价预备费</td></tr>
<tr><td>建设期贷款利息</td><td></td></tr>
<tr><td>固定资产投资方向调节税</td><td></td></tr>
<tr><td>流动资产投资</td><td>经营性项目铺底流动资金</td><td></td></tr>
</table>

建设工程项目总投资费用计算见表 1-2。

表 1-2　建设工程项目总投资费用计算

序号	费用名称	参考计算方法
1	(1)建筑安装工程费	①+②+③+④+⑤
	①分部分项工程费	∑(工程量×综合单价)
	②措施项目费	措施项目中的人工费+材料费+机械费+管理费+利润
	③其他项目费	其他项目中的人工费+材料费+机械费+管理费+利润
	④规费	[①+②+③]×税率
	⑤税金	[①+②+③+④]×增值税综合税率
2	(2)设备购置费(包括备用件)	∑设备原价×(1+运杂费费率)+成套设备供应服务费
3	(3)工器具购置费	设备购置费×工器具购置费费率(或规定金额)
4	(4)工程建设其他费用	按所涉及的各项费用规定的方法进行计算
5	(5)预备费	按项目涉及的费用进行计算
6	(6)建设工程项目固定投资总费用	(1)+(2)+(3)+(4)+(5)
7	(7)固定资产投资方向调节税	(6)×规定调节税税率
8	(8)建设期贷款利息	[(6)+(7)]分年度贷款额×利息率
9	建设工程项目总投资	(6)+(7)+(8)

二、建筑安装工程费用项目构成

根据住房和城乡建设部、财政部颁布的《关于印发〈建筑安装工程费用项目组成〉的通知》(建标〔2013〕44 号)，我国现行建筑安装工程费用项目按两种不同的方式划分，即按费用构成要素划分和按造价形成划分。其具体构成如图 1-3 所示。

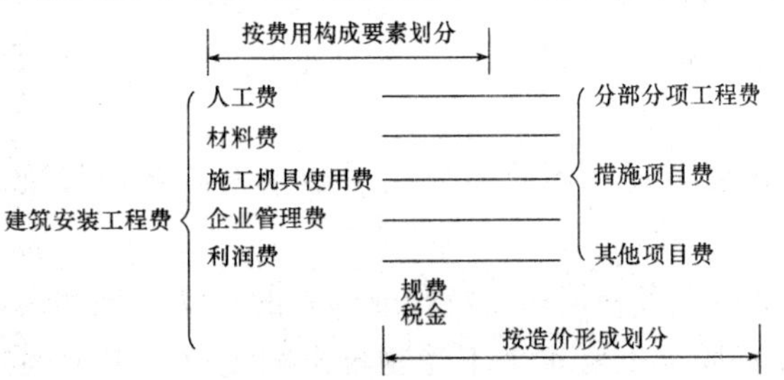

图 1-3　建筑安装工程费用项目构成

(一)按费用构成要素划分建筑安装工程费用

建筑安装工程费按照费用构成要素划分，由人工费、材料(包含工程设备，下同)费、施工机具使用费、企业管理费、利润、规费和税金组成。其中人工费、材料费、施工机具使用费、企业管理费和利润包含在分部分项工程费、措施项目费、其他项目费中。其具体构成如图 1-4 所示。

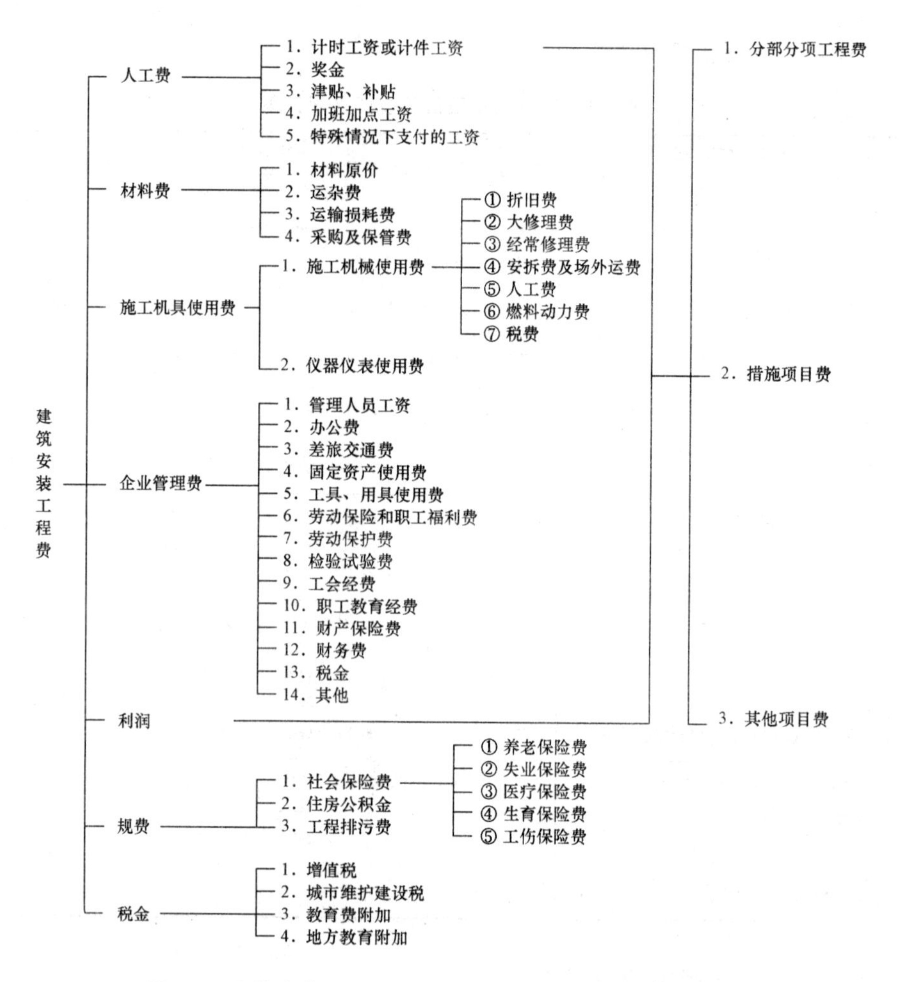

图 1-4 建筑安装工程费用项目构成(按费用构成要素划分)

1. 人工费

人工费是指按工资总额构成规定，支付给从事建筑安装工程施工的生产工人和附属生产单位工人的各项费用。其内容包括：

(1)计时工资或计件工资：是指按计时工资标准和工作时间或对已做工作按计件单价支付给个人的劳动报酬。

(2)奖金：是指对超额劳动和增收节支支付给个人的劳动报酬，如节约奖、劳动竞赛奖等。

(3)津贴、补贴：是指为了补偿职工特殊或额外的劳动消耗和因其他特殊原因支付给个人的津贴，以及为了保证职工工资水平不受物价影响支付给个人的物价补贴，如流动施工津贴、特殊地区施工津贴、高温(寒)作业临时津贴、高空津贴等。

(4)加班加点工资：是指按规定支付的在法定节假日工作的加班工资和在法定日工作时间外延时工作的加点工资。

(5)特殊情况下支付的工资：是指根据国家法律、法规和政策规定，因病、工伤、产假、计划生育假、婚丧假、事假、探亲假、定期休假、停工学习、执行国家或社会义务等原因按计时工资标准或计时工资标准的一定比例支付的工资。

2. 材料费

材料费是指施工过程中耗费的原材料、辅助材料、构配件、零件、半成品或成品、工程设备的费用。其内容包括：

(1)材料原价：是指材料、工程设备的出厂价格或商家供应价格。

(2)运杂费：是指材料、工程设备自来源地运至工地仓库或指定堆放地点所发生的全部费用。

(3)运输损耗费：是指材料在运输装卸过程中不可避免的损耗。

(4)采购及保管费：是指为组织采购、供应和保管材料、工程设备的过程中所需要的各项费用。其包括采购费、仓储费、工地保管费、仓储损耗。

工程设备是指构成或计划构成永久工程一部分的机电设备、金属结构设备、仪器装置及其他类似的设备和装置。

3. 施工机具使用费

施工机具使用费是指施工作业所发生的施工机械、仪器仪表使用费或其租赁费。

(1)施工机械使用费：以施工机械台班耗用量乘以施工机械台班单价表示，施工机械台班单价应由下列七项费用组成：

1)折旧费：是指施工机械在规定的使用年限内，陆续收回其原值的费用。

2)大修理费：是指施工机械按规定的大修理间隔台班进行必要的大修理，以恢复其正常功能所需的费用。

3)经常修理费：是指施工机械除大修理以外的各级保养和临时故障排除所需的费用。其包括为保障机械正常运转所需替换设备与随机配备工具附具的摊销和维护费用，机械运转中日常保养所需润滑与擦拭的材料费用及机械停滞期间的维护和保养费用等。

4)安拆费及场外运费：安拆费是指施工机械(大型机械除外)在现场进行安装与拆卸所需的人工、材料、机械和试运转费用以及机械辅助设施的折旧、搭设、拆除等费用；场外运费是指施工机械整体或分体自停放地点运至施工现场或由一施工地点运至另一施工地点的运输、装卸、辅助材料及架线等费用。

5)人工费：是指机上司机(司炉)和其他操作人员的人工费。

6)燃料动力费：是指施工机械在运转作业中所消耗的各种燃料及水、电等。

7)税费：是指施工机械按照国家规定应缴纳的车船使用税、保险费及年检费等。

(2)仪器仪表使用费：指工程施工所需使用的仪器仪表的摊销及维修费用。

4. 企业管理费

企业管理费是指建筑安装企业组织施工生产和经营管理所需的费用。其内容包括：

(1)管理人员工资：是指按规定支付给管理人员的计时工资、奖金、津贴补贴、加班加点工资及特殊情况下支付的工资等。

(2)办公费：是指企业管理办公用的文具、纸张、账表、印刷、邮电、书报、办公软件、现场监控、会议、水电、烧水和集体取暖降温(包括现场临时宿舍取暖降温)等费用。

(3)差旅交通费：是指职工因公出差、调动工作的差旅费、住勤补助费，市内交通费和误餐补助费，职工探亲路费，劳动力招募费，职工退休、退职一次性路费，工伤人员就医路费，工地转移费以及管理部门使用的交通工具的油料、燃料等费用。

(4)固定资产使用费：是指管理和试验部门及附属生产单位使用的属于固定资产的房屋、设备、仪器等的折旧、大修、维修或租赁费。

(5)工具、用具使用费：是指企业施工生产和管理使用的不属于固定资产的工具、器具、家具、交通工具和检验、试验、测绘、消防用具等的购置、维修和摊销费。

(6)劳动保险和职工福利费：是指由企业支付的职工退职金、按规定支付给离休干部的经费、集体福利费、夏季防暑降温、冬季取暖补贴、上下班交通补贴等。

(7)劳动保护费：是指企业按规定发放的劳动保护用品的支出，如工作服、手套、防暑降温饮料以及在有碍身体健康的环境中施工的保健费用等。

(8)检验试验费：是指施工企业按照有关标准规定，对建筑以及材料、构件和建筑安装物进行一般鉴定、检查所发生的费用，包括自设实验室进行试验所耗用的材料等费用。不包括新结构、新材料的试验费，对构件做破坏性试验及其他特殊要求检验试验的费用和建设单位委托检测机构进行检测的费用，对此类检测发生的费用，由建设单位在工程建设其他费用中列支。但对施工企业提供的具有合格证明的材料进行检测不合格的，该检测费用由施工企业支付。

(9)工会经费：是指企业按《中华人民共和国工会法》规定的全部职工工资总额比例计提的工会经费。

(10)职工教育经费：是指按职工工资总额的规定比例计提，企业为职工进行专业技术和职业技能培训，专业技术人员继续教育，职工职业技能鉴定、职业资格认定以及根据需要对职工进行各类文化教育所发生的费用。

(11)财产保险费：是指施工管理用财产、车辆等的保险费用。

(12)财务费：是指企业为施工生产筹集资金或提供预付款担保、履约担保、职工工资支付担保等所发生的各种费用。

(13)税金：是指企业按规定缴纳的房产税、车船使用税、土地使用税、印花税等。

(14)其他：包括技术转让费、技术开发费、投标费、业务招待费、绿化费、广告费、公证费、法律顾问费、审计费、咨询费、保险费等。

5. 利润

利润是指施工企业完成所承包工程获得的盈利。

6. 规费

规费是指按国家法律、法规规定，由省级政府和省级有关权力部门规定必须缴纳或计取的费用。其包括以下内容：

(1)社会保险费。

1)养老保险费：是指企业按照规定标准为职工缴纳的基本养老保险费。

2)失业保险费：是指企业按照规定标准为职工缴纳的失业保险费。

3)医疗保险费：是指企业按照规定标准为职工缴纳的基本医疗保险费。

4)生育保险费：是指企业按照规定标准为职工缴纳的生育保险费。

5)工伤保险费：是指企业按照规定标准为职工缴纳的工伤保险费。

(2)住房公积金：是指企业按规定标准为职工缴纳的住房公积金。

(3)工程排污费：是指按规定缴纳的施工现场工程排污费。

其他应列而未列入的规费，按实际发生计取。

7. 税金

税金是指国家税法规定的应计入建筑安装工程造价内的增值税、城市维护建设税、教育费附加及地方教育附加。

(二)按造价形成划分建筑安装工程费用

建筑安装工程费按照工程造价形成划分，由分部分项工程费、措施项目费、其他项目费、规费、税金组成。分部分项工程费、措施项目费、其他项目费包含人工费、材料费、施工机具使用费、企业管理费和利润。其具体构成如图 1-5 所示。

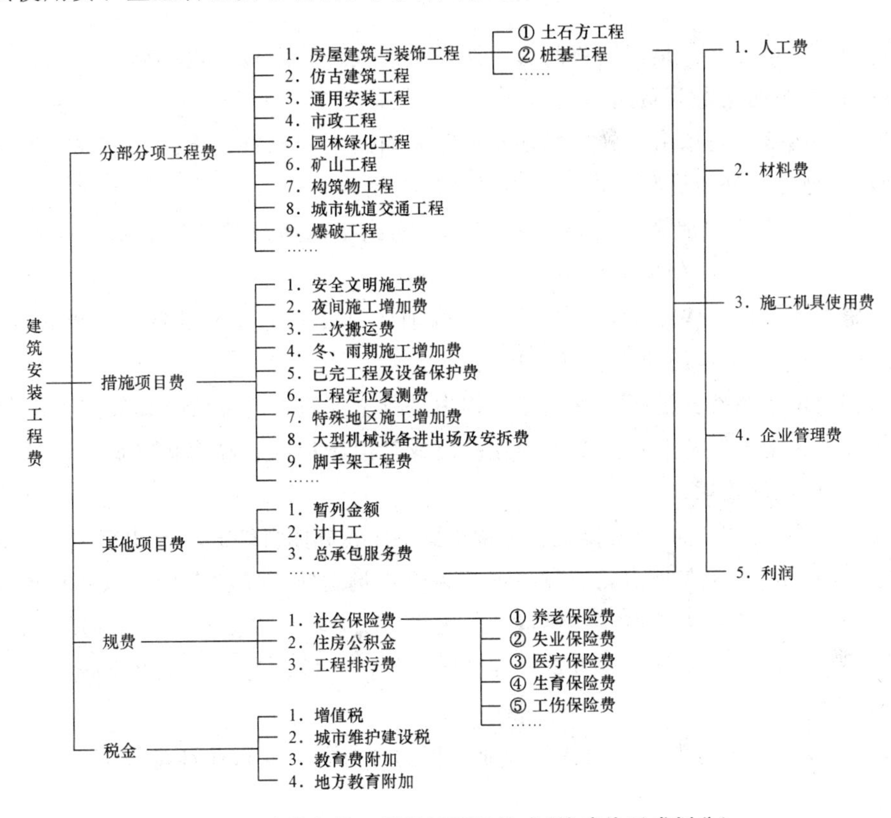

图 1-5 建筑安装工程费用项目构成(按造价形成划分)

1. 分部分项工程费

分部分项工程费是指各专业工程的分部分项工程应予列支的各项费用。

(1)专业工程：是指按现行国家计量规范划分的房屋建筑与装饰工程、仿古建筑工程、通用安装工程、市政工程、园林绿化工程、矿山工程、构筑物工程、城市轨道交通工程、爆破工程等各类工程。

(2)分部分项工程：是指按现行国家计量规范对各专业工程划分的项目。例如，房屋建筑与装饰工程划分的土石方工程、地基处理与桩基工程、砌筑工程、钢筋及钢筋混凝土工程等。

各类专业工程的分部分项工程划分见现行国家或行业计量规范。

2. 措施项目费

措施项目费是指为完成建设工程施工，发生于该工程施工前和施工过程中的技术、生活、安全、环境保护等方面的费用。其内容包括：

(1)安全文明施工费。

1)环境保护费：是指施工现场为达到环保部门要求所需要的各项费用。

2)文明施工费：是指施工现场文明施工所需要的各项费用。

3)安全施工费：是指施工现场安全施工所需要的各项费用。

4)临时设施费：是指施工企业为进行建设工程施工所必须搭设的生活和生产用的临时建筑物、构筑物和其他临时设施费用。其包括临时设施的搭设、维修、拆除、清理费或摊销费等。

(2)夜间施工增加费：是指因夜间施工所发生的夜班补助费、夜间施工降效、夜间施工照明设备摊销及照明用电等费用。

(3)二次搬运费：是指由于施工场地条件限制而发生的材料、成品、半成品等一次运输不能达到堆放地点，必须进行二次或多次搬运的费用。

(4)冬、雨期施工增加费：是指在冬期或雨期施工需增加的临时设施、防滑、排除雨雪、人工及施工机械效率降低等费用。

(5)已完工程及设备保护费：是指竣工验收前，对已完工程及设备采取的覆盖、包裹、封闭、隔离等必要保护措施所发生的费用。

(6)工程定位复测费：是指工程施工过程中进行全部施工测量放线和复测工作的费用。

(7)特殊地区施工增加费：是指工程在沙漠或其边缘地区、高海拔、高寒、原始森林等特殊地区施工增加的费用。

(8)大型机械设备进出场及安拆费：是指机械整体或分体自停放场地运至施工现场或由一个施工地点运至另一个施工地点，所发生的机械进出场运输与转移费用，以及机械在施工现场进行安装、拆卸所需的人工费、材料费、机械费、试运转费和安装所需的辅助设施的费用。

(9)脚手架工程费：是指施工需要的各种脚手架搭、拆、运输费用以及脚手架购置费的摊销(或租赁)费用。

措施项目及其包含的内容详见各类专业工程的现行国家或行业计量规范。

3. 其他项目费

(1)暂列金额：是指建设单位在工程量清单中暂定并包括在工程合同价款中的一笔款项。用于施工合同签订时尚未确定或者不可预见的所需材料、工程设备、服务的采购，施工中可能发生的工程变更、合同约定调整因素出现时的工程价款调整以及发生的索赔、现场签证确认等的费用。

(2)计日工：是指在施工过程中，施工企业完成建设单位提出的施工图纸以外的零星项目或工作所需的费用。

(3)总承包服务费：是指总承包人为配合、协调建设单位进行的专业工程发包，对建设单位自行采购的材料、工程设备等进行保管以及施工现场管理、竣工资料汇总整理等服务所需的费用。

4. 规费和税金

规费和税金的构成及计算与按费用构成要素划分建筑安装工程费用项目组成部分是相同的。

三、设备及工、器具购置费用

设备及工、器具购置费用由设备购置费和工、器具及生产家具购置费组成。在生产性工程建设中，设备及工、器具购置费用占工程造价比重的增大，意味着生产技术的进步和资本有机构成的提高。

设备购置费是指为建设项目购置或自制的达到固定资产标准的各种国产或进口设备、工具、器具的购置费用。其计算公式如下：

设备购置费＝设备原价＋设备运杂费　　(1-1)

1. 设备原价

设备原价是指国产设备原价或进口设备原价。

(1)国产设备原价一般是指设备制造厂的交货价，或订货合同价。一般根据生产厂或供应商的询价、报价、合同价确定。国产设备原价一般分为国产标准设备原价和国产非标准设备原价。

1)国产标准设备原价。国产标准设备原价有带备件的原价和不带备件的原价两种，在计算时，一般采用带备件的原价。

2)国产非标准设备原价。国产非标准设备原价有多种不同的计算方法，如成本计算估价法、分部组合估价法、定额估价法等。无论采用哪种方法，都应该使国产非标准设备的原价接近实际出厂价，并且计算方法要简便。

(2)进口设备原价是指进口设备的抵岸价，即抵达买方边境口岸或边境车站，并且交完关税等税费后形成的价格。当进口设备采用装运港船上交货价(FOB)时，进口设备抵岸价由以下公式计算：

进口设备抵岸价＝货价＋国际运费＋运输保险费＋银行财务费＋外贸手续费＋关税＋增值税＋消费税＋海关监管手续费＋车辆购置附加税　　(1-2)

2. 设备运杂费

设备运杂费由运费和装卸费、包装费、设备供销部门的手续费、采购与仓库保管费组成。其计算公式如下：

设备运杂费＝设备原价×设备运杂费费率　　(1-3)

四、工程建设其他费用

工程建设其他费用，是指从工程筹建到工程竣工验收交付使用的整个建设期间，除建筑安装工程费用和设备及工、器具购置费用外，为保证工程建设顺利完成和交付使用后能够正常发挥效用而发生的各项费用。

1. 土地使用费

为获得建设用地所支付的费用。

2. 与建设项目有关的其他费用

(1)建设单位管理费：包括建设单位开办费、建设单位经费。

(2)勘察设计费：提供项目建议书、可行性研究报告及设计文件等所需的费用。

(3)研究试验费：提供和验证设计参数、数据、资料进行的必要试验费用以及设计规定在施工中必须进行试验、验证所需的费用。

(4)建设单位临时设施费：建设期间建设单位所需临时设施的搭设、维修、摊销或租赁的费用。

(5)工程监理费：建设单位委托工程监理单位对工程实施监理工作所需的费用。

(6)工程保险费：建筑工程一切险、安装工程一切险和机器损坏保险的费用。

(7)引进技术和进口设备其他费用：包括出国人员费用；国外工程技术人员来华费用；技术引进费；分期和延期付款利息；担保费和进口设备检验鉴定费用。

(8)工程承包费：是指具有总承包条件的工程公司，对工程建设项目从开始建设至竣工投产全过程的总承包所需的管理费用。

具体内容包括组织勘察设计、设备材料采购、非标准设备设计制造与销售、施工招标、发包、工程预决算、项目管理、工程质量监督、隐蔽工程检查、验收和试车直至竣工投产的各种管理费用。

3. 与未来企业生产经营有关的其他费用

(1)联合试运转费：竣工验收前进行整个车间的负荷和无负荷联合试运转发生的费用支出大于试运转收入的亏损部分。

(2)生产准备费：生产工人培训费、生产单位提前进厂的各项费用。

(3)办公和生活家具购置费：该项费用按照设计定员人数乘以综合指标计算，一般为600～800元/人。

五、预备费

1. 基本预备费

基本预备费是指在初步设计及概算内难以预料的工程费用。其计算公式如下：

基本预备费＝(设备及工、器具购置费＋建筑安装工程费用＋工程建设其他费用)×基本预备费费率　　(1-4)

费用内容包括：

(1)在批准的初步设计范围内，技术设计、施工图设计及施工过程中所增加的工程费用；设计变更、局部地基处理等增加的费用。

(2)一般自然灾害造成的损失和预防自然灾害所采取的措施费用。

(3)竣工验收时，为鉴定工程质量对隐蔽工程进行必要的挖掘和修复费用。

2. 涨价预备费

涨价预备费是指建设项目在建设期间内由于价格等变化引起工程造价变化的预测预留费用。其计算公式如下：

$$PF = \sum_{t=1}^{n} I_t[(1+f)^t - 1] \tag{1-5}$$

式中　PF——涨价预备费；

n——建设期年费数；

I_t——建设期中第 t 年的投资计划额，包括设备及工、器具购置费，建筑安装工程费，工程建设其他费用及基本预备费；

f——年均投资价格上涨率。

【例 1-1】 某建设项目，建设期为 3 年，各年投资计划额如下：第一年投资 500 万元，第二年投资 860 万元，第三年投资 400 万元，年均投资价格上涨率为 5%，求建设项目建设期间涨价预备费。

【解】 第一年涨价预备费为

$$PF_1=I_1[(1+f)-1]=500\times(1.05-1)=25(\text{万元})$$

第二年涨价预备费为

$$PF_2=I_2[(1+f)^2-1]=860\times(1.1025-1)=88.15(\text{万元})$$

第三年涨价预备费为

$$PF_3=I_3[(1+f)^3-1]=400\times(1.1576-1)=63.04(\text{万元})$$

所以，建设期的涨价预备费为

$$PF=25+88.15+63.04=176.19(\text{万元})$$

六、建设期贷款利息

建设期贷款利息包括向国内银行和其他非银行金融机构贷款、出口信贷、外国政府贷款、国际商业银行贷款及在境内外发行的债券等在建设期应偿还的借款利息，按复利计算法计算。

当总贷款是分年均衡发放时，建设期利息的计算可按当年借款在年中支用考虑，即当年贷款按半年计息，上年贷款按全年计息。其计算公式如下：

$$q_j=(P_{j-1}+1/2A_j)\cdot i \tag{1-6}$$

式中 q_j——建设期第 j 年应计利息；

P_{j-1}——建设期第$(j-1)$年年末贷款累计金额和利息累计金额之和；

A_j——建设期第 j 年贷款金额；

i——年利率。

【例 1-2】 某新建项目，建设期为 3 年，分年均衡进行贷款，第一年贷款 200 万元，第二年贷款 300 万元，第三年贷款 200 万元，年利率为 6%，一年计息一次，建设期内利息只计息不支付，计算建设期贷款利息。

【解】 建设期各年利息计算如下：

第一年贷款利息：$Q_1=(200/2)\times 6\%=6(\text{万元})$

第二年借款利息：$Q_2=(206+300/2)\times 6\%=21.36(\text{万元})$

第三年借款利息：$Q_3=(206+321.36+200/2)\times 6\%=37.64(\text{万元})$

该项目建设期利息：$Q=Q_1+Q_2+Q_3=6+21.36+37.64=65(\text{万元})$

七、固定资产投资方向调节税

国务院规定从 2000 年 1 月 1 日起新发生的投资额暂停征收方向调节税，但该税种并未取消。

第四节　通用安装工程计量计价规范和计价方法

一、《通用安装工程工程量计算规范》简介

《通用安装工程工程量计算规范》(GB 50856—2013)(以下简称“安装计算规范”)由中华人民共和国住房和城乡建设部、中华人民共和国国家质量监督检验检疫总局于 2012 年12 月 25 日发布，2013 年 7 月 1 日起实施。“安装计算规范”适用于工业、民用、公共设施建设安装工程的计量和工程计量清单编制。通用安装工程计价，必须按“安装计算规范”规定的工程量计算规则进行工程计量。通用安装工程计量活动，除应遵守“安装计算规范”外，尚应符合国家现行有关标准的规定。

“安装计算规范”中对安装工程工程量清单项目设置、项目特征描述的内容、计量单位及工程量计算规则进行了规定，具体包括：①附录 A 机械设备安装工程；②附录 B 热力设备安装工程；③附录 C 静置设备与工艺金属结构制作安装工程；④附录 D 电气设备安装工程；⑤附录 E 建筑智能化工程；⑥附录 F 自动化控制仪表安装工程；⑦附录 G 通风空调工程；⑧附录 H 工业管道工程；⑨附录 J 消防工程；⑩附录 K 给排水、采暖、燃气工程；⑪附录 L 通信设备及线路工程；⑫附录 M 刷油、防腐蚀、绝热工程；⑬附录 N 措施项目。

二、《建设工程工程量清单计价规范》简介

1. 计价内容重点介绍

《建设工程工程量清单计价规范》(GB 50500－2013)(以下简称“13 计价规范”)中的重点提示：

1.0.4　注明“招标工程量清单、招标控制价、投标报价、工程计量、合同价款调整、合同价款结算与支付以及工程造价鉴定等工程造价文件的编制与核对，应由具有专业资格的工程造价人员承担。”

1.0.5　注明“承担工程造价文件的编制与核对的工程造价人员及其所在单位，应对工程造价文件的质量负责。”

1.0.6　注明“建设工程发承包及实施阶段的计价活动应遵循客观、公正、公平的原则。”

1.0.7　注明“建设工程发承包及实施阶段的计价活动，除应符合本规范外，尚应符合国家现行有关标准的规定。”

3.1.1　注明“使用国有资金投资的建设工程发承包，必须采用工程量清单计价。”

3.1.2　注明“非国有资金投资的建设工程，宜采用工程量清单计价。”

3.1.3　注明“不采用工程量清单计价的建设工程，应执行‘13 计价规范’除工程量清单等专门性规定外的其他规定。”

由此可以看出，工程量清单计价模式在工程造价管理中的重要性。

“13 计价规范”中明确指出，建设工程发承包，必须在招标文件、合同中明确计价中的风险内容及其范围，不得采用无限风险、所有风险或类似语句规定计价中的风险内容及范围；综合单价中应包括招标文件中划分的应由投标人承担的风险范围及其费用，招标文件

中没有明确的，如是工程造价咨询人编制，应提请招标人明确；如是招标人编制，应予明确。

"13计价规范"对实行工程量清单计价的工程合同约定的说明，由以前的适用性条文调整为强制性条文，并增加了采用非单价合同的条件约定：实行工程量清单计价的工程，应采用单价合同；建设规模较小，技术难度较低，工期较短，且施工图设计已审查批准的建设工程可采用总价合同；紧急抢险、救灾以及施工技术特别复杂的建设工程可采用成本加酬金合同。

"13计价规范"对招标控制价复查结果的更正说明，处理了可能引起争议的地方，避免错误的发生，比如，当招标控制价复查结论与原公布的招标控制价误差大于时，应当责成招标人改正；招标人根据招标控制价复查结论需要重新公布招标控制价的，其最终公布的时间至招标文件要求提交投标文件截止时间不足15天的，应相应延长投标文件的截止时间。

"13计价规范"对工程量计量发生工程量清单出现漏项，工程量计算偏差以及变更引起工程量的增减，给出了明确的计算说明条文，说明量化，执行性更强，如合同履行期间，如果工程师实际计量的工程量与招标工程量清单出现了偏差且超过15%时，其调整原则：当工程量增加15%以上时，增加部分的工程量的综合单价应以调低，当工程量减少15%以上时，减少后剩余部分的工程量的综合单价予以调高。

"13计价规范"中对因分部分项工程量清单漏项或非承包人原因的工程量变更造成新增的工程量清单项目，明确给出了调整综合单价的具体操作和计算方法，可执行性更强，如已标价工程量清单中有适用于变更工程项目的，应采用该项目的单价，但当工程变更导致该清单项目的工程数量发生变化，且工程量偏差超过15%时，该项目单价应按规定进行调整；已标价工程量清单中没有适用但有类似于变更工程项目的，可在合理范围内参照类似项目的单价；已标价工程量清单中没有适用也没有类似于变更工程项目的，应由承包人根据变更工程资料、计量规则和计价办法、工程造价管理机构发布的信息价格和承包人报价浮动率提出变更工程项目的单价，并应报发包人确认后调整。

对规费项目清单，"13计价规范"取消了工程定额测定费，新增了工伤保险，与市场发展同步更新，可执行性更强，即规定规费项目清单应按照下列内容列项：工程排污费，社会保险费(包括养老保险费、失业保险费、医疗保险费、工伤保险费、生育保险费)，住房公积金等。

对于工程计价争议处理，"13计价规范"对发生合同纠纷的解决办法作出具体说明，明确约束处理时间，可执行性更强，步骤为监理和造价工程师暂定→管理机构和解释管理机构的解释和认定→友好协商→调解→仲裁→诉讼→造价鉴定，哪个步骤处理完争议就不再进入下一个步骤。

对于竣工结算与支付，"13计价规范"明确给出了发承包双方递交核对材料的具体时间约定，更加规范，可执行性更强，如承包人未在合同约定的时间内提交竣工结算文件，经发包人催告后14天内仍未提交或没有明确答复的，发包人有权根据已有资料编制竣工结算文件，作为办理竣工结算和支付结算款的依据，承包人应予以认可。发包人应在收到承包人提交的竣工结算文件后的28天内核对。发包人经核实，认为承包人还应进一步补充资料和修改结算文件，应在上述时限内向承包人提出核实意见，承包人在收到核实意见后的28天内应按照发包人提出的合理要求补充资料，修改竣工结算文件，并应再次提交给发包人复核后批准。发包人应在收到承包人再次提交的竣工结算文件后的28天内予以复核，将复核结果通知承包人。发包人在收到承包人竣工结算文件后的28天内，不核对竣工结算或未提出核对意见的，应视为承包人提交的竣工结算文件已被发包人认可，竣工结算办理完毕。承包人在收到发包人提出的核实意见后的28天内，不确认也未提出异议的，应视为发包人提出的核实意见已被承包人认可，竣工结算办理完毕。

"13计价规范"对合同价款调整责任划分更加明确，如由于下列因素出现，影响合同价款调整的，应由发包人承担：①国家法律、法规、规章和政策发生变化；②省级或行业建设主管部门发布的人工费调整，但承包人对人工费或人工单价的报价高于发布的除外；③由政府定价或政府指导价管理的原材料等价格进行了调整。由于市场波动影响合同价格，应由发承包双方合理分摊，如材料工程设备的涨幅超过招标时基准价5%以上由发包人承担；施工机械使用费涨幅超过招标时基准价10%以上由发包人承担。而由于承包人使用机械设备、施工技术及施工组织水平等影响工程造价，由承包人全部承担。对承发包双方应承担的责任尽可能事先明确，以减少可能出现的争议。

"13计价规范"规定，工程量清单与计价表中列明的所有需要填写的单价和合价的项目，投标人均应填写且只允许有一个报价，未填写单价和合价的项目，视为此项费用已经包括在工程量清单中其他项目的单价和合价中，竣工结算时此项目不得重新组价予以调整。明确了发承包双方必须在各自的职责范围内，认真仔细地做好工作，尤其是可能引起争议的地方，避免错误的发生。

"13计价规范"对发承包双方应当按照合同约定调整合同价款的事项进行了规定，共包括(但不限于)15项。

"13计价规范"对合同解除的价款结算与支付的具体内容包括：由于不可抗力解除合同的，发包人应向承包人支付合同解除之日前已完成工程但尚未支付的工程款。因承包人违约解除合同的，发包人应暂停向承包人支付任何价款。

2. 工程计价表格组成

(1)封面：

1)招标工程量清单封面。

2)招标控制价封面。

3)投标总价封面。

4)竣工结算书封面。

5)工程造价鉴定意见书封面。

(2)扉页：

1)招标工程量清单扉页。

2)招标控制价扉页。

3)投标总价扉页。

4)竣工结算总价扉页。

5)工程造价鉴定意见书扉页。

(3)总说明。

(4) 工程计价汇总表：

1)建设项目招标控制价/投标报价汇总表。
2)单项工程招标控制价/投标报价汇总表。
3)单位工程招标控制价/投标报价汇总表。
4)建设项目竣工结算汇总表。
5)单项工程竣工结算汇总表。
6)单位工程竣工结算汇总表。
(5)分部分项工程和措施项目计价表:
1)分部分项工程和单价措施项目清单与计价表。
2)综合单价分析表。
3)综合单价调整表。
4)总价措施项目清单与计价表。
(6)其他项目计价表:
1)其他项目清单与计价汇总表。
2)暂列金额明细表。
3)材料(工程设备)暂估单价及调整表。
4)专业工程暂估价及结算价表。
5)计日工表。
6)总承包服务费计价表。
7)索赔与现场签证计价汇总表。
8)费用索赔申请(核准)表。
9)现场签证表。
(7)规费、税金项目计价表。
(8)工程计量申请(核准)表。
(9)合同价款支付申请(核准)表:
1)预付款支付申请(核准)表。
2)总价项目进度款支付分解表。
3)进度款支付申请(核准)表。
4)竣工结算款支付申请(核准)表。
5)最终结清支付申请(核准)表。
(10)主要材料、工程设备一览表:
1)发包人提供材料和工程设备一览表。
2)承包人提供主要材料和工程设备一览表(适用于造价信息差额调整法)。
3)承包人提供主要材料和工程设备一览表(适用于价格指数差额调整法)。

三、单位工程定额计价程序

(1)以云南省为例,营改增前单位安装工程定额计价程序见表1-3。

表1-3 单位工程招标控制价/投标报价汇总表(2016年5月1日前)

(注:小规模纳税人同此)

代号	项目名称	参考计算方法
1	分部分项工程费	$\sum$(1.1+1.2+1.3+1.4+1.5)

续表

代号	项目名称			参考计算方法
1.1	定额人工费			∑分部分项定额工程量×定额人工费单价
1.2	材料费			∑分部分项材料消耗量×材料单价
1.3	定额机械费			∑分部分项定额机械消耗量×定额机械费单价
1.4	管理费			分部分项工程费中(定额人工费+定额机械费×8%)×30%
1.5	利润			分部分项工程费中(定额人工费+定额机械费×8%)×20%
2	措施项目费			<2.1>+<2.2>
2.1	单价措施项目费			∑(2.1.1+2.1.2+2.1.3+2.1.4+2.1.5)
2.1.1	定额人工费			∑单价措施定额工程量×定额人工费单价
2.1.2	材料费			∑单价措施材料消耗量×材料单价
2.1.3	定额机械费			∑单价措施定额机械消耗量×定额机械费单价
2.1.4	管理费			单价措施费中(定额人工费+定额机械费×8%)×30%
2.1.5	利润			单价措施费中(定额人工费+定额机械费×8%)×20%
2.2	总价措施项目费			<2.2.1>+<2.2.2>
2.2.1	安全文明施工费			分部分项工程费中(定额人工费+定额机械费×8%)×12.65%
2.2.1	其他总价措施费			分部分项工程费中(定额人工费+定额机械费×8%)×4.16%
3	其他项目费			<3.1>+<3.2>+<3.3>+<3.4>+<3.5>
3.1	暂列金额			按双方约定或按题给条件计取
3.2	暂估材料、工程设备单价			按双方约定或按题给条件计取
3.3	计日工			按双方约定或按题给条件计取
3.4	总包服务费			按双方约定或按题给条件计取
3.5	其他			按实际发生额计算
4	规费			<4.1>+<4.2>+<4.3>
4.1	社保费住房公积金及残保金			定额人工费总和×26%
4.2	危险作业意外伤害保险			定额人工费总和×1%
4.3	工程排污费			按有关规定或题给条件计算
5	税金	工程所在地	市区	(<1>+<2>+<3>+<4>)×3.48%
			县城/镇	(<1>+<2>+<3>+<4>)×3.41%
			其他地方	(<1>+<2>+<3>+<4>)×3.28%
6	单位工程造价			<1>+<2>+<3>+<4>+<5>

(2)以云南省为例，营改增后单位安装工程定额计价程序(一般纳税人的工程造价计算程序)见表1-4。

表1-4 营改增后安装工程清单计价程序(2016年5月1日后)

代号	项目名称	参考计算方法
1	分部分项工程费	<1.1>+<1.2>+<1.3>+<1.4>+<1.5>+<1.6>

续表

<table>
<tr><th>代号</th><th colspan="3">项目名称</th><th>参考计算方法</th></tr>
<tr><td>1.1</td><td colspan="3">定额人工费</td><td>$\sum$ 分部分项定额工程量×定额人工费单价</td></tr>
<tr><td>1.2</td><td colspan="3">计价材料费</td><td>$\sum$ 分部分项定额工程量×计价材料费单价</td></tr>
<tr><td>1.3</td><td colspan="3">未计价材料费</td><td>$\sum$ 分部分项定额工程量×未计价材料单价×未计价材消耗量</td></tr>
<tr><td>1.4</td><td colspan="3">设备费</td><td>$\sum$ 分部分项定额工程量×设备单价×设备消耗量</td></tr>
<tr><td>1.5</td><td colspan="3">定额机械费</td><td>$\sum$ 分部分项定额工程量×定额机械费单价</td></tr>
<tr><td>A</td><td colspan="3">除税机械费</td><td>$\sum$ 分部分项定额工程量×除税机械费单价×台班消耗量</td></tr>
<tr><td>1.6</td><td colspan="3">管理费和利润</td><td>$\sum$ (＜1.1＞＋＜1.5＞×8％)×(33％＋20％)</td></tr>
<tr><td>B</td><td colspan="3">计税的分部分项工程费</td><td>＜1＞－＜1.2＞×0.912－＜1.3＞－＜1.4＞－＜A＞
意为：(分部分项工程费－除税计价材料费－未计价材料费－设备费－除税机械费)</td></tr>
<tr><td>2</td><td colspan="3">措施项目费</td><td>＜2.1＞＋＜2.2＞</td></tr>
<tr><td>2.1</td><td colspan="3">单价措施项目费</td><td>＜2.1.1＞＋＜2.1.2＞＋＜2.1.3＞＋＜2.1.4＞＋＜2.1.5＞</td></tr>
<tr><td>2.1.1</td><td colspan="3">定额人工费</td><td>$\sum$ 单价措施定额工程量×定额人工费单价</td></tr>
<tr><td>2.1.2</td><td colspan="3">计价材料费</td><td>$\sum$ 单价措施定额工程量×计价材料费单价</td></tr>
<tr><td>2.1.3</td><td colspan="3">未计价材料费</td><td>$\sum$ 单价措施定额工程量×未计价材料单价×未计价材消耗量</td></tr>
<tr><td>2.1.4</td><td colspan="3">定额机械费</td><td>$\sum$ 单价措施定额工程量×定额机械费单价</td></tr>
<tr><td>C</td><td colspan="3">除税机械费</td><td>$\sum$ 单价措施定额工程量×除税机械费单价×台班消耗量</td></tr>
<tr><td>2.1.5</td><td colspan="3">管理费和利润</td><td>$\sum$ (＜2.1.1＞＋＜2.1.4＞×8％)×(33％＋20％)</td></tr>
<tr><td>D</td><td colspan="3">计税的单价措施项目费</td><td>＜2＞－＜2.1.2＞×0.912－＜2.1.3＞－＜C＞
意为：(单价措施项目费－除税计价材料费－未计价材料费－除税机械费)</td></tr>
<tr><td>2.2</td><td colspan="3">总价措施项目费</td><td>＜2.2.1＞＋＜2.2.2＞</td></tr>
<tr><td>2.2.1</td><td colspan="3">安全文明施工费</td><td>分部分项工程费中(定额人工费＋定额机械费×8％)×12.65％</td></tr>
<tr><td>2.2.1</td><td colspan="3">其他总价措施费</td><td>分部分项工程费中(定额人工费＋定额机械费×8％)×4.16％</td></tr>
<tr><td>3</td><td colspan="3">其他项目费</td><td>＜3.1＞＋＜3.2＞＋＜3.3＞＋＜3.4＞＋＜3.5＞</td></tr>
<tr><td>3.1</td><td colspan="3">暂列金额</td><td>按双方约定或按题给条件计取</td></tr>
<tr><td>3.2</td><td colspan="3">暂估材料工程设备单价</td><td>按双方约定或按题给条件计取</td></tr>
<tr><td>3.3</td><td colspan="3">计日工</td><td>按双方约定或按题给条件计取</td></tr>
<tr><td>3.4</td><td colspan="3">总包服务费</td><td>按双方约定或按题给条件计取</td></tr>
<tr><td>3.5</td><td colspan="3">其他</td><td>按实际发生额计算</td></tr>
<tr><td>3.5.1</td><td colspan="3">人工费调增</td><td>(＜1.1＞＋＜2.1.1＞)×15％</td></tr>
<tr><td>4</td><td colspan="3">规费</td><td>＜4.1＞＋＜4.2＞＋＜4.3＞</td></tr>
<tr><td>4.1</td><td colspan="3">社保费住房公积金及残保金</td><td>定额人工费总和×26％</td></tr>
<tr><td>4.2</td><td colspan="3">危险作业意外伤害保险</td><td>定额人工费总和×1％</td></tr>
<tr><td>4.3</td><td colspan="3">工程排污费</td><td>按有关规定或题给条件计算</td></tr>
<tr><td rowspan="3">5</td><td rowspan="3">税金</td><td rowspan="3">工程所在地</td><td>市区</td><td>(＜B＞＋＜D＞＋＜3＞＋＜4＞)×10.08％</td></tr>
<tr><td>县城/镇</td><td>(＜B＞＋＜D＞＋＜3＞＋＜4＞)×9.95％</td></tr>
<tr><td>其他地方</td><td>(＜B＞＋＜D＞＋＜3＞＋＜4＞)×9.54％</td></tr>
</table>

续表

代号	项目名称	参考计算方法
6	单位工程造价	＜1＞+＜2＞+＜3＞+＜4＞+＜5＞

注："除税机械费单价"见207号文的附件二：《云南省建设工程施工机械台班除税单价表》。

1."0.912"见207号文的附件一：《关于建筑业营业税改征增值税后调整云南省工程造价计价依据的实施意见》。

2."10.08%、9.90%、9.54%"见207号文的附件一：《关于建筑业营业税改征增值税后调整云南省工程造价计价依据的实施意见》。

3. 其他见《云南省建设工程造价计价规则及机械仪器仪表台班费用定额》(DBJ 53/T—58—2013)。

4. 税前造价均不含增值税。

四、营改增前后清单计价程序

(1)以云南省为例，营改增前安装工程工程量清单计价程序见表1-5。

表1-5 营改增前安装工程工程量清单计价程序(2016年5月1日前)

(注：小规模纳税人同此)

代号	项目名称	参考计算方法
1	分部分项工程费	$\sum$分部分项清单工程量×分部分项综合单价
1.1	定额人工费	$\sum$分部分项定额工程量×定额人工费单价
1.2	定额机械费	$\sum$分部分项定额工程量×定额机械费单价
2	措施项目费	＜2.1＞+＜2.2＞
2.1	单价措施项目费	$\sum$单价措施清单工程量×单价措施综合单价
2.1.1	定额人工费	$\sum$单价措施定额工程量×定额人工费单价
2.2	总价措施项目费	＜2.2.1＞+＜2.2.2＞
2.2.1	安全文明施工费	分部分项工程费中(定额人工费+定额机械费×8%)×12.65%
2.2.1	其他总价措施费	分部分项工程费中(定额人工费+定额机械费×8%)×4.16%
3	其他项目费	＜3.1＞+＜3.2＞+＜3.3＞+＜3.4＞+＜3.5＞
3.1	暂列金额	按双方约定或按题给条件计取
3.2	暂估材料、工程设备单价	按双方约定或按题给条件计取
3.3	计日工	按双方约定或按题给条件计取
3.4	总包服务费	按双方约定或按题给条件计取
3.5	其他	按实际发生额计算
4	规费	＜4.1＞+＜4.2＞+＜4.3＞
4.1	社保费住房公积金及残保金	定额人工费总和×26%
4.2	危险作业意外伤害保险	定额人工费总和×1%
4.3	工程排污费	按有关规定或题给条件计算
5	税金 工程所在地 市区	(＜1＞+＜2＞+＜3＞+＜4＞)×3.48%
	税金 工程所在地 县城/镇	(＜1＞+＜2＞+＜3＞+＜4＞)×3.41%
	税金 工程所在地 其他地方	(＜1＞+＜2＞+＜3＞+＜4＞)×3.28%
6	单位工程造价	＜1＞+＜2＞+＜3＞+＜4＞+＜5＞

（2）以云南省为例，营改增后安装工程工程量清单计价程序见表1-6。

表1-6　营改增后安装工程工程量清单计价程序（2016年5月1日后）

代号	项目名称	参考计算方法
1	分部分项工程费	∑分部分项清单工程量×分部分项综合单价
1.1	定额人工费	∑分部分项定额工程量×定额人工费单价
1.2	计价材料费	∑分部分项定额工程量×计价材料费单价
1.3	未计价材料费	∑分部分项定额工程量×未计价材料单价×未计价材消耗量
1.4	设备费	∑分部分项定额工程量×设备单价×设备消耗量
1.5	定额机械费	∑分部分项定额工程量×定额机械费单价
A	除税机械费	∑分部分项定额工程量×除税机械费单价×台班消耗量
1.6	管理费和利润	∑（＜1.1＞＋＜1.5＞×8％）×（33％＋20％）
B	计税的分部分项工程费	＜1＞－＜1.2＞×0.912－＜1.3＞－＜1.4＞－＜A＞ 意为：[分部分项工程费－除税计价材料费（等于∑分部分项定额工程量×计价材料费单价×0.912）－未计价材料费－设备费－除税机械费]
2	措施项目费	＜2.1＞＋＜2.2＞
2.1	单价措施项目费	＜2.1.1＞＋＜2.1.2＞＋＜2.1.3＞＋＜2.1.4＞＋＜2.1.5＞
2.1.1	定额人工费	∑单价措施定额工程量×定额人工费单价
2.1.2	计价材料费	∑单价措施定额工程量×计价材料费单价
2.1.3	未计价材料费	∑单价措施定额工程量×未计价材料单价×未计价材消耗量
2.1.4	定额机械费	∑单价措施定额工程量×定额机械费单价
C	除税机械费	∑单价措施定额工程量×除税机械费单价×台班消耗量
2.1.5	管理费和利润	∑（＜2.1.1＞＋＜2.1.4＞×8％）×（33％＋20％）
D	计税的单价措施项目费	＜2＞－＜2.1.2＞×0.912－＜2.1.3＞－＜C＞ 意为：[分部分项工程费－除税计价材料费（等于∑分部分项定额工程量×计价材料费单价×0.912）－未计价材料费－设备费－除税机械费]
2.2	总价措施项目费	＜2.2.1＞＋＜2.2.2＞
2.2.1	安全文明施工费	分部分项工程费中（定额人工费＋定额机械费×8％）×12.65％
2.2.1	其他总价措施费	分部分项工程费中（定额人工费＋定额机械费×8％）×4.16％
3	其他项目费	＜3.1＞＋＜3.2＞＋＜3.3＞＋＜3.4＞＋＜3.5＞
3.1	暂列金额	按双方约定或按题给条件计取
3.2	暂估材料工程设备单价	按双方约定或按题给条件计取
3.3	计日工	按双方约定或按题给条件计取
3.4	总包服务费	按双方约定或按题给条件计取
3.5	其他	按实际发生额计算
3.5.1	人工费调增	（＜1.1＞＋＜2.1.1＞）×15％
4	规费	＜4.1＞＋＜4.2＞＋＜4.3＞
4.1	社保费住房公积金及残保金	定额人工费总和×26％
4.2	危险作业意外伤害保险	定额人工费总和×1％
4.3	工程排污费	按有关规定或题给条件计算

续表

代号	项目名称			参考计算方法
5	税金	工程所在地	市区	(<B>+<D>+<3>+<4>)×10.08%
			县城/镇	(<B>+<D>+<3>+<4>)×9.95%
			其他地方	(<B>+<D>+<3>+<4>)×9.54%
6	单位工程造价			<1>+<2>+<3>+<4>+<5>

注："除税机械费单价"见207号文的附件二：《云南省建设工程施工机械台班除税单价表》。

1."0.912"见207号文的附件一：《关于建筑业营业税改征增值税后调整云南省工程造价计价依据的实施意见》。

2."10.08%、9.90%、9.54%"见207号文的附件一：《关于建筑业营业税改征增值税后调整云南省工程造价计价依据的实施意见》。

3. 其他见《云南省建设工程造价计价规则及机械仪器仪表台班费用定额》(DBJ 53/T－58－2013)。

4. 税前造价均不含增值税。

小提示：容易混淆的费用归属讨论

费用归属：

(1)生产工人的工资、操作施工机械的人员工资、施工企业管理人员工资、建设单位管理人员工资、监理工程师的工资。

(2)劳动保护费和劳动保险费。

(3)安拆费及场外运输费与大型机械设备进出场及安拆。

(4)检验试验费与研究试验费。

(5)施工单位的临时设施费与建设单位的临时设施费。

(6)企业管理费中的"税金"与建设安装工程费中的"税金"。

(7)财务保险和工程保险。

复习思考题

1. 关于固定资产的说法，下列正确的有(　　)。

A. 使用年限一定在一年以上

B. 使用年限一定在两年以上

C. 单位价值在规定限额以上

D. 只能是生产用的房屋建筑、机械设备、工具用具等

E. 在经营过程中以折旧的方式来保证其价值的补偿和实物形态的更新

2. 在建设项目中，凡具有独立的设计文件，竣工后可以独立发挥生产能力或投资效益的工程，称为(　　)。

A. 单项工程　　B. 单位工程　　C. 分部工程　　D. 分项工程

3. 在建设项目中，凡具有独立的设计文件，但竣工后不可以独立发挥生产能力或投资效益的工程，称为(　　)。

A. 单项工程　　B. 单位工程　　C. 分部工程　　D. 分项工程

4. 某学校"1号教学楼"工程中"土建工程""给排水工程"均为(　　)。

A. 单项工程　　B. 单位工程　　C. 分部工程　　D. 分项工程

5. 在项目建议书和可行性研究阶段，应编制(　　)。

A. 投资估算　　B. 设计概算　　C. 修正设计概算　　D. 施工图预算

6. 建设项目的建设程序是指从项目筹建到项目投入生产或交付使用的整个过程中，各项工作必须遵循的先后工作次序。根据我国现行的规定，一般大中型及限额以上建设项目的程序有这些阶段：①可行性研究阶段；②项目建议书阶段；③设计阶段；④施工阶段；⑤建设准备阶段；⑥竣工验收阶段；⑦生产准备阶段；⑧后评价阶段；⑨评估决策阶段。这些阶段正确的顺序是(　　)。

A. ①②③④⑤⑥⑦⑧⑨　　B. ②①⑨③④⑤⑥⑦⑧

C. ②①⑨③⑤④⑥⑦⑧　　D. ②①⑨③⑤④⑦⑥⑧

7. 关于工程造价的含义，下列说法正确的有(　　)。

A. 工程造价的直译就是工程的建造价格

B. 工程造价有两种含义，即工程投资费用和工程建造价格

C. 工程投资费用是指建设一项工程预期开支的全部固定资产投资费用，不包含无形资产投资费用

D. 工程建造价格是为建成一项工程，预计或实际在土地市场、设备市场、技术劳务市场，以及承包市场等交易活动中所形成的建筑安装工程的价格和建设工程总价格

E. 工程造价的两种含义是以不同角度把握同一事物的本质

8. 下列描述中，属于工程造价特点的有(　　)。

A. 大额性　　B. 个别性和差异性　　C. 动态性

D. 单件性和多次性　　E. 层次性和兼容性

9. 计算施工图预算的方法有定额计价法和清单计价法；计算投资估算的方法有设备系数法、生产能力指数估算法等。以上描述表现了工程造价计价的(　　)特征。

A. 方法多样性　　B. 组合性

C. 依据的复杂性　　D. 多次性

10. 我国现行工程造价的构成主要划分为建筑安装工程费、(　　)和固定资产投资方向调节税。

A. 设备及工、器具购置费　　B. 工程建设其他费　　C. 预备费

D. 建设期贷款利息　　E. 土地使用费

11. 在生产性工程建设中，设备及工、器具购置费用占工程造价比重的增大，意味着(　　)。

A. 生产技术的进步　　B. 生产技术的落后

C. 资本有机构成提高　　D. 资本有机构成降低

E. 与生产技术和资本有机构成无关

12. 设备购置费由(　　)构成。

A. 设备原价　　B. 设备运杂费　　C. 消费税

D. 运输保险费　　E. 包装费

13. 关于设备原价的说法，下列正确的有(　　)。

A. 设备原价是指国产设备或进口设备的原价

B. 国产设备原价又分为国产标准设备原价和国产非标准设备原价两种

C. 国产标准设备原价又分为带备件的原价和不带备件的原价

D. 进口设备的原价是指进口设备的到岸价

E. 进口设备的原价是指进口设备的抵岸价

14. 关于预备费的说法，下列正确的有(　　)。

A. 基本预备费是指在初步设计及概算内难以预料的工程费用

B. 基本预备费=(设备及工、器具购置费+建筑安装工程费用+工程建设其他费用)×基本预备费费率

C. 涨价预备费是指建设项目在建设期间内由于价格等变化引起工程造价变化的预测预留费用

D. 涨价预备费的计算方法一般是根据国家规定的投资综合价格指数，以估算年份价格水平的投资额为基数，采用单利法计算

E. 估算年份价格水平的投资额包括设备及工、器具购置费，建筑安装工程费，工程建设其他费及基本预备费

15. 某建设项目，建设期为3年，各年投资计划额如下：第一年投资500万元，第二年投资800万元，第三年投资400万元，年均投资价格上涨率为5%，则该项目建设期间涨价预备费为(　　)万元。

A. 88　　B. 90.2　　C. 170　　D. 180.2

16. 关于建设期贷款利息的说法，下列不正确的有(　　)。

A. 建设期贷款利息包括向国内银行和其他非银行金融机构贷款、出口信贷、外国政府贷款、国际商业银行贷款以及在境内外发行的债券等在建设期应偿还的利息

B. 建设期贷款利息按复利法计算

C. 建设期贷款利息按单利法计算

D. 当总贷款是分年均衡发放时，建设期利息的计算可按当年借款在年中支用考虑，即当年贷款按半年计息，上年贷款按全年计息

E. 国外贷款利息的计算，还应包括国外贷款银行根据贷款协议向贷款方以年利率方式收取的手续费、管理费、承诺费，以及国内代理机构经国家主管部门批准的以年利率方式向贷款单位收取的转贷费、担保费、管理费等

17. 某新建项目，建设期为3年，分年均衡进行贷款，第一年贷款300万元，第二年贷款600万元，第三年贷款400万元，年利率为12%，计息周期为一年，建设期内利息只计息不支付，则建设期贷款利息为(　　)元。

A. 156　　B. 235.22　　C. 176.22　　D. 180.32

18. 检验试验费应计入(　　)。

A. 直接工程费中的人工费　　B. 直接工程费中的材料费

C. 直接工程费中的机械费　　D. 措施费

19. 工程定位复测费应计入(　　)。

A. 管理费　　B. 其他项目费　　C. 措施费　　D. 规费

20. 总包工程服务费应计入(　　)。

A. 管理费　　B. 其他项目费

C. 直接工程费　　D. 措施费

第二章 安装工程施工图识读

知识目标

1. 熟悉电气工程的基本知识和施工图识读方法。
2. 了解水暖工程的分类、构成及工程图识读方法。
3. 了解通风空调工程的组成及施工图识读。

技能目标

1. 对电气、水暖、通风空调等安装工程的构成能进行阐述。
2. 能识读电气、水暖、通风空调工程施工图纸。
3. 能熟知电气、水暖、通风空调工程在工程建设中的应用。

素质目标

1. 通过对各专业图纸的识读学习，培养学生专心、认真的工作习惯。
2. 了解绘图软件及其发展状况，激发学生崇尚科技、刻苦学习、技能兴国的思想。
3. 通过工程图纸与工程实践学习，培养学生理论联系实际，努力学习真知的品格。

第一节 电气工程施工图识读

一、电气工程的概念与划分

电气工程是以电能、电气设备和电气技术为手段，创造、维持与改善建筑环境来实现某些功能的一门学科。它是由强电和弱电综合组成的，也是随着建筑科学技术由初级阶段向高级阶段发展的产物。

根据《建筑工程施工质量验收统一标准》(GB 50300—2013)，比较大的建筑工程可分为地基与基础、主体结构、建筑装饰装修、屋面工程、建筑给水排水及供暖、通风与空调、建筑电气、建筑智能化、建筑节能、电梯 10 个分部工程。建筑电气分部工程可分为室外电气、变配电室、供电干线、电气动力、电气照明安装、备用和不间断电源安装、防雷及接地安装 7 个子分部工程，属于强电工程。建筑智能化分部工程可分为通信网络系统、计算机网络系统、建筑设备监控系统、火灾报警及消防联动系统、会议系统与信息导航系统、专业应用系统、安全防范系统、综合布线系统、智能化集成系统、电源与接地、计算机机房工程、住宅(小区)智能化系统 12 个子分部工程，属于弱电工程。各子分部工程又可分为若干个分项工程，例如，住宅(小区)智能化系统又可分为火灾报警及消防联动系统、安全防范系统(含电视监控系统、入侵报警系统、巡更系统、门禁系统、楼宇对讲系统、住户对讲呼救系统、停车管理系统)、物业管理系统(多表现场计量及远程传输系统、建筑设备监控系统、公共广播系统、小区网络及信息服务系统、物业办公自动化系统)、智能家庭信息平台等分项工程。

二、电气工程施工图的类别

(1)系统图。系统图是用规定的符号表示系统的组成和连接关系，它用单线将整个工程的供电线路用示意图连接起来，主要表示整个工程或某一项目的供电方案和方式，也可以表示某一装置各部分的关系。系统图包括供配电系统图(强电系统图)和弱电系统图。

1)供配电系统图(强电系统图)表示供电方式、供电回路、电压等级及进户方式；标注回路个数、设备容量及启动方法、保护方式、计量方式、线路敷设方式。它分为高压系统图、低压系统图、电力系统图及照明系统图等。

2)弱电系统图表示元器件的连接关系。它包括通信电话系统图、广播线路系统图、共用天线系统图、火灾报警系统图、安全防范系统图、微机系统图等。

(2)平面图。平面图是用设备、器具的图形符号和敷设的导线(电缆)或穿线管路的线条画在建筑物或安装场所，用以表示设备、器具、管线实际安装位置的水平投影图。它是表示装置、器具、线路具体平面位置的图纸。

强电平面图包括电力平面图、照明平面图、防雷接地平面图和厂区电缆平面图等；弱电平面图包括消防电气平面布置图和综合布线平面图等。

(3)原理图。原理图是表示控制原理的图纸，在施工过程中指导调试工作。

(4)接线图。接线图是表示系统的接线关系的图纸，在施工过程中指导调试工作。

三、电气工程施工图的组成

电气工程施工图的组成包括首页、电气系统图、平面布置图、安装接线图和标准图集。

(1)首页：主要包括目录、设计说明、图例和设备器材图表。

1)设计说明：包括设计依据、工程概况、负荷等级、保安方式、接地要求、负荷分配、线路敷设方式、设备安装高度、施工图未能表明的特殊要求、施工注意事项、测试参数及业主的要求和施工原则。

2)图例：即图形符号，通常只列出本套图纸中涉及的图形符号，在图例中可以标注装置与器具的安装方式和安装高度。

3)设备器材表：表明本套图纸中的电气设备、器具及材料明细。

(2)电气系统图：指导组织订购、安装调试。

(3)平面布置图：指导施工与验收的依据。

(4)安装接线图：指导电气安装、检查接线。

(5)标准图集：指导施工与验收的依据。

四、电气工程施工图的常用符号

(1)常用图形符号的文字标注见表 2-1。

表 2-1　常用图形符号的文字标注

序号	图形符号	说明	项目种类	标注文字符号
1	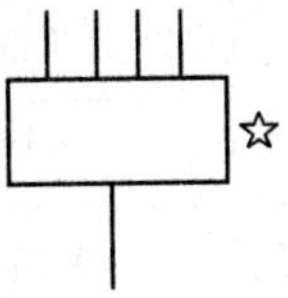 ☆	配电中心的一般符号，示出 5 路馈线。符号就近标注种类代号“☆”，表示配电柜(屏)、箱、台	动力配电箱	AP
			应急动力配电箱	APE
			照明配电箱	AL
			应急照明配电箱	ALE
2	⊗★	灯的一般符号，如需要指出灯具种类，则在“★”位置标出字母	壁灯	W
			吸顶灯	C
			筒灯	R
			密闭灯	EN
			防爆灯	EX
			圆球灯	G
			吊灯	P
			花灯	L
			局部照明灯	LL
			安全照明灯	SA
			备用照明灯	ST
3	 ★ ★	(电源)插座和带保护接点(电源)插座的一般符号。根据需要可在“★”处用文字区别不同插座	单相(电源)插座	1P
			三相(电源)插座	3P
			单相暗敷(电源)插座	1C
			三相暗敷(电源)插座	3C
			单相防爆(电源)插座	1EX
			三相防爆(电源)插座	3EX
			单相密闭(电源)插座	1EN
			三相密闭(电源)插座	3EN
4	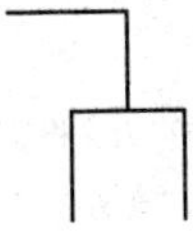	电信插座的一般符号，可用文字区别不同插座	电话插座	TP
			传真	FX
			传声器	M
			电视	TV
			信息	TO

续表

序号	图形符号	说明	项目种类	标注文字符号
5	——☆——	导线一般符号，可用文字区别不同用途	电力干线(动力线路)	WP
			常用照明干线	WL
			控制回路干线	WC
			事故照明干线	WEL
			封闭母线槽	WB
			滑触器	WT
			信号线路	WS
			接地线	E
			保护接地线	PE
			避雷线、避雷带、避雷网	LP

(2)照明与动力平面图的文字符号标注见表 2-2 和表 2-3。

表 2-2　建筑电气工程设计常用文字符号标注摘录

序号	项目种类	标注方式	说明	示例
1	用电设备	$\frac{a}{b}$	a——设备编号或设备位号 b——额定功率，kW 或 kV·A	$\frac{\text{P01B}}{\text{37 kW}}$ 热媒泵的位号为 P01B，容量为 37 kW
2	概略图的电气箱(柜、屏)标注	$-a+\frac{b}{c}$	a——设备种类代号 b——设备安装的位置代号 c——设备型号	−AP1+1·B6/XL21-15 动力配电箱种类代号−AP1，位置代号+1·B6，即安装位置在一层 B、6 轴线，型号 XL21-15
3	平面图的电气箱(柜、屏)标注	$-a$	a——设备种类代号	−AP1 动力配电箱−AP1，在不会引起混淆时，可取消前缀“−”，即表示为 AP1
4	照明、安全、控制变压器标注	$a\ \frac{b}{c}\ d$	a——设备种类代号 b/c——一次电压/二次电压 d——额定容量	TL1 220/36 V 500 VA 照明变压器 TL1 变比，电压 220/36 V，容量 500 VA
5	照明灯具标注	$a-b\frac{c\times d\times L}{e}f$	a——灯数 b——型号或编号(无则省略) c——每盏照明灯具的灯泡数 d——灯泡安装容量 e——灯泡安装高度，m，“—”表示吸顶安装 f——安装方式 L——光源种类	5−BYSY0 $\frac{2\times 40\times \text{FL}}{3.5}$CS 5 盏 BYS−80 型灯具，灯管为 2 根 40W 荧光灯管，安装高度距地 3.5 m，灯具为链吊安装

续表

序号	项目种类	标注方式	说明	示例
6	线路的标注	a b－c(d×e＋f×g)i－jh	a——线缆编号 b——型号(不需要可省略) c——线缆根数 d——电缆线芯数 e——线芯截面，mm^2 f——PE、N线芯数 g——线芯截面，mm^2 i——线缆敷设方式 j——线缆敷设部位 h——线缆敷设安装高度，m 上述字母无内容则省略该部分	WP201 YJV-0.6/1 kV－2(3×150＋2×70) SC80-WS3.5 电缆编号为WP201 电缆型号、规格为YJV-0.6/1 kV－2(3×150＋2×70) 2根电缆并联连接 敷设方式为穿*DN*80焊接钢管沿墙明敷 线缆敷设高度距地3.5 m
7	电缆桥架标注	$\frac{a \times b}{c}$	a——电缆桥架宽度，mm b——电缆桥架高度，mm c——电缆桥架安装高度，m	$\frac{600 \times 150}{3.5}$ 电缆桥架宽度600 mm，桥架高度150 mm，安装高度距地3.5 m
8	电缆与其他设施交叉点标注	$\frac{a\text{-}b\text{-}c\text{-}d}{e\text{-}f}$（引出线标注）	a——保护管根数 b——保护管直径，mm c——保护管长度，m d——地面标高，m e——保护管埋设深度，m f——交叉点坐标	6–*DN*100–2.0 m–(–0.3 m) –1.0 m–(*x*=174.235，*y*=243.621) 电缆与设施交叉，交叉点坐标为(*x*＝174.235，*y*＝243.621)，埋设6根长2.0 m的*DN*100焊接钢管，钢管埋设深度为－1.0 m(地面标高为－0.3 m) 上述字母根据需要可省略
9	电话线路的标注	a-b(c×2×d)e-f（引出线标注）	a——电话线缆编号 b——型号(不需要可省略) c——导线对数 d——线缆截面，mm e——敷设方式和管径，mm f——敷设部位	W1-HYV(5×2×0.5)SC15-MS W1为电话电缆回路编号 HYV(5×2×0.5)为电话电缆的型号、规格 敷设方式为穿*DN*15焊接钢管沿墙敷设 上述字母根据需要可忽略
10	电话分线盒、交接箱的标注	$\frac{a \times b}{c}d$	a——编号 b——型号(不需要标注可省略) c——线序 d——用房数	$\frac{\#3 \times NF-3-10}{1 \sim 12}6$ #3电话分线盒的型号规格为NF－3－10，用户数为6户，接线线序为1～12
11	断路器整定值的标注	$\frac{a}{b}c$	a——脱扣器额定电流 b——脱扣整定电流值 c——短延时整定时间(瞬断不标注)	$\frac{500\ A}{500\ A \times 3}0.2\ s$ 断路器脱扣器额定电流为500 A，动作整定值为500 A×3，短延时整定值为0.2 s

表 2-3　灯具安装方式的标注

序号	名称	标注文字符号		序号	名称	标注文字符号	
		新标准	旧标准			新标准	旧标准
1	线吊式	SW	WP	7	顶棚内安装	CR	无
2	链吊式	CS	C	8	墙壁内安装	WR	无
3	管吊式	DS	P	9	支架上安装	S	无
4	壁装式	W	W	10	柱上安装	CL	无
5	吸顶式	C	—	11	座装	HM	无
6	嵌入式	R	R	12	台上安装	T	无

(3)线路敷设方式文字代号见表 2-4。

表 2-4　线路敷设方式的标注

序号	名称	标注文字符号		序号	名称	标注文字符号	
		新标准	旧标准			新标准	旧标准
1	穿低压流体输送用焊接钢管敷设	SC	S 或 C	8	钢索敷设	M	M
				9	直接埋设	DB	无
2	穿电线管敷设	MT	T	10	穿可挠金属电线保护套管敷设	CP	F
3	穿硬塑料导管敷设	PC	P				
4	穿阻燃半硬塑料导管敷设	FPC	无	11	穿塑料波纹电线管敷设	KPC	无
5	电缆桥架敷设	CT	CT	12	电缆沟敷设	TC	无
6	金属线槽敷设	MR	MR	13	混凝土排管敷设	CE	无
7	塑料线槽敷设	PR	PR	14	用瓷瓶或瓷柱敷设	K	无

(4)导线敷设部位及常用文字代号见表 2-5。

表 2-5　导线敷设部位的标注

序号	名称	标注文字符号		序号	名称	标注文字符号	
		新标准	旧标准			新标准	旧标准
1	沿梁或跨梁(屋架)敷设	AB	B	6	暗敷设在墙内	WC	WC
2	暗敷设在梁内	BC	B	7	沿顶棚或顶板面敷设	CE	CE
3	沿柱或跨柱敷设	AC	C	8	暗敷设在屋面或顶板内	CC	无
4	暗敷设在柱内	CLC	C	9	吊顶内敷设	SCE	SC
5	沿墙面敷设	WS	WS	10	地板或地面下敷设	FC	F

五、电气工程施工图的识读方法及步骤

(1)读图的原则。电气工程施工图一般遵循“六先六后”的读图原则。即先强电后弱电、先系统后平面、先动力后照明、先下层后上层、先室内后室外、先简单后复杂。

(2)读图的方法及顺序(图 2-1)。

标题栏 → 目录 → 设计说明 → 图例 → 系统图 → 平面图 → 电路图、接线图 → 标准图 → 设备材料表

图 2-1　电气工程施工图的读图顺序

1)看标题栏：了解工程的项目名称、内容、设计单位、设计日期、绘图比例。

2)看目录：了解单位工程图纸的数量及各种图纸的编号。

3)看设计说明：了解工程概况、供电方式、线路敷设方式及安装技术要求。特别注意的是，有些分项局部问题是在各分项工程图纸上说明的，看分项工程图纸时，也要先看设计说明。

4)看图例：充分了解各图例符号所表示的设备器具名称及标注说明。

5)看系统图：各分项工程都有系统图，如变配电工程的供电系统图、电气工程的电力系统图、电气照明工程的照明系统图。看系统图的目的是了解主要设备、元器件连接关系及它们的规格、型号、参数等。

导线的文字标注形式为

$$a-b(c\times d)e-f$$

式中　a——线路的编号；

b——导线的型号；

c——导线的根数；

d——导线的截面面积(mm^2)；

e——敷设方式；

f——线路的敷设部位。

例如，WP1－BV(3×50＋1×35)CT，则表示：1 号动力线路，导线型号为铜芯塑料绝缘线，3 根 50 mm^2、1 根 35 mm^2，沿顶板面用电缆桥架敷设。

又如，WL2－BV(3×2.5)SC15 WC，则表示：2 号照明线路，3 根 2.5 mm^2 铜芯塑料绝缘导线穿直径 15 mm 的钢管沿墙内暗敷。

以一栋三单元、六层砖混结构、现浇混凝土楼板的建筑为例，说明建筑工程照明施工图的识读过程。如图 2-2 所示，由于第三单元的接线方式与前两个单元完全相同，故图中只绘制了两个单元的六层分户配电箱与单元表箱连接示意图。从图 2-2 和图 2-3 中所表达的内容，可了解到该建筑电缆连接箱(L_1、L_2、L_3 相箱)距地 0.5 m。一般情况下，电缆连接箱设置在配电室，L_1、L_2、L_3 相箱体共同安装在一个配电柜里，方便使用和管理。每单元分别设置一个。每单元还在一层设置了两个单元照明表箱(如六表箱、七表箱)，该建筑一梯两户，共有 12 户，六表箱、七表箱分别计量 6 户，即分别通过 N_1、N_2、N_3、N_4、N_5、N_6 回路连接 6 户分户表箱，七表箱还引出 N_7 公共照明回路。单元表箱进线为三根 BV 型号导线，其中两条火线线径为 50 mm^2，一条零线线径为 25 mm^2，单元表箱的型号为 DD862-10(40)A(额定电流 10 A，最大电流 40 A)，经过 1 个 40 A 的 C45N/2P 型号的漏电保护断路器(自动开关)。单元表箱通过 3 根 10 mm^2 的 BV 型号导线(1 根火线，1 根地线，1 根零线)，以直径为 32mm 的钢管做保护管，沿墙暗敷进入分户箱。

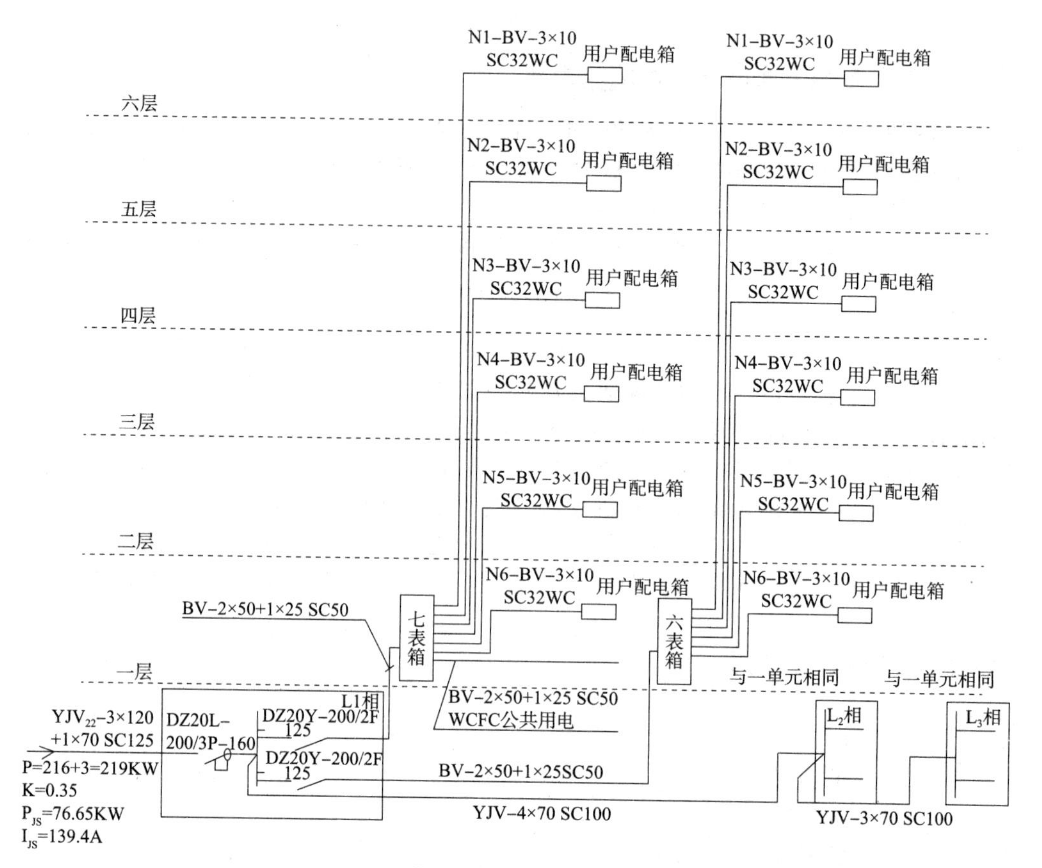

图 2-2 配电系统图

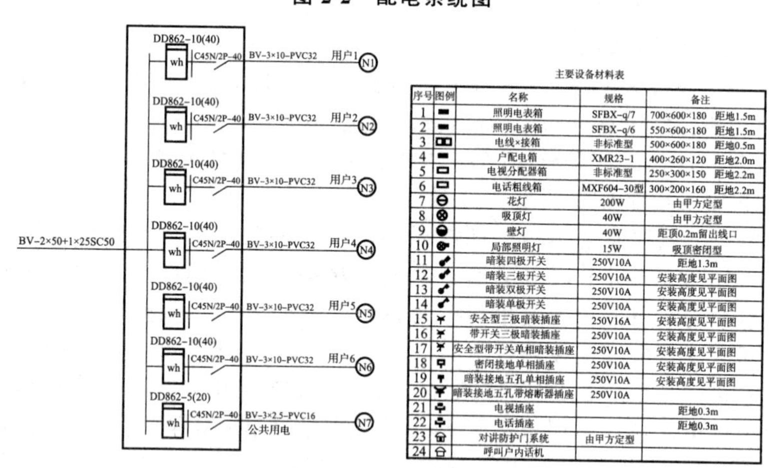

主要设备材料表

序号	图例	名称	规格	备注
1	▬	照明电表箱	SFBX–q/7	700×600×180 距地1.5m
2	▬	照明电表箱	SFBX–q/6	550×600×180 距地1.5m
3		电线×接箱	非标准型	500×600×180 距地0.5m
4	▬	户配电箱	XMR23–1	400×260×120 距地2.0m
5		电视分配器箱	非标准型	250×300×150 距地2.2m
6		电话粗线箱	MXF604–30型	300×200×160 距地2.2m
7		花灯	200W	由甲方定型
8	⊗	吸顶灯	40W	由甲方定型
9		壁灯	40W	距顶0.2m留出线口
10		局部照明灯	15W	吸顶密闭型
11		暗装四极开关	250V10A	距地1.3m
12		暗装三极开关	250V10A	安装高度见平面图
13		暗装双极开关	250V10A	安装高度见平面图
14		暗装单极开关	250V10A	安装高度见平面图
15		安全型三极暗装插座	250V16A	安装高度见平面图
16		带开关三极暗装插座	250V10A	安装高度见平面图
17		安全型带开关单相暗装插座	250V10A	安装高度见平面图
18		密闭接地单相插座	250V10A	安装高度见平面图
19		暗装接地五孔单相插座	250V10A	安装高度见平面图
20		暗装接地五孔带熔断器插座	250V10A	
21		电视插座		距地0.3m
22		电话插座		距地0.3m
23		对讲防护门系统	由甲方定型	
24		呼叫户内话机		

图 2-3 七表箱接线方案图

6)看平面图：了解建筑物的平面布置、轴线、尺寸、比例，各种变配电设备、用电设备的编号、名称及它们在平面上的位置，各种变配电设备的起点、终点、敷设方式及在建筑物中的走向。

平面图的读图顺序如图 2-4 所示。

图 2-4 平面图的读图顺序

电气平面图是表示电气设备、装置与线路平面布置的图纸，是进行电气安装的主要依据。电气平面图是以建筑平面图为依据，在图上绘制出电气设备、装置的安装位置及标注线路敷设方法等。常用的电气平面图有变配电所平面图、动力平面图、照明平面图、接地平面图、弱电平面图等。

图 2-5 所示为某建筑的局部房间照明平面图。从图 2-5 中所表达的内容，我们可进一步了解到建筑的配电情况，灯具、开关等的安装位置情况及导线走向。由于平面布置图只能反映设备的安装位置，不能反映安装高度，所以安装高度一般可以通过说明或文字标注进行了解。另外，还需详细了解建筑结构，因为导线的走向和布置与建筑结构密切相关。平面图的阅读方法是重点，在建筑电气照明平面图入门分析一节会详细介绍。

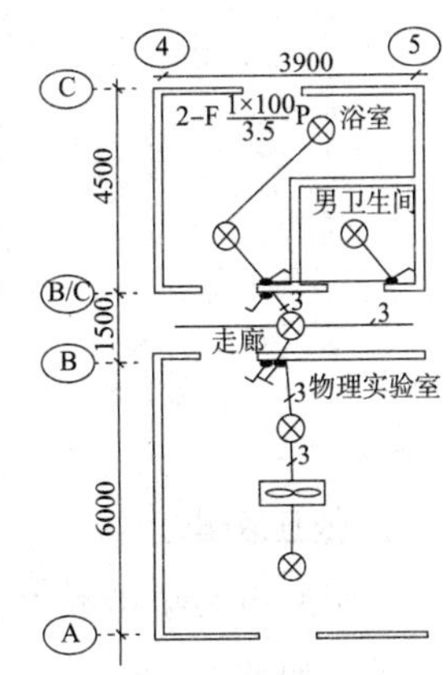

图 2-5　某建筑的局部房间照明平面图

7)看电路图、接线图：了解系统中用电设备的控制原理，用来指导设备安装及调试工作，在进行控制系统调试及校线工作中，应依据功能关系从上至下或从左至右逐个回路地阅读，电路图与接线图、端子图配合阅读。

8)看标准图：标准图详细表达设备、装置、器材的安装方式。

9)看设备材料表：设备材料表提供了该工程所使用的设备、材料的型号、规格、数量，是编制施工方案、编制预算、材料采购的重要依据。

(3)读图的注意事项。就建筑电气工程而言，读图时应注意如下事项：

1)注意阅读设计说明，尤其是施工注意事项及各分部分项工程的做法，特别是一些暗设线路、电气设备的基础及各种电气预埋件与土建工程密切相关，读图时要对应其他专业图纸阅读。

2)注意将系统图与系统图对照看，例如，将供配电系统图与电力系统图、照明系统图对照看，核对其对应关系；将系统图与平面图对照看、电力系统图与电力平面图对照看、照明系统图与照明平面图对照看，核对有无不对应的地方。看系统的组成与平面对应的位置，看系统图与平面图线路的敷设方式及线路的型号、规格是否保持一致。

3)注意看设备、器具、线路在平面图中的位置与其空间位置。

4)注意线路的标注，注意电缆的型号、规格，注意导线的根数及线路的敷设方式。

5)注意核对图中标注的比例。

六、建筑供配电

变配电工程是供配电系统的中间枢纽，变配电所为建筑内用电设备提供和分配电能，是建筑供配电系统的重要组成部分。变配电所的安装工程也是建筑电气安装工程的重要组成部分，变配电所担负着从电力系统受电、变电、配电的任务。

1. 电力系统简介

图 2-6 所示为从某发电厂到电力用户的发电、输电及变电的过程示意。

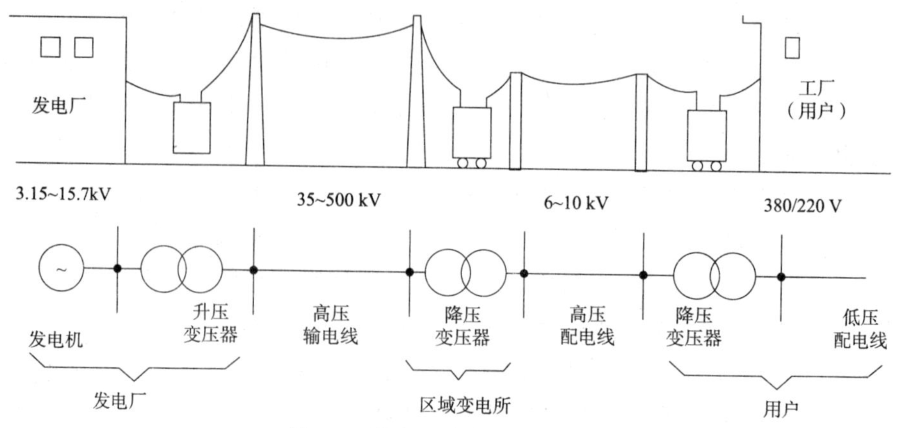

图 2-6　发电、输电、变电过程

2. 低压配电系统

低压配电系统由配电装置(配电盘)及配电线路组成。配电方式有放射式、树干式和混合式等，如图 2-7 所示。

(1)放射式。放射式配电的优点是各个负荷独立受电，因而故障范围一般仅限于本回路，线路发生故障需要检修时，只需切断本回路不影响其他回路；同时回路中电动机启动所引起的电压波动，对其他回路影响较小。放射式配电多用于对供电可靠性要求高的负荷和大容量设备。

(2)树干式。树干式配电的特点与放射式相反。一般情况下，树干式采用的开关设备很少，有色金属消耗也较少，当干线发生故障时影响范围较大，供电可靠性降低。树干式配电在机加工车间、高层建筑中使用较多。

(3)混合式。混合式配电是综合了放射式配电和树干式配电优点的配电方式。

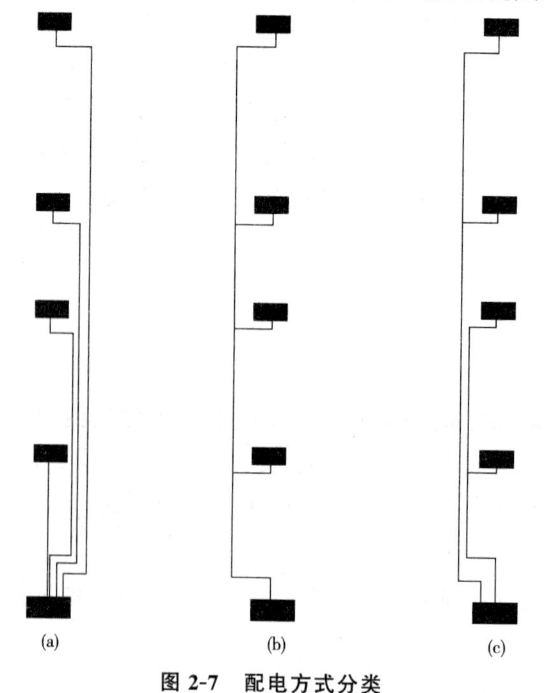

图 2-7　配电方式分类

(a)放射式；(b)树干式；(c)混合式

第二节　水暖工程施工图识读

一、水暖工程制图基本规定

1. 图线

(1)图线的宽度 b，应根据图纸的类型、比例和复杂程度，按现行国家标准《房屋建筑制图统一标准》(GB/T 50001—2017)中的规定选用。线宽 b 宜为 0.7 mm 或 1.0 mm。

(2)建筑给水排水专业制图，常用的各种线型宜符合表 2-6 的规定。

表 2-6　线型

名称	线型	线宽	用　途
粗实线	————	b	新设计的各种排水和其他重力流管线
粗虚线	— — —	b	新设计的各种排水和其他重力流管线的不可见轮廓线
中粗实线	————	$0.7b$	新设计的各种给水和其他压力流管线；原有的各种排水和其他重力流管线
中粗虚线	— — — —	$0.7b$	新设计的各种给水和其他压力流管线；原有的各种排水和其他重力流管线的不可见轮廓线
中实线	————	$0.5b$	给水排水设备、零(附)件的可见轮廓线；总图中新建的建筑物的可见轮廓线；原有的各种给水和其他压力流管线
中虚线	— — — — —	$0.5b$	给水排水设备、零(附)件的不可见轮廓线；总图中新建的建筑物和构筑物的不可见轮廓线；原有的各种给水和其他压力流管线的不可见轮廓线
细实线	————	$0.25b$	建筑的可见轮廓线；总图中原有建筑物和构筑物的可见轮廓线；制图中的各种标注线
细虚线	-------------	$0.25b$	建筑的不可见轮廓线；总图中原有建筑物和构筑物的不可见轮廓线
单点长画线	—·—·—·—	$0.25b$	中心线、定位轴线
折断线	——\/——	$0.25b$	断开界线
波浪线	～～～～	$0.25b$	平面图中水面线；局部构造层次范围线；保温范围示意线

2. 比例

(1)建筑给水排水专业制图常用的比例，宜符合表 2-7 的规定。

表 2-7　常用比例

名称	比例	备注
区域规划图、区域位置图	1∶50 000、1∶25 000、1∶10 000、1∶5 000、1∶2 000	宜与总图专业一致
总平面图	1∶1 000、1∶500、1∶300	与总图专业一致
管道纵断面图	竖向 1∶200、1∶100、1∶50 纵向 1∶1 000、1∶500、1∶300	—

续表

名称	比例	备注
水处理厂(站)平面图	1∶500、1∶200、1∶100	—
水处理构筑物、设备间、卫生间、泵房平、剖面图	1∶100、1∶50、1∶40、1∶30	—
建筑给水排水平面图	1∶200、1∶150、1∶100	宜与建筑专业一致
建筑给水排水轴测图	1∶150、1∶100、1∶50	宜与相应图纸一致
详图	1∶50、1∶30、1∶20、1∶10、1∶5、1∶2、1∶1、2∶1	—

(2)在管道纵面图中，竖向与纵向可采用不同的组合比例。

(3)在建筑给水排水轴测系统中，如局部表达有困难，该处可不按比例绘制。

(4)水处理工艺流程断面图和建筑给水排水管道展开系统图可不按比例绘制。

3. 标高

(1)标高符号及一般标注方法应符合现行国家标准《房屋建筑制图统一标准》(GB/T 50001—2017)的规定。

(2)室内工程应标注相对标高，室外工程宜标注绝对标高。当无绝对标高资料时，可标注相对标高，但应与总图专业一致。

(3)压力管道应标注管中心标高；重力流管道和沟渠宜标注管(沟)内底标高。标高单位以 m 计，可注写到小数点后第二位。

(4)在下列部位应标注标高。

1)沟渠和重力流管道：

①建筑物内应标注起点、变径(尺寸)点、变坡点、穿外墙及剪力墙处；

②需控制标高处；

③小区内管道按《建筑给水排水制图标准》(GB/T 50106—2010)的有关规定执行。

2)压力流管道中的标高控制点。

3)管道穿外墙、剪力墙和构筑物的壁及底板等处。

4)不同水位线处。

5)建(构)筑物中土建部分的相关标高。

(5)标高的标注方法应符合下列规定：

1)平面图中，管道标高应按图 2-8 的方式标注；

2)平面图中，沟渠标高应按图 2-9 的方式标注；

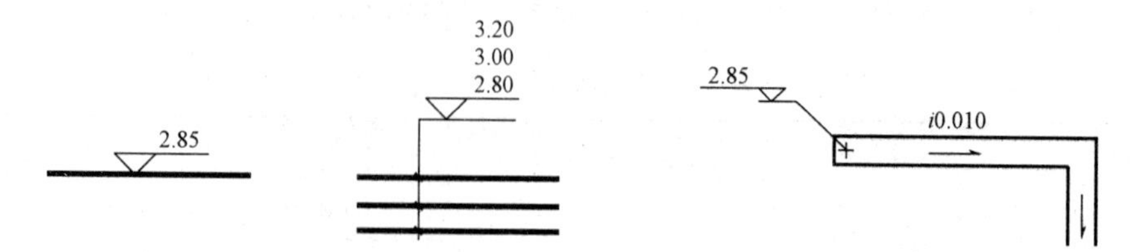

图 2-8　平面图中管道标高标注法　　**图 2-9　平面图中沟渠标高标注法**

3)剖面图中，管道及水位的标高应按图 2-10 的方式标注；

4)轴测图中，管道标高应按图 2-11 的方式标注。

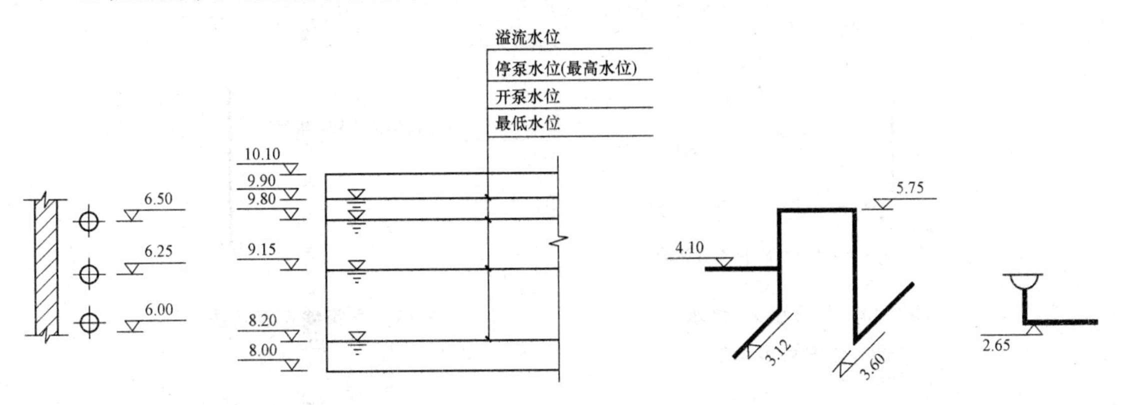

图 2-10　剖面图中管道及水位标高标注法　　　图 2-11　轴测图中管道标高标注法

(6)建筑物内的管道标高也可按本层建筑地面的标高加管道安装高度的方式标注，标注方法应为 $H+\times.\times\times$，H 表示本层建筑地面标高。

4. 管径

(1)管径的单位应为 mm。

(2)管径的表达方法应符合下列规定：

1)水煤气输送钢管(镀锌或非镀锌)、铸铁管等管材，管径宜以公称直径 *DN* 表示；

2)无缝钢管、焊接钢管(直缝或螺旋缝)等管材，管径宜以外径 $D\times$壁厚表示；

3)铜管、薄壁不锈钢管等管材，管径宜以公称外径 *Dw* 表示；

4)建筑给水排水塑料管材，管径宜以公称外径 *dn* 表示；

5)钢筋混凝土(或混凝土)管材，管径宜以内径 *d* 表示；

6)复合管、结构壁塑料管等管材，管径应按产品标准的方法表示；

7)当设计中均采用公称直径 *DN* 表示管径时，应有公称直径 *DN* 与相应产品规格对照表。

(3)管径的标注方法应符合下列规定：

1)单根管道时，管径应按图 2-12 的方式标注；

2)多根管道时，管径应按图 2-13 的方式标注。

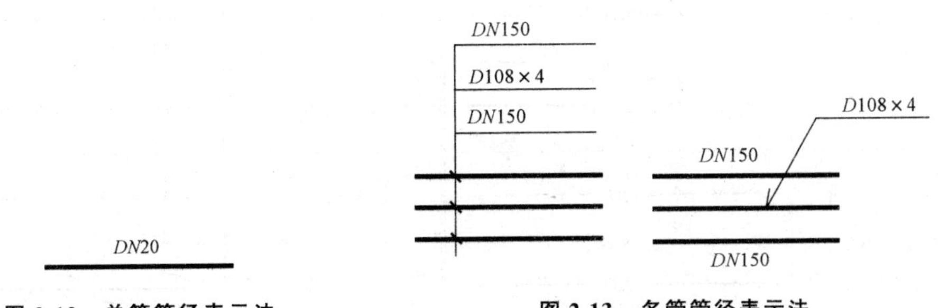

图 2-12　单管管径表示法　　　图 2-13　多管管径表示法

5. 编号

(1)当建筑物的给水引入管或排水排出管的数量超过一根时，应进行编号，编号宜按图 2-14 所示的方法表示。

(2)建筑物内穿越楼层的立管，其数量超过一根时应进行编号，编号宜按图 2-15 所示的方法表示。

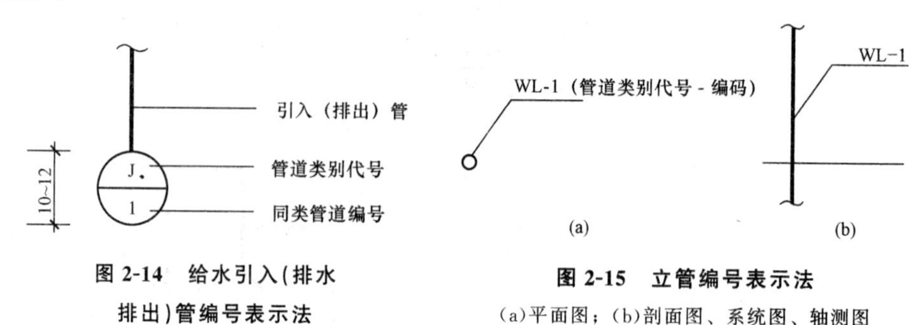

图 2-14　给水引入(排水排出)管编号表示法

图 2-15　立管编号表示法

(a)平面图；(b)剖面图、系统图、轴测图

(3)在总图中，当同种给水排水附属构筑物的数量超过一个时，应进行编号，并应符合下列规定：

1)编号方法应用构筑物代号加编号表示；

2)给水构筑物的编号顺序宜为从上水源到干管，再从干管到支管，最后到用户；

3)排水构筑物的编号顺序宜为从上游到下游，先干管后支管。

(4)当给水排水工程的机电设备数量超过一台时，宜进行编号，并应有设备编号与设备名称对照表。

二、给水排水工程工程图常用图例

(1)管道类别应以汉语拼音字母表示，管道图例宜符合表 2-8 的要求。

表 2-8　管道

名称	图例	名称	图例
生活给水管	—— J ——	压力污水管	—— YW ——
热水给水管	—— RJ ——	雨水管	—— Y ——
热水回水管	—— RH ——	压力雨水管	—— YY ——
中水给水管	—— ZJ ——	虹吸雨水管	—— HY ——
循环冷却给水管	—— XJ ——	膨胀管	—— PZ ——
循环冷却回水	—— XH ——	保温管	
热媒给水管	—— RM ——	伴热管	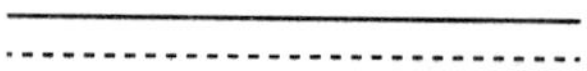
热媒回水管	—— PMH ——	多孔管	

续表

名称	图例	名称	图例
蒸汽管	—— Z ——	地沟管	
凝结水管	—— N ——	防护套管	
废水管	—— F ——	管道立管	XL-1 平面 XL-1 系统
压力废水管	—— YF ——	空调凝结水管	—— KN ——
通气管	—— T ——	排水明沟	坡向 →
污水管	—— W ——	排水暗沟	坡向 →
注：1. 分区管道用加注角标方式表示。 2. 原有管道可比同类型的新设管线细一级的线型表示，并加斜线，拆除管线则加叉线。			

(2)管道附件的图例宜符合表 2-9 的要求。

表 2-9 管道附件

名称	图例	名称	图例
管道伸缩器		排水漏斗	平面 系统
方形伸缩器		圆形地漏	平面 系统
柔性防水套管		方形地漏	平面 系统
波纹管		自动冲洗水箱	

续表

名称	图例	名称	图例
可曲挠橡胶接头	单球　双球	挡墩	
管道固定支架		减压孔板	
立管检查口		Y 形除污器	
清扫口	平面　系统	毛发聚集器	平面　系统
通气帽	成品　蘑菇形	倒流防止器	
雨水斗	YD-　YD- 平面　系统	吸气阀	

(3)管道连接的图例宜符合表 2-10 的要求。

表 2-10　管道连接

名称	图例	名称	图例
法兰连接		转动接头	
承插连接		S 形存水弯	

续表

名称	图例	名称	图例
活接头		P 形存水弯	
管堵		90°弯头	
法兰堵盖		正三通	
盲板		TY 三通	
偏心异径管		斜三通	
同心异径管		正四通	
乙字管		斜四通	
喇叭口		浴盆排水管	

(4)阀门的图例宜符合表 2-11 的要求。

表 2-11　阀门

名称	图例	名称	图例
闸阀		止回阀	
角阀		消声止回阀	
三通阀		持压阀	C
四通阀		泄压阀	
截止阀		弹簧安全阀	
蝶阀		平衡锤安全阀	
电动闸阀		自动排气阀	平面　系统
液动闸阀		浮球阀	平面　系统
气动闸阀		水力液位控制阀	平面　系统

续表

名称	图例	名称	图例
电动蝶阀		止回阀	
液动蝶阀		水嘴	平面　系统
气动蝶阀		皮带水嘴	平面　系统
减压阀		洒水(栓)水嘴	
旋塞阀	平面　系统	化验水嘴	
底阀	平面　系统	肘式水嘴	
球阀		脚踏开关水嘴	
隔膜阀		混合水嘴	
气开隔膜阀		旋转水嘴	
气闭隔膜阀		浴盆带喷头混合水嘴	
电动隔膜阀		蹲便器脚踏开关	
温度调节阀		电磁阀	M

续表

名称	图例	名称	图例
压力调节阀	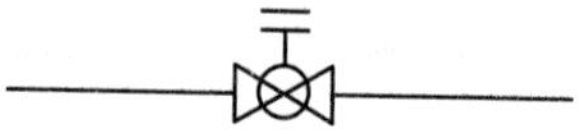	皮带水嘴	 平面 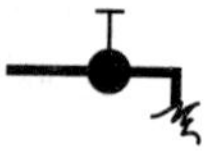　系统

(5)卫生设备及水池的图例宜符合表 2-12 的要求。

表 2-12　卫生设备及水池

名称	图例	名称	图例
立式洗脸盆		污水池	
台式洗脸盆	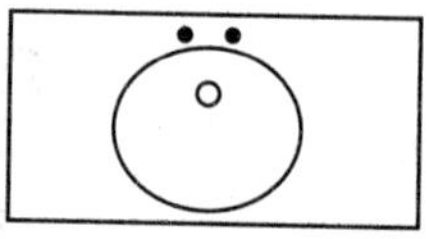	立式小便器	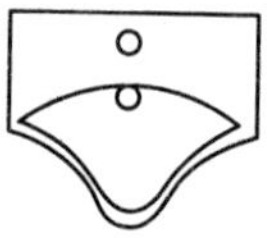
挂式洗脸盆	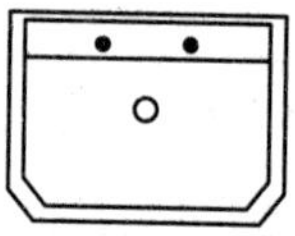	壁挂式小便器	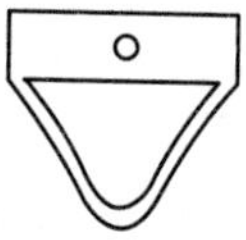
浴盆	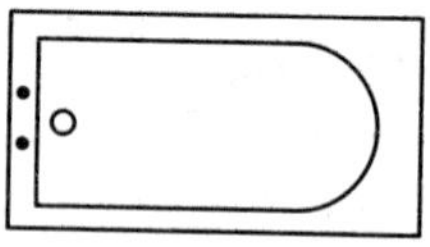	蹲式大便器	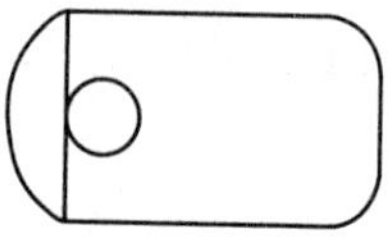
化验盆、洗涤盆	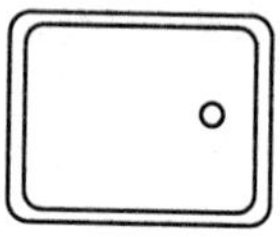	坐式大便器	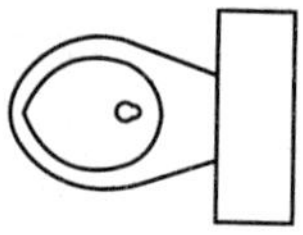
厨房洗涤盆	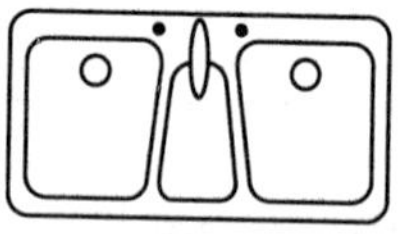	小便槽	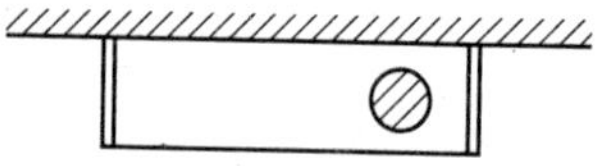
带沥水板洗涤盆	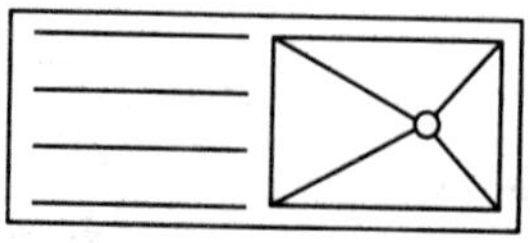	淋浴喷头	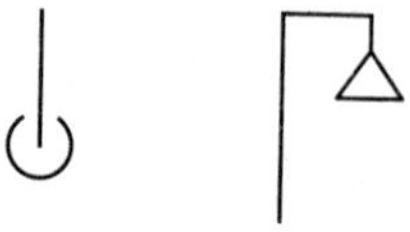
盥洗槽	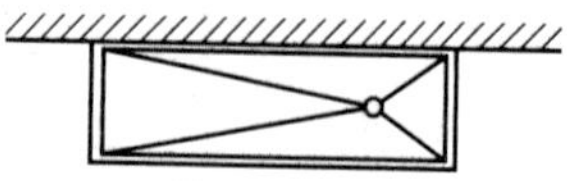	蹲式大便器	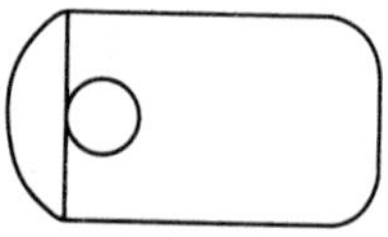
注：卫生设备图例也可以建筑专业资料图为准。			

第三节　通风空调工程施工图识读

建筑通风的任务是把室外的新鲜空气经适当的处理后(如净化、加热等)引进室内，把室内的废气经消毒、除害处理后排至室外，调整室内温度、湿度及空气的洁净度与流速，从而保证人们的身体健康，以及改善人们生活和工作的环境条件。工业通风的任务就是控制生产过程中产生的粉尘、有害气体，改善高温、高湿的环境，从而创造良好的生产环境和大气环境。

一、通风工程系统的组成与分类

1. 通风工程系统的组成

通风系统可分为送风系统和排风系统。送风系统是将清洁空气引入室内；排风系统是排除室内的污染气体。

2. 通风工程系统的分类

(1)按空气流动的动力分类。

1)自然通风。自然通风是利用室内外风压差或温差所形成的热压，使室内外空气进行交换的通风方式。其适用居住建筑、普通办公楼、工业厂房(尤其是高温车间)中。

2)机械通风。机械通风是借助通风机所产生的动力使空气流动的通风方式。其包括机械送风和排风。

(2)按通风的作用范围分类。

1)局部通风。局部通风可分为局部送风和局部排风。

①局部送风。局部送风是将干净的空气直接送至室内人员所在的位置，以改善每位工作人员的局部环境，使其达到所要求的标准，而并非使整个空间环境达到相应的标准。

②局部排风。局部排风是在产生污染物的地点直接将污染物收集起来，经处理后排至室外。当污染物集中产生于某处时，局部排风是最有效地治理污染物对环境危害的通风方式。

2)全面通风。全面通风可分为稀释通风、单向流通风、均匀流通风和置换通风四种形式。全面通风是利用清洁的空气稀释室内空气中的有害物，降低其浓度，同时将污染空气排出室外，如图 2-16 所示。对于散发热、湿或有害物质的车间或其他房间，当不能采用局部通风或采用局部通风仍达不到卫生标准要求时，应辅以全面通风。

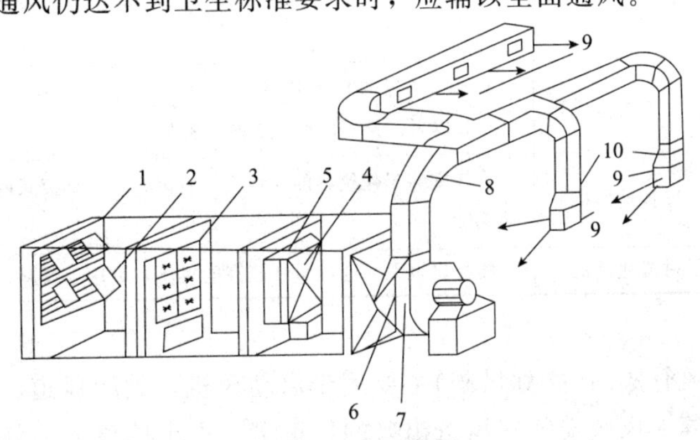

图 2-16　全面通风

1—百叶窗；2—保温阀；3—过滤器；4—空气加热器；

5—旁通阀；6—启动阀；7—风机；8—风管；9—送风口；10—调节阀

(3)按用途分类。

1)工业与民用建筑通风。工业与民用建筑通风是指以治理工业生产过程和建筑中人员及其活动所产生的污染物为目标的通风系统。

2)建筑防烟和排烟通风。建筑防烟和排烟通风是指以控制建筑火灾烟气流动，创造无烟的人员疏散通道或安全区的通风系统。

3)事故通风。事故通风是指排除突发事件产生的大量有燃烧、爆炸危害或有毒害的气体、蒸汽的通风系统。

二、常用通风设备

1. 通风机

通风机是用于为空气气流提供必需的动力，以克服输送过程中的压力损失的主要设备。常见通风机的分类见表 2-13。

表 2-13 常见通风机的分类

名称	划分依据	分类	特点及用途
通风机	按作用原理划分	离心式通风机	用于一般的送排风系统，或安装在除尘器后的除尘系统，适宜输送温度低于 80 ℃，含尘浓度小于 150 mg/m³ 的无腐蚀性、无黏性的气体
		轴流式通风机	轴流式通风机由圆筒形机壳、叶轮、吸风口、扩压器等组成，适用于一般厂房的低压通风系统
		贯流式通风机	又称横流风机，贯流式通风机的全压系数较大，效率较低，其进、出口均为矩形，目前大量应用于空调挂机、空调扇、风幕机等设备产品中
	按用途划分	一般用途通风机	只适宜输送温度低于 80 ℃，比较清洁的空气
		排尘通风机	适用输送含尘气体
		高温通风机	属于特种风机，常用于高温作业
		防爆通风机	用于防爆等级低的通风机：叶轮用铝板制作，机壳用钢板制作；对于防爆等级高的通风机：叶轮、机壳均用铝板制作
		防腐通风机	在通风机叶轮、机壳或其他与腐蚀性气体接触的零部件表面涂刷多遍防腐漆
		防、排烟通风机	具有耐高温的显著特点。一般在温度高于 300 ℃的情况下可连续运行 40 min以上。排烟风机一般装于室外
		屋顶通风机	直接安装于建筑物的屋顶上，有离心式和轴流式两种。其材料可用钢或玻璃钢
		射流通风机	能提供较大的通风量和较高的风压，可用于铁路、公路隧道的通风换气

2. 风阀

通风系统中的风管阀门(简称风阀)主要用于启动风机，关闭风道、风口，调节管道内空气量，平衡阻力等。风阀安装在风机出口的风道上、主干风道上、分支风道上或空气分布器之前等位置。各种风阀的分类见表 2-14。

表 2-14　风阀分类

名称	一级分类	二级分类	特点及用途
风阀	调节阀	蝶式调节阀	蝶式调节阀、菱形单叶调节阀和插板阀主要用于小断面风管；平行式多叶调节阀、对开式多叶调节阀和菱形多叶调节阀主要用于大断面风管；复式多叶调节阀和三通调节阀用于管网分流或合流或旁通处的各支路风量调节。 插板阀靠插板插入管道的深度来调节风量
		菱形单叶调节阀	
		插板阀	
		平行式多叶调节阀	
		对开式多叶调节阀	
		菱形多叶调节阀	
		复式多叶调节阀	
		三通调节阀	
	止回阀		控制气流的流动方向，阻止气流逆向流动
	防火阀		平常全开，火灾时关闭并切断气流，防止火灾通过风管蔓延，70 ℃关闭
	排烟阀		平常关闭，排烟时全开，排除室内烟气，80 ℃开启
注：止回阀、防火阀、排烟阀只具有控制功能。			

3. 风口

风口是通风与空调系统中的末端装置。通风与空调系统中使用最广泛的是铝合金风口。按具体功能可将风口分为新风口、排风口、回风口、送风口等。其分类见表 2-15，形式如图 2-17 所示。

表 2-15　风口分类

名称	分类	特点及用途
风口	新风口	将室外清洁空气吸入管网内，常用格栅、百叶等形式
	排风口	将室内或管网内空气排到室外。为了防止室外风对排风效果的影响，排风口常加装避风风帽
	回风口	将室内空气吸入管网内，和新风口一样，常用格栅、百叶等形式
	送风口	将管网内空气送入室内。送风口形式比较多，工程中根据室内气流组织的要求选用不同的形式，常用的有格栅、百叶、条缝、孔板、散流器、喷口等

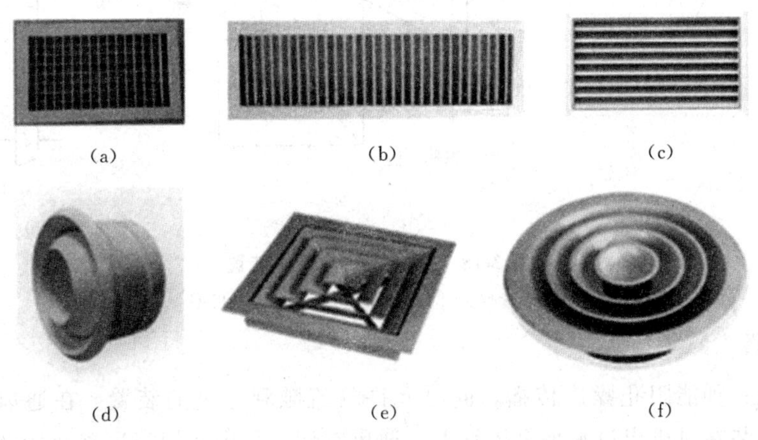

图 2-17　风口

(a)双层百叶风口；(b)单层百叶风口；(c)单层防雨百叶风口；
(d)球形风口；(e)方形散流器；(f)圆形散流器

4. 局部排风罩

局部排风罩的主要作用是排除工艺过程或设备中的含尘气体、余热、余湿、毒气、油烟等。按照工作原理的不同，局部排风罩的分类见表 2-16。

表 2-16 局部排风罩的分类

名称	分类	特点及用途
局部排风罩	密闭罩	把有害物源全部密闭在罩内，从罩外吸入空气，使罩内保持负压。用于除尘系统的密闭罩也称防尘密闭罩。防尘密闭罩可分为局部密闭罩、整体密闭罩、大容积密闭罩三类
	柜式排风罩(通风柜)	结构与密闭罩相似，只是罩的一面全部敞开。大型的柜式通风柜，操作人员可直接进入柜内工作
	外部吸气罩	在有害物散发地点造成一定的吸入速度，使有害物吸入罩内
	接受式排风罩	用于生产过程或设备本身会产生或诱导一定的气流运动的情况，只需把排风罩设在污染气流前方，有害物会随气流直接进入罩内
	吹吸式排风罩	具有风量小，控制效果好，抗干扰能力强，不影响工艺操作等特点

5. 除尘器

除尘器是将粉尘从含尘气流中分离出来的设备，如图 2-18 所示。

根据除尘机理的不同，除尘器可分为重力、惯性、离心、过滤、洗涤、静电六大类；根据气体净化程度的不同，除尘器可分为粗净化、中净化、净化与超净化四类；根据除尘器的除尘效率和阻力，可分为高效、中效、粗效和高阻、中阻、低阻等。

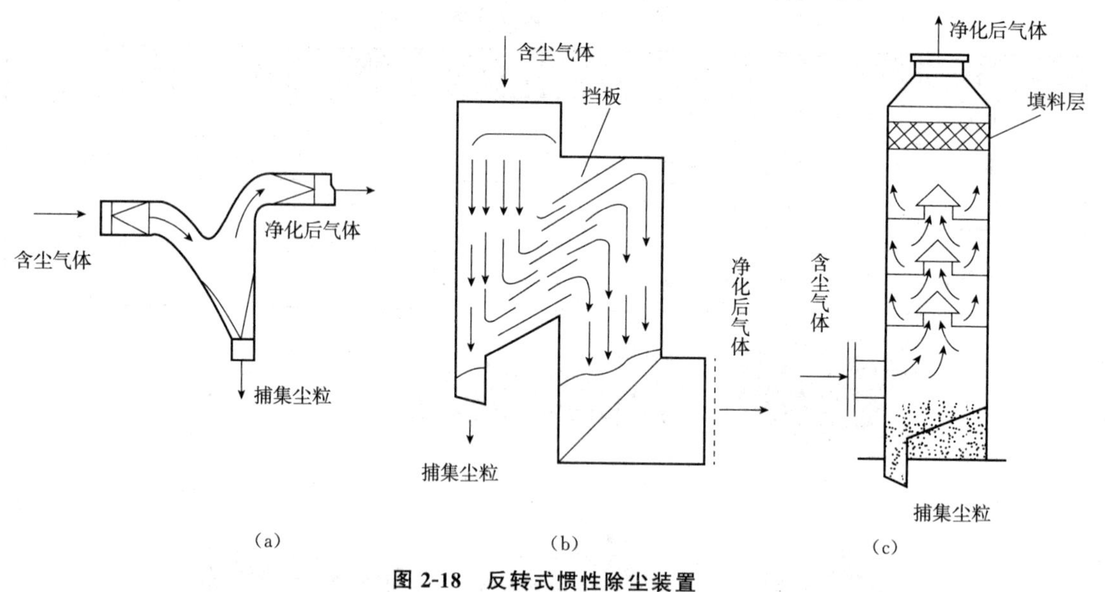

图 2-18 反转式惯性除尘装置

(a)弯管型；(b)百叶窗型；(c)多层隔板型

6. 消声器

消声器是一种能阻止噪声传播，同时允许气流顺利通过的装置。在通风空调系统中，消声器一般安装在风机出口水平总风管上。通风空调工程中常用消声器及特点见表 2-17。

表 2-17　消声器的分类

名称	分类	特点及用途
消声器	阻性消声器	阻性消声器是利用敷设在气流通道内的多孔吸声材料来吸收声能，降低沿通道传播的噪声。其具有良好的中、高频消声性能
	抗性消声器	抗性消声器具有良好的低频或低中频消声性能，宜于在高温、高湿、高速及脉动气流环境下工作
	扩散消声器	在其器壁上设许多小孔，气流经小孔喷射后，通过降压减速，达到消声目的
	缓冲式消声器	利用多孔管及腔室阻抗作用，将脉冲流转换为平滑流的消声设备
	干涉型消声器	利用波的干涉原理，在气流通道上设一旁通管，使部分声能分岔到旁通管里，使主、旁通道中的声波在汇合处波长相同，相位相反，在传播过程中，相波相互削弱或完全抵消，达到消声目的
	阻抗复合消声器	对中、高频消声效果较好。将两者结合起来组成的阻抗复合消声器，对低、中、高整个频段内的噪声均可获得较好的消声效果

7．空气幕设备

空气幕可由空气处理设备、风机、风管系统及空气分布器组成。空气幕按照空气分布器的安装位置可分为上送式、侧送式和下送式三种。

8．空气净化设备

有害气体的处理方法有多种，其中吸收法和吸附法较为常用。

(1)吸收设备。吸收设备用于需要同时进行有害气体净化和除尘的排风系统中。常用的吸收剂有水、碱性吸收剂、酸性吸收剂、有机吸收剂和氧化剂吸收剂。

(2)吸附设备。吸附设备常用的吸附介质是活性炭。

三、通风空调工程施工图常见画法

(一)常用图例符号

在通风空调工程施工图中，常用一些图例和符号来代表一定的内容，以简化图纸，因此，在识读通风空调工程施工图时，必须了解这些图例、符号的内容，才能正确地识图、编制工程造价文件。

通风空调工程施工图常用的图例参见《暖通空调制图标准》(GB/T 50114—2010)，与通风空调工程有关的给水排水图例，一般参见《建筑给水排水制图标准》(GB/T 50106—2010)。通风空调工程常用图例，见表 2-18。

表 2-18　暖通空调设备图例

序号	名称	图例	备注
1	散热器及手动放气阀	15　15　15	左为平面图画法，中为剖面图画法，右为系统图(Y 轴侧)画法
2	散热器及温控阀	15　15	—

续表

序号	名称	图例	备注
3	轴流风机	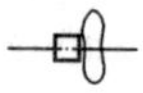	—
4	轴(混)流式管道风机	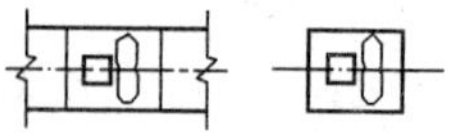	—
5	离心式管道风机	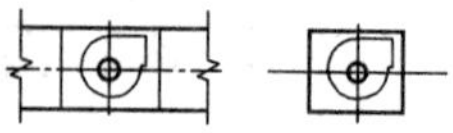	—
6	吊顶式排气扇	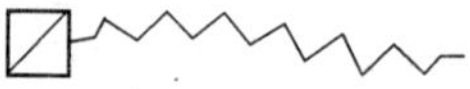	—
7	水泵		—
8	手摇泵		—
9	变风量末端	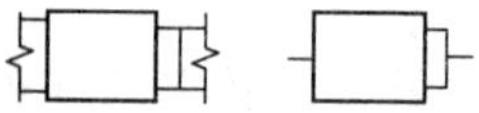	—
10	空调机组加热、冷却盘管		从左到右分别为加热、冷却及双功能盘管
11	空气过滤器		从左至右分别为粗效、中效及高效
12	挡水板		—
13	加湿器	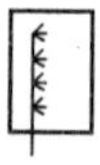	—
14	电加热器	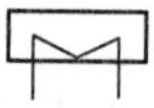	—
15	板式换热器	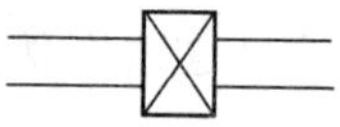	—
16	立式明装风机盘管		—
17	立式暗装风机盘管		—
18	卧式明装风机盘管	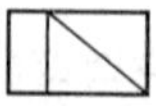	—
19	卧式暗装风机盘管	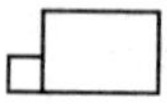	—
20	窗式空调器	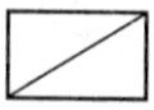	—
21	分体空调器	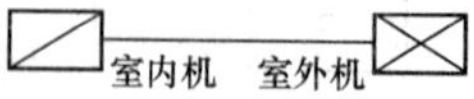 室内机　室外机	—

续表

序号	名称	图例	备注
22	射流诱导风机		—
23	减振器		左为平面图画法，右为剖面图画法

(二)通风空调工程管道常见画法

(1)各工程、各阶段的设计图纸应满足相应的设计深度要求。

(2)本专业设计图纸编号应独立。

(3)在同一套工程设计图纸中，图样的线宽组、图例、符号等应一致。

(4)在工程设计中，宜依次表示图纸目录、选用图集(纸)目录、设计施工说明、图例、设备及主要材料表、总图、工艺图、系统图、平面图、剖面图、详图等，如单独成图时，其图纸编号应按所述顺序排列。

(5)图样需要的文字说明，宜以“注:”“附注:”或“说明:”的形式在图纸右下方、标题栏的上方书写，并用“1、2、3、…”进行编号。

(6)一张图幅内绘制平、剖面等多种图样时，宜按平面图、剖面图、安装详图，从上至下、从左至右的顺序排列。当一张图幅绘有多层平面图时，宜按建筑层次由低至高、由下而上的顺序排列。

(7)图纸中的设备或部件不使用文字标注时，可进行编号。图样中仅标注编号时，其名称宜以“注:”“附注:”或“说明:”表示。当需表明其型号(规格)、性能等内容时，宜用“明细栏”表示，如图 2-19 所示。

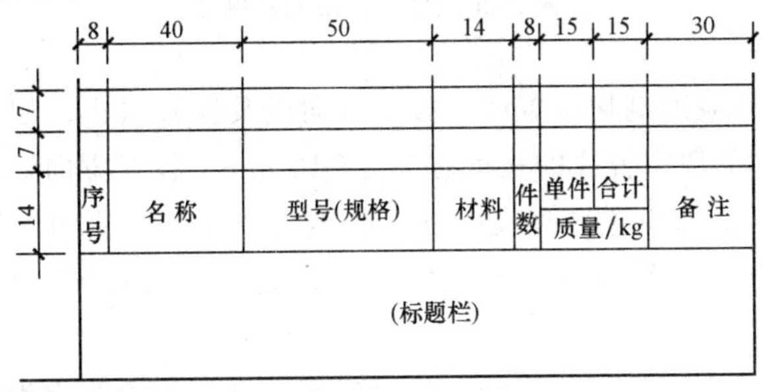

图 2-19 明细栏示例

(8)初步设计和施工图设计的设备表应至少包括序号(或编号)、设备名称、技术要求、数量、备注栏；材料表应至少包括序号(或编号)、材料名称、规格或物理性能、数量、单位、备注栏。

(三)管道和设备布置平面图、剖面图及详图

(1)管道和设备布置平面图、剖面图应以直接正投影法绘制。

(2)用于暖通空调系统设计的建筑平面图、剖面图，应用细实线绘出建筑轮廓线和与暖通空调系统有关的门、窗、梁、柱、平台等建筑构配件，并应标明相应定位轴线编号、房

间名称、平面标高。

(3)管道和设备布置平面图应按假想除去上层板后俯视规则绘制，其相应的垂直剖面图应在平面图中标明剖切符号，如图 2-20 所示。

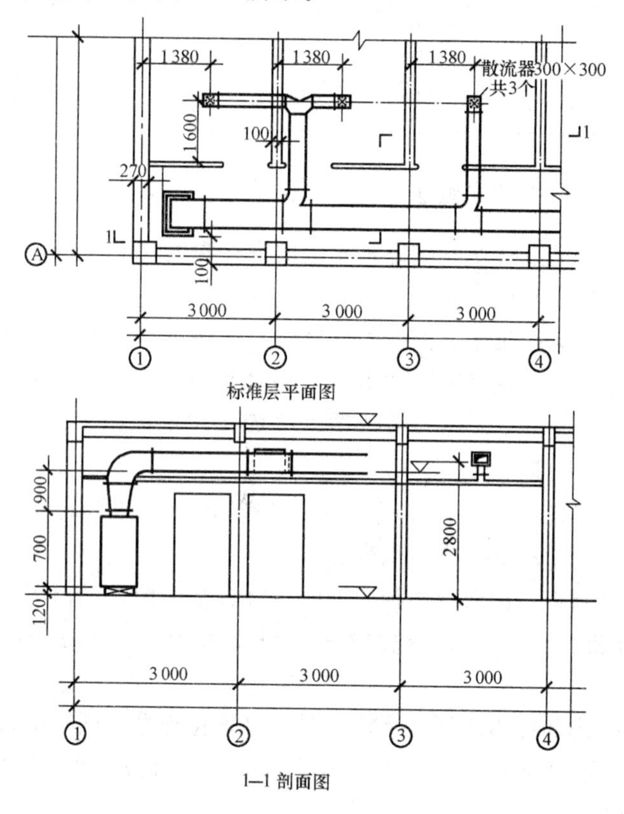

图 2-20　平、剖面图示例

(4)剖视的剖切符号应由剖切位置线、投射方向线及编号组成，剖切位置线和投射方向线均应以粗实线绘制。剖切位置线的长度宜为 6～10 mm；投射方向线的长度应短于剖切位置线，宜为 4～6 mm；剖切位置线和投射方向线不应与其他图线相接触；编号宜用阿拉伯数字，并宜标在投射方向线的端部；转折的剖切位置线，宜在转角的外顶角处加注相应编号。

(5)断面的剖切符号应用剖切位置线和编号表示。剖切位置线宜为长度 6～10 mm 的粗实线；编号可用阿拉伯数字、罗马数字或小写拉丁字母标在剖切位置线的一侧，并应表示投射方向。

(6)平面图上应标注设备、管道定位(中心、外轮廓)线与建筑定位(轴线、墙边、柱边、柱中)线间的关系；剖面图上应标注出设备、管道(中、底或顶)标高。必要时，还应标注出距该层楼(地)板面的距离。

(7)剖面图应在平面图上选择反映系统全貌的部位垂直剖切后绘制。当剖切的投射方向为向下和向右且不致引起误解时，可省略剖切方向线。

(8)建筑平面图采用分区绘制时，暖通空调专业平面图也可分区绘制，但分区部位应与建筑平面图一致，并应绘制分区组合示意图。

(9)除方案设计、初步设计及精装修设计外，平面图、剖面图中的水、气管道可用单线绘制，风管不宜用单线绘制。

(10)平面图、剖面图中的局部需另绘详图时，应在平、剖面图上标注索引符号。索引符号的画法如图 2-21 所示。

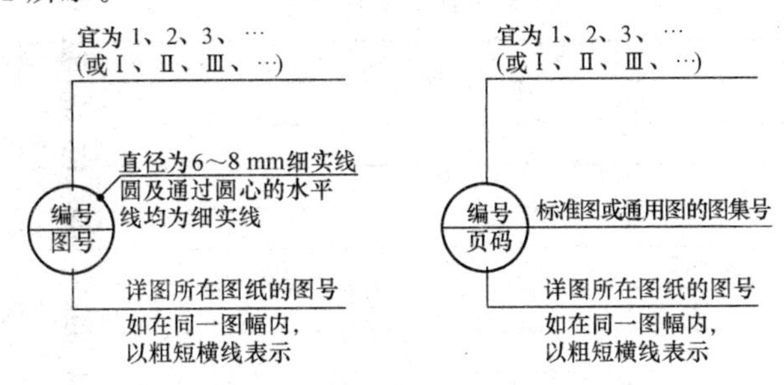

图 2-21　索引符号的画法

(11)当表示局部位置的相互关系时，在平面图上应标注内视符号，如图 2-22 所示。

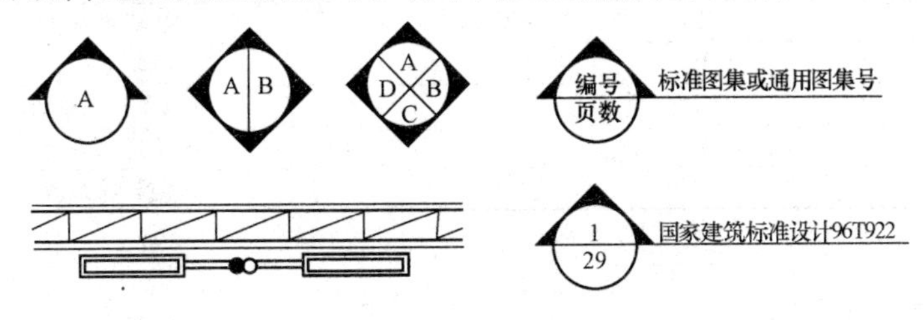

图 2-22　内视符号画法

(四)管道系统图、原理图

(1)管道系统图应能确认管径、标高及末端设备，可按系统编号分别绘制。

(2)管道系统图采用轴测投影法绘制时，宜采用与相应的平面图一致的比例。按正等轴测或正面斜二轴测的投影规则绘制，可按现行国家标准《房屋建筑制图统一标准》(GB/T 50001—2017)绘制。

(3)在不致引起误解时，管道系统图可不按轴测投影法绘制。

(4)管道系统图的基本要素应与平、剖面图相对应。

(5)水、气管道及通风、空调管道系统图均可用单线绘制。

(6)系统图中的管线重叠、密集处，可采用断开画法。断开处宜以相同的小写拉丁字母表示，也可用细虚线连接。

(7)室外管网工程设计宜绘制管网总平面图和管网纵剖面图。

(8)原理图可不按比例和投影规则绘制。

(9)原理图基本要素应与平面图、剖视图及管道系统图相对应。

四、系统编号

(1)一个工程设计中同时有供暖、通风、空调等两个及其以上的不同系统时，应进行系统编号。

(2)暖通空调系统编号、入口编号，应由系统代号和顺序号组成。

(3)系统代号用大写拉丁字母表示(表 2-19)，顺序号用阿拉伯数字表示，如图 2-23 所示。当一个系统出现分支时，可采用图 2-23(b)所示的画法。

表 2-19　系统代号

序号	字母代号	系统名称
1	N	(室内)供暖系统
2	L	制冷系统
3	R	热力系统
4	K	空调系统
5	J	净化系统
6	C	除尘系统
7	S	送风系统
8	X	新风系统
9	H	回风系统
10	P	排风系统
11	XP	新风换气系统
12	JY	加压送风系统
13	PY	排烟系统
14	P(PY)	排风兼排烟系统
15	RS	人防送风系统
16	RP	人防排风系统

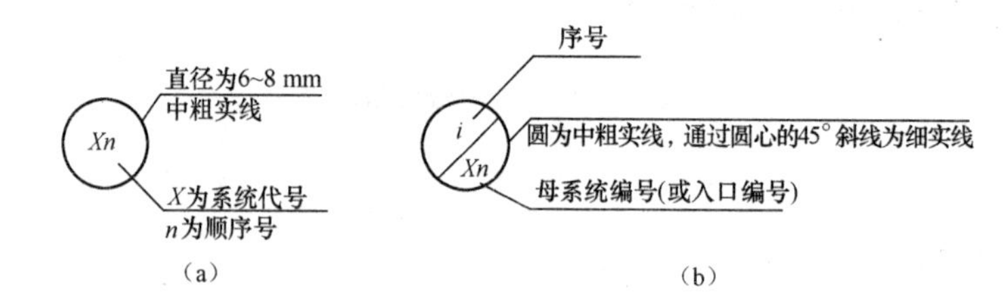

图 2-23　系统编号的画法

(4)系统编号宜标注在系统总管处。

(5)竖向布置的垂直管道系统，应标注立管号，如图 2-24 所示。在不致引起误解时，可只标注序号，但应与建筑轴线编号有明显区别。

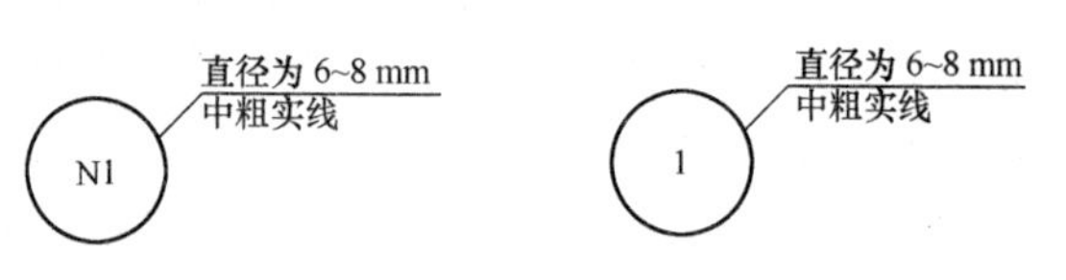

图 2-24　立管号的画法

五、管道标高、管径(压力)、尺寸标注

(1)在无法标注垂直尺寸的图样中，应标注标高。标高应以 m 为单位，并应精确到 cm 或 mm。

(2)标高符号应以等腰直角三角形表示。当标准层较多时，可只标注本层楼(地)板面的相对标高，如图 2-25 所示。

h+2.20

图 2-25　相对标高的画法

(3)水、气管道所注标高未予说明时，应表示管中心标高。

(4)水、气管道标注管外底或顶标高时，应在数字前加“底”或“顶”字样。

(5)矩形风管所注标高应表示管底标高；圆形风管所注标高应表示管中心标高。当不采用此方法标注时，应进行说明。

(6)低压流体输送用焊接管道规格应标注公称通径或公称压力。公称通径的标记应由字母“DN”后跟一个以毫米表示的数值组成；公称压力的代号应为“PN”。

(7)输送流体用无缝钢管、螺旋缝或直缝焊接钢管、铜管、不锈钢管，当需要注明外径和壁厚时，应用“D(或 ϕ)外径×壁厚”表示。在不致引起误解时，也可采用公称通径表示。

(8)塑料管外径应用“de”表示。

(9)圆形风管的截面定型尺寸应以直径“ϕ”表示，单位应为 mm。

(10)矩形风管(风道)的截面定型尺寸应以“$A\times B$”表示。“A”应为该视图投影面的边长尺寸，B 应为另一边尺寸。A、B 单位均应为 mm。

(11)平面图中无坡度要求的管道标高可标注在管道截面尺寸后的括号内。必要时，应在标高数字前加“底”或“顶”字样。

(12)水平管道的规格宜标注在管道的上方；竖向管道的规格宜标注在管道的左侧；双线表示的管道，其规格可标注在管道轮廓线内，如图 2-26 所示。

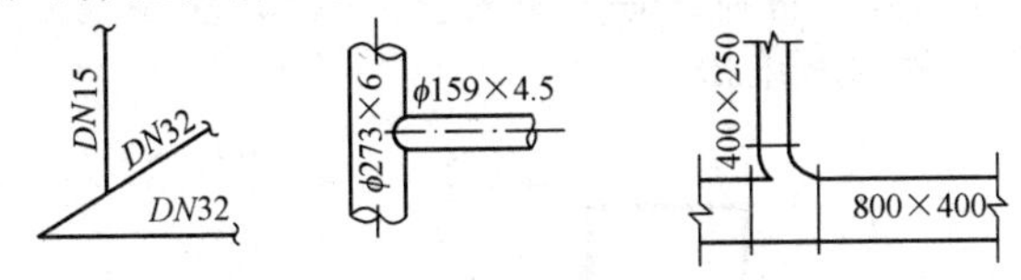

图 2-26　管道截面尺寸的画法

(13)当斜管道不在图 2-27 所示 30°范围内时，其管径(压力)、尺寸应平行标在管道的斜上方。不用图 2-27 的方式标注时，可用引出线标注。

(14)多条管线的规格标注方法如图 2-28 所示。

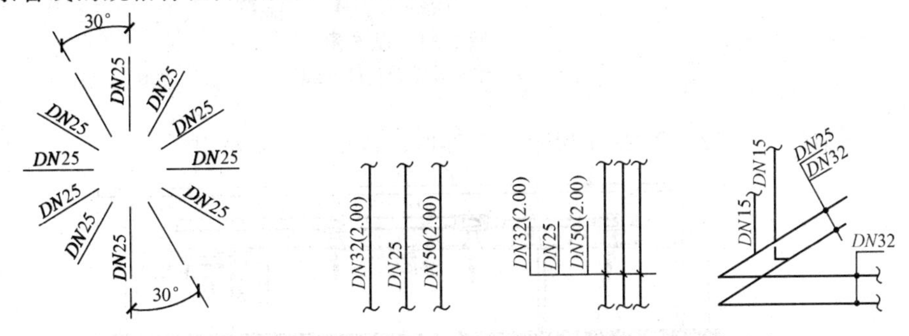

图 2-27　管径(压力)的标注位置示例　　　**图 2-28　多条管线规格的画法**

(15)风口、散流器的表示方法如图 2-29 所示。

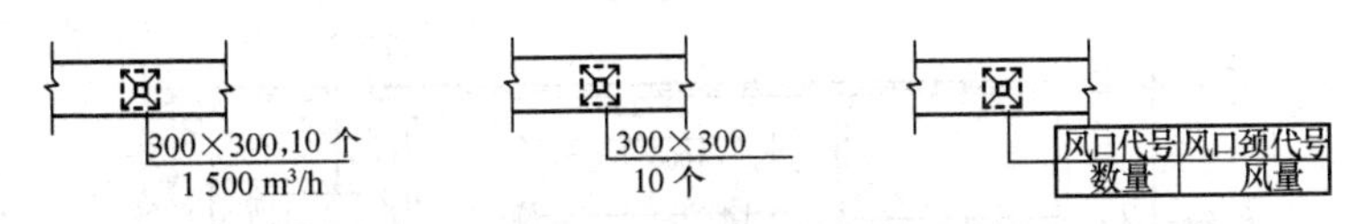

图 2-29　风口、散流器的表示方法

(16)图样中尺寸标注应按现行国家标准的有关规定执行。

(17)平面图、剖面图上如需标注连续排列的设备或管道的定位尺寸和标高时，应至少有一个误差自由段，如图 2-30 所示。

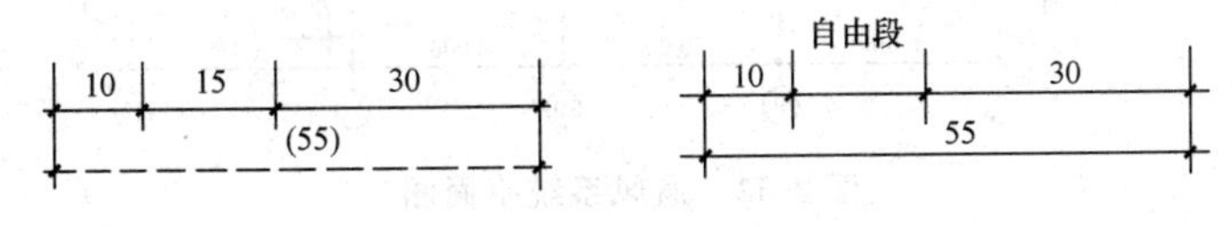

图 2-30　定位尺寸的表示方法

(18)挂墙安装的散热器说明安装高度。

(19)设备加工(制造)图的尺寸标注应按现行国家标准《机械制图　尺寸注法》(GB/T 4458.4—2003)的有关规定。焊缝应按现行国家标准《技术制图　焊缝符号的尺寸、比例及简化表示法》(GB/T 12212—2012)的有关规定执行。

复习思考题

1. WP1-BLV(4×50+2×30)WC、YJV22-3×120+1×70SC120 分别代表什么?
2. 给水排水管管径的标注方法应符合什么规定?举例说明。
3. 简述电气施工图的读图原则和顺序。
4. 低压配电的方式有几种?请简述每种方式。
5. 请描述图 2-31 所示的水系统图。

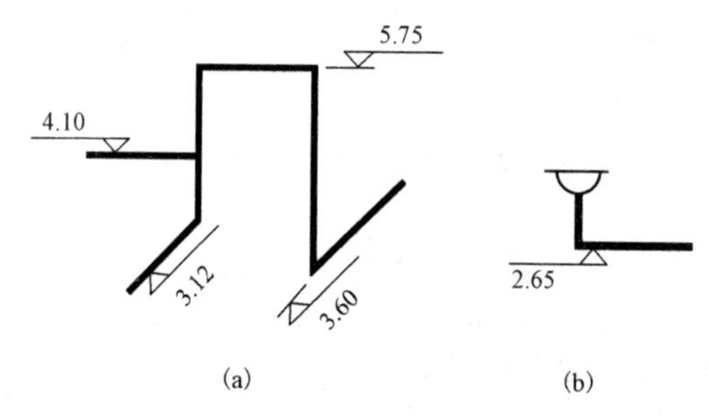

图 2-31　题 5 图

(a)给水系统图;(b)地漏

6. 请描述图 2-32～图 2-34 所示的平面图、剖面图、系统图。

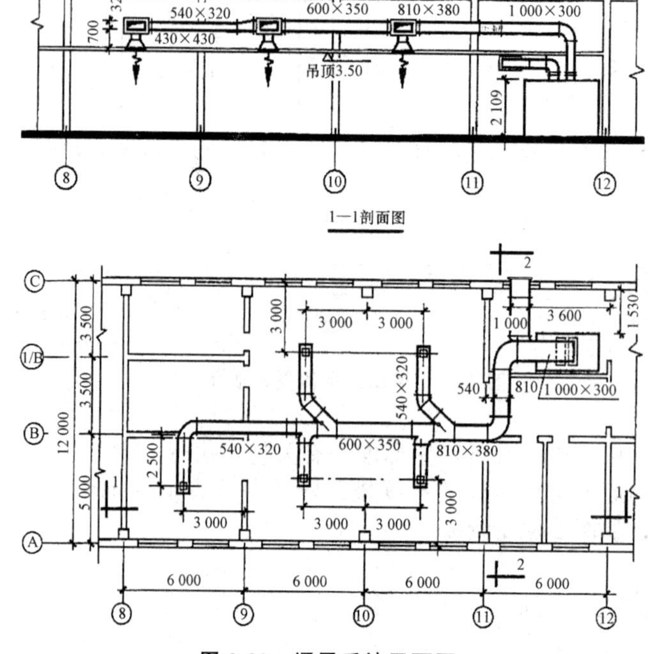

图 2-32　通风系统平面图

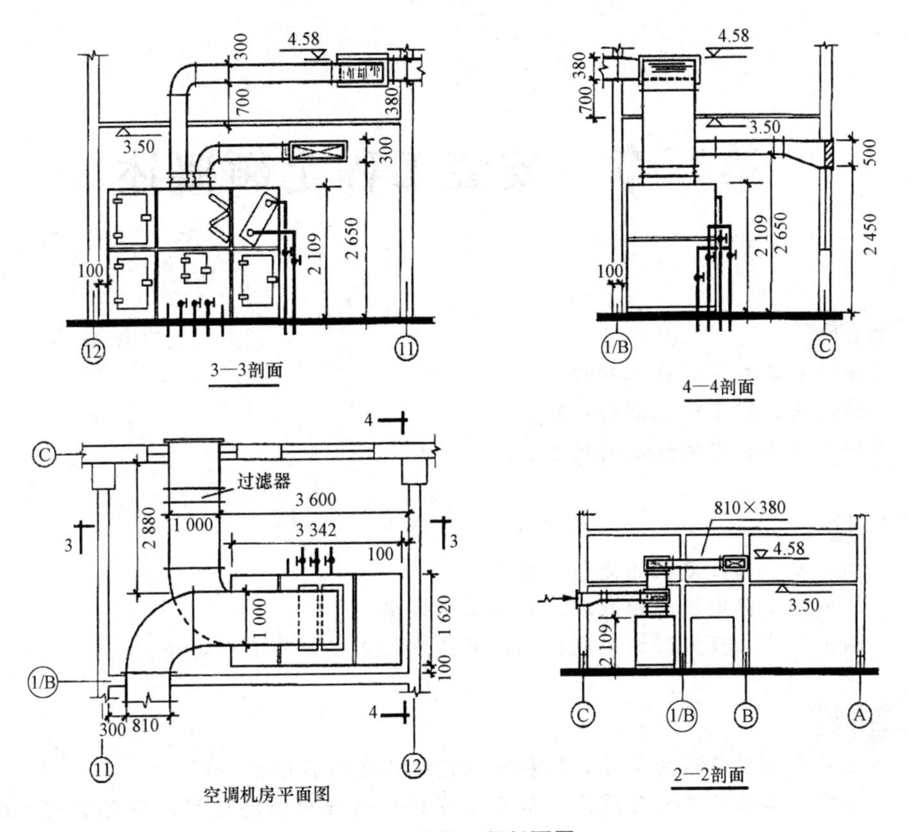

图 2-33　通风工程剖面图

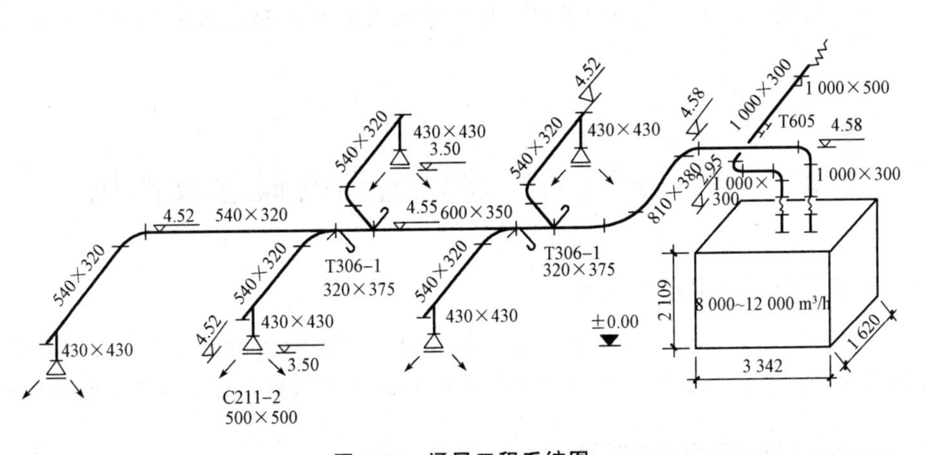

图 2-34　通风工程系统图

7. 室内燃气管道平面布置图主要反映哪些内容？

第三章　安装工程定额概述

知识目标

1. 了解安装工程定额基本知识。
2. 熟悉安装工程定额编制的原理。
3. 了解安装工程定额组成的内容。

技能目标

1. 能阐述安装工程定额的概念及作用。
2. 掌握安装工程定额编辑原理，熟知编制依据。
3. 能阐述安装工程定额的组成内容，并熟悉云南省安装工程定额。

素质目标

1. 通过安装工程定额的学习，培养学生遵纪守规的品格。
2. 掌握安装工程定额及其原理，倡导工程建设过程中经济适用、节能低碳、绿色可持续发展的理念。
3. 通过全国定额与云南定额的学习，培养学生大局观意识，因地制宜求发展，遵纪守规搞建设。

第一节　安装工程预算定额的概念及作用

一、安装工程预算定额的概念

安装工程预算定额，是指在合理的施工组织设计、正常施工条件下，完成规定计量单位的合格安装产品所需的人工、材料和机械台班的社会平均消耗数量或资金数量标准。

二、安装工程预算定额的作用

(1)安装工程预算定额是统一全国安装工程预算工程量计算规则、项目划分、计量单位的依据。

(2)安装工程预算定额是编制施工图预算、确定安装工程造价的依据。

(3)安装工程预算定额是在工程招投标中合理确定招标控制价、投标报价的依据。

(4)安装工程预算定额是施工企业编制施工组织设计，确定劳动力、材料、机械台班需用量计划的依据。

(5)安装工程预算定额是建设单位拨付工程价款、建设资金和编制竣工结算的依据。

(6)安装工程预算定额是施工企业实施经济核算制、考核工程成本、进行经济活动分析的依据。

(7)安装工程预算定额是对设计方案和施工方案进行技术经济评价的依据。
(8)安装工程预算定额是编制概算定额(指标)、投资估算指标的基础。
(9)安装工程预算定额是制定企业定额的基础。

第二节　安装工程预算定额的编制原则及依据

一、安装工程预算定额的编制原则

(1)社会平均水平的原则。预算定额应遵循价值规律的客观要求，按建筑安装产品生产过程中所消耗的社会平均必要劳动时间确定定额水平。

(2)简明适用的原则。预算定额的简明与适用是统一体中的两个方面，如果只强调简明，适用性就差；如果只强调适用，简明性就差。

(3)统一性和差别性相结合的原则。所谓统一性，就是从培育全国统一市场、规范计价行为出发，由国务院住房城乡建设主管部门负责全国统一预算定额的制定或修订，颁发工程造价管理的规章制度办法，使建筑安装工程具有一个统一的计价依据，使考核设计和施工的经济效果具有一个统一尺度。

二、安装工程预算定额的编制依据

(1)全国统一建筑安装劳动定额，全国统一安装工程基础定额。
(2)现行设计规范，施工及质量验收规范，安全操作规程。
(3)通用的标准图和具有代表性的典型工程施工图。
(4)推广的新技术、新结构、新材料、新工艺。
(5)施工现场测定资料、实验资料和统计资料。
(6)现行预算定额、地区材料预算价格、工资标准及机械台班单价。

第三节　安装工程预算定额组成内容

《通用安装工程消耗量定额》(TY02—31—2015)共分十二册，包括：
第一册　机械设备安装工程
第二册　热力设备安装工程
第三册　静置设备与工艺金属结构制作安装工程
第四册　电气设备安装工程
第五册　建筑智能化工程
第六册　自动化控制仪表安装工程
第七册　通风空调工程
第八册　工业管道工程
第九册　消防工程
第十册　给排水、采暖、燃气工程
第十一册　通信设备及线路工程
第十二册　刷油、防腐蚀、绝热工程
《通用安装工程消耗量定额》(TY02—31—2015)由住房和城乡建设部组织修订、批准发布，自 2015 年 9 月 1 日起施行。

《通用安装工程消耗量定额》(TY02—31—2015)各分册通常由以下内容组成：

(1)总说明。主要介绍《通用安装工程消耗量定额》的类别，编制依据，施工条件，人工、材料、施工机械台班、施工仪器仪表台班消耗量，定额适用情况，水平、垂直运输的规定等。

(2)册说明。主要介绍本册定额的适用范围，编制所依据的标准、规范，与其他分册定额之间的联系与关系，有关定额系数的规定等。

(3)目录。定额目录按分部工程分章，为查找和套用定额子目提供索引。

(4)章说明。主要介绍本章定额的适用范围、定额界限划分、定额工作内容、计算规则及有关定额系数的规定等。

(5)定额项目表。定额项目表是各册安装工程消耗量定额的核心内容，包括表头和表格两部分。

定额项目表示例：表3-1摘自《通用安装工程消耗量定额》第十册《给排水、采暖、燃气工程》。

表3-1 水龙头安装

工作内容：上水嘴、试水

计量单位：10个

定额编号				10-6-81	10-6-82	10-6-83
项目				公称直径/mm		
				15	20	25
名称			单位	消耗量		
人工	合计工日		工日	0.260	0.270	0.330
	其中	普工	工日	0.065	0.067	0.082
		一般技工	工日	0.169	0.176	0.215
		高级技工	工日	0.026	0.027	0.033
材料	水嘴		个	10.100	10.100	10.100
	聚四氟乙烯生料带宽20		m	4.000	5.000	6.000
	其他材料费		%	3.00	3.00	3.00

第四节 云南省通用安装工程定额的适用范围及章节内容

一、《云南省通用安装工程消耗量定额》组成

《云南省通用安装工程消耗量定额》(DBJ 53/T—63—2013)(以下简称《云南安装定额》)共分四篇十三册，见表3-2。

表3-2 云南省通用安装工程消耗量定额分册示意

管道篇	电气篇	设备篇	公共篇
第六册 工业管道工程	第二册 电气设备安装工程	第一册 机械设备安装工程	第十三册 金属结构制作安装工程及刷油、防腐蚀、绝热工程
第七册 消防及安全防范设备安装工程	第十册 自动化控制仪表安装工程	第三册 热力设备安装工程	
第八册 给排水、采暖及燃气工程	第十一册 建筑智能化及通信设备线路安装工程	第四册 炉窑且砌筑工程	
第九册 通风空调工程		第五册 静止设备与工艺金属结构制作工程	
第十二册 长距离运输管道工程			

二、《云南省通用安装工程消耗量定额》各册章节内容

下面主要对《云南安装定额》中民用建筑所涉及的安装工程定额章节进行介绍(第一、二、六、七、八、九、十一及十三册)。

第一册 《机械设备安装》章节内容(共二十一章),见表3-3。

表3-3 《机械设备安装》章节内容示意

章节	各章内容	章节	各章内容
第一章	切削设备安装	第十二章	煤气发生设备安装
第二章	锻压设备安装	第十三章	其他机械安装
第三章	铸造设备安装	第十四章	附属设备安装
第四章	起重设备安装	第十五章	橡胶制品机械设备安装
第五章	起重机轨道安装	第十六章	医药加工机械设备安装
第六章	输送设备安装	第十七章	给料设备安装
第七章	电梯安装	第十八章	破碎设备安装
第八章	风机安装	第十九章	筛分设备安装
第九章	泵安装	第二十章	收尘设备安装
第十章	压缩机安装	第二十一章	液压、润滑设备及轨道安装
第十一章	工业炉设备安装		

第二册 《电气设备安装工程》章节内容,见表3-4。

表3-4 《电气设备安装工程》章节内容示意

章节	各章内容	章节	各章内容
第一章	变压器	第十章	防雷及接地装置
第二章	配电装置	第十一章	10KVA一下架空配电线路
第三章	母线、绝缘子	第十二章	配管、配线
第四章	控制设备及低压电器	第十三章	照明器具及路灯工程
第五章	蓄电池	第十四章	附属工程
第六章	电机	第十五章	电器调整试验
第七章	起重机电气安装	第十六章	电梯电气装置
第八章	滑触线装置		附录
第九章	电缆		

第三册 《热力设备安装工程》章节内容(略)。

第四册 《炉窑砌筑工程》章节内容(略)。

第五册 《静置设备制作安装工程》章节内容(略)。

第六册 《工业管道工程》章节内容,见表3-5。

表3-5 《工业管道工程》章节内容示意

章节	各章内容	章节	各章内容
第一章	管道安装	第五章	板卷管制作与管件制作
第二章	管件连接	第六章	管道压力试验、吹扫与清洗
第三章	阀门安装	第七章	无损探伤与焊口热处理
第四章	法兰安装	第八章	其他

第七册 《消防及安全防范设备安装工程》章节内容，见表3-6。

表3-6 《消防及安全防范设备安装工程》章节内容示意

章节	各章内容	章节	各章内容
第一章	火灾自动报警系统安装	第五章	消防系统调试安装
第二章	水灭火系统安装	第六章	安全防范设备安装
第三章	气体灭火系统安装	第七章	其他防火设施安装
第四章	泡沫灭火系统安装		

第八册 《给排水、采暖及燃气工程》章节内容，见表3-7。

表3-7 《给排水、采暖及燃气工程》章节内容示意

章节	各章内容	章节	各章内容
第1篇	给排水、采暖工程	第2篇	燃气工程
第一章	管道安装	第一章	燃气通用工程
第二章	阀门、水位标尺安装	第二章	燃气安装工程
第三章	低压器具、水表组成与安装		附录
第四章	卫生器具制作安装		
第五章	供暖器具安装		
第六章	小型容器制作安装		

第九册 《通风空调工程》章节内容，见表3-8。

表3-8 《通风空调工程》章节内容示意

章节	各章内容	章节	各章内容
第一章	薄钢板通风管道制作安装	第九章	净化通风管道及部件制作安装
第二章	调节阀制作安装	第十章	不锈钢板通风管道及部件制作安装
第三章	风口制作安装	第十一章	铝板通风管道及部件制作安装
第四章	风帽制作安装	第十二章	塑料通风管道及部件制作安装
第五章	罩类制作安装	第十三章	玻璃钢通风管道及部件制作安装
第六章	消声器制作安装	第十四章	静压箱制作安装
第七章	空调部件及设备支架安装	第十五章	净化通风管道及部件制作安装
第八章	通风空调设备安装		附录

第十册 《自动化控制仪表安装工程》章节内容(略)。

第十一册 《建筑智能化及通信设备线路安装工程》章节内容，见表3-9。

表3-9 《建筑智能化及通信设备线路安装工程》章节内容示意

章节	各章内容	章节	各章内容
第一章	综合布线系统工程	第六章	扩音、背景音乐系统设备安装工程
第二章	通信系统设备安装工程	第七章	电源与电子设备防雷接地装置安装工程
第三章	计算机网络系统设备安装工程	第八章	停车场管理系统设备安装工程
第四章	建筑设备监控系统安装工程	第九章	楼宇安全防范系统设备安装工程
第五章	有线电视系统设备安装工程	第十章	住宅小区智能化系统设备安装工程

第十二册 《长距离运输管道工程》章节内容(略)。

第十三册 《金属结构制作安装工程及刷油、防腐蚀、绝热工程》章节内容，见表3-10。

表3-10 《金属结构制作安装工程及刷油、防腐蚀、绝热工程》章节内容示意

章节	各章内容	章节	各章内容
第一篇	金属结构工程	第二篇	刷油、防腐、绝热工程
第一章	建筑金属结构工程	第一章	建筑防腐耐酸工程
第二章	工艺金属结构工程	第二章	金属结构刷油及防腐蚀涂料工程
		第三章	绝热工程

三、工程量计算规则

在《云南安装定额》的编制中，工程量计算规则的相关内容都已编制进了定额的相关章节说明中，这极大地方便了《云南安装定额》的使用。定额与工程量计算规则是《云南安装定额》的一大特点。

四、定额执行中应注意的问题

(1)消耗量定额及计算规则的作用和适用范围 。《云南安装定额》是完成规定计量单位分项工程计价所需的人工、材料、施工机械台班的消耗量标准，是统一安装工程预算工程量计算规则、项目划分、计量单位的依据；是编制安装工程地区单位估价表、施工图预算、招标工程控制价（或投标报价）、确定工程造价的依据；也是编制概算定额(指标)、投资估算指标的基础；也可作为制定企业定额和投标报价的基础。其适用各类工业、民用新建、扩建项目的安装工程。

(2)《云南安装定额》是按目前大多数施工企业采用的施工方法、机械化装备程度、合理的工期、施工工艺和劳动组织条件制定的，除各章节另有说明者外，均不得因上述因素有差异而对定额进行调整或换算。

(3)《云南安装定额》是按下列正常的施工条件进行编制的：

1)设备、材料、成品、半成品、构件完整无损，符合质量标准和设计要求，附有合格证书和试验记录；

2)安装工程和土建工程之间的交叉作业正常；

3)安装地点、建筑物、设备基础、预留孔洞等均符合安装要求；

4)水、电供应均满足安装施工正常使用；

5)正常的气候、地理条件和施工环境[未考虑高海拔、高(低)温及在有害身体健康环境等特殊条件下的作业以及施工不受生产干扰和其他干扰]；

6)正常的施工工序衔接；

7)八小时工作制；

8)正常工期要求，未考虑因某种需要的赶工、抢工和在其他不具备正常安装条件下的作业。

五、关于水平和垂直运输

(1)设备：包括自安装现场指定堆放地点运至安装地点的水平和垂直运输，取定为100 m。

(2)材料、成品、半成品：包括自施工单位现场仓库或指定堆放地点运至安装地点的水平和垂直运输，取定为300 m。

(3)设备、材料、成品、半成品的实际运距与定额取定不符时均不得调整。

(4)垂直运输基准面：室内以室内地平面为基准面，室外以安装现场地平面为基准面。

(5)《云南安装定额》适用海拔高程2000 m以下，地震烈度在七度以下地区；超过上述情况时，可按云南省建设厅相关规定进行调整。

六、关于各项降效费用的规定和各章系数的应用

1. 高层建筑增加费

高层建筑增加费是指在高层建筑(层数在6层或檐高在20 m以上的工业与民用建筑)施工应增加的人工降效及材料垂直运输增加的人工费用，以人工费为基数按各册规定的百分比计取，计算基数中应包括六层或20 m以下全部工程的人工费。计取的范围为给排水、采暖、燃气、电气、消防及安全防范、通风空调等工程。

2. 脚手架搭拆费

脚手架搭拆费以人工费为基数按各册规定的百分比计取，详见各册交底材料。各册在测算时，均已考虑了以下因素：

(1)各专业工程交叉作业施工时，可以互相利用脚手架的因素；

(2)测算安装工程脚手架费用时，大部分按简易架考虑的；

(3)施工时如部分或全部使用土建的脚手架时，做有偿使用处理。

考虑到脚手架搭拆费将成为工程量清单计价中的措施项目费用处理，《云南安装定额》各册说明中都非常明确地列出计算办法，同时在所有消耗量定额中不再反映脚手架搭拆摊销费。

3. 超高增加费

超高增加费中操作物的高度，有楼层的按楼地面至安装物的距离计算和无楼层的按操作地点(或设计正负零)至操作物的距离计算。

4. 安装与生产同时进行增加的费用

安装与生产同时进行增加的费用，按人工费的10%计取。它是指改、扩建工程在生产车间或装置内施工，因生产操作或生产条件限制（如不准动火)干扰了安装工作正常进行而增加的降效费用，不包括为保证安全生产和施工所采取的措施费用，如安装工作不受干扰的，不应计取此项费用。

5. 在有害身体健康的环境中施工降效增加的费用

在有害身体健康的环境中施工降效增加的费用，按人工费的10%计取。它是指在民法规则有关规定允许的前提下，改、扩建工程由于车间、装置范围内有害气体或高分贝的噪声超过国家标准以至影响身体健康而增加的降效费用，不包括劳保条例规定应享受的工种保健费。

6. 地方编制补充

由于云南省地域特点、地理环境、气候条件等有很大差异，各地的设计、施工都有所差异，因此，新定额仍然不能完全满足个别地区的特殊需要。为使这一情况得到合理解决，允许地方编制补充。

(1)章节系数。章节系数又称换算系数、子目修正系数，该系数通常在《云南安装定额》各册的章说明中。

(2)子目系数。子目系数是针对特殊施工环境及条件、工程类型等因素影响进行调整的系数，该系数通常在《云南安装定额》的册说明中。

1)高层建筑增加费。

高层建筑增加费＝单位工程全部定额人工费×高层建筑增加费系数(费率)

式中，高层建筑增加费系数见表3-11。

表3-11 高层建筑增加费系数

层数	9层以下 (30 m)	12层以下 (40 m)	15层以下 (50 m)	18层以下 (60 m)	21层以下 (70 m)	24层以下 (80 m)
占人工费的 百分比/%	1	2	4	6	8	10

续表

层数	27层以下(90 m)	30层以下(100 m)	33层以下(110 m)	36层以下(120 m)	39层以下(130 m)	42层以下(140 m)
按人工费的百分比/%	13	16	19	22	25	28
层数	45层以下(150 m)	48层以下(150 m)	51层以下(170 m)	54层以下(180 m)	57层以下(190 m)	60层以下(200 m)
占人工费的百分比/%	31	34	37	40	43	46

2)超高增加费。

超高增加费＝部分定额人工费或定额册规定的规费×超高增加费系数

①按施工安装物的操作高度(简称操作高度)计取。

《云南安装定额》中，各册定额规定的操作高度界限有所不同，如第二册定额规定为5 m，第八册定额规定为3.6 m(表3-12)，第九册定额规定为6 m，第十一册定额规定为6 m(表3-13)。

表3-12　第八册定额超高增加费系数

标高/m	3.6～8.0	3.6～12.0	3.6～16.0	3.6～20.0
超高系数	1.10	1.15	1.20	1.25

表3-13　第十一册定额超高增加费系数

20 m以内	30 m以内	40 m以内	50 m以内	60 m以内	70 m以内	80 m以内	90 m以内
0.30	0.40	0.50	0.60	0.70	0.80	0.90	1.00

②按设备底座安装标高计取。

③地沟、管道间、管廊施工增加费。

第八册定额规定，设置于管道间、管廊内的管道、阀门、法兰、支架安装，人工乘以系数1.3。

④主体结构为现场浇筑、采用钢模施工的工程，预留孔洞增加费。该项增加费全部列入定额人工费。

(3)综合系数。综合系数是针对专业工程特殊需要、特殊环境等进行调整的系数，该系数通常在《云南安装定额》的册说明中。

1)脚手架搭拆费。

脚手架搭拆费＝(单位工程定额人工费＋子目系数费用中的人工费)×脚手架搭拆费系数

2)系统调整费。

系统调整费＝(单位工程定额人工费＋子目系数费用中的人工费)×系统调整费系数

3)安装与生产同时进行增加费。

4)有害健康环境中施工增加费。

5)弄清楚材料与设备的区别。

安装工程包括两个工作内容：一是安装设备；二是将材料加工制作并装配成安装产品。

【例3-1】 在25 m高的单层厂房内安装电气设备，被安装物的高度为21 m，设安装与生产同时进行，有害气体的危害等级为Ⅱ级，定额基价中的全部定额人工费为100元，求：用系数计取的各项费用各是多少？单位工程全部定额人工费应为多少元？

【解】 (1)高层建筑增加费：100×1%＝1(元)，其中，人工费＝1×100%＝1(元)

(2)超高增加费：100×33%＝33(元)，其中，人工费＝33×100%＝33(元)

(3)脚手架搭拆费：(100＋1＋33)×4%＝5.36(元)，其中，人工费＝5.36×25%＝1.34(元)，计价材费＝5.36×50%＝2.68(元)，机械费＝5.36×25%＝1.34(元)

(4)安装与生产同时进行的施工降效费：(100+1+33)×10%=13.4(元)，其中，人工费=13.4×100%×50%=6.7(元)

(5)在有害身体健康环境中施工降效费：(100+1+33)×10%=13.4(元)，其中，人工费=13.4×100%×50%=6.7(元)

(6)单位工程全部定额人工费：100+1+33+1.34+6.7+6.7=148.74(元)

七、室内外管网划分

在编制单位工程施工图预算中，除需要使用本专业工程定额外，还涉及其他专业定额的套用。

1. 给水管道界线划分

(1)室内外界线以建筑物外墙皮 1.5 m 为界，入口处设阀门者以阀门为界。

(2)与市政管道界线以水表井为界，无水表井者，以与市政管道碰头点为界。

(3)与设在高层建筑内加压泵间管道的界限，以泵间外墙皮为界。

室外给水管道定额界限，如图 3-1 所示。

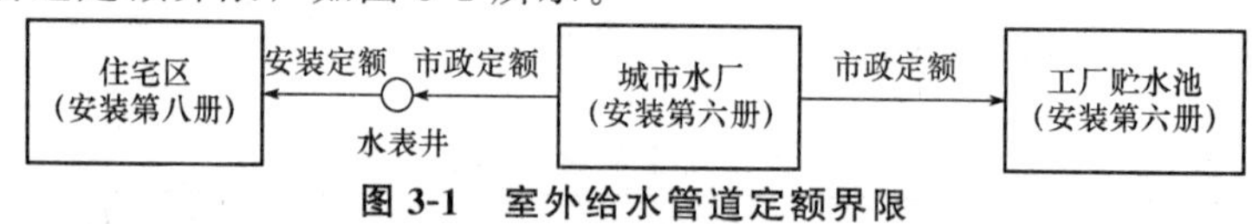

图 3-1　室外给水管道定额界限

2. 排水管道界线划分

(1)室内外以出户第一个排水检查井为界。

(2)室外管道与市政管道界线以与市政管道碰头井为界。

室外排水管道定额界限，如图 3-2 所示。

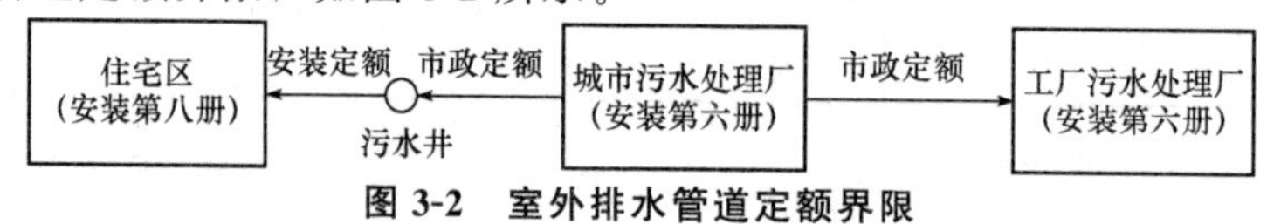

图 3-2　室外排水管道定额界限

复习思考题

1. 建设工程定额的性质是什么？

2. 按照定额的用途，可将定额分为几类？简单介绍这几种类型的定额。

3. 简述安装工程概算定额的编制原则。

4. 简述安装工程概算定额的编制依据。

5. 脚手架搭拆费，以人工费为基数按各册规定的百分比计取，各册在测算时，均已考虑了哪些因素？

6. 安装与生产同时进行时，如何计算增加的降效费用？

7. 在 35 m 高的单层厂房内安装电气设备，被安装物的高度为 30 m，设安装与生产同时进行，有害气体的危害等级为Ⅱ级，定额基价中的全部定额人工费为 1 000 元，求：用系数计取的各项费用各是多少？单位工程全部定额人工费应为多少元？

第四章　定额工程量计算

知识目标

1. 了解各电气、给排水等各安装分部工程定额。

2. 熟悉各安装分部工程工程量计算方法。

3. 了解各安装分部工程的特点及其工程应用。

技能目标

1. 能阐述安装分部工程的类型、特点及工程应用。

2. 掌握个安装分部工程的内容及特点。

3. 能根据定额计算各安装分部工程的工程量。

素质目标

1. 通过对各安装分部工程定额的学习，培养学生遵纪守规的品格。

2. 通过工程量计算学习，培养学生细心、专心、耐心的工作习惯。

3. 通过采用定额计算工程量的学习，培养学生节约、低碳、绿色、可持续发展的理念。

第一节　电气设备安装工程定额运用及工程计量

一、定额概述(第二册)

1. 适用范围

本定额适用一般工业与民用新建、扩建工程中 10 kV 以下变配电设备及线路安装工程、车间动力电气设备及电气照明器具、防雷及接地装置安装、配管配线、电梯电气装置、电气调整试验等的安装工程。

微课：电气设备工程定额及工程量计算

2. 编制的依据

本定额主要依据的标准、规范有：

(1)《电气装置安装工程 高压电器施工及验收规范》(GB 50147—2010)。

(2)《电气装置安装工程 电力变压器、油浸电抗器、互感器施工及验收规范》(GB 50148—2010)。

(3)《电气装置安装工程 母线装置施工及验收规范》(GB 50149—2010)。

(4)《电气装置安装工程 电气设备交接试验标准》(GB 50150—2016)。

(5)《电气装置安装工程 电缆线路施工及验收标准》(GB 50168—2018)。

(6)《电气装置安装工程 接地装置施工及验收规范》(GB 50169—2016)。

(7)《电气装置安装工程 旋转电机施工及验收标准》(GB 50170—2018)。

(8)《电气装置安装工程 盘、柜及二次回路接线施工及验收规范》(GB 50171—2012)。

(9)《电气装置安装工程 蓄电池施工及验收规范》(GB 50172—2012)。

(10)《电气装置安装工程 66 kV 及以下架空电力线路施工及验收规范》(GB 50173—2014)。

(11)《电气装置安装工程 低压电器施工及验收规范》(GB 50254—2014)。

(12)《电气装置安装工程 电力变流设备施工及验收规范》(GB 50255—2014)。

(13)《电气装置安装工程 起重机电气装置施工及验收规范》(GB 50256—2014)。

(14)《建筑电气工程施工质量验收规范》(GB 50303—2015)。

(15)《全国统一安装工程基础定额》。

(16)《全国建筑安装工程统一劳动定额》(1988 年)。

3. 材料损耗率

(1)绝缘导线、电缆、硬母线的裸软导线，其损耗率中不包括为连接电气设备、器具而预留的长度，也不包括因各种弯曲(包括弧度)而增加的长度。这些长度均应计算在工程量的基本长度中。

(2)用于 10 kV 以下架空线路中的裸软导线的损耗率中已包括因弧垂及因杆位高低差而增加的长度。

(3)拉线用的镀锌钢线损耗率中不包括为制作上、中、下把所需的预留长度。

4. 定额的工作内容

本定额包括 10 kV 及以下电气设备安装，不包括 10 kV 以上及专业专用项目的电气设备安装，不包括电气设备(如电动机等)配合机械设备进行单体试运转和联合试运转工作。

5. 定额中各项费用的规定

(1)脚手架搭拆费(10 kV 以下架空线路除外)按人工费的 4%计算，其中人工工资占 25%。

(2)工程超高增加费(已考虑了超高因素的定额项目除外)：操作物高度离楼地面 5 m 以上、20 m 以下的电气安装工程，按超高部分人工费的 33%计算。

(3)高层建筑增加费(指高度在 6 层或 20 m 以上的工业与民用建筑)按表 3-12 计算(其中全部为人工工资)。

(4)安装与生产同时进行时，安装工程的总人工费增加 10%，全部为因降效而增加的人工费(不含其他费用)。

(5)在有害人身健康(包括高温、多尘、噪声超过标准和在有害气体等有害环境)中施工时，安装工程的总人工费增加 10%，全部为因降效而增加的人工费(不含其他费用)。

二、照明工程工程量计算

(一)电气照明工程的控制设备

电气照明工程的控制设备主要指照明配电箱、板以及箱内组装的各种电气元件(控制开关、熔断器、计量仪表、盘柜配线等)。

(1)成套配电箱安装根据安装方式不同分为落地式和悬挂嵌入式两种，其中悬挂嵌入式以半周长分档列项。

(2)非成套配电箱(盘、板)定额中分为钢制的箱盒制作、木配电箱制作、配电板制作、配电板安装等子目。

1)钢制箱盒制作定额的工作内容包括：制作、下料、焊接、油漆等。

2)木配电箱制作定额的工作内容包括：选料、下料、做榫、净面、拼缝、拼装、砂光、油漆。

3)配电板制作、安装定额的工作内容包括：选料、下料、做榫、拼缝、钻孔、拼装、砂光、油漆、安装、接线、接地等。

当木制配电板用镀锌钢板包木板时，另计“木板包镀锌钢板”项目，以“m^2”为计量单位进行计算，套用定额子目。

(3)配电板内设备元件安装及端子板外部接线应另套单项定额。

1)成套配电箱。安装配电箱需做槽钢、角钢基座时，其制作安装以“m”计量，其长度 $L=2A+2B$，其中 A、B 的含义如图 4-1 所示。

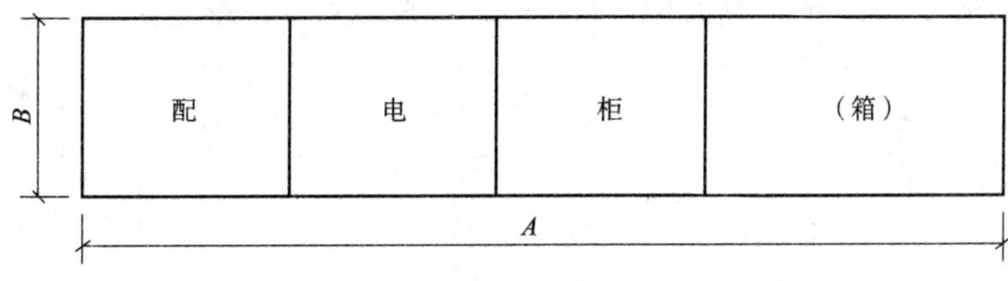

图 4-1　含义

2)非成套配电箱(盘、板)。

3)配电箱、盘、板内电气元件安装。

4)配电箱、盘、板内配线。

5)台、柜、屏母线配线。保护盘、信号盘、直流盘的盘顶小母线安装以“m”计量，按式(4-1)计算：

$$L=n\sum B+nl \tag{4-1}$$

式中 L——小母线总长；

n——小母线根数；

B——盘之宽；

l——小母线预留长度。

小母线的材料质量按式(4-2)计算：

$$\text{小母线的材料质量}=\text{计算长度}\times(1+\text{损耗量}\ 2.3\%) \tag{4-2}$$

(二)电气照明工程的配管、配线工程量计算

1. 配管工程量计算

(1)工程量计算规则。各种配管工程量根据管材材质、敷设方式和规格不同，以“延长米”计量，不扣除管路中间的接线盒(箱)、灯头盒、开关盒所占长度。

(2)工程量计算一般方法(计算 n_1、n_2 回路配管长度)。

1)水平方向敷设的线管(图 4-2)。

①当线管沿墙暗敷(WC)时，按相关墙轴线尺寸计算该配管长度。

②当线管沿墙明敷(WE)时，按相关墙面净空长度尺寸计算线管长度。

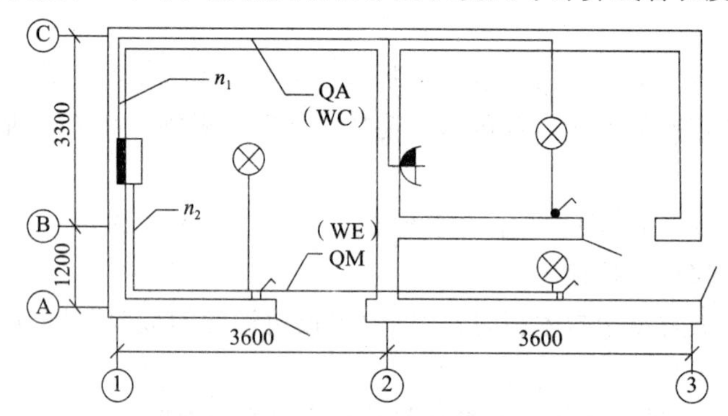

图 4-2　线管水平长度计算示意

2)垂直方向敷设的线管(沿墙、柱引上或引下)(图 4-3)。

一般来说，拉线开关距顶棚 200～300 mm，跷板开关距地面距离为 1 300 mm，插座距地面 300 mm(住宅 1 300 mm、幼儿园 1 800 mm)，配电箱底部距地面距离为 1 500 mm。

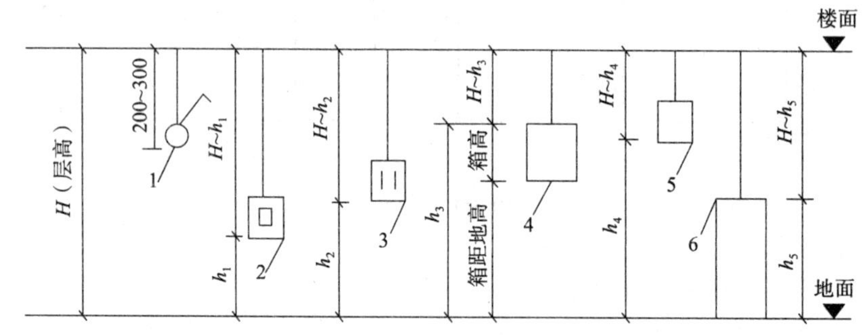

图 4-3　引下线管长度计算示意

1—拉线开关；2—跷板开关；3—插座；4—配电箱；5—开关盒；6—配电柜

【例 4-1】 计算图 4-2 所示 n_1、n_2 回路配管长度。

【解】 水平暗敷线管长度=(3.3+1.2)÷2+3.6+3.6 ÷2+(3.3+1.2)÷2+3.3=13.2(m)

水平明敷线管长度 n_2=(3.3+1.2−0.24)÷2+3.6+(3.6−0.24)÷2+(3.3+1.2−0.24)÷2+(1.2−0.24)÷2=10.02(m)

假设设计图中层高 3 m，配电箱 320 mm×420 mm，安装高度 1.8 m，插座、开关安装高度 1.2 m，请计算配管长度，则

垂直暗敷线管长度=(3−1.8)+(3−1.2)×2=4.8(m)

则，线管总长 n_1=13.2+4.8=18(m)

垂直明敷线管长度 n_2=(3−1.2)×2=3.6(m)

则，线管总长 $n_2=10.02+3.6=13.62$(m)

3)当埋地配管时(FC)，水平方向的配管按墙、柱轴线尺寸及设备定位尺寸进行计算；当图示斜向布管时，若图示比例正确，则可用比例尺量算。埋地配管示意如图 4-4 所示。

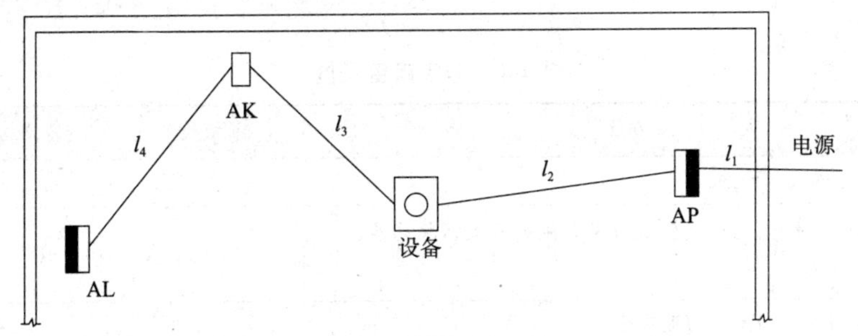

图 4-4　埋地配管示意

穿出地面向设备或向墙上电气开关配管时，按埋设深度和引向端、柱的高度进行计算，如图 4-5 所示。

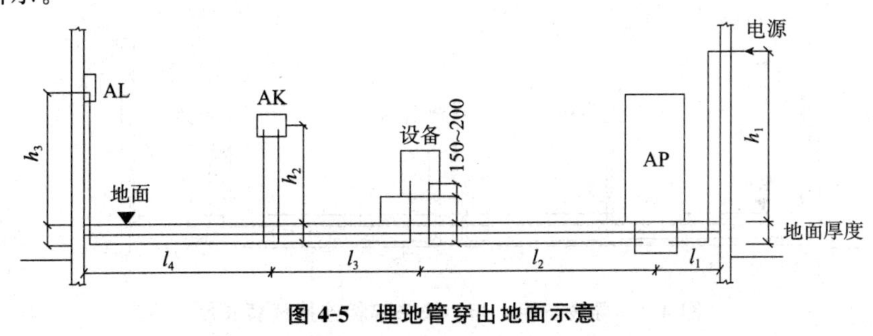

图 4-5　埋地管穿出地面示意

4)接线盒产生在管线分支处或管线转弯处，可按照图 4-6 所示接线盒位置示意计算接线盒数量。

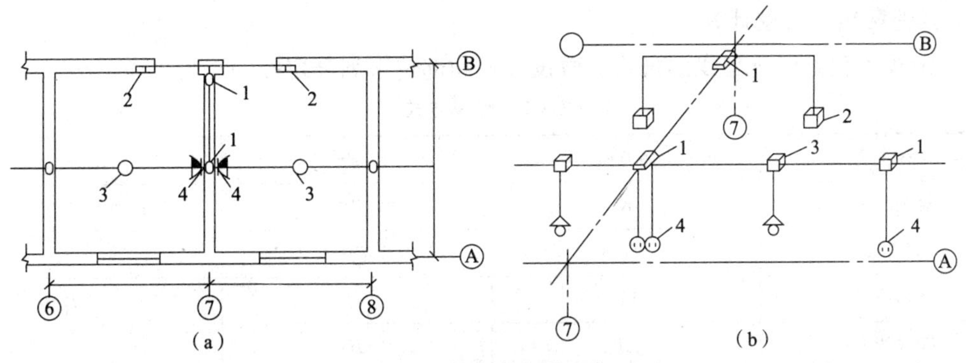

图 4-6　接线盒位置示意

5)线管敷设超过下列长度时，中间应加接线盒。

①管长＞30 m，且无弯曲。

②管长＞20 m，有 1 个弯曲。

③管长＞15 m，有 2 个弯曲。

④管长＞8 m，有 3 个弯曲。

2. 配管内穿线工程量计算

(1)管内穿线。管内穿线工程量计算应区分线路用途(照明线路和动力线路)、导线材质

(铝芯线、铜芯线和多芯软线)、导线截面，按单线"延长米"为计量单位计算，以"100 m单线"套用相应定额子目。

(2)导线进入开关箱、柜及设备预留长度。导线进入开关箱、柜及设备预留长度见表4-1及如图4-7所示。

表 4-1　导线预留长度

序号	项目	预留长度/m	说明
1	各种开关箱、柜、板	宽＋高	盘面尺寸
2	单独安装(无箱、盘)的铁壳开关、闸刀开关、起动器、母线槽进出线盒	0.3	从安装对象中心算起
3	由地面管子出口至动力接线箱	1.0	从管口算起
4	由电源与管内导线连接(管内穿线与硬、软母线接头)	1.5	从管口算起
5	出户线(或进户线)	1.5	从管口算起

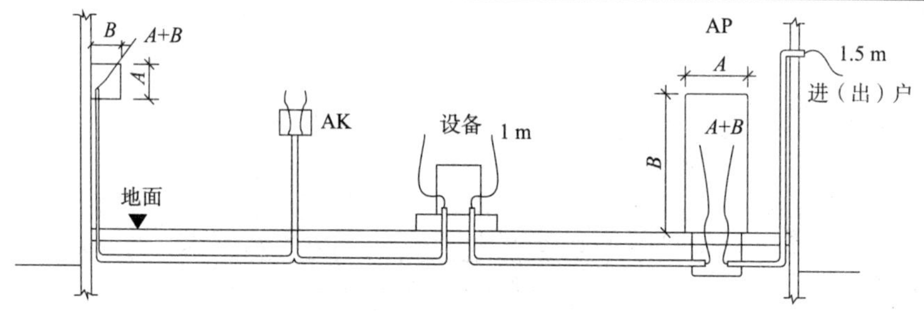

图 4-7　导线与柜、箱、设备等相连接预留长度

A—箱(柜)高度；B—箱(柜)宽度

3. 导线与设备相连需焊(压)接头端子的工程量计算

导线与设备相连需焊(压)接头端子的工程量按"个"计量，套用相应定额。

4. 其他配线工程量计算

(1)配线工程是以所配线的规格、敷设方式和部位来划分定额的，见表4-2。

表 4-2　配线方式

配线方式	新符号	旧符号	备注
瓷绝缘子	K	CP	针式、蝶式、磁珠
瓷夹板		CJ	
塑料线卡	PL	VJ	含尼龙线卡
铝皮线卡	AL	QD	
木槽板		CB	
塑料槽板		VB	
塑料线槽	PR	VXC	
金属线槽	MR	GXC	
电缆桥架	CT		
钢索架设	M	S	

(2)配线工程量计算。

1)线夹配线工程量，应区别线夹材质(塑料线夹或瓷质线夹)、线式(二线式或三线式)、敷设位置(在木结构、砖结构或混凝土结构上)以及导线规格，以“线路延长米”计算，以“100 m线路”套用相应定额子目。

2)绝缘子配线工程量，应区分鼓形绝缘子(瓷柱)、针式绝缘子和蝶式绝缘子配线以及绝缘子配线位置、导线截面面积，以“单线延长米”计量，以“100 m单线”套用相应定额子目。

当绝缘子配线跨越需要拉紧装置时，按“套”计算，其制作、安装套用相应定额子目。

3)槽板配线工程量，应区分槽板的材质(木槽板或塑料槽板)、导线截面、线式(二线式或三线式)以及配线位置(敷设在木结构、砖结构或混凝土结构上)，以“线路延长米”计量，以“100 m”套用相应定额子目。

4)塑料护套线配线，不论圆形、扁形、轨形护套线，以芯数(二芯或三芯)、导线截面大小及敷设位置(敷设于木结构、砖混凝土结构上或沿钢索敷设)区别，按“单根线路延长米”计量，以“100 m”套用相应定额子目。

塑料护套线沿钢索敷设时，需另列项计算钢索架设及钢索拉紧装置两项。

5)线槽配线工程量，金属线槽和塑料线槽安装按“m”计量，线槽内配线以导线规格分档，以“单线延长米”计量。

(三)照明器具安装工程量计算

电气照明工程一般是指由电源的进户装置到各照明用电器具及中间环节的配电装置、配电线路和开关控制设备的全部电气安装工程。某工程电气照明平面图如图 4-8 所示。

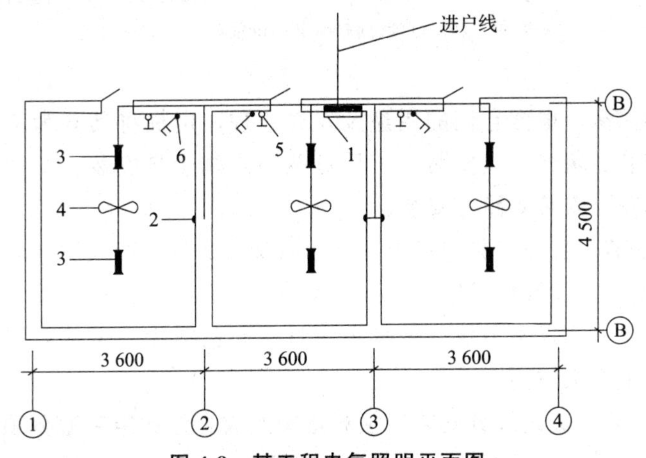

图 4-8　某工程电气照明平面图

1—配电箱；2—插座；3—日光灯；4—吊扇；5—吊扇开关；6—双联开关

照明器具安装包括灯具安装，照明用开关、按钮、安全变压器、插座、电铃和风扇及盘管风机开关等安装。其中以灯具安装为学习重点。灯具的安装方式有三类，即吊式、吸顶式、壁装式。以常见灯具为例讲解灯具的组成，如图 4-9 所示。

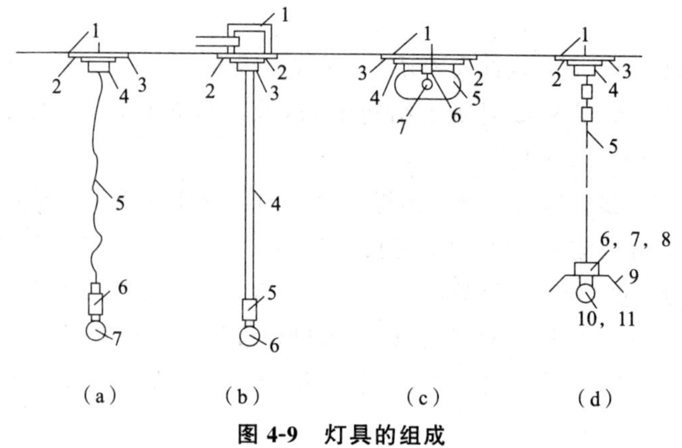

图 4-9 灯具的组成

(a)吊灯明装

1—固定木台螺钉；2—圆木台；3—固定吊线盒螺钉；4—吊线盒；

5—灯线(花线)；6—灯头(螺口 E、插口 C)；7—灯泡

(b)吊灯暗装

1—灯头盒；2—塑料台固定螺栓；3—吊杆盘；4—吊杆(吊链、灯线)；5—灯头；6—灯泡；

(c)吸顶灯

1—固定木台螺钉；2—木台；3—固定灯圈螺钉；4—灯圈(灯架)；

5—灯罩；6—灯头座；7—灯泡

(d)日光灯

1—固定木台螺钉；2—固定吊线盒螺钉；3—木台；4—吊线盒(或吊链底座)；

5—吊线(吊链、吊杆、灯线)；6—镇流器；7—辉光启动器；8—电容器；

9—灯罩；10—灯管灯脚(固定式和弹簧式)；11—灯管

1. 定额内容

照明灯具种类繁多，根据它们的用途及发光原理，定额将其分为八大类，即普通灯具安装、装饰灯具安装、荧光灯具安装、工厂灯及防水防尘灯安装、工厂其他灯具安装、医院灯具安装、艺术花灯安装和路灯安装。

(1)普通灯具安装。普通灯具包括吸顶灯、其他普通灯具两大类，均以“10 套”计量。

(2)装饰灯具安装。装饰灯具定额共列 9 类灯具，19 个大项，184 个子目，为了减少因产品规格、型号不统一而发生争议，定额采用灯具彩色图片与子目对照方法编制，以便认定，给定额使用带来极大方便。

(3)荧光灯具安装。荧光灯具安装的预算定额按成套型和组装型分项。定额中的整套灯具均为未计价材料。

(4)工厂灯及防水防尘灯安装。工厂灯预算定额按吊管式、吊链式、吸顶式、弯杆式与悬挂式分别立项。防水防尘灯也按安装形式(直杆式、弯杆式与吸顶式)分项。定额包括测位、划线、钻孔、埋螺栓、上木台、吊管加工、灯具安装、接线、接焊包头等多项工作内容。

(5)工厂其他灯具安装。对于管形氙气灯安装，定额中不包括接触器、按钮、绝缘子安装及管线敷设，应另行计算。

(6)医院灯具安装。医院灯具安装的预算定额有病房指示灯、病房暗脚灯、紫外线杀菌灯及无影灯(吊管灯)四项。定额包括测位、划线、钻孔、埋螺栓、灯具安装、接线、接焊包头等工作内容。

(7)艺术花灯安装。艺术花灯安装的预算定额分为吊装式花灯与吸顶式花灯。吊装式花

灯按照灯头数量从3头花灯至48头花灯划分定额子目，吸顶式花灯只有1个定额子目。定额包括测位、划线、钻孔、埋螺栓、上木台、灯具安装、接线、接焊包头等工作内容。成套灯具为未计价材料。

(8)路灯安装。路灯安装的预算定额分为大马路弯灯安装和庭院路灯安装。前者按弯灯臂长分项，后者按三火以下柱灯和七火以下柱灯分项。定额的工作内容包括测位、划线、支架安装、灯具组装、接线，不包括支架制作及导线架设。成套灯具为未计价材料。

2. 照明工程量计算程序和计算方法

(1)照明工程量计算程序。根据照明平面图和系统图，按进户线、总配电箱、向各照明分配电箱配线、经各照明配电箱配向灯具、用电器具的顺序逐项进行计算，这样既可以缩短看图时间，从而提高计算速度，同时又可以避免漏算和重复计算。

(2)照明工程量计算方法。工程量的计算采用列表方式进行。照明工程量的计算，一般宜按一定顺序自电源侧逐一向用电侧进行，要求列出简明的计算式，可以防止漏项、重复，也便于复核。

3. 照明开关、插座、小型电器安装

(1)开关及按钮安装。应注意本处所列“开关安装”是指第二册第十三章“照明器具”用的开关，而不是指第二册第四章“控制设备及低压电器”所列的自动空气开关、铁壳开关和胶盖开关等电源用“控制开关”，故不能混用。

(2)插座安装。插座安装的预算定额分为明插座、暗插座、防爆插座(不分明装暗装)三类。每类插座又按单相和三相、是否带接地插孔，以插座的电流规格分项。定额的工作内容同上述照明开关。插座为未计价材料。

4. 风扇、安全变压器、电铃安装

风扇安装的预算定额可分为吊扇安装、壁扇安装、轴流排气扇安装。

5. 盘管风机开关、请勿打扰灯、须刨插座、钥匙取电器安装

盘管风机开关、请勿打扰灯、须刨插座、钥匙取电器安装分列项目，定额中的工作内容包括：开箱、检查、测位、划线、清扫盒子、缠钢丝弹簧垫、接线、焊接包头、安装、调试等。

6. 定额应用应注意的问题

(1)各型灯具的引下线及预留线，除注明者外，均已综合在灯具安装定额内，不能另行计算。

(2)路灯、投光灯、碘钨灯、氙气灯、烟囱或水塔指示灯，均已考虑了一般工程的高空作业因素，不再计算工程超高费。

(3)定额中装饰灯具项目均已考虑了一般工程的超高作业因素，并包括脚手架搭拆费用。

(4)定额内已包括利用绝缘电阻表测量绝缘及一般灯具的试亮工作，但不包括调试工作。

(5)装饰灯具项目与示意图号配套使用。

(6)灯具安装定额包括灯具和灯管的安装。

灯具的未计价材料计算，以各地灯具预算价或市场价为准。

三、接地装置工程量计算

防雷及接地装置工程执行《云南省安装工程预算定额》第二册相关内容，该定额内容适用于建筑物、构筑物的防雷接地，变配电系统接地，设备接地及避雷针的接地装置。

(一)接地装置的工作内容

接地装置是指埋入土壤或混凝土基础中用于散流的金属导体，如图 4-10 所示。

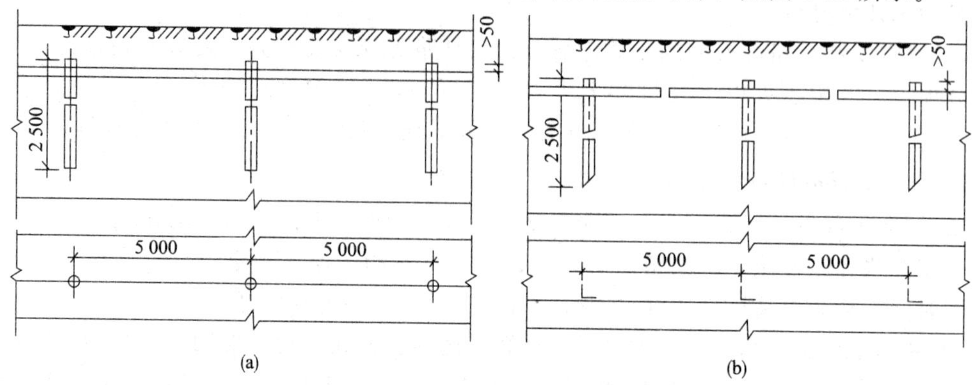

图 4-10　接地装置示意

(a)垂直接地体的安装；(b)水平接地体的安装

1. 自然接地体

自然接地体是兼作接地用的直接与大地接触的各种金属构件、金属井管、钢筋混凝土建筑物的基础、金属管道和设备等。

2. 人工接地体

(1)人工接地体可分为垂直和水平安装两种。接地极制作安装应配合土建工程施工。

(2)在基础土方开挖的同时，应挖好接地极沟并将接地极埋设好。

3. 接地跨接线

接地线遇有障碍时，须跨越相连的接头线，称为跨接线。

4. 接地调试

根据设计要求，防雷及接地装置中的接地体必须有足够小的接地电阻，在设计时，通常会根据土质等情况计算及布置接地极。

(二)接地装置安装工程量计算

1. 接地极(板)制作安装

定额中按不同材料分为钢管、角钢、圆钢接地板和铜、钢接地极板(块)；按施工地质条件不同分为普通土和坚土，分别列出相应子目，定额的计量单位为“根”。

2. 接地母线敷设

定额可分为户内、户外接地母线和铜接地绞线敷设。其中，户外接地母线和铜接地绞线敷设还按截面分别划分子目。

3. 接地跨接线安装

接地跨接线安装定额可分为接地跨接线、构架接地及钢铝窗接地子目。

4. 接地装置调试

接地装置调试定额可分为独立接地装置调试和接地网调试子目。

四、防雷装置工程量计算

(一)防雷装置的组成

任何级别的防雷接地装置都由接闪器、引下线和均压环三大部分构成，如图 4-11 所示。

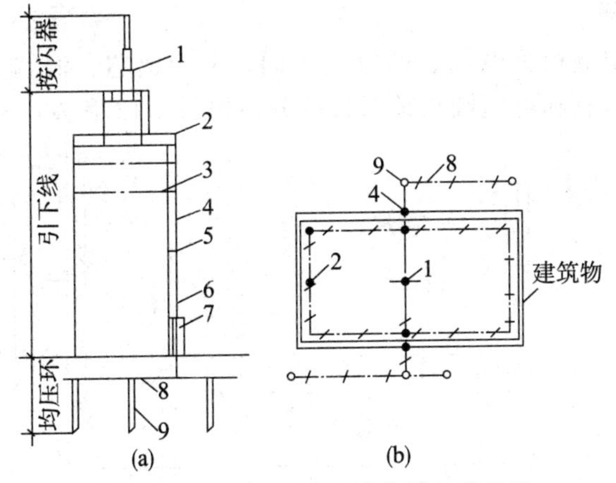

图 4-11　建筑物防雷接地装置组成示意

(a)立面图；(b)屋顶平面图

1—避雷针；2—避雷网；3—避雷带；4—引下线；5—引下线卡子；6—断接卡子；7—引下线保护管；8—接地母线；9—接地极

1. 接闪器

接闪器是指直接接受雷击的金属构件。

2. 引下线

引下线是指连接接闪器与接地装置的金属导体。

3. 均压环

均压环是高层建筑物利用圈梁中的水平钢筋与引下线可靠连接(绑扎或焊接)，用作降低接触电压、自动切断接地故障电路、防电击的一项装置。

(二)防雷装置安装工程量计算

1. 避雷针制作安装

定额子目可分为普通避雷针制作、安装及独立避雷针安装。

2. 避雷网安装

定额按沿混凝土块敷设、沿折板支架敷设、混凝土块制作、利用圈梁钢筋做均压环敷设和柱子主筋与圈梁钢筋焊接划分子目。

3. 避雷引下线敷设

避雷引下线敷设定额根据引下线敷设方式不同，分为利用金属构件引下，沿建筑物、构筑物引下，利用建筑物主筋引下，断接卡子制作、安装 4 个子目。

五、电缆敷设工程工程量计算

(一)定额适用范围

电缆敷设因电缆所适应电压等级(kV)不同、用途不同,应分别采用不同定额。

(二)工程量计算

1. 电缆工程量计算

电缆敷设的预算定额根据电缆芯的材质不同,分为铝芯、铜芯,按电缆截面分项。电缆长度组成平、剖面示意和电缆端头预留长度分别如图 4-12 和表 4-3 所示。

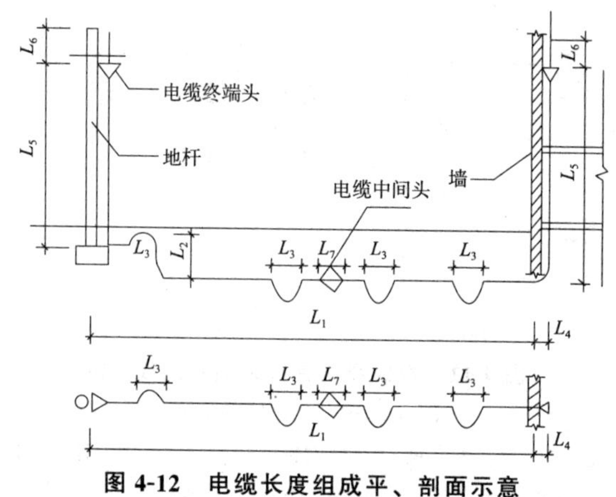

图 4-12 电缆长度组成平、剖面示意

表 4-3 电缆端头预留长度

序号	项目	预留长度(附加)	说明
1	电缆敷设弛度、波形弯度、交叉	2.5%	按电缆全长计算
2	电缆进入建筑物	2.0 m	规范规定最小值
3	电缆进入沟内或吊架时引上(下)预留	1.5 m	规范规定最小值
4	变电所进线、出线	1.5 m	规范规定最小值
5	电力电缆终端头	1.5 m	检修余量最小值
6	电缆中间接头盒	两端各留 2.0 m	检修余量最小值
7	电缆进入控制、保护屏及模拟盘、配电箱等	高+宽	按盘面尺寸
8	高压开关柜及低压配电盘、箱	2.0 m	盘下进出线
9	电缆至电动机	0.5 m	从电动机接线盒算起
10	厂用变压器	3.0 m	从地坪算起
11	电缆绕过梁、柱等增加长度	按实计算	按被绕物的断面情况计算增加长度
12	电梯电缆与电缆架固定点	每处 0.5 m	规范规定最小值

2. 电缆敷设

电缆线路是把电缆埋设于土壤或敷设于沟道、隧道中、室内支架上的线路,电缆线路按其作用可分为输电线路、配电线路、通信线路。

(1)电缆敷设。

1)电力电缆的定额截面面积是指一根电缆的截面积,而非一根电缆所包含电缆芯数的全部截面积。

2)电力电缆敷设定额是按三芯(包括三芯连地)制定的，五芯电力电缆敷设按照定额乘以系数1.3，六芯乘以系数1.6，即每增加一根定额，增加30%，依此类推。

3)厂外电缆(包括进厂部分)敷设，需按第二册定额第十章“工地运输”定额另计工地运输费。

4)电缆在一般山地、丘陵地区敷设时，其定额人工乘以系数1.3。

(2)户外电缆敷设。户外电缆敷设有三种基本方式：

1)直接埋地敷设。

2)在埋地排管内敷设。

3)在电缆沟或电缆隧道内敷设。

(3)室内电缆敷设。室内电气设备安装用的电缆一般敷设于隧道、沟道、夹层、竖井、管路或电缆架空桥架中。电缆支架允许间距见表4-4。

表4-4 电缆支架允许间距 mm

电缆种类	各支点间的距离	
	水平敷设	垂直敷设
控制电缆	800	1 000
电力电缆	1 000	1 500

(4)电缆头和电缆接头的制作。电缆头和电缆接头的主要作用是把电缆封起来，以保证电缆的绝缘水平。电缆头示意如图4-13所示。

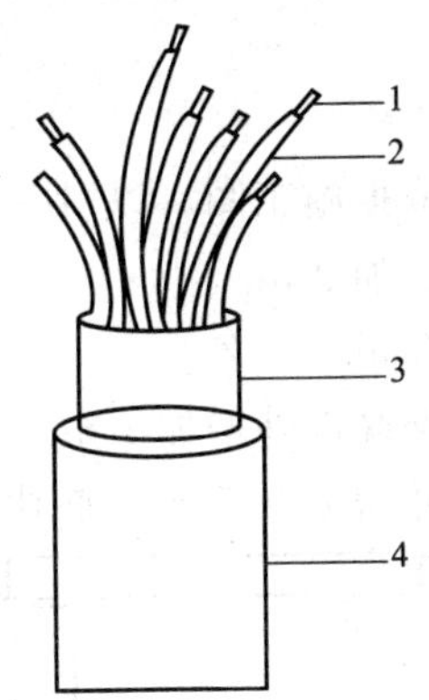

图4-13 电缆头示意

1—线芯；2—绝缘层；3—保护层；4—绝缘保护层

(5)电缆沟挖填。

1)电缆沟(图4-14)挖填土石方量计算见表4-5。

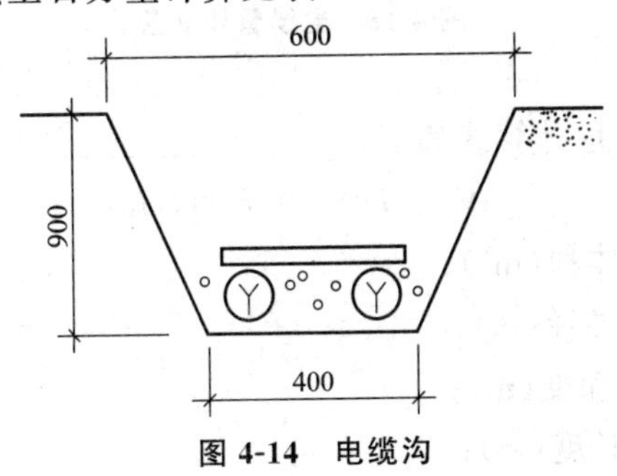

图4-14 电缆沟

表 4-5　电缆沟计算土方量

项目	电缆根数	
	1～2	每增加一根
每米沟长挖方量/m^3	0.45	0.153

2)每增加一根电缆，其宽度增加 170 mm。

3)以上土方量是按埋深从自然地坪起算，如设计埋深超过 900 mm 时，多挖的土方量应另行计算。

4)挖混凝土、柏油等路面的电缆沟时，按设计的沟断面图计算挖方量，可按下式计算：

$$V=HBL \tag{4-3}$$

式中　V——电缆沟(槽)体积(m^3)；

H——电缆沟(槽)实深(m)；

B——电缆沟(槽)实宽(m)；

L——电缆沟(槽)实长(m)。

(6)电缆沟铺砂、盖砖及移动盖板。定额子目的工作内容包括调整电缆间距、铺砂、盖砖(或盖保护板)、埋设标桩、揭(盖)盖板。

1)铺砂、盖砖(或盖保护板)。编制预算时，依据施工图，以“100 m”为单位计量，套用相应定额子目。

2)揭(盖)盖板。揭(盖)盖板预算定额用于电缆沟沟内明敷电缆，定额按盖板长度分项。定额中包括盖板的人工费。

(7)电缆保护管及顶管敷设。

1)保护管敷设。编制预算时，依据施工图，以“10 m”为单位计量，套用相应定额子目。

①横穿道路，按路基宽度两端各加 2 m。

②垂直敷设时，管口距地面加 2 m。

③穿过建筑物外墙时，按基础外缘以外增加 1 m。

④穿过排水沟，按沟壁外缘以外增加 0.5 m，如图 4-15 所示。

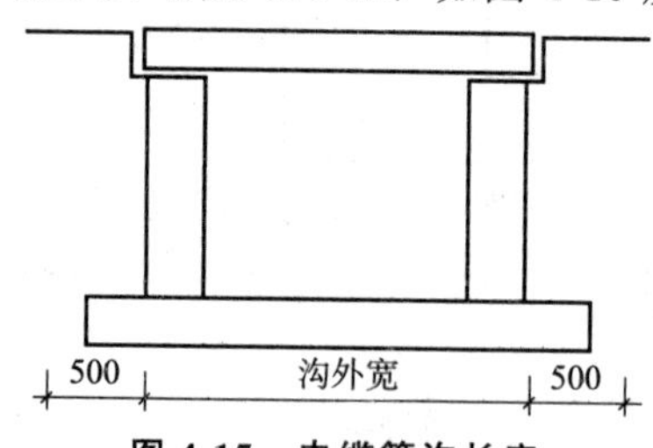

图 4-15　电缆管沟长度

2)顶管。

3)电缆保护管沟土石方量计算式如下：

$$V=(D+2\times 0.3)HL \tag{4-4}$$

式中　V——电缆保护管沟体积(m^3)；

D——电缆保护管沟外径(m)；

H——电缆保护管沟深度(m)；

L——电缆保护管沟长度(m)；

0.3——工作面填方不扣保护管体积。

(8)电缆桥架安装。桥架是指电缆敷设时所需的一种支架和槽(又称托盘)。

(9)电缆头制作安装。各种电缆头制作安装的预算定额以不同形式及不同作用分别立项。

(10)其他有关项目。

1)电缆沿钢索敷设。

2)电缆防火涂料、堵洞(每处指 0.25 m^2 以内)、隔板及阻燃槽盒安装，按不同子项内容分别以“m^2”“10 kg”“10 m”为定额单位计量。

3)电缆防腐、缠石棉绳、涂装、剥皮等，均以“10 m”为定额单位计算工程量。

(11)电缆工地运输工程量计算。

1)电缆工地运输工程量。电缆折算质量按下式计算：

$$Q=W+G \tag{4-5}$$

式中 Q——电缆折算总质量；

W——电缆理论质量；

G——电缆盘质量。

2)运距。

3)最后需要说明的是，电缆工程各项定额中均未包括下列工作内容：

①隔热层、保护层的制作安装。

②电缆冬期施工的加温工作及在其他特殊施工条件下的施工措施费和施工降效增加费。

六、动力控制设备工程量计算

1. 高压控制台、柜、继电保护屏安装

成套高压配电柜安装定额可分为单母线柜和双母线柜安装，又分别按柜中主要元件分为断路器柜、互感器柜或电容器柜、其他柜等项目。

2. 动力控制设备安装

动力控制设备安装的工程量计算同照明控制设备工程量计算。

3. 电动机检查接线工程量计算

电动机是指动力线路中的发电机和电动机，多出现在各用电设备上，其设备安装或电动机本体安装工程量，用第一册《机械设备安装工程》定额。

(1)电动机检查接线工程量计算。

1)交流电动机检查接线，按电动机容量分档，以“台”计量。

2)同步电动机检查接线，按电动机容量分档，以“台”计量。

3)排风扇、鸿运扇(台扇)、吊风扇等民用电动机，不能计算电动机调试和检查接线。

(2)电动机干燥与电动机解体折装检查工程量计算。

1)电动机干燥。按一次干燥所需的工、料、机消耗量考虑的，应按实际干燥次数计算。

2)电动机解体拆装检查。应根据需要选用，如不需要解体时，可只执行电动机检查接线项目。

4. 配管、配线工程量计算

配管、配线工程量计算同照明工程配管、配线工程量计算。

七、电梯电气装置工程量计算

1. 电梯电气装置安装定额项目划分依据

(1)电梯电气装置安装定额项目划分。电梯电气装置安装定额适用国内生产的各种客、货、病床和杂物电梯，但不包括自动扶梯和观光电梯。

(2)电梯组成。如图 4-16 所示，电梯由井道与机房轿厢构成。

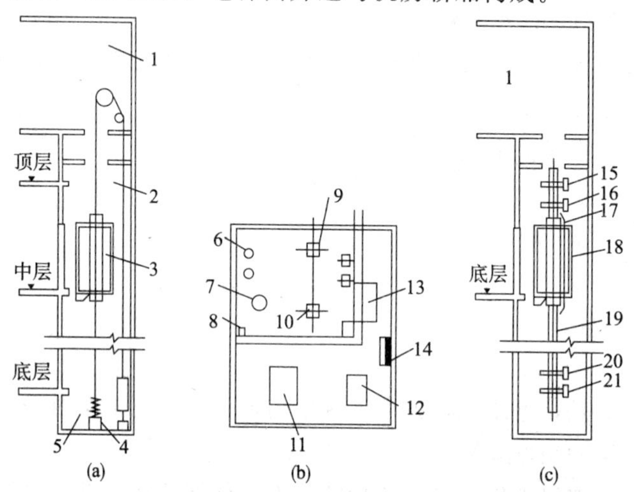

图 4-16　电梯井道及机房平面、限位开关位置构成示意

(a)井道及机房剖面图；(b)电梯机房平面图；(c)限位开关位置示意

1—机房；2—井道；3—轿厢；4—下缓冲；5—地坑；6—限速器；7—极限开关；8—线槽；9—轿架中心线；10—吊钩中心；11—控制柜；12—电阻箱；13—选层器；14—电源箱；15—上限位开关；16—上机械缓速开关；17—碰铁；18—轿厢；19—导轨；20—下机械缓速开关；21—下限位开关

2. 电梯电气装置安装工程量计算

(1)电梯电气装置安装工程量计算。电梯电气装置安装工程量以“层/站”分档，按“部”计量。

1)电梯电气安装材料包括电线管及线槽、金属软管、管子配件、紧固件、电缆、电线、接线箱(盒)、荧光灯具及其附件、备件等。

电梯电气安装所用材料定额是按设备配件考虑的。

2)定额是以室内首层为基站，±0.00 m 以下为地坑(下缓冲)考虑的。如果有“区间电梯”(基站不在首层)，下缓冲地坑设在中间层时，则基站以下部分楼层的垂直搬运应另行计算。

3)电梯是按每层一个厅门、一个轿厢门考虑的，增或减厅门、轿厢门时，按相关子目计算。

4)电梯安装楼层高度，是按平均高度 4 m 以内考虑的(包括上、下缓冲)，若平均层高超过 4 m，其超过部分可另按提升高度定额计算。

5)两部或两部以上并列运行或群控电梯，按相应的定额分别乘以 1.2 计算。

(2)电梯电气装置定额不包括的工作：

1)电源线路及控制开关的安装。

2)电动发电机组的安装。

3)基础型钢和钢支架制作。

4)接地极与接地干线敷设。

5)电气调试。

6)电梯的喷漆。

7)轿厢内的空调、冷热风机、闭路电视、呼叫机、音响设备。

8)群控集中监视系统以及模拟装置。

上述内容按安装定额相应项目计算。

3. 电梯电气装置调试

各种电梯电气装置调试以层、站为规格，按“部”计量，电梯程控调试已包括在电梯电气装置安装中，不另行计算调试。

4. 电梯本体安装

按《云南安装定额》第一册《机械设备安装工程》定额使用。

电气工程工程量计算实例

【案例 1】 某办公楼照明工程局部平面布置图如图 4-17 所示。建筑物为混合结构，层高 3.3 m。灯具为成套型，开关安装距楼地面 1.4 m；配电线路导线为 BV－2.5，穿电线管沿天棚、墙暗敷设，其中 2～3 根穿 MT15，4 根穿 MT20。试按工程量计算表形式列出该房间轴线内的所有电气安装分项工程名称，计算出各分项工程量。

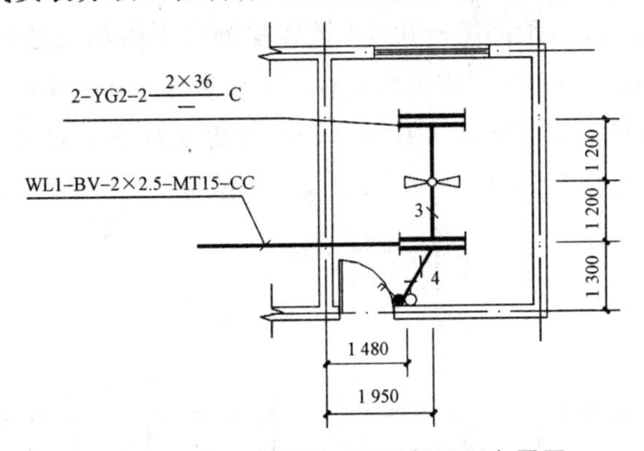

图 4-17 办公楼照明工程局部平面布置图

【解】 根据定额套用与工程量计算规则，按照电气照明工程系统组成，可按照明控制设备、配管配线、照明器具、接线盒等顺序计算工程量，见表 4-6。

表 4-6 工程量计算表

序号	定额编号	项目名称	单位	计算式	数量
1	2-981	电线管暗配 MT15	100 m	进线至灯水平 1.95＋灯至风扇水平 1.20＋灯至风扇水平 1.20＝4.35(m) 4.35÷100≈0.044	0.044

续表

序号	定额编号	项目名称	单位	计算式	数量
2	2-982	电线管暗配 MT20	100 m	灯至开关水平 $\sqrt{1.30^2+(1.95-1.48)^2}$ +灯至开关垂直(3.30−1.40)=1.38 +1.90=3.28(m) 3.28÷100≈0.033	0.033
3	2-1172	管内穿线 BV-2.5	100 m	(1)+(2)=23.02(m) 23.02÷100≈0.230	0.230
		(1)MT15		两线 4.35×2+局部三线 1.20 =9.90(m)	
		(2)MT20		四线 3.28×4=13.12(m)	
4	2-1595	吸顶式双管荧光灯安装	10 套	2÷10	0.2
5	2-1638	双联板式暗开关安装	10 套	1÷10	0.1
6	2-1702	吊风扇安装	台	1	1
7	2-1377	暗装钢质灯头盒安装	10 个	3÷10	0.3
8	2-1378	暗装钢质开关盒安装	10 个	2÷10	0.2

【案例 2】 某住宅楼防雷工程平面布置图如图 4-18 所示。避雷网在平屋顶四周沿檐沟外折板支架敷设，其余沿混凝土块敷设。折板上口距室外地坪 19 m，避雷引下线均沿外墙引下，并在距室外地坪 0.45 m 处设置接地电阻测试断接卡子，在距建筑 3 m 处设接地极 2.5 m 长角钢 ∟50×5，埋深地下 0.7 m，顶部用━40×4 镀锌扁钢引下线和接地极相连接。土壤为普通土。试按工程量计算表形式列出该工程的所有分项工程名称，并计算出各分项工程量。

【解】 根据定额套用与工程量计算规则，按照防雷及接地工程系统组成，可按接闪器、引下线、接地装置、接地调试的顺序计算工程量，见表 4-7。

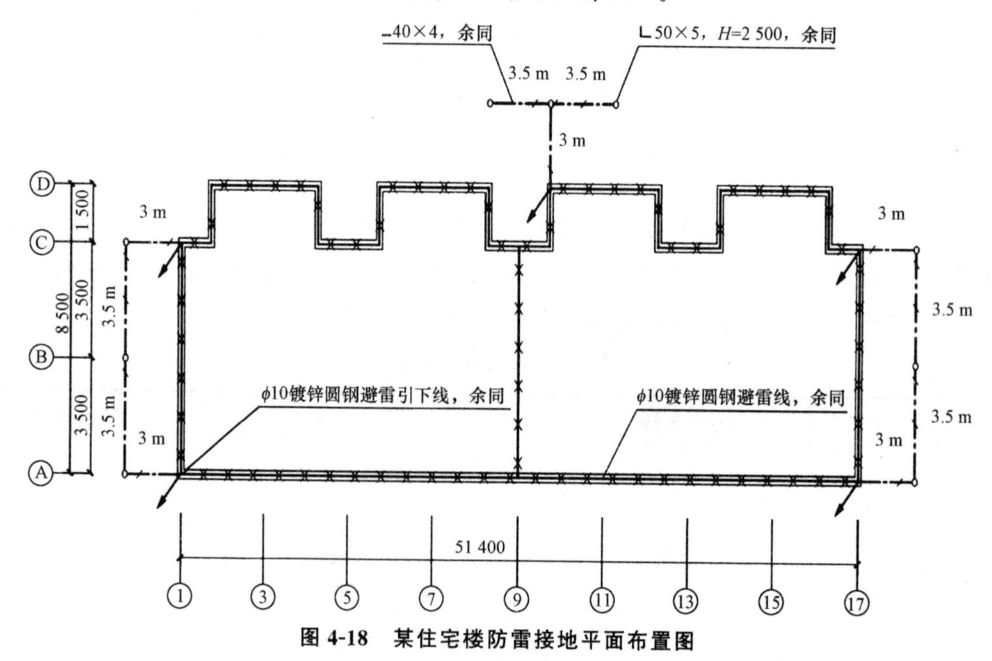

图 4-18 某住宅楼防雷接地平面布置图

表 4-7　工程量计算表

序号	定额编号	项目名称	单位	计算式	数量
1	2-749	避雷网沿折板支架安装镀锌圆钢 Φ10	10 m	51.4(Ⓐ轴全长)＋51.4(Ⓓ轴全长)＋1.5×8(Ⓓ轴凹凸部分)＋7(①轴全长)＋7(⑰轴全长)＝128.8(m)128.8×(1＋3.9%)÷10＝13.382	13.382
2	2-748	避雷网沿混凝土块支架安装镀锌圆钢 Φ10	10 m	8.8－1.5(⑨轴全长减去凹凸部分)＝7.3(m) 7.3×(1＋3.9%)÷10＝0.758	0.758
3	2-750	混凝土块制作	10 块	7 块(直线段敷设按1～1.5 m/块考虑) 7÷10＝0.7	0.7
4	2-745	避雷引下线敷设镀锌圆钢 Φ10	10 m	19×5(楼总高×引下线根数)－0.45×5(断接卡子距室外地坪高)＝92.75(m) 92.75÷10＝9.275	9.275
5	2-747	断接卡子制作、安装	10 套	5 套(每根引下线一套) 5÷10＝0.5	0.5
6	2-690	接地极制作、安装 50×5，H＝2 500	根	9 根，按图示数量计算	9
7	2-697	户外接地母线敷设 —40×4	10 m	[3(距墙)＋0.7(埋深)＋0.45(断接点高)]×5(5 处)＋3.5(地极间距)×6(6 段)＝41.75(m) 41.75×(1＋3.9%)÷10＝4.338	4.338
8	2-885	独立接地装置调试	组	3 组(按每组接地装置测试计算)	3

【案例 3】 某氮气站动力安装工程如图 4-19 所示。

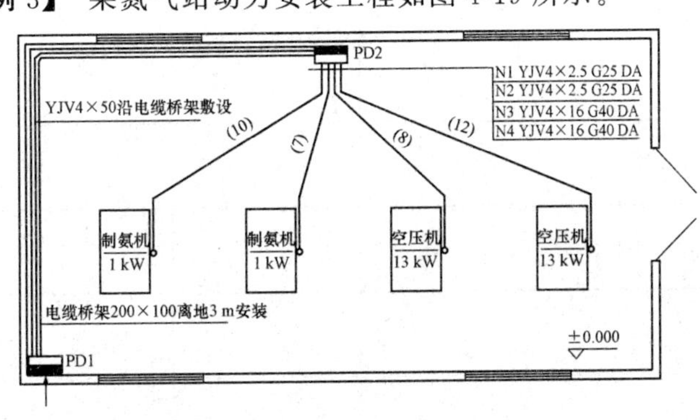

说明：
动力配电箱PD1、PD2为落地式安装，其尺寸为900×2 000×500(宽×高×厚)。
配管水平长度见图示括号内数字，单位为m。

200×100电缆桥架
落地式配电箱
10#基础槽钢
配电箱安装示意

图 4-19　氮气站动力平面图

(1)PD1、PD2 均为定型动力配电箱，落地式安装，基础型钢用 10# 槽钢制作，其质量为 10 kg/m。

(2)PD1 至 PD2 电缆沿桥架敷设。其余电缆均穿钢管敷设。埋地钢管标准高为－0.2 m，埋地钢管至动力配电箱出口处高出地坪＋0.1 m。

(3)4 台设备基础标高均为＋0.3 m。至设备电动机处的配管管口高出基础面 0.2 m，均连接 1 根长 0.8 m 同管径的金属软管。

(4)计算电缆长度时，不计算电缆敷设弛度、波形弯度和交叉的附加长度，连接电动机处，出管口后电缆的预留长度为 1 m，电缆头为户内干包式，其附加长度不计。

(5)电缆桥架(200×100)的水平长度为 22 m。

分部分项工程量清单的统一编码见表 4-8。

表 4-8　分部分项工程量清单的统一编码

项目编码	项目名称	项目编码	项目名称
030411001	配管	030404031	小电器
030408001	电力电缆	030404015	控制台
030406006	低压交流异步电动机	030404017	配电箱

问题：

根据图示内容和“13 计价规范”的规定，计算相关工程量和编制分部分项工程量清单，并填写分部分项工程量清单(表 4-9)。

表 4-9　分部分项工程量清单

序号	项目编码	项目名称	计量单位	工程量
1				
2				
3				
4				
5				
6				
7				
8				
9				

【解】 (1)配管、电缆敷设和电缆桥架工程量的计算式。

1)钢管 ϕ25 工程量计算:

$$10+7=17(m)$$

2)钢管 ϕ40 工程量计算:

$$8+12=20(m)$$

3)电缆 YJV4×2.5 工程量计算:

$$10+7+(0.2+0.3)\times 2+1=19(m)$$

4)电缆 YJV4×16 工程量计算:

$$8+12+(0.2+0.3)\times 2+1=22(m)$$

5)电缆桥架 200×100 工程量计算:

$$22+[3-(2+0.1)]\times 2=23.8(m)$$

6)电缆 YJV4×50 工程量计算:

$$22+[3-(2+0.1)]\times 2+1=24.8(m)$$

(2)填写分部分项工程量清单(表 4-10)。

表 4-10 分部分项工程量清单

序号	项目编号	项目名称	计量单位	工程量
1	030411001001	配管(ϕ25 钢管暗敷)	m	19
2	030411001002	配管(ϕ40 钢管暗敷)	m	22
3	030408001001	电力电缆(YJV4×2.5 穿管敷设)	m	19
4	030408001002	电力电缆(YJV4×16 穿管敷设)	m	22
5	030408001003	电力电缆(YJV4×50 沿桥架敷设)	m	23.8
6	030411003001	桥架(200×100)	m	23.8
7	030404017001	配电箱(落地式安装)	m	2
8	030406006001	电动机检查接线及调试(低压交流异步电动机 1 kW)	m	2
9	030406006002	电动机检查接线及调试(低压交流异步电动机 13 kW)	m	2

第二节 给排水工程定额运用及工程量计算

一、管道安装工程量计算

(一)给排水管道界线划分

(1)室内外给水管道界线划分如图 4-20(a)所示。

(2)室内外排水管道界线划分如图 4-20(b)所示。

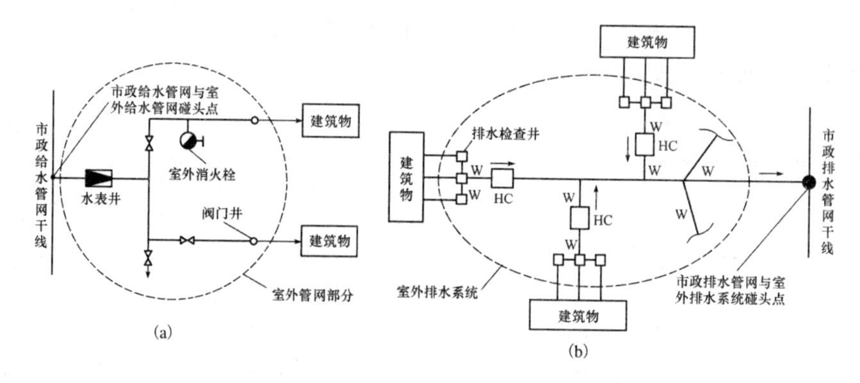

图 4-20 给排水管道界线划分

(a)室内外给水管道界线划分；(b)室内外排水管道界线划分

(二)工程量计算

1. 室内给水管道安装工程量计算

工程量计算总的顺序：由入(出)口起，先主干，后支管；先进入，后排出；先设备，后附件。

2. 室内排水管道安装工程量计算

管道安装工程量区分不同材质、连接方式、公称直径、接头材料分别以“m”计算，不扣除管件阀门所占长度。

3. 室外给水系统工程量计算

(1)室外给水管道安装。

(2)室外给水管道栓类、阀门、水表的安装。

1)阀门安装以螺纹、法兰连接分类，按直径大小分档次，以“个”计算。

2)水表安装计量同室内给水管道水表安装。

3)管道消毒、冲洗同室内给水管道安装。

4)管道土石方工程量计算要根据设计开挖深度和土壤类别，确定管沟的断面形状，当沟深小于表 4-11 所示的直槽最大深度时，管沟可为矩形，否则应设梯形断面。

表 4-11 深度在 5 m 以内的放坡系数

土壤类别	直槽的最大深度/m	人工挖土	机械挖土	
			机械在槽底	机械在槽边
一、二类土	1.20	1∶0.5	1∶0.33	1∶0.75
三类土	1.50	1∶0.33	1∶0.25	1∶0.67
四类土	2.00	1∶0.25	1∶0.10	1∶0.33

(3)计算放坡时，在交接处的重复工程量不予扣除，原槽、坑作基础垫层时，放坡自垫层下表面开始。

管沟宽度根据管径确定，如设计无规定时，可按表 4-12 计算。

表 4-12　管沟底宽取值　　m

管径/mm	铸铁管、钢管、石棉水泥管	水泥制品管	附注
50～70	0.6	0.8	1. 当管沟深度在 2 m 以内及有支撑时，表内数字均应增加 0.1 m； 2. 当管沟深度在 3 m 以内及有支撑时，表内数字均应增加 0.2 m
100～200	0.7	0.9	
250～350	0.8	1.0	
400～450	1.0	1.3	
500～600	1.3	1.4	
700～800	1.6	1.8	
900～1 000	1.8	2.0	
1 100～1 200	2.0	2.3	
1 300～1 400	2.2	2.6	

在计算管道沟槽回填土工程量时，管径在 500 mm 以下的，不扣除管道所占体积，超过 500 mm 以上时，每米管道长度按表 4-13 规定扣除管道所占体积计算。

表 4-13　每米管道长度扣减的管道占回填土方量　　m^3

管径/mm	钢管	铸铁管	水泥制品管
500～600	0.24	0.27	0.33
700～800	0.44	0.49	0.60
900～1 000	0.74	0.77	0.92
1 100～1 200	—	—	1.15
1 300～1 400	—	—	1.35
1 500～1 600	—	—	1.45

4. 室外排水管道工程量计算

(1)室外混凝土及钢筋混凝土排水管道安装，按土建定额规定计算及套用定额。

(2)检查井、污水池、化粪池等构筑物按土建定额规定计算及套用定额。

二、阀门、水位标尺安装工程量计算

1. 阀门安装

各种阀门安装工程量应按其不同类别、规格型号、公称直径和连接方式，分别以“个”为单位计算。

2. 浮标液面针、水塔、水池浮漂水位标尺制作安装

(1)浮标液面针的安装以“组”为单位计算。

(2)水塔、水池浮漂水位标尺制作安装均以“套”为单位计算。

三、水表组成与安装工程量计算

(一)定额套用

水表安装连接方式分为法兰水表连接[图 4-21(a)]和螺纹水表连接[图 4-21(b)]。实际运用中，根据连接方式确定定额套用子目，即管道为螺纹连接时，套用螺纹水表安装子目；管道为焊接或法兰连接时，套用法兰水表安装子目，水表安装包括与之连接的阀门，组内的阀门应计算主材，但不能另计阀门安装工程量。

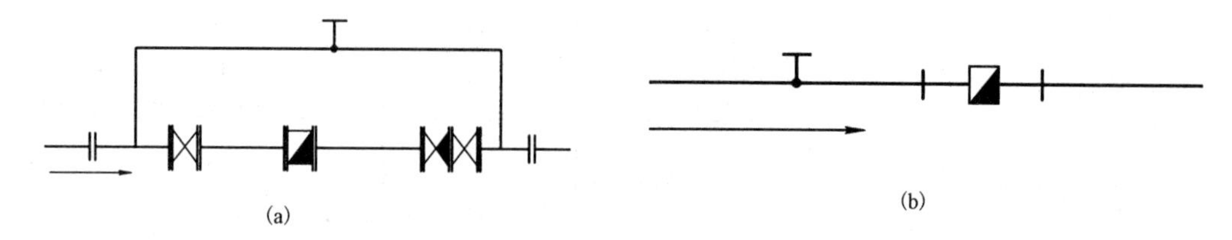

图 4-21　水表连接方式

(a)法兰水表连接；(b)螺纹水表连接

(二)工程量计算规则

(1)法兰水表安装以“组”计算。

(2)螺纹水表安装以“组”计算。

(三)注意事项

(1)法兰水表安装(带旁通管和止回阀)是按国家建筑标准设计图集 05S502 编制的，定额内容旁通管及止回阀如实际安装形式与此不同时，阀门及止回阀可按实际调整，其余不变。

(2)螺纹水表配驳喉组合安装适用于水表后配止回阀的项目。

(3)在承插铸铁管道上安装水表，套用法兰式水表配承插盘短管安装子目。

四、卫生器具制作安装工程量计算

(一)盆具安装工程量计算

盆具安装是指浴盆、净身盆、洗脸盆、洗手盆、洗涤盆、化验盆等陶瓷成品盆具的安装。

1. 定额套用

盆具全国统一安装工程预算定额是按国家建筑标准设计图集 05S502 编制的。水平给水管道高度见表 4-14。

表 4-14　水平给水管道高度　　mm

卫生设备	水平管距地面的高度
浴盆	750
净身盆	250
洗脸盆	530
洗涤盆	995
化验盆	850

2. 计算方法

(1)浴盆安装(图 4-22)。

(2)净身妇洗器。

(3)洗脸盆(图 4-23)。

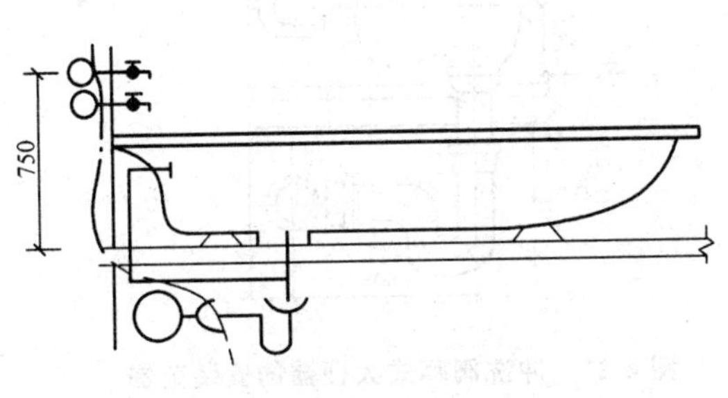

图 4-22　浴盆的安装范围

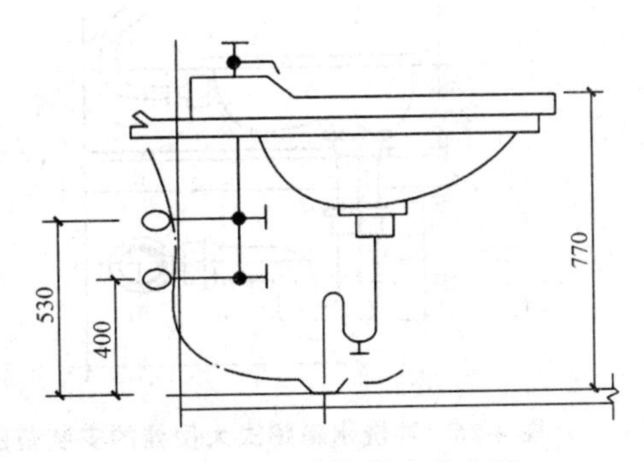

图 4-23　洗脸盆的安装范围

(4)洗涤盆。洗涤盆定额子目中未计价材料为盆具、水嘴等；肘式开关、脚踏开关、回转龙头、回转混合龙头开关洗涤盆定额子目，未计价材料为盆具、开关和龙头等。

(5)化验盆。

(二)淋浴器安装工程量计算

淋浴器有成品的，也有用管件和管子在现场组装的(图 4-24)。

(三)便溺器具安装工程量计算

便溺器具有大便器和小便器，按其组成可分为便器和冲洗设备。

1. 坐式大便器

坐式大便器按水箱的设置方式分为低水箱坐式大便器(图 4-25)、带水箱坐式大便器、连体水箱坐式大便器。

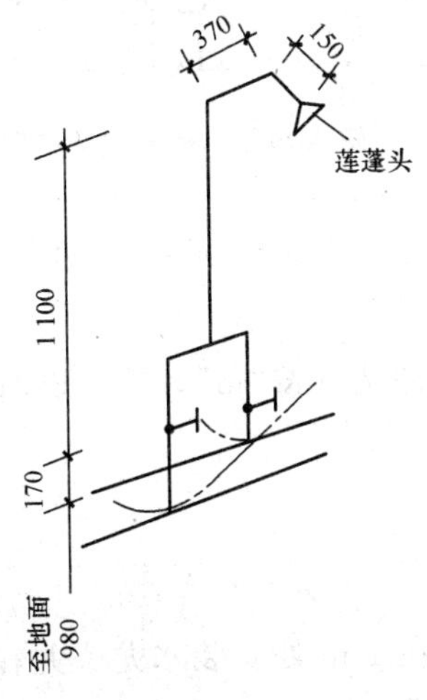

图 4-24　淋浴器安装范围

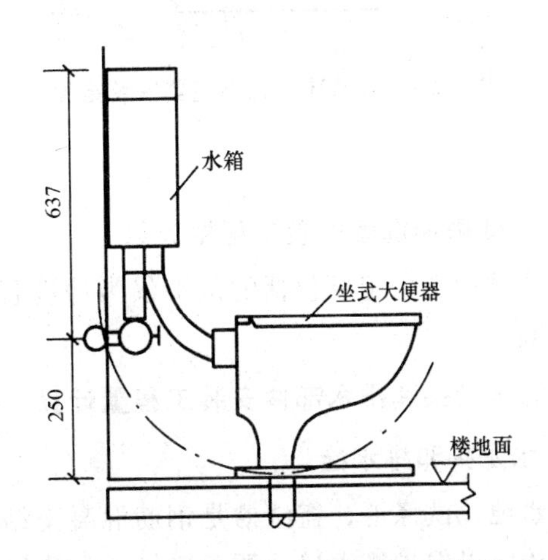

图 4-25　低水箱坐式大便器安装范围

2. 蹲式大便器

蹲式大便器按冲洗方式分为冲洗水箱式(图 4-26)和冲洗阀式(图 4-27)。

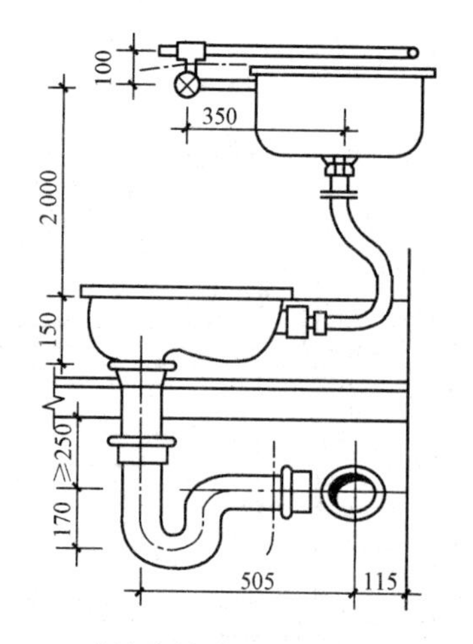

图 4-26　冲洗水箱蹲式大便器的安装范围

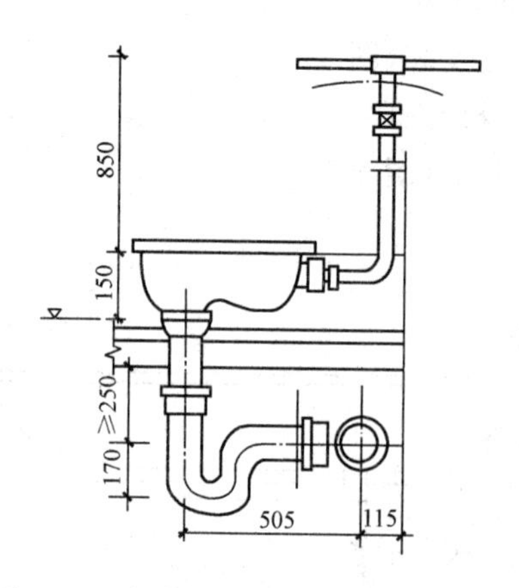

图 4-27　冲洗阀蹲式大便器的安装范围

3. 小便器

小便器按其形式和安装方式分为挂斗式(图 4-28)和立式。小便槽安装范围如图 4-29 所示。

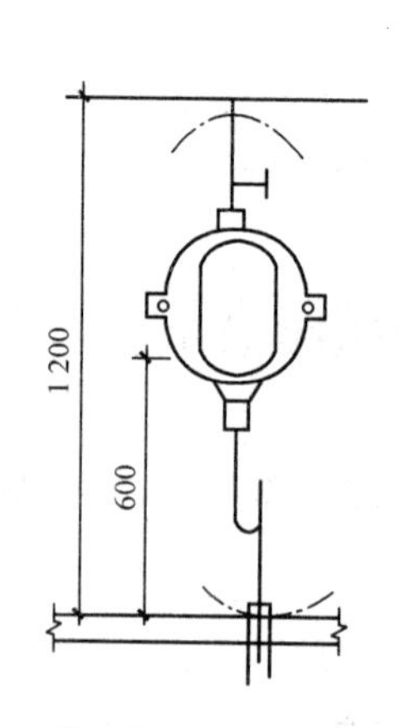

图 4-28　普通挂斗式小便器安装范围

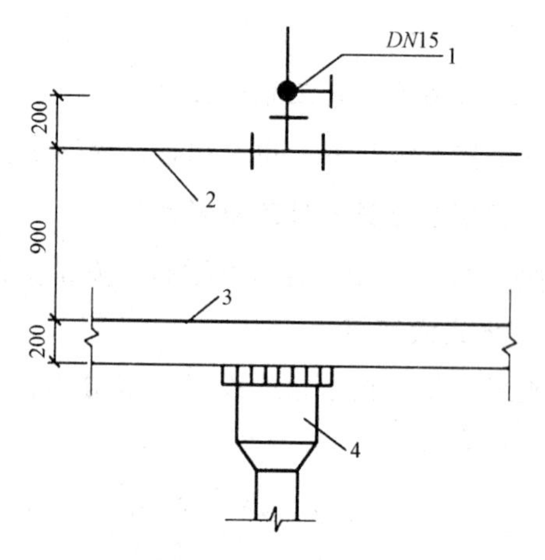

图 4-29　小便槽安装范围

1—DN15 截止阀；2—DN15 多孔冲洗管；3—小便槽踏步；4—地漏

4. 小便槽冲洗管安装工程量计算

小便槽冲洗管定额包括的范围仅为冲洗管本身，冲洗管按“m”计算，以“10 m”为单位套用定额。

(四)水龙头和排水部件安装工程量计算

1. 水龙头和排水栓

污水池、洗涤池、盥洗槽是钢筋混凝土结构物，在 1 m 处安装水龙头并在排水口处装设排水栓，以保护排水口、便于连接排水管和方便使用。

2. 地漏

地漏安装以“个”计量，以“10 个”为单位套用定额，未计价材料是地漏，地漏安装示意如图 4-30 所示。

3. 地面清扫口

在连接 2 个及 2 个以上大便器或 3 个及 3 个以上卫生器具的污水横管上应设清扫口，如图 4-31 所示。

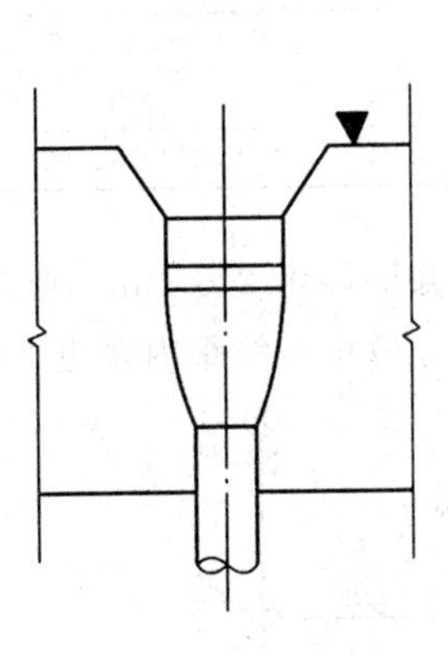

图 4-30　地漏安装示意

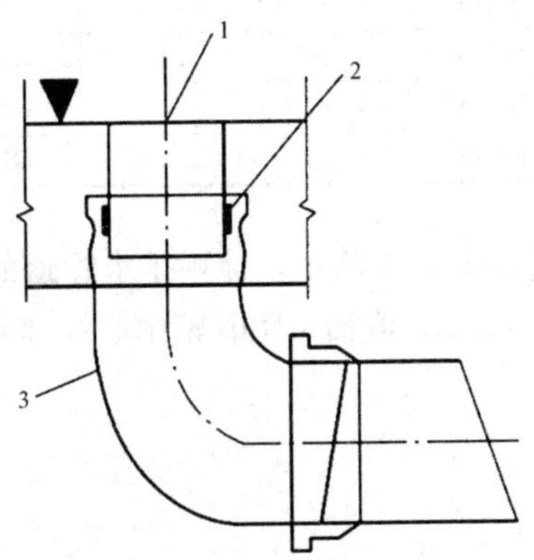

图 4-31　清扫口安装示意

1—铜清扫口盖；2—铸铁清扫口身；3—排水管弯头

给排水工程量计算实例

【案例 1】 如图 4-32 所示，计算给水管道的工程量(已知墙厚为 240 mm，拖布池水龙头距Ⓑ轴中心线 1 000 mm，蹲坑距Ⓑ轴中心线 500 mm，给水立管中心线距内墙边 20 mm)。

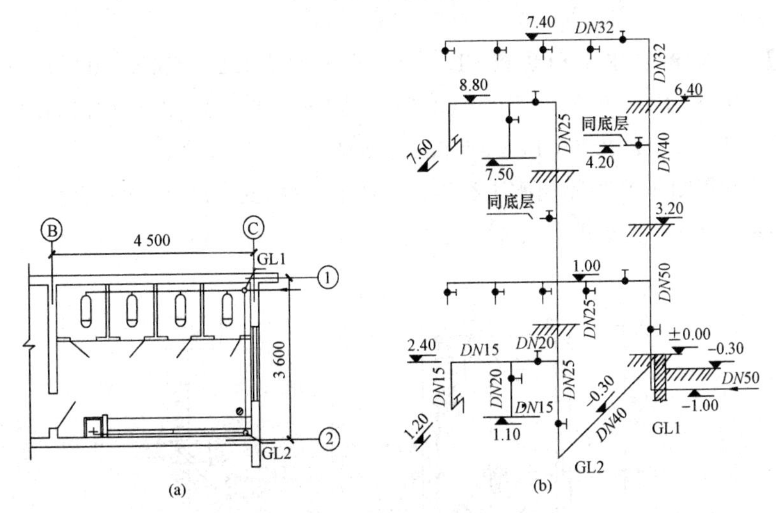

图 4-32　某工程给水工程图

(a)平面图；(b)系统图

【解】 该给水管道的工程量计算见表 4-15。

表 4-15　给水管道的工程量计算

序号	项目名称	单位	工程量	部位	计算式
1	聚丙烯 PPR *DN*50	m	3.94	GL2	出户管(1.5+0.24+0.2+1)+1

续表

序号	项目名称	单位	工程量	部位	计算式
2	聚丙烯 PPR *DN*40	m	6.16	GL2	(4.2－1)＋(3.6－0.24－0.2×2)
3	聚丙烯 PPR *DN*32	m	13.68	GL2	7.4－4.2＋(4.5－0.24－0.5－0.2)×3
4	聚丙烯 PPR *DN*25	m	9.10	GL1	8.8＋0.3
5	聚丙烯 PPR *DN*20	m	8.49	GL1	(4.5－0.24－1－0.2)÷2×3＋(2.4－1.1)×3
6	聚丙烯 PPR *DN*15	m	8.49	GL1	(4.5－0.24－1－0.2)÷2×3＋(2.4－1.2)×3

【案例 2】 如图 4-33 所示，计算排水管道的工程量(已知墙厚为 240 mm，拖布池地漏距Ⓑ轴中心线 1 000 mm，清扫口距Ⓑ轴中心线 200 mm，排水立管中心线距内墙边 20 mm)。

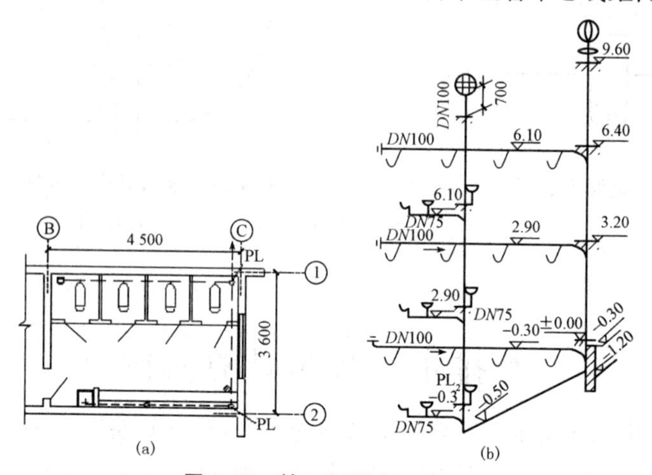

图 4-33 某工程排水工程图

(a)平面图；(b)系统图

【解】 *DN*100：水平加竖直 PL1 [1.5＋0.24＋1.2＋(9.6＋0.7)＋(4.5－0.24－0.2×2)×3]＋PL2[(9.6＋0.7＋0.5)＋(3.6－0.24－0.2×2)×3]＝44.5(m)

*DN*75：(4.5－0.24－0.2－1)×3＝9.18(m)

【案例 3】 计算图 4-34 所示给水工程管道(*DN*40、*DN*20、*DN*15)的工程量。其中 *DN*15 只算至水平段，垂直向下的算至排水系统的大便器中(墙厚为 240 mm)，水池底标高为 8.20 m。

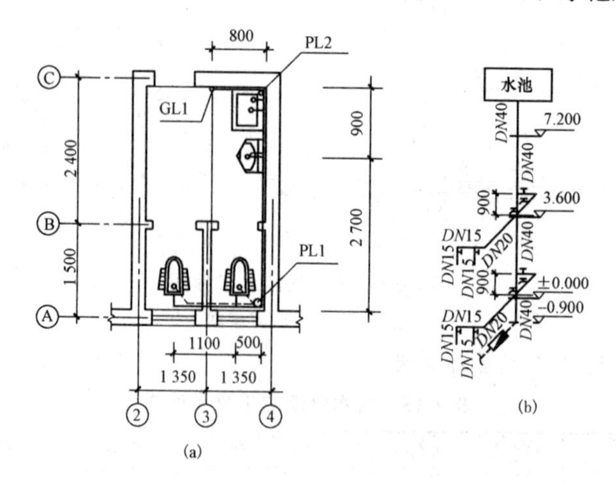

图 4-34 某给水工程图

(a)平面图；(b)系统图

【解】 $DN40$：水平加竖直 1.5＋0.24＋0.9＋8.2＝10.84(m)

$DN20$：(0.8＋0.9＋2.7＋0.5)×2＝9.8(m)

$DN15$：1.1×2＝2.2(m)

第三节　采暖管道安装工程量计算

一、采暖工程基本组成

采暖工程包括室外供热管网和室内采暖系统两大部分。

1. 室外供热管网

室外供热管网的任务是将锅炉生产的热能，通过蒸汽、热水等热媒输送到室内采暖系统，以满足生产、生活的需要。

2. 室内采暖系统

室内采暖系统根据室内供热管网输送的介质不同，也可分为热水采暖系统和蒸汽采暖系统两大类。自然循环上分式单管系统和机械循环上分式双管系统分别如图 4-35 和图 4-36 所示。

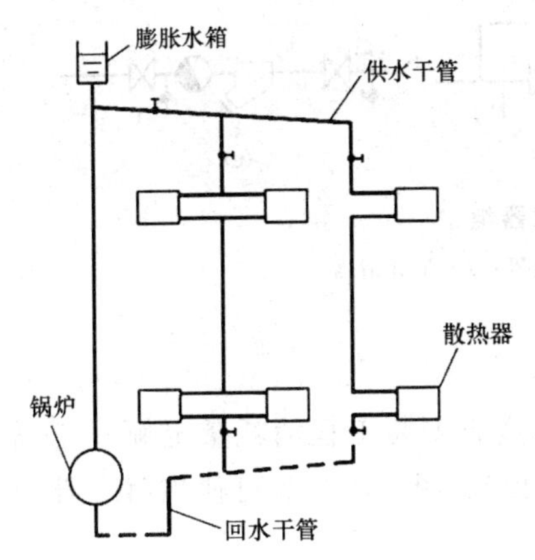

图 4-35　自然循环上分式单管系统

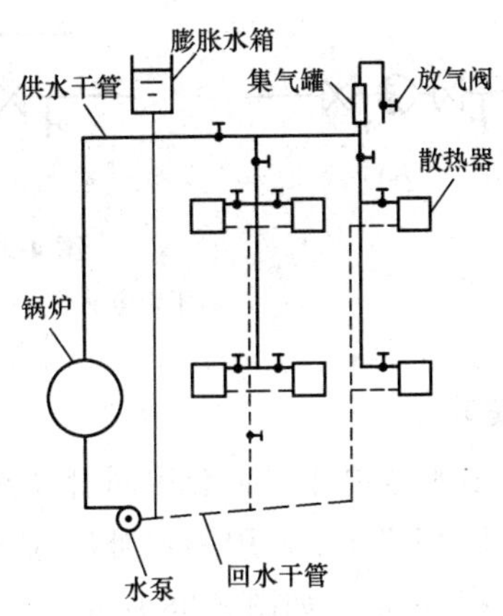

图 4-36　机械循环上分式双管系统

二、采暖管道工程量计算

1. 采暖管道界线划分

编制室内采暖工程施工图预算，必须先对采暖工程的范围进行划分。

(1)室内外管道划分规定：以入口阀门或建筑物外墙皮外 1.5 m 为界。

(2)生活管道与工业管道划分规定：以锅炉房或泵站外墙皮外 1.5 m 为界。

(3)工厂车间内采暖管道以车间采暖系统与工业管道碰头点为界。

(4)设在高层建筑内的加压泵间管道以泵间外墙皮为界，泵间管道执行工业管道定额。

2. 工程量计算规则

采暖管道工程量不分干管、支管，均按不同管材、公称直径、连接方法分别以“m”为单位计算。

(1)立管工程量计算。

(2)支管工程量计算。

三、阀门安装工程量计算

阀门的安装均以“个”计量，与给水管道相同。

四、低压器具的组成与安装工程量计算

采暖、热水工程中的低压器具是指减压器和疏水器。

1. 减压器安装

减压器按连接方式(螺纹连接或焊接)和公称直径不同，分别以“组”计算。

2. 疏水器安装

疏水器与减压器相类似，它也是由疏水器和前后的控制阀、旁通装置、冲洗和检查装置等组成的阀组的合称，按连接方式和公称直径的不同，分别以“组”计算。

(1)疏水器不带旁通管，如图 4-37(a)所示。

(2)疏水器带旁通管，如图 4-37(b)所示。

(3)疏水器带滤清器时，滤清器安装另计，如图 4-37(c)所示。

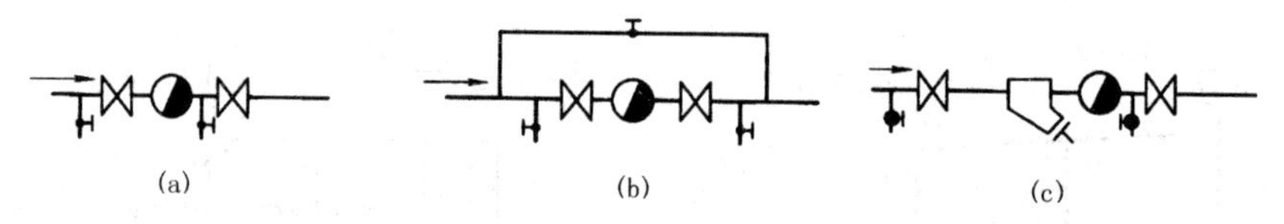

图 4-37　疏水器组

(a)不带旁通管；(b)带旁通管；(c)带滤清器

3. 单体安装

减压阀、疏水器单体安装套用同管径阀门《云南省安装工程消耗量定额》；安全阀按公称直径不同，以“个”计量，用第六册《工业管道工程》定额；压力表可使用第十册《自动化控制仪表安装工程》定额，如图 4-38 所示。

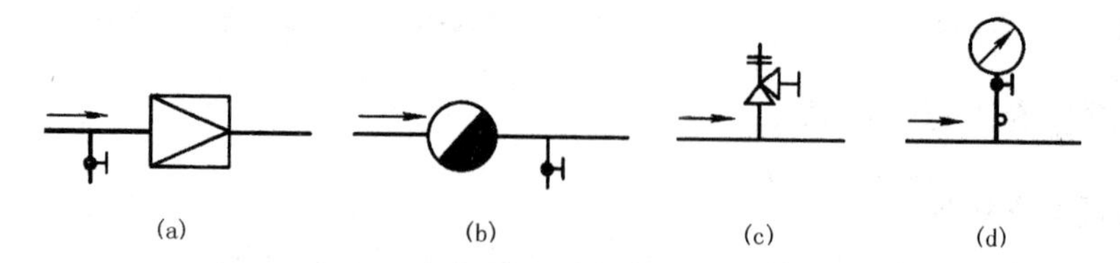

图 4-38　单体安装的减压阀、疏水器、安全阀、压力表

(a)减压阀；(b)疏水器；(c)安全阀；(d)压力表

五、供暖器具制作安装工程量计算

1. 铸铁散热器安装工程量

铸铁散热器分为柱形、圆翼形和长翼形三种。

2. 钢制散热器安装工程量

钢制闭式散热器安装，以“片”计量；钢制板式散热器安装，以“组”计量；钢制壁式散热器安装，以“组”计量；钢制柱式散热器安装，以“组”计量。

3. 暖风机和热空气幕安装

暖风机和热空气幕的安装按质量不同，分别以“台”计量。

六、小型容器制作安装工程量计算

1. 各种类型的钢板水箱制作

各种类型的钢板水箱按每个质量的不同分档，以“100 kg”计量。

2. 水箱安装工程量

(1)补水箱、膨胀水箱、矩形和圆形钢板水箱的安装以容积(m^3)不同分档，按“个”计量。水箱安装工作包括水箱稳固、装配件(外人梯、内人梯)、水压试验。

(2)集气罐、分气缸制作与安装。

(3)除污器制作安装。

第四节　燃气管道安装工程量计算

一、管道安装工程量计算

室内燃气管道的组成如图 4-39 所示。

1. 管道分界

(1)室内外管道分界以地下引入室内的管道室内第一个阀门为界，地上引入室内的管道以墙外三通为界。

(2)室外管道与市政管道以两者的碰头点为界。

2. 进户管道(引入管)

自室外管网至用户总开闭阀门为止，这段管道称为进户管道(引入管)。引入管直接引入用气房间(如厨房)内，但不得敷设在卧室、浴室、厕所。

3. 室内管道

自用户总开闭阀门起至燃气表或用气设备的管道称为室内管道。

(1)水平干管。

(2)立管。

(3)用户支管。

4. 常用管材及连接方式

埋地管道通常用铸铁管或焊接钢管，采用柔性机

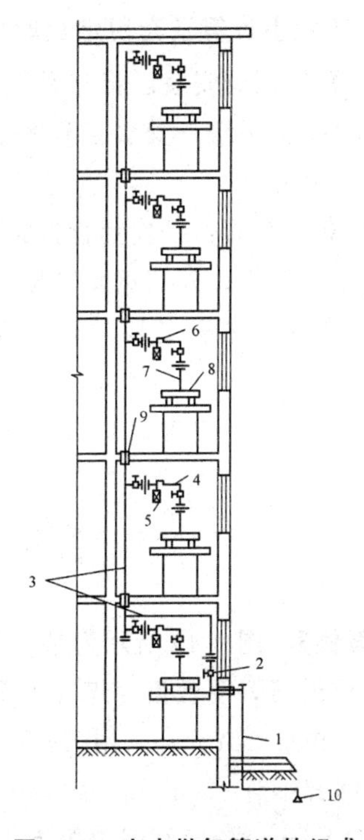

图 4-39　室内燃气管道的组成

1—用户引入管；2—引入口总阀；3—水平干管及立管；4—用户支管；5—计量表；6—软管；7—用具连接管；8—用具；9—套管；10—分配管道

械咬口或焊接连接，室内明装管道全部用镀锌钢管，螺纹连接，以生料带或厚白漆为填料。

5. 工程量计算

管道的安装工程量计算规则同给排水管道部分。

二、阀门、法兰安装工程量计算

阀门、法兰安装工程量以图示数量计算；按第八册相应项目套用定额，其中阀门抹密封油、研磨已包括在管道安装中，不得另计。

三、其他项目工程量计算

1. 燃气表安装及工程量计算

居民家庭用户应装一只燃气表，集体、企业、事业用户，每个单独核算的单位最少应安装一只燃气表。

2. 燃气炉灶安装及工程量计算

燃气炉灶通常是放置在砖砌的或混凝土板的台子上，进气口与燃气表的出口(或出口短管)以橡胶软管连接。

3. 热水器安装及工程量计算

热水器通常安装在洗澡间外面的墙壁上，安装时，热水器的底部距地面为1.5～1.6 m。

4. 工程量计算及套用定额时应注意的问题

(1)燃气用具安装已将与燃气用具前阀门连接的短管考虑在内，不得重复计算。

(2)在《全国统一安装工程预算定额》中，管道工程已包括托钩、角钢管卡的制作与安装，不得另计。

(3)穿墙套管：铁皮套管按第八册相应项目计算；内墙用钢套管按第八册第七章室外钢管焊接定额计算；外墙钢套管按第六册定额相应项目执行。

(4)燃气计量表安装，不包括表托、支架、表底基础，定额套用第八册第七章的相关内容。

(5)定额中已包含燃气工程的气压试验。

管道安装工程量计算实例

【案例】 图4-40所示为某六层住宅厨房人工煤气管道布置图及系统图，管道采用镀锌钢管螺纹连接，明敷设。煤气表采用双表头3 m^3/h，单价80元，煤气灶采用JZR-83自动点火灶，单价240元，采用XW15型单嘴外螺纹气嘴，单价10元，*DN*15镀锌钢管8元/m，*DN*25镀锌钢管15元/m，*DN*40镀锌钢管18元/m，*DN*50镀锌钢管20元/m，*DN*80镀锌钢管25元/m，旋塞阀门单价为10元。管道距墙40 mm。试计算管道工程量。

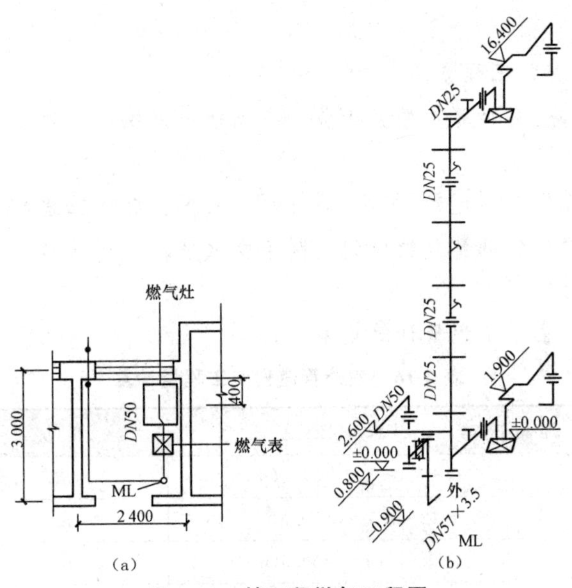

图 4-40　某工程燃气工程图

(a)平面图；(b)系统图

【解】 本例中工程量计算包括煤气管、煤气表、煤气灶、燃气嘴工程量。

(1)*DN*50 镀锌钢管(进户管)：0.04＋0.28＋0.04(穿墙管)＋(2.6－0.8＋0.9＋0.8)＋(3－0.14－0.08－0.04－0.04)＋(2.4－0.16－0.08)＝8.72 m＝0.872(10 m)

(2)*DN*25 镀锌钢管(立管)：16.4－1.9＝14.5(m)＝1.45(10 m)

(3)*DN*15 镀锌钢管(支管)：(3.0－0.14－0.08－0.4＋0.9×2)×6＝25.08(m)＝2.51(10 m)

(4)燃气表：　　6 只

(5)燃气灶：　　6 台

(6)燃气嘴：　　6 个

(7)旋塞阀门：　　6 个

(8)钢套管：　*DN*40　5×0.21＝1.05(m)；*DN*80　1×0.32＝0.32(m)

实训

一、实训内容

编制某建筑物室外给水管道安装工程的施工图预算(工程范围由原来市政管道碰头到建筑物外墙皮 1.5 m 处)。图 4-41 所示为某建筑物室外给水管道安装布置图。

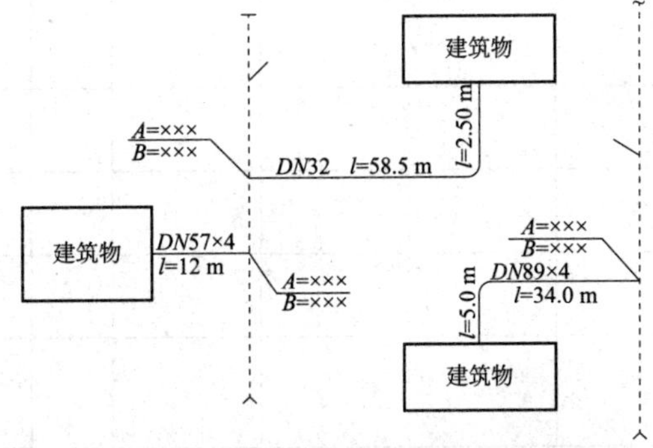

图 4-41　某建筑物室外给水管道安装布置图

1. 施工方法

给水管道均埋设在地面下 2.5 m 处(管中心)，采用镀锌钢管(*DN*32)和无缝钢管(*DN*57 和 *DN*89)，刷防锈漆两遍。

2. 编制要求

(1)计算给水管道安装工程量。

(2)编制施工图预算(只计算定额直接费，不包括土方挖埋、管道基础)。

3. 采用预算定额

根据2013年版《云南安装定额》中的《给排水、采暖、燃气工程》分册，实际计算费用可按当地建设主管部门颁布的调整系数调到编制年度水平。

二、实训步骤

第一步：计算工程量。工程量计算见表4-16。

表4-16　室外管道安装工程量计算

项目名称	工程量计算	单位	工程量
无缝钢管 *DN*89×4	34+5.0−1.5=37.5(m)	m	37.5
无缝钢管 *DN*57×4	12−1.5=10.5(m)	m	10.5
镀锌钢管 *DN*32	58.5+2.51.5=59.5(m)	m	59.5
干线碰头	*DN*32一处，*DN*57一处，*DN*89一处	m	3
人工除锈	除锈面积=πDL=20(m^2)	m	20
刷防锈漆	—	m	20
脚手架搭拆费	人工费×5%	m	—

第二步：计算定额直接费。

填写施工图预算表，见表4-17。

表4-17　室外管道工程预算表

定额编号	分部分项工程名称	单位	工程量	单价/元	合价/元	其中					
						人工费/元		材料费/元		机械费/元	
						单价	金额	单价	金额	单价	金额
03080027	无缝钢管焊接 *DN*89×4										
03080025	无缝钢管焊接 *DN*57×4										
03080023	镀锌钢管焊接 *DN*32										
03110002	除锈										
03110051	刷防锈漆一遍										
03110052	刷防锈漆二遍										
	管道脚手架搭拆费										
	刷油脚手架搭拆费										
	合计										

第五节　通风空调工程定额运用及工程量计算

一、通风空调工程定额适用范围

本定额适用工业与民用建筑的新建、扩建项目中的通风、空调工程。

(一)本定额主要依据的标准、规范

(1)《工业建筑供暖通风与空气调节设计规范》(GB 50019—2015)。

(2)《通风与空调工程施工质量验收规范》(GB 50243—2016)。

(3)《暖通空调设计选用手册》。

(4)《云南省建设工程造价计价规则及机械仪器仪表台班费用定额》(DBJ 53/T—58—2013)。

(5)《云南省通用安装工程消耗量定额》(DBJ 53/T—63—2013)。

(二)通风、空调的刷油、绝热、防腐蚀

(1)通风、空调的刷油、绝热、防腐蚀执行《云南安装定额》第十一分册《刷油、防腐蚀、绝热工程》的相应定额子目。

(2)薄钢板风管刷油按其工程量执行相应项目，仅外(或内)面刷油者，定额乘以系数1.2，内外均涂装者，定额乘以系数1.1(其法兰加固框、吊托支架已包括在此系数内)。

(3)薄钢板部件刷油按其工程量执行金属结构刷油项目，定额乘以系数1.15。

(4)不包括在风管工程量内而单独列项的各种支架(不锈钢吊托支架除外)，按其工程量执行相应项目。

(5)薄钢板风管、部件以及单独列项的支架，其除锈不分锈蚀程度，一律按其第一遍涂装的工程量执行轻锈相应项目。

(6)绝热保温材料不需粘结者，执行相应项目时需减去其中的粘结材料，人工乘以系数0.5。

(三)各项费用的规定

(1)脚手架搭拆费按人工费的3%计算，其中人工费占25%、材料费占50%、机械费占25%。

(2)高层建筑增加费。

(3)超高增加费(指操作物高度距离楼地面6 m以上的工程)按人工费的15%计算。

(4)系统调整费按系统工程人工费的13%计算，其中人工费占25%。

(5)安装与生产同时进行增加的费用，按人工费的10%计算。

(6)在有害身体健康的环境中施工增加的费用，按人工费的10%计算。

(四)系统调试

通风空调工程中系统调试费按人工费的13%计算，空调供回水管及非本定额子目的内容不可列入该项人工费中。

1. 通风空调测定与调整的项目

(1)室内空气温度、相对湿度的测定与调整。

(2)室内气流组织测定。

(3)室内洁净度和正压的测定。

(4)室内噪声的测定。

(5)通风除尘车间空气中含尘浓度与排放浓度的测定。

(6)自动调节系统应用参数整定和联动调试。

2. 洁净室综合性能评定检测

对洁净室综合性能全面评定检测项目应按表 4-18 规定的内容和顺序确定检测工作在系统调整好至少运行 24 h 后再进行。

表 4-18　室外管道工程预算

序号	项目	单向流(层流)洁净室		乱流洁净室
		洁净度高于 100 级	100 级	洁净度 1 000 级及低于 1 000 级
1	室内送风量，系统总新风量(必要时系统总送风量)，有排风时的室内排风量	检测		
2	静压差	检测		
3	截面平均风速	检测		不测
4	截面风速不均匀度	检测	必要时测	不测
5	洁净度级别	检测		
6	浮游菌和沉降菌	必要时测		
7	室内温度和相对湿度	检测		
8	室温(或相对湿度)波动范围和区域温差	必要时测		
9	室内噪声级	检测		
10	室内倍频程声压级	必要时测		
11	室内照度和照度均匀度	检测		
12	室内微震	必要时测		
13	表面导静电性能	必要时测		
14	室内气流流型	不测		必要时测
15	流线平行性	检测	必要时测	不测
16	自净时间	不测	必要时测	

二、通风管道制作安装工程量计算

(一)通风管道工程量计算

1. 风管工程量计算

用薄钢板、镀锌钢板、不锈钢板、铝板和塑料板等板材制作安装的风管工程量，以施工图图示风管中心线长度为准，按风管不同断面形状(圆、方、矩)的展开面积计算，以“m^2”计量。

(1)风管制作安装以施工图规格不同按展开面积计算，不扣除检查孔、测定孔、送风口、吸风口等所占面积(图 4-42)。

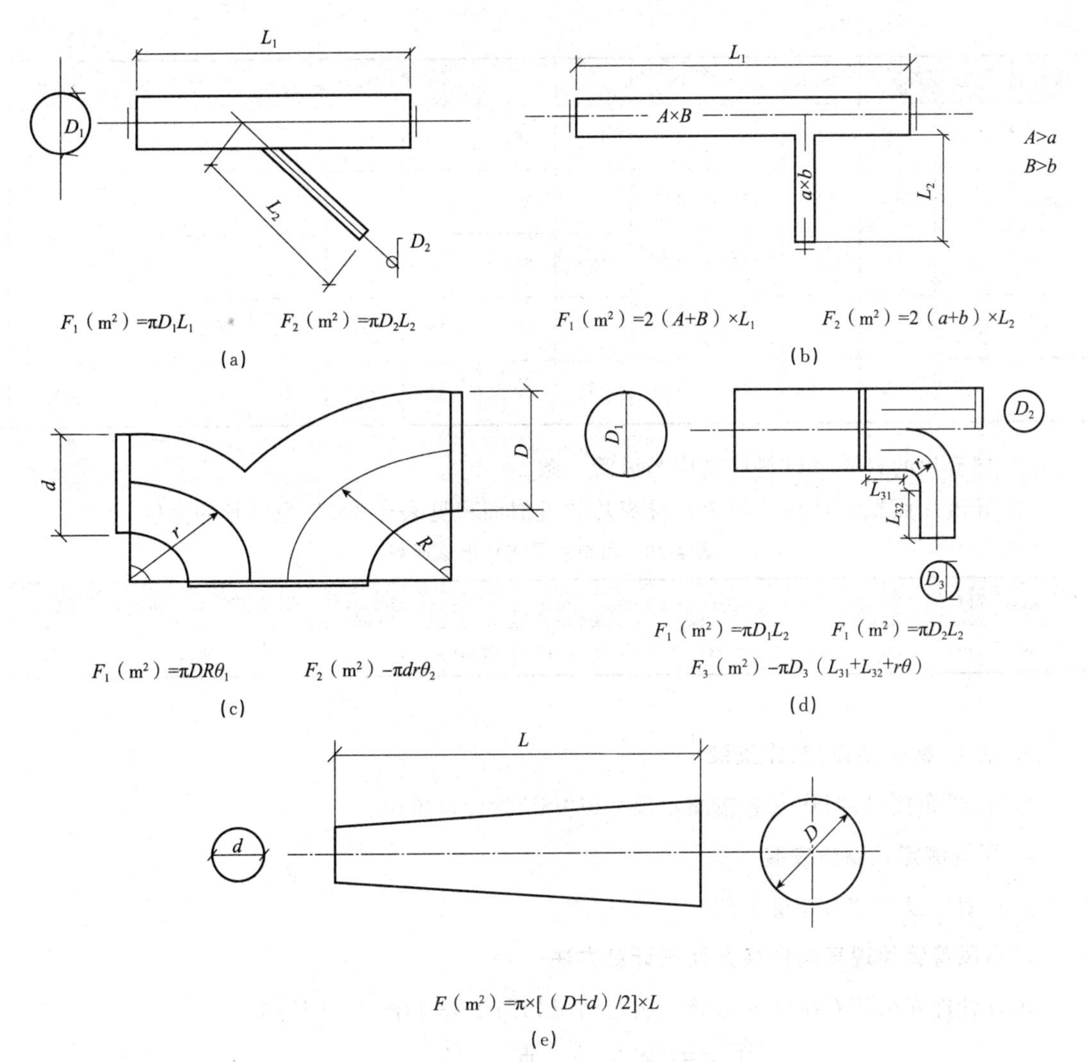

图 4-42　风管工程量计算示意

(2)风管长度一般以施工图示中心线长度(主管与支管以其中心线交点划分)，包括弯头、三通、变径管、天圆地方等管件的长度，但不包括部件所占长度。直径和周长按图示尺寸为准展开，咬口重叠部分已包括在定额内，不得另行增加。

(3)塑料风管、复合型材料风管制作安装定额所列规格直径为内径，周长为内周长。

(4)柔性软风管安装，按图示管道中心线长度以"m"为计量单位，柔性软风管阀门安装以"个"为计量单位。

2. 风管弯头导流叶片

按叶片图示面积以"m^2"计量。

(1)导流片在弯管内的配置应符合设计规范，当设计无规定时，可按表 4-19 执行。

表 4-19　矩形弯管内导流片的配置　　mm

边长	片数	a_1	a_2	a_3	a_4	a_5	a_6	a_7	a_8	a_9	a_{10}	a_{11}	a_{12}
500	4	95	120	140	165	—	—	—	—	—	—	—	—
630	4	115	145	170	200	—	—	—	—	—	—	—	—

续表

边长	片数	a_1	a_2	a_3	a_4	a_5	a_6	a_7	a_8	a_9	a_{10}	a_{11}	a_{12}
800	6	105	125	140	160	175	195	—	—	—	—	—	—
1 000	7	115	130	150	165	180	200	215	—	—	—	—	—
1 250	8	125	140	155	170	190	205	220	235	—	—	—	—
1 600	10	135	150	160	175	190	205	215	230	245	255	—	—
2 000	12	145	155	170	180	195	205	215	230	240	255	265	280

(2)导流片的材质及材料厚度应与风管一致。

(3)导流片面积的计算，每单片导流片的近似面积见表 4-20(B 为风管的高度)。

表 4-20　每单片导流片近似面积

B 边长/mm	200	250	320	400	500	630	800	1 000	1 250	1 600	2 000
每片面积/mm²	0.075	0.091	0.114	0.14	0.17	0.216	0.273	0.425	0.502	0.623	0.755

3. 软管(帆布接口)制作安装

软管(帆布接口)制作安装按图示尺寸以“m²”为计量单位。

4. 风管测定孔制作安装

按其型号以“个”为计量单位。

(二)风管管件现场制作展开面积计算方法

风管管件在风管系统中的形状及组合情况如图 4-43 和图 4-44 所示。

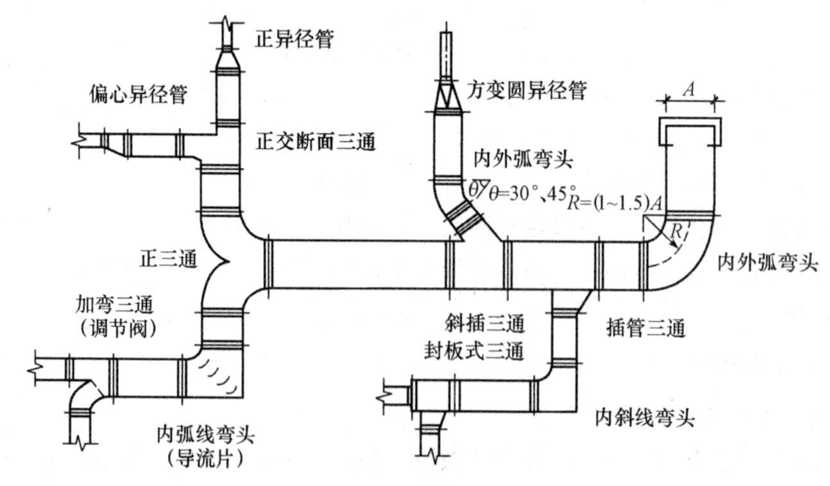

图 4-43　矩形风管管件形状示意

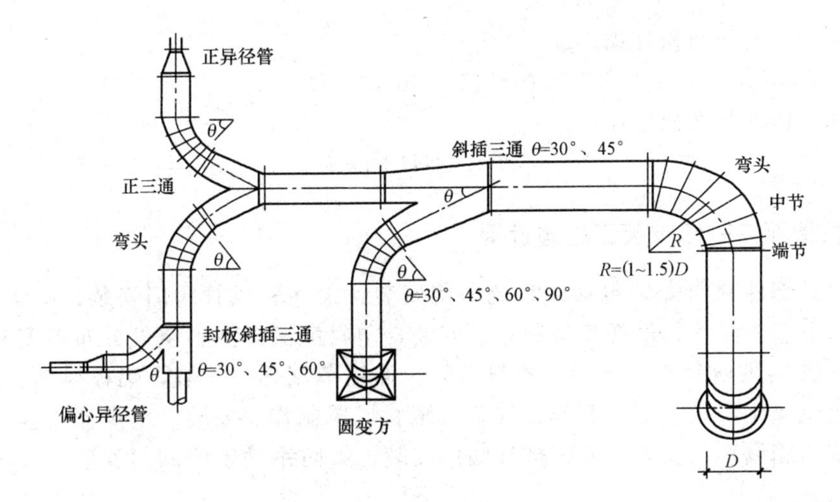

图 4-44 圆形风管管件形状示意

(1)圆形管弯头(图 4-45)展开面积计算式：

$$F_{圆}=R\theta D/180° \tag{4-6}$$

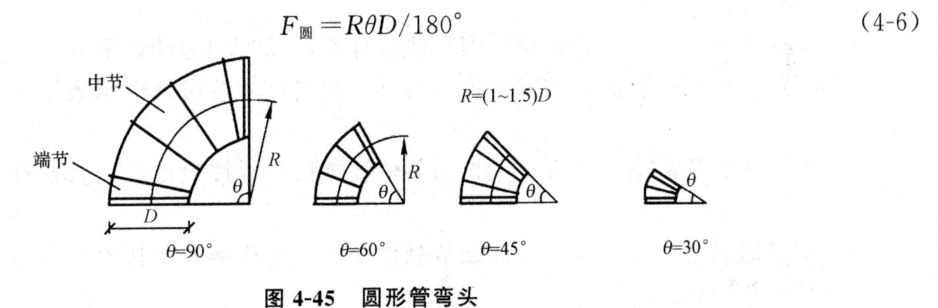

图 4-45 圆形管弯头

(2)矩形管弯头展开面积计算式：

$$F_{矩}=R\pi\theta\cdot 2(A+B)/180° \tag{4-7}$$

(3)圆形管三通(裤衩管，如图 4-46 所示)。

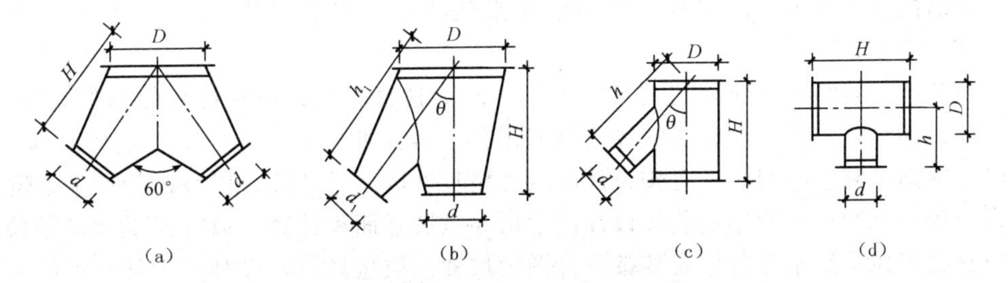

图 4-46 圆形管三通

(a)变径正三通；(b)变径斜插三通；(c)斜插三通；(d)正插三通

1)圆形管变径正三通展开面积公式：

$$H\geqslant 5D，F=\pi(D+d)H \tag{4-8}$$

2)圆形管变径斜插三通展开面积公式：

$$F=\pi H(D+d)/2+\pi h_1(D+d_1)/2 \tag{4-9}$$

3)斜插三通展开面积公式：

$$\theta=30°、45°、60°，\quad H\geqslant 5D \tag{4-10}$$

4)正插三通展开面积公式：

$$F=\pi HD+\pi hd \tag{4-11}$$

三、风管部件制作安装工程量计算

通风管道部件制作安装包括碳钢调节阀安装，柔性软风管阀门安装，碳钢风口安装，不锈钢风口安装、法兰、吊托支架制作、安装，塑料散流器塑料空气分布器安装，铝制孔板口安装，碳钢风帽制作、安装，塑料风帽、伸缩节制作、安装，铝板风帽、法兰制作、安装，玻璃钢风帽安装，罩类制作、安装，塑料风罩制作、安装，消声器安装，消声静压箱安装，静压箱制作、安装，人防排气阀门安装，人防手动密闭阀门安装，人防其他部件制作、安装。

1. 工程量计算规则

(1)碳钢调节阀安装依据其类型直径(圆形)或周长(方形)，按设计图示数量计算，以"个"为计量单位。

(2)柔性软风管阀门安装按设计图示数量计算，以"个"为计量单位。

(3)碳钢各种风口散流器的安装依据类型、规格尺寸按设计图示数量计算，以"个"为计量单位。

(4)钢百叶窗及活动金属百叶风口安装依据规格尺寸按设计图示数量计算，以"个"为计量单位。

(5)塑料通风管道柔性接口及伸缩节制作安装应依连接方式按设计图示尺寸以展开面积计算，以"m^2"为计量单位。

(6)塑料通风管道分布器散流器的制作安装按其成品质量，以"kg"为计量单位。

(7)塑料通风管道风帽制作均按其质量，以"kg"为计量单位。

(8)不锈钢板风管圆形法兰制作按设计图示尺寸以质量计算，以"kg"为计量单位。

(9)不锈钢板风管吊托支架制作安装按设计图示尺寸以质量计算，以"kg"为计量单位。

(10)铝板圆伞形风帽、铝板风管圆、矩形法兰制作按设计图示尺寸以质量计算，以"kg"为计量单位。

(11)碳钢风帽的制作安装均按其质量以"kg"为计量单位；非标准风帽制作安装按成品质量以"kg"为计量单位。风帽为成品安装时制作不再计算。

(12)碳钢风帽筝绳制作安装按设计图示规格长度以质量计算，以"kg"为计量单位。

(13)碳钢风帽泛水制作安装按设计图示尺寸以展开面积计算，以"m^2"为计量单位。

(14)碳钢风帽滴水盘制作安装按设计图示尺寸以质量计算，以"kg"为计量单位。

(15)玻璃钢风帽安装依据成品质量按设计图示数量计算，以"kg"为计量单位。

(16)罩类的制作安装均按其质量以"kg"为计量单位；非标准罩类制作安装按成品质量以"kg"为计量单位。罩类为成品安装时制作不再计算。

(17)微穿孔板消声器、管式消声器、阻抗式消声器成品安装按设计图示数量计算，以"节"为计量单位。

(18)消声弯头安装按设计图示数量计算，以"个"为计量单位。

(19)消声静压箱安装按设计图示数量计算，以"个"为计量单位。

(20)静压箱制作安装按设计图示尺寸以展开面积计算，以"m^2"为计量单位。

(21)人防通风机安装按设计图示数量计算，以“台”为计量单位。

(22)人防各种调节阀制作安装按设计图示数量计算，以“个”为计量单位。

(23)LWP型滤尘器制作安装按设计图示尺寸以面积计算，以“m^2”为计量单位。

(24)探头式含磷毒气及γ射线报警器安装按设计图示数量计算，以“台”为计量单位。

(25)过滤吸收器、预滤器、除湿器等安装按设计图示数量计算，以“台”为计量单位。

(26)密闭穿墙管制作安装按设计图示数量计算，以“个”为计量单位。密闭穿墙管填塞按设计图示数量计算，以“个”为计量单位。

(27)测压装置安装按设计图示数量计算，以“套”为计量单位。

(28)换气堵头安装按设计图示数量计算，以“个”为计量单位。

(29)波导窗安装按设计图示数量计算，以“个”为计量单位。

2. 风管部件——阀类制作安装工程量计算

部件制作安装工程量按质量计算，以“100 kg”计量。

(1)蝶阀安装子目适用于圆形保温蝶阀，方、矩形保温蝶阀，圆形蝶阀，方、矩形蝶阀。

(2)风管止回阀安装子目适用于圆形风管止回阀、方形风管止回阀。

(3)密闭式对开多叶调节阀与手动调节阀套用同一子目。

3. 风管部件——风口制作安装工程量计算

通风用风口制作绝大部分以质量计算工程量，按“100 kg”计量，以“个”计算安装工程量。单、双、三层百叶风口如图4-47所示，方形直片散流器如图4-48所示。

(1)钢百叶窗及活动金属百叶风口的制作以“m^2”为计量单位，安装按规格尺寸以“个”为计量单位。

(2)百叶风口安装子目适用于带调节阀活动百叶风口、单层百叶风口、双层百叶风口、三层百叶风口、连动百叶风口、135型单层百叶风口、135型双层百叶风口、135型带导流叶片百叶风口、活动金属百叶风口、单面送吸风口、双面送吸风口、门绞型百叶风口。

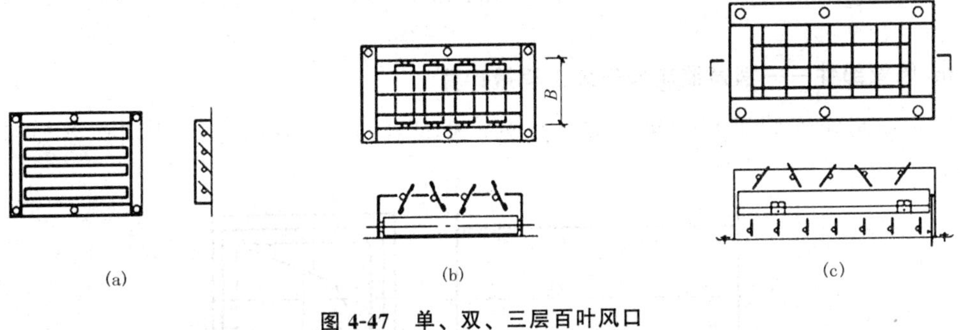

图4-47 单、双、三层百叶风口

(a)单层百叶风口；(b)双层百叶风口；(c)三层百叶风口

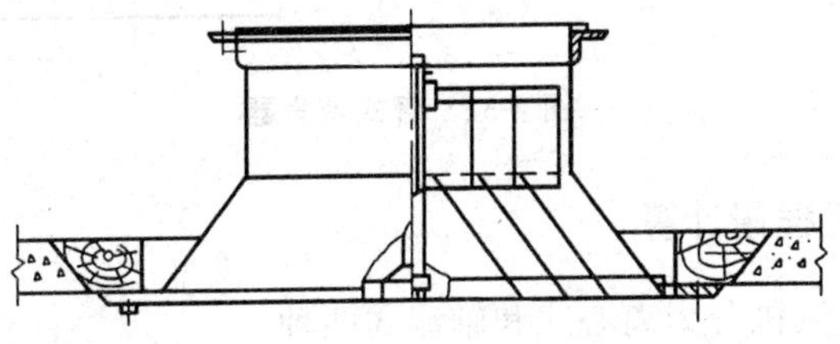

图4-48 方形直片散流器

4. 风管部件——风帽制作安装工程量计算

风帽制作安装以质量计算工程量，按“100 kg”计量。筒、伞、锥形风帽如图 4-49 所示。

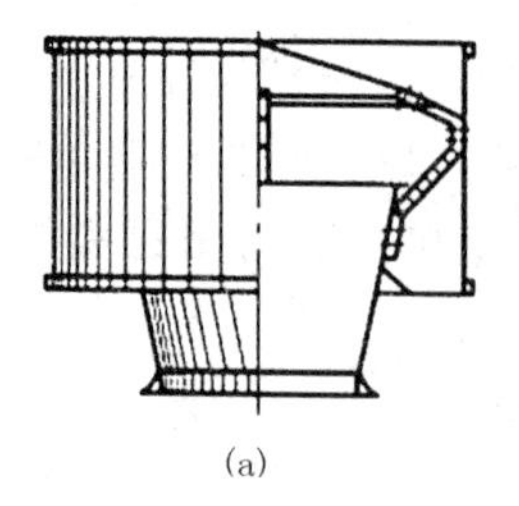

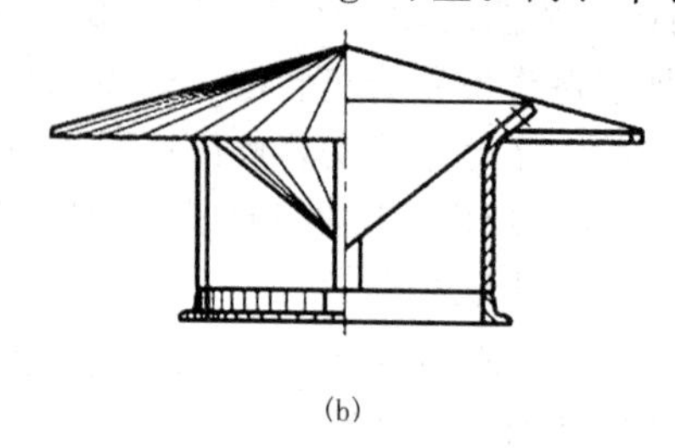

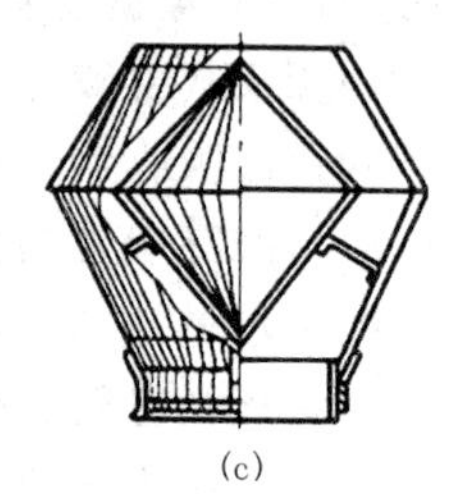

图 4-49 筒、伞、锥形风帽

(a)筒形风帽；(b)伞形风帽；(c)锥形风帽

5. 风管部件——罩类制作安装工程量计算

罩类制作安装工程量仍以质量计算。上吸式圆形回转罩制作安装如图 4-50 所示。

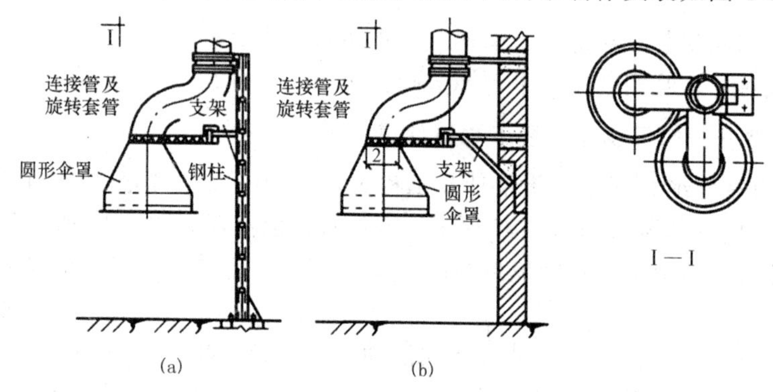

图 4-50 上吸式圆形回转罩制作安装

(a)钢柱上安装；(b)墙上安装

6. 风管部件——消声器制作安装工程量计算

消声器制作安装工程量仍以质量计算，质量计算方法同上。管式消声器如图 4-51 所示。

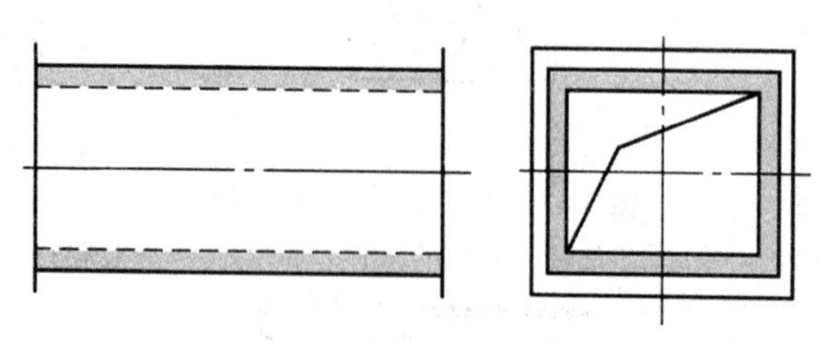

图 4-51 管式消声器

四、通风机安装工程量计算

通风工程中所用通风机分为离心式和轴流式两种。

(1)通风机名称代号。离心式通风机用途代号见表 4-21。

表 4-21　离心式通风机产品用途代号

序号	用途类别	代号	
		汉字	简写
1	工业冷却水风机	冷却	L
2	微型电动吹风	电动	DD
3	一般用途通风换气	通用	T(省略)
4	防爆气体通风换气	防爆	B
5	防腐气体通风换气	防腐	F
6	船舶用通风换气	船舶	CT
7	纺织工业通风换气	纺织	FZ
8	矿井主体通风	矿井	K
9	矿井局部通风	矿局	KJ
10	隧道通风换气	隧道	CD
11	锅炉通风	锅通	G
12	锅炉引风	锅引	Y
13	船舶锅炉通风	船锅	CG
14	船舶锅炉引风	船引	CY
15	工业用炉通风	工业	GY
16	排尘通风	排尘	C
17	煤粉吹风	煤粉	M
18	谷物粉末输送	粉末	FM
19	热风吸吹	热风	R
20	高温气体输送	高温	W
21	烧结炉烟气	烧结	SJ
22	一般用途空气输送	通用	T(省略)
23	空气动力	动力	DL
24	高炉鼓风	高炉	GL
25	转炉鼓风	转炉	ZL
26	柴油机增压	增压	ZY
27	煤气输送	煤气	MQ
28	化工气体输送	化气	HQ
29	石油炼厂气体输送	油气	LQ
30	天然气输送	天气	TQ
31	降温凉风用	凉风	LF
32	冷冻用	冷冻	LD
33	空气调节用	空调	KT
34	电影机械冷却烘干	影机	YJ

(2)通风机传动安装形式。

(3)通风机安装。离心式或轴流式通风机的安装不论风机是钢质、不锈钢质或塑料质，还是左旋、右旋，均以“台”计量。

(4)使用定额时应注意的事项：

1)通风机和电动机直联的风机安装，包括电动机安装；带联轴器传动的，则不包括电动机安装，应另行计算(按第一册《机械设备安装工程》定额计算)。

2)通风机设备费(不包括地脚螺栓价值)，应另行计价。

3)通风机减震台座制作安装，以“100 kg”计量，使用设备支架子目。

(5)屋顶通风机安装应区分不同规格以“台”为计量单位，执行相应定额。

(6)卫生间通风器的安装，执行相应定额。

五、除尘器安装工程量计算

无论是 CLG、CLS、CLT/A、XLP 等除尘器，还是卧式旋风水膜除尘器，CLK、CCJ/A、MC、XCX、XNX、PX 等除尘器，均按“台”计算工程量，以质量分档次应用定额。

六、设备支架制作安装工程量计算

设备支架制作安装，区分单个质量(<50 kg，>50 kg)，以“100 kg”为计量单位。

七、空调安装工程工程量计算

(一)空调系统的组成

空调系统可以满足室内空气的“四度”要求，即温度、湿度、洁度、流动速度。

1. 局部式供风空调系统

局部式供风空调系统只要求局部空调，直接用空调机组(柜式、壁挂式、窗式等)即可达到效果。为了加强供风能力，可以在空调机上加新风口、电加热器、送风管及送风口等，如图 4-52(a)所示。

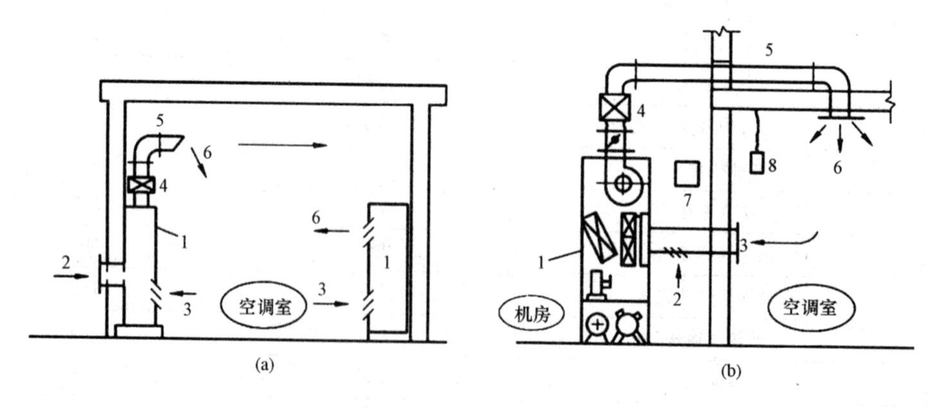

图 4-52　空调系统示意

(a)局部式供风空调(柜式)；(b)单体集中式空调

1—空调机组(柜式)；2—新风口；3—回风口；4—电加热器；

5—送风管；6—送风口；7—电控箱；8—电接点温度计

2. 集中式空调系统

(1)单体集中式空调系统。制冷量要求不很大时，可由空调机组配上风管(送、回)、风口(送、回)、各种风阀和控制设备等组成，称为单体集中式空调系统，如图 4-52(b)所示。

(2)配套集中式制冷设备空调系统。当制冷量要求大时，相应设备个体较大，不能同时固定在一个底盘上，装在一个箱壳里，称为配套集中式制冷设备空调系统，如图 4-53 所示。

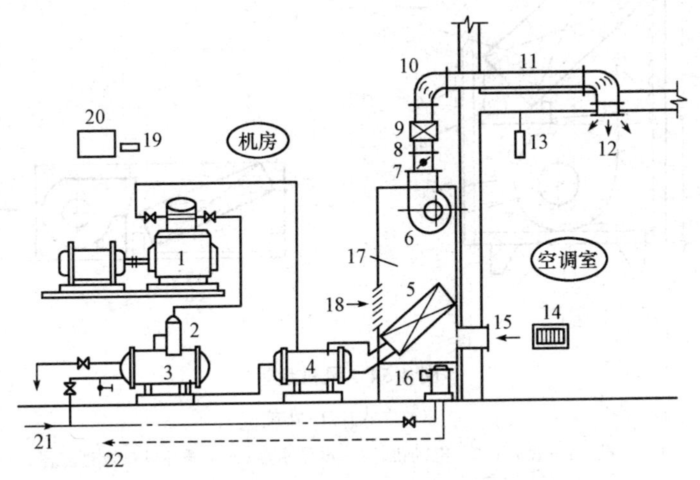

图 4-53 配套集中式制冷设备空调系统示意

1—压缩机；2—油水分离器；3—冷凝器；4—热交换器；5—蒸发器；6—风机；7—送风调节阀；8—帆布接头；9—电加热器；10—导流片；11—送风管；12—送风口；13—电接点温度计；14—排风口；15—回风口；16—电加湿器；17—空气处理室；18—新风口；19—电子仪控制器；20—电控箱；21—给水管；22—回水管

(3)分段组装式空调系统。将空调设备安装在分段箱体内，做成各种功能的区段，如进风段、混合段、加热段、过滤段、冷却段、回风段、加湿段、挡水板段、为了检修与安装用的中间段等。

(4)冷水机组风机盘管系统。冷水机组风机盘管系统将个体冷水机设备集中安装在机房内，配上冷水管(送、回)，冷凝器所用的冷却塔、水池、循环水管道等，冷水管连接风机盘管，再加上空气处理机，即成为一个系统。

3. 诱导式空调系统

诱导式空调系统是对空气做集中处理和用诱导器做局部处理后的混合供风方式。

(二)空调设备安装工程量计算

1. 空调器安装工程量计算

整体式空调机组安装和空调器按不同安装方式及质量，以“台”为计量单位。

2. 窗式空调器安装工程量计算

窗式空调器安装以“台”计量。

3. 风机盘管安装

风机盘管(图 4-54)安装无论风量、冷量、风机功率的大小,不分立式、卧式结构,均以“台”计量。

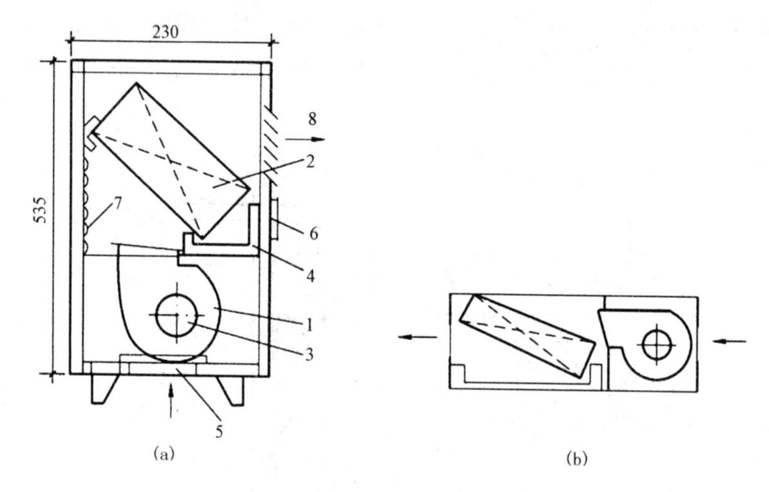

图 4-54 风机盘管

(a)立式;(b)卧式

1—风机;2—盘管;3—电动机;4—凝结水盘;5—循环风口及过滤器;

6—控制器;7—消声材料;8—出风口

4. 分段组装式空调器安装工程量计算

分段组装式空调器安装工程量以产品样本中所列质量或铭牌质量(各段质量)为准,以“100 kg”为计量单位,使用相应子目。

5. 空调部件制作安装工程量计算

金属空调器壳体,滤水器、溢水盘、电加热器外壳制作安装以“100 kg”为计量单位。

(1)玻璃挡水板执行钢板挡水板相应项目,其材料、机械乘以系数 0.45,人工不变。

(2)保温钢板密闭门执行钢板密闭门项目,其材料乘以系数 0.5、机械乘以系数 0.45,人工不变。

6. 静压箱制作安装工程量计算

静压箱制作安装以“10 m^2”为计量单位。

7. 过滤器安装工程量计算

过滤器的安装工程量以“台”计算。

8. 净化工作台安装工程量计算

净化工作台[图 4-55(a)]安装以“台”计量。

9. 洁净室安装工程量

洁净室[图 4-55(b)]也称风淋室,按“质量”分档,以“台”为计量单位,套用相应安装子目。

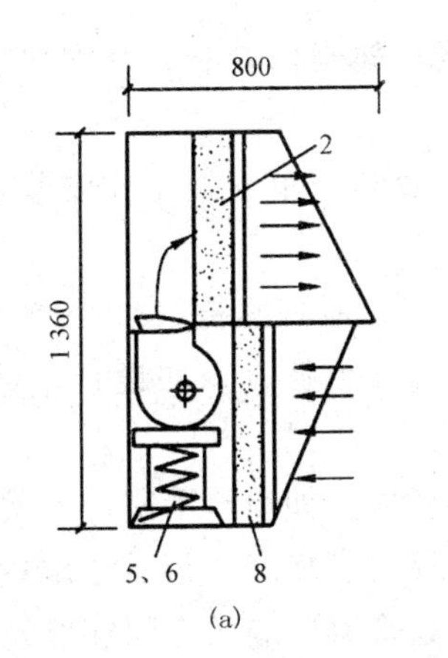

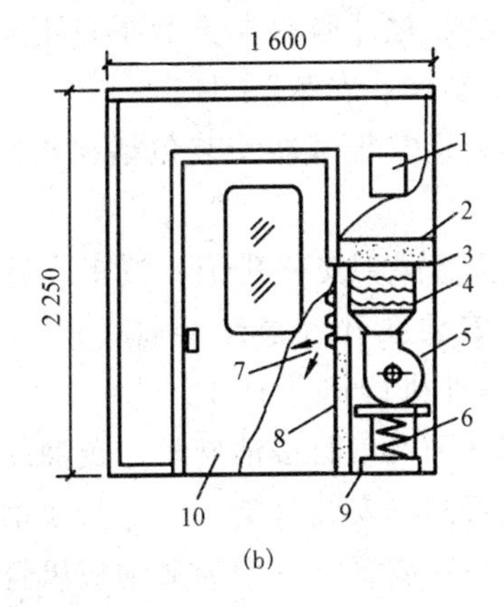

图 4-55　净化工作台与洁净室

(a)净化工作台；(b)洁净室

1—电控箱；2—高效过滤器；3—钢框架；4—电加热器；5—风机；6—减振器；

7—喷嘴；8—中效过滤器；9—底座；10—洁净室门

八、定额执行中应注意的问题

(1)电动密闭阀安装执行手动密闭阀子目，人工乘以系数 1.05。

(2)手(电)动密闭阀安装子目包括一副法兰、两副法兰螺栓及橡胶石棉垫圈。如为一侧接管时，人工乘以系数 0.6，材料、机械乘以系数 0.5。不包括吊托支架制作与安装，如发生按本定额第一章“设备支架制作、安装”子目另行计算。

(3)碳钢百叶风口安装子目适用于带调节板活动百叶风口、单层百叶风口、双层百叶风口、三层百叶风口、连动百叶风口、135 型单层百叶风口、135 型双层百叶风口、135 型带导流叶片百叶风口、活动金属百叶风口。风口的宽与长之比≤1.25 为条缝形风口，执行百叶风口子目，人工乘以系数 1.1。

(4)密闭式对开多叶调节阀与手动式对开多叶调节阀执行同一子目。

(5)蝶阀安装子目适用于圆形保温蝶阀，方矩形保温蝶阀，圆形蝶阀，方、矩形蝶阀。风管止回阀安装子目适用于圆形风管止回阀、方形风管止回阀。

(6)铝合金或其他材料制作的调节阀安装节应执行本定额相应子目。碳钢散流器安装子目适用于圆形直片散流器、方形直片散流器、流线形散流器。

(7)碳钢送吸风口安装子目适用于单面送吸风口、双面送吸风口。

(8)铝合金风口安装应执行碳钢风口子目，人工乘以系数 0.9。

(9)铝制孔板风口如需电化处理时，电化费另行计算。

(10)其他材质和形式的排气罩制作安装可执行本定额中相近的子目。

(11)管式消声器安装适用于各类管式消声器。

(12)静压箱吊托支架执行设备支架子目。

(13)手摇(脚踏)电动两用风机安装，其支架按与设备配套编制，若自行制作，按本定额第一章“设备支架制作、安装”子目。

(14)排烟风口吊托支架执行本定额第一章“设备支架制作、安装”子目。

(15)除尘过滤器、过滤吸收器安装子目不包括支架制作安装，其支架制作安装执行本册第一章“设备支架制作、安装”子目。

(16)探头式含磷毒气报警器安装包括探头固定数和三角支架制作安装，报警器保护孔按建筑预留考虑。

(17)γ射线报警器探头安装孔子目按钢套管编制，地脚螺栓(M12×200，6个)按与设备配套编制。包括安装孔孔底电缆穿管，但不包括电缆敷设。如设计电缆穿管长度大于0.5m，超过部分另外执行相应子目。

(18)密闭穿墙管子目填料按油麻丝、黄油封堵考虑，如填料不同，不做调整。

(19)密闭穿墙管制作安装分类：Ⅰ型为薄钢板风管直接浇入混凝土墙内的密闭穿墙管；Ⅱ型为取样管用密闭穿墙管；Ⅲ型为薄钢板风管通过套管穿墙的密闭穿墙管。

(20)密闭穿墙管按墙厚0.3 m编制，如与设计墙厚不同，管材可以换算，其余不变；Ⅲ型穿墙管项目不包括风管本身。

(21)风帽、罩类为成品安装时制作不再计算。

(22)如制作空气幕送风管时，按矩形风管平均周长执行相应风管规格子目，其人工乘以系数3，其余不变。

(23)镀锌薄钢板风管子目中的板材是按镀锌薄钢板编制的，如设计要求不用镀锌薄钢板时，板材可以换算，其他不变。

(24)风管导流叶片不分单叶片和香蕉形双叶片，均执行同一子目。

(25)薄钢板通风管道、净化通风管道、玻璃钢通风管道、复合型风管制作安装子目中，包括弯头、三通、变径管、天圆地方等管件及法兰、加固框和吊托支架的制作安装，但不包括过跨风管落地支架，落地支架制作安装执行本定额第一章“设备支架制作、安装”子目。

(26)薄钢板风管子目中的板材，如设计要求厚度不同时可以换算，人工、机械消耗量不变。

(27)净化风管、不锈钢板风管、铝板风管、塑料风管子目中的板材，如设计厚度不同时可以换算，人工、机械不变。

(28)净化圆形风管制作安装执行本定额矩形风管制作安装子目。

(29)净化风管涂密封胶按全部口缝外表面涂抹考虑。如设计要求口缝不涂抹而只在法兰处涂抹时，每10 m^2 风管应减去密封胶1.5 kg和一般技工0.37工日。

(30)净化风管及部件制作安装子目中，型钢未包括镀锌费，如设计要求镀锌时，应另加镀锌费。

(31)净化通风管道子目按空气洁净度100 000级编制。

(32)不锈钢板风管咬口连接制作安装执行本定额镀锌薄钢板风管法兰连接子目。

(33)不锈钢板风管、铝板风管制作安装子目中包括管件，但不包括法兰和吊托支架；法兰和吊托支架应单独列项计算，执行相应子目。

(34)塑料风管复合型风管制作安装子目规格所表示的直径为内径，周长为内周长。

(35)塑料风管制作安装子目中包括管件、法兰、加固框，但不包括吊托支架制作安装，吊托支架执行本册第一章“设备支架制作、安装”子目。

(36)塑料风管制作安装子目中的法兰垫料如与设计要求使用品种不同时可以换算，但人工消耗量不变。

(37)塑料通风管道胎具材料摊销费的计算方法：塑料风管管件制作的胎具摊销材料费，未包括在内，按以下规定另行计算：

1)风管工程量在 30 m^2 以上的，每 10 m^2 风管的胎具摊销木材为 0 .06 m^3，按材料价格计算胎具材料摊销费。

2)风管工程量在 30 m^2 以下的，每 10 m^2 风管的胎具摊销木材为 0.09 m^3，按材料价格计算胎具材料摊销费。

(38)玻璃钢风管及管件以图示工程量加损耗计算，按外加工考虑。

(39)软管接头如使用人造革而不使用帆布时可以换算。

(40)子目中的法兰垫料按橡胶板编制，如与设计要求使用的材料品种不同时可以换算，但人工消耗量不变。使用泡沫塑料者每 1 kg 橡胶板换算为泡沫塑料 0.125 kg；使用闭孔乳胶海绵者每 1 kg 橡胶板换算为闭孔乳胶海绵 0.5 kg。

(41)柔性软风管适用于由金属、涂塑化纤织物、聚酯、聚乙烯、聚氯乙烯薄膜、铝销等材料制成的软风管。

通风空调工程工程量计算实例

【案例 1】 已知图 4-56 所示为某通风空调系统部分管道平面图，采用薄钢板，板厚均为2 mm，试计算风管的工程量。

【解】 (1)630 mm×500 mm 段：

$$L_1=2.50+3.80+0.30-0.20=6.40(\text{m})$$

$$F_1=2\times(0.63+0.50)\times6.4=14.46(\text{m}^2)$$

(2)500 mm×400 mm 段：

$$L_2=2.0\ \text{m}$$

$$F_2=2\times(0.50+0.40)\times2=3.60(\text{m}^2)$$

(3)320 mm×250 mm(长边长≤320 mm 风管)段：

$$L_3=2.20+0.63/2=2.515(\text{m})$$

$$F_3=2\times(0.32+0.25)\times2.515=2.87(\text{m}^2)$$

$$F=F_1+F_2+F_3=14.46+3.60+2.87=20.93(\text{m}^2)$$

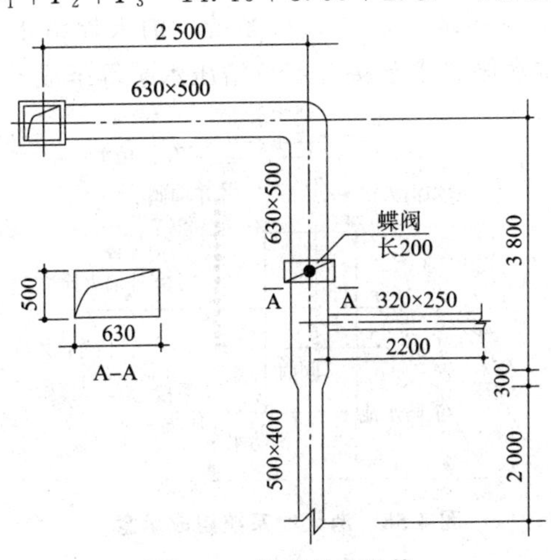

图 4-56　风管长度计算

【案例 2】 某通风空调工程中空调器与风管的连接处采用帆布柔性接口 2 处，每个长度为 0.2 m，风管直径 1.4 m，试计算帆布接口的工程量。

【解】 帆布接口工程量＝周长×长度＝3.14×1.4×0.2×2＝1.76(m^2)

【案例 3】 计算图 4-57 所示镀锌薄钢板圆形渐缩式风管及支管的工程量。已知 D_1＝1 400 mm，D_2＝600 mm，D_3＝300 mm。

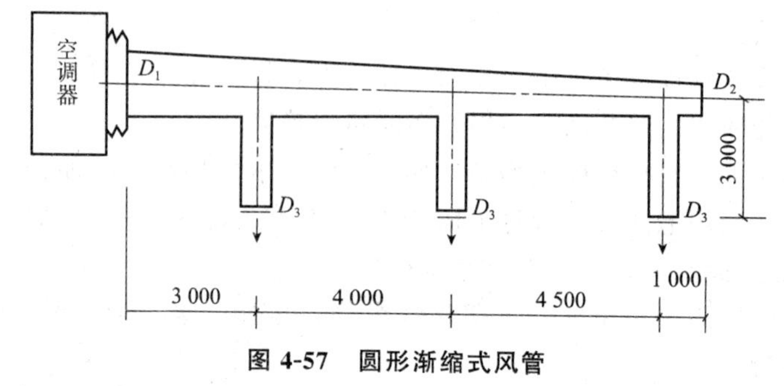

图 4-57 圆形渐缩式风管

【解】(1)圆形渐缩风管：

平均直径 $D_{平均}=\frac{D_1+D_2}{2}=\frac{1.4+0.6}{2}=1(m)$

展开面积 $F_{渐缩管}=\pi\times\frac{D_1+D_2}{2}L=3.14\times\frac{1.4+0.6}{2}\times(3+4+4.5+1.0)=39.25(m^2)$

(2)支管：

展开面积 $F_{支管}=\pi D_3 L=3.14\times0.3\times3.0\times3=8.48(m^2)$

第六节 消防安装工程工程定额运用及工程量计算

建筑消防工程包括水灭火系统、气体灭火系统、泡沫灭火系统、火灾自动报警系统。本章主要介绍消防水灭火系统工程和火灾自动报警系统工程的计量与计价。消防水灭火系统工程分为消火栓给水系统、自动喷淋水灭火系统。

一、基础知识

消火栓给水系统是目前应用最广泛的灭火系统。消火栓给水系统一般由消火栓设备、消防管网、消防水池、高位水箱、水泵接合器及增压水泵等组成，如图 4-58 所示。

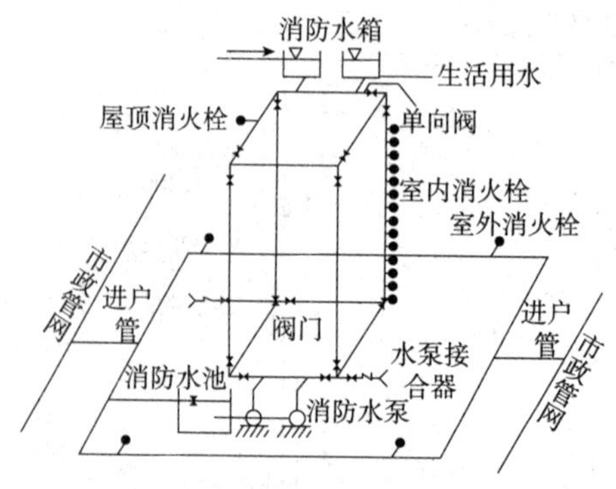

图 4-58 消火栓系统组成示意

(1)消火栓设备。消火栓设备包括室内消火栓、室内消火栓组合卷盘、室外消火栓。室内消火栓由消火栓箱、水枪、水龙带、消火栓和消防按钮组成。室内消火栓组合卷盘由消火栓箱、水枪、水龙带、消火栓、消防按钮和消防软管卷盘组成。室外消火栓是设置在建筑物外面消防给水管网上的供水设施，主要供消防车从市政给水管网或室外消防给水管网取水实施灭火，也可以直接连接水带、水枪出水灭火，是扑救火灾的重要消防设施之一。

(2)水泵接合器。水泵接合器是连接消防车向室内消防给水系统加压供水的装置，一端有消防给水管网水平干管引出，另一端设于消防车易于接近的地方。

(3)消防管道。室内消防给水管网的引入管一般不应小于两条，当一条引入管发生故障时，其余引入管应仍能保证消防用水量和水压。为保证供水安全，管网布置一般采用环式管网供水，保证供水干管和每条消防立管都能做到双向供水。消防竖管布置：应保证同层相邻两个消火栓的水枪充实水柱能同时达到被保护范围内的任何部位。每根消防竖管的直径不小于 100 mm，安装室内消火栓时进水管的公称直径不小于 50 mm，在一般建筑物内，消火栓及消防给水管道均采用明装。

(4)消防水池。消防水池用于在无室外消防水源或室外水源不能满足要求的情况下，储存火灾持续时间内室内外消防用水量，可设于室外地下或地面上，也可设在室内地下室。

(5)消防水箱。消防水箱对扑救初期火起着重要作用。为确保其自动供水的可靠性，消防水箱应采用重力自流供水方式；水箱的安装高度应满足室内最不利点消火栓所需的水压要求，且应储存有室内 10 min 的消防水量。

(6)消防增压水泵。大多数消防水源提供的消防用水，都需要消防水泵进行加压，以满足灭火时对水压和水量的要求。消防水泵应采用一用一备或多用一备，备用泵应与工作泵的性能相同。

(一)自动喷淋水灭火系统

1. 自动喷淋水灭火系统的分类

自动喷淋水灭火系统分为闭式自动喷水灭火系统和开式自动喷水灭火系统。闭式自动喷水灭火系统包括湿式自动喷水灭火系统、干式自动喷水灭火系统、预作用自动喷水灭火系统；开式自动喷水灭火系统包括雨淋系统、水幕系统、水喷雾灭火系统，见表 4-22。

2. 自动喷淋水灭火系统的组成

自动喷淋水灭火系统是指火灾发生时，喷头封闭元件能自动开启喷水灭火，同时发出报警信号的一种消防设施，是目前世界上公认的最有效自救灭火方式。该系统具有安全可靠、经济实用、灭火成功率高等优点。自动喷淋水灭火系统扑灭初期火灾的效率在 97% 以上。

自动喷淋水灭火系统由水源、加压储水设备、管网、喷头、水流报警装置、末端试水装置、报警阀组等组成。

表 4-22　自动喷淋水灭火系统的分类

名称	组成	分类	内容
自动喷淋水灭火系统	水源		消防水源由室外给水管网、高位水箱及消防水池供给
	加压储水设备		加压储水设备包括水泵、水箱及水池
	自动喷淋水管网		自动喷淋水灭火系统管网主要包括进水管、干管、立管及横支管
	喷头	开式喷头	闭式喷头是带热敏感元件和自动密封组件的自动喷头，分为玻璃球封闭型和易熔合金锁片封闭型。自动喷淋水灭火系统常用闭式喷头。通常喷头下方的覆盖面积大约为 12 m^2。各种喷淋头安装，应在管道系统完成试压、冲洗后进行
		闭式喷头	
		水力警铃	主要用于湿式喷水灭火系统，宜装在报警阀附近(连程管不宜超过 6 m)，当报警阀打开消防水源后，具有一定压力的水流冲动叶轮打铃报警
	水流报警装置	水流指示器	某个喷头开启喷水或管网发生水量泄漏时，管道中的水产生流动，引起水流指示器中桨片随水流而动作，接通延时电路后，继电器触电吸合发出区域水流电信号，送至消防控制室
		压力开关	在水力警铃报警的同时，依靠警铃管内水压的升高自动接通电触点完成电动警铃报警，向消防控制室传送电信号或启动消防水泵
	末端试水装置		为了检测系统的可靠性，测试系统能否在开放一只喷头的最不利条件下可靠报警并正常启动，要求在每个报警阀的供水最不利处设置末端试水装置，测试的内容包括水流指示器、报警阀、压力开关、水力警铃的动作是否正常，配水管道是否通畅，以及最不利点处的喷头工作压力等
	报警阀组	湿式	报警阀组的作用是开启和关闭管网的水流，传递控制信号至控制系统并启动水力警铃直接报警
		干式	
		干湿式	
		雨淋式	

在民用建筑中，闭式自动喷水灭火系统中的湿式自动喷水灭火系统最为常见，本节主要介绍该系统的计量与计价。

(二)电消防火灾报警系统

1. 电消防专用名词术语

(1)火灾自动报警系统：是指人们为了及早发现和通报火灾，并及时采取有效措施以控制和扑灭火灾而设置在建筑物中或其他场所的一种自动消防设施。它由触发器件、火灾报警装置、火灾警报装置，以及具有其他辅助功能的装置组成。

(2)多线制：系统间信号按各自回路进行传输的布线制式。

(3)总线制：系统间信号采用无极性 2 根线进行传输的布线制式。

(4)单输出：可输出单个信号。

(5)多输出：具有 2 次以上不同输出信号。

(6)××××点：是指报警控制所带报警器件或模块的数量，也指联动控制器所带联动设备的控制状态或控制模块的数量。

(7)×路：信号回路数。

(8)点型感烟探测器：对警戒范围中某一点周围的烟密度升高有响应的火灾探测器。根据其工作原理不同，可分为离子感烟探测器和光电感烟探测器。

(9)点型感温探测器：对警戒范围中某一点周围的温度升高有响应的探测器。根据其工作原理不同，可分为定温探测器和差温探测器。

(10)红外光束探测器：将火灾的烟雾特征物理量对光束的影响转换成输出电信号的变化，并立即发出报警信号的器件。其由光束发出器和接收器两个独立部分组成。

(11)火焰探测器：将火灾的辐射光特征物理量转换成电信号，并立即发出报警信号的器件。常用的有红外探测器和紫外探测器。

(12)可燃气体探测器：当监视范围内泄漏的可燃气体达到一定浓度时发出报警信号的器件。常用的有催化型可燃气体探测器和半导体可燃气体探测器。

(13)线型探测器：温度达到预定值时，利用两根载流导线间的热敏绝缘物熔化使两根导线接触而动作的火灾探测器。

(14)按钮：用手动方式发出火灾报警信号且可确认火灾的发生以及启动灭火装置的器件。

(15)控制模块(接口)：在总线制消防联动系统中，用于现场消防设备与联动控制器间传递动作信号和动作命令的器件。

(16)报警接口：在总线制消防联动系统中，配接于探测器与报警控制器间，向报警控制器传递火警信号的器件。

(17)报警控制器：能为火灾探测器供电、接收、显示和传递火灾报警信号的报警装置。

(18)联动控制器：能接收由报警控制器传来的报警信号，并对自动消防等装置发出控制信号的装置。

(19)报警联动一体机：能为火灾探测器供电、接收、显示和传递火灾报警信号，又能对自动消防等装置发出控制信号的装置。

(20)重复显示器：在多区域、多楼层报警控制系统中，用于某区域、某楼层接收探测器发出的火灾报警信号，显示报警探测器位置，发出声光警报信号的探测器。

(21)声光报警装置：也称为火警声光报警器或火警声光讯响器，是一种以音响方式和闪光方式发出火灾报警信号的装置。

(22)警铃：以音响方式发出火灾警报信号的装置。

(23)远程控制器：可接收传送控制器发出的信号，对消防执行设备实行远距离控制的装置。

(24)功放：用于消防广播系统中的广播放大器。

(25)消防广播探测柜：在火灾报警系统中集播放音源、功率放大器、输入混合分配器等于一体，可实现对现场扬声器控制，发出火灾报警语音信号的装置。

(26)广播分配器：消防广播系统中对现场扬声器实现分区域控制的装置。

(27)电话交换机：可利用送、受话器及通信分机进行对讲、呼叫的装置。

(28)通信分机：安置于现场的消防专用电话分机。

(29)通信插孔：安置于现场的消防专用电话分机插孔。

(30)消防报警备用电源：能提供消防报警设备用直流电源的供电装置。

(31)消防系统调试：是指一个单位工程的消防工程全系统安装完毕且连通，为检验其是否达到消防验收规范标准所进行的全系统的检测、调试和试验。

(32)自动报警控制装置：火灾报警系统中用以接收、显示和传递火灾报警信号，由火灾探测器、手动报警按钮、报警探测器、自动报警线路等组成的报警控制系统的器件、设备。

(33)灭火系统控制装置：能对自动消防设备发出控制信号，由联动控制器、报警阀、喷头消防灭火水和气体管网等组成的灭火系统的联动器件、设备。

(34)消防电梯装置：消防专用电梯。

(35)电动防火门：在一定时间内，连同框架能满足耐火稳定性和耐火完整性要求的门。

(36)防火卷帘门：在一定时间内，连同框架能满足耐火稳定性、完整性和隔热性要求的卷帘门。

(37)安全防范：以维护社会公共安全和预防灾害事故为目的的防入侵、防被盗、防破坏、防火、防爆和安全检查等措施。为了达到防入侵、防盗、防破坏等目的，采用了以电子技术、传感器技术和计算机技术为基础的安全防范技术。

(38)入侵报警：用来探测入侵者的移动或其他行动的报警。用物理方法和电子技术，自动探测发生在布防监测区域内的侵入行为并产生报警信号，辅助提示值班人员发生报警的区域部位，显示可能采取的对策。

(39)入侵探测器：用来探测入侵者移动或其他动作的电子或机械部件组织的装置。

(40)入侵报警探测器：能直接或间接接收入侵探测器发出的报警信号，发出声光报警，并能指示入侵发生的部位。

1)多线制：报警信号——对应直接输入控制器中。

2)总线制：利用编码模块串行连接。

(41)报警信号传输：把探测器中的探测信号传送到控制器的手段。

(42)出入口控制：也称门禁控制，其功能是有效地管理门的开启和关闭，保证授权出入门人员的自由出入，限制未授权人员的进入，对暴力强行入门的行为予以报警。

(43)读卡器：用来接收输入信息的设备。

(44)电控锁：需要电源万能动作的锁。

(45)安全检查：为了保证人员和财产安全，在机场、车站、港口和其他一些重要部门，对出入人员进行检查，以发现随身携带或行李包裹中的危险物品(诸如金属武器或爆炸物品等)。

(46)电视监控系统：通过摄像机及其辅助设备(镜头、云台等)将现场图像信号传输到监视器，直接观看被监视场所的一切情况的系统。

(47)门磁开关：安装于门上的由开关盒和磁铁盒构成的装置。当磁铁盒相对开关盒移开至一定距离时，能引起开关状态的变化，控制有关电路而发出报警信号。

(48)紧急脚踏开关：通过脚踏方式控制通、断状态的变化，从而控制有关电路以发出紧急报警信号的装置。

(49)紧急手动开关：通过手动方式控制通、断状态的变化，从而控制有关电路以发出紧急报警信号的装置。

(50)主动红外探测器：发射机和接收机之间的红外辐射光束，完全或大于给定的百分比部分被遮断时能产生报警状态的探测装置。一般应由单独的发射机和接收机组成，收、发机分置安装。

(51)微波探测器：应用多普勒原理，辐射频率大于 1 GHz 的电磁波，覆盖一定范围，并能探测到在该范围内移动的人体而产生报警信号的装置。

(52)被动红外探测器：当人体在探测范围内移动，引起接收到的红外辐射电平变化而能产生报警状态的探测装置。

(53)超声波探测器：应用多普勒原理，对移动的人体反射的超声波产生响应而引起报警的装置。

(54)玻璃破碎探测器：专指一种探测器，其传感器安装在玻璃表面上，能对玻璃破碎时通过玻璃传送的冲击波做出响应(注：对于使用压电传感器的被动式玻璃破碎探测器，其传感器通过一种黏合剂粘接在玻璃表面上)。

(55)振动探测器：在探测范围内能对入侵者引起的机械振动(冲击)产生报警信号的装置。

(56)多技术复合探测器：将两种或两种以上单元组合于一体，且当各单元都感应到人体的移动，同时都处于报警状态时，才发出报警信号的装置。

(57)无线报警探测器：通过无线方式传送报警信号的探测器。

(58)自动闭门器：根据出入口控制系统主动的指令，对入口门进行自动启闭的执行装置。

(59)可视对讲主机：可视对讲系统中，安装在入口处，具有选通、摄像及对讲功能的装置。

(60)可视对讲分机：可视对讲系统中具有图像监视、通话对讲等功能的装置。

(61)X 射线安全检查设备：通过检测穿过被检物品的 X 射线的强度分布或能谱分布，对被检物做出安全判定的设备。

(62)金属武器探测器：结构上做成人可通过的门状，在门中建立电磁场，当人体携带金属物品通过该门时，能产生报警的装置。

2.《消防及安全防范设备安装工程》定额

(1)本定额[1]包括的内容为消防和安全防范的专用设备、管道及各种组件等的安装。

(2)火灾自动报警系统安装定额中包括设备的安装、校接线和本体调试等工作内容。

(3)安全防范设备安装定额中包括安装、校接线、施工及验收规范规定的调整和试运行、性能实验和功能实验等工作内容。

(4)本定额适用于工业与民用建筑中的新建、扩建和整体更新改造工程。本定额是编制消防及安全防范设备安装工程施工图预算的依据，也是编制概算定额和概算指标的基础。

(5)本定额分为 6 个分部工程。本定额包括火灾自动报警系统安装、安全防范设备安装和消防系统调试等(有时简称电消防)。另外 3 个分部工程属于给排水工程，在此不再赘述。

3. 火灾报警系统的组成

火灾报警系统由三部分组成，即火灾探测、报警器和联动控制。

---

1 本节本定额，是指《云南省通用安装工程消耗量定额》第七册《消防及安全防范设备安装工程》。

(1)火灾探测部分主要由探测器组成，是火灾自动报警系统的检测元件，它将火灾发生初期所产生的烟、热、光转变成电信号，送至报警系统。

(2)报警器将收到的报警电信号进行显示和传递，并对自动消防装置发出控制信号。

(3)联动控制由一系列控制系统组成，如报警、灭火、防排烟、广播、消防通信等。联动控制部分自身不能独立构成一个自动控制系统，它必须根据来自火灾自动报警系统的火警数据，经过分析处理后，方能发出相应的联动控制信号。

4. 火灾报警系统的设备

(1)火灾探测器。火灾探测器是火灾自动报警和自动灭火系统自动检测的触发器件。其基本功能是对火灾参量——气、烟、热、光等作出有效响应，并转化为电信号，提供给火灾报警控制器。

1)火灾探测器的组成。通常由传感元件、电路、固定部件和外壳四部分组成。

①传感元件。它的作用是将火灾燃烧的特征物理量转换成电信号。凡是对烟雾、温度、辐射光和气体浓度等敏感的传感元件都可使用。它是探测器的核心部分。

②电路。它的作用是将传感元件转换所得的电信号进行放大并处理成火灾报警控制器所需要的信号，通常由转换电路、抗干扰电路、保护电路、指示电路和接口电路等组成。

③固定部件和外壳。其作用是将传感元件、电路印刷板、接插件、确认灯和紧固件等部件有机地连成一体，保证一定的机械强度，达到规定的电气性能，以防止其所处环境如光源、阳光、灰尘、气流、高频电磁波等干扰和机械力的破坏。

2)火灾探测器的类型。

①按信息采集类型分为感烟探测器、感温探测器、火焰探测器、特殊气体探测器。

②按设备对现场信息采集原理分为离子型探测器、光电型探测器、线性探测器。

③按设备在现场的安装方式分为点式探测器、缆式探测器、红外光束探测器。

④按探测器与控制器的接线方式分总线制、多线制；总线制又分为编码的和非编码的，而编码的又分为电子编码和拨码开关编码，拨码开关编码又称拨码编码，它又分为二进制编码、三进制编码。

(2)火灾报警控制器。火灾报警控制器是能够为火灾探测器供电，并能接收、处理及传递探测点的火警电信号，发出声、光报警信号，同时显示及记录火灾发生的部位和时间，向联动控制器发出联动通信信号的报警控制装置。

(3)联动控制器。联动控制器除具有普通火灾控制器功能外，还要有：

1)切断火灾发生区域的正常供电电源；接通消防电源。

2)能启动消火栓灭火系统的消防泵状态；能启动自动喷水灭火系统的喷淋泵并显示状态。

3)能打开雨淋灭火系统的控制阀，启动雨淋泵；能打开气体或化学灭火系统的容器阀，能在容器阀动作之前手动急停，并显示状态。

4)能控制防火卷帘门的半降、全降；能控制平开防火门，显示所处的状态。

5)能关闭空调送风系统的送风机；能开启防排烟系统的排烟机、正压送风机，显示状态。

6)能控制常用电梯，使其自动降至首层。

7)能使受其控制的火灾应急广播投入使用，能使受其控制的应急照明系统投入工作。

8)能使受其控制的疏散、诱导指示设备工作，能使与其连接的警报装置进入工作状态。

(4)火灾现场报警装置。

1)手动报警按钮。手动报警按钮是由现场人工确认火灾后，手动输入报警信号的装置。

2)声、光报警器。火警时可发出声、光报警信号。其工作电压由外控电源提供，由联动控制器的配套执行器件(继电器盒、远程控制器或输出控制模块)中的控制继电器来控制。

3)警笛、警铃。火警时可发出声报警信号(变调音)。同样由联动控制器输出控制信号驱动现场的配套执行器件完成对警笛、警铃的控制。

(5)消防通信设备。

1)消防广播。

2)消防电话。消防专用电话应为独立的消防通信网络系统。消防控制室应设置消防专用电话总机。重要场所应设置电话分机，分机应为免拨号式的。

(6)消防专用通信系统。在消防中心设置专用通信柜，与设置在各火警监控区域的通信设备组成专门的消防通信系统。该系统由应急广播系统和消防电话系统组成。

1)应急广播系统。为了组织灭火人员灭火，组织火灾现场人员疏散，在火灾报警及自动灭火系统中设置应急广播系统。它主要由广播、功放机(功率放大)、广播录放机、广播分路控制器及备用电源等组成。功放机输出功率为150 W，输出电压为120 V，4路输入，单路输出。录放机，可实现话筒播音、外线播音和放音广播及监听、录音。分路控制器，手动控制可控制20个分路，每分路功率≤24 W。广播分路线数为N：$n+1$，n为分路数，N为线数。

2)消防电话系统。消防电话是自动火灾报警、灭火系统的主要装置之一。由5总线并连接消防电话分机，与消防电话总机对接，呼叫时分机提起总机即有振铃声，即可通话。总机容量最大为45门，可以两台总机并机，最大可扩容为90门，分机由托架和机身两部分组成，不设拨号盘。

二、定额运用及工程量计算

(一)本定额的适用范围及内容

本定额适用于云南省辖区内的工业与民用建筑中的新建、改(扩)建项目。本定额中与消防工程有关的内容见表4-23。

表4-23　本定额中与消防工程有关的内容

章节	各章内容
第一章	火灾自动报警系统安装
第二章	水灭火系统安装
第三章	气体灭火系统安装
第四章	泡沫灭火系统安装
第五章	消防系统调试安装
第七章	其他防火设施

本节重点介绍火灾自动报警系统安装、水灭火系统安装、消防系统调试安装的计量与计价。其具体内容见表4-24。

表 4-24　本节重点介绍的内容

章节	各章内容
第一章　火灾自动报警系统安装	探测器、按钮、模块(接口)、报警控制器、联动控制器、报警联 动一体机、重复显示器、警报装置、远程控制器、火灾事故广播、消防通信、报警备用电源安装等项目
第二章　水灭火系统安装	自动喷水灭火系统的管道、各种组件、消火栓、气压水罐安装、管道支吊架的制作、安装、自动喷水灭火系统管网水冲洗等项目
第五章　消防系统调试安装	自动报警系统装置调试，水灭火系统控制装置调试、火灾事故广播、消防通信、消防电梯系统装置调试，电动卷帘门、防火卷帘门、正压 送风阀、排烟阀、防火阀控制系统装置调试、气体灭火系统装置调试等项目

(二)与其他册定额之间的关系

(1)电缆敷设、桥架安装、配管配线、接线盒、动力、应急照明控制设备、应急照明器具、电动机检查接线、防雷接地装置等，均执行《云南安装定额》第二册《电气设备安装工程》相应定额子目。

(2)阀门、法兰安装，各种套管的制作安装，不锈钢管和管件、铜管和管件及泵间管道安装，管道系统强度试验、严密性试验和冲洗等执行《云南安装定额》第六册《工业管道工程》相应定额子目。

(3)消火栓管道、室外给水管道安装及水箱制作安装执行《云南安装定额》第八册《给排水、采暖、燃气工程》相应定额子目。

(4)各种消防泵、稳压泵等机械设备安装及二次灌浆执行《云南安装定额》第一册《机械设备安装工程》相应定额子目。

(5)各种仪表的安装及带电信号的阀门、水流指示器、压力开关、驱动装置及泄露报警开关的接线、校线等执行《云南安装定额》第十册《自动化控制仪表安 装工程》相应定额子目。

(6)泡沫液储罐、设备支架制作、安装等执行《云南安装定额》第五册《静置设备与工艺金属结构制作安装工程》相应定额子目。

(7)设备及管道除锈、刷油及绝热工程执行《云南安装定额》第十三册《刷油、防腐蚀、绝热工程》相应定额子目。

(三)消防工程定额中的费用计算规定

(1)脚手架搭拆费应列入措施费，可按人工费的5%计算，其中人工费占25%，材料费占50%，机械费占25%。

(2)高层建筑增加费(指高度在6层或20 m以上的工业与民用建筑)按表4-25计算(其中全部为人工费)。

表 4-25　本节重点介绍的内容

层数(高度)	9层(30 m)以下	12层(40m)以下	15层(50 m)以下	18层(60 m)以下	21层(70m)以下	24层(80m)以下	27层(90m)以下	30层(100 m)以下	33层(110 m)以下
按人工计费基数/%	1	2	4	5	7	9	11	14	17

续表

层数（高度）	36 层（120 m）以下	39 层（130 m）以下	42 层（140 m）以下	45 层（150 m）以下	48 层（160 m）以下	51 层（170 m）以下	54 层（180 m）以下	57 层（190 m）以下	60 层（200 m）以下
按人工计费基数/%	20	23	26	29	32	35	38	41	44
注：60 层(200 m)以上按人工费的 50%计取高层建筑增加费。									

(3)安装与生产同时进行增加的费用，按人工费的 10%计算。

(4)在有害身体健康的环境中施工增加的费用，按人工费的 10%计算，其中人工费、机械费各占 50%。

(5)超高增加费：操作物高度距楼地面 5 m 以上的工程，按其超过部分的定额人工费乘以表 4-26 中的系数。

表 4-26 超高增加费系数

标高(m 以内)	8	12	16	20
超高系数	1.10	1.15	1.20	1.25

(四)消火栓给水系统工程量计算及定额运用

1. 消火栓管道安装

(1)定额的使用。消火栓管道及水箱制作安装执行《云南安装定额》第八册《给排水、采暖、燃气工程》相应定额子目。若消火栓管道采用沟槽连接，则执行本定额水灭火系统(第二章)相应定额子目及(第五章)消防系统调试安装相应定额子目。

【例 4-2】 昆明市某工程消火栓给水系统 *DN*65 热镀锌钢管(螺纹连接)，工程量为 30 m，*DN*100 热镀锌钢管(沟槽连接)，工程量为 120 m，*DN*100 卡箍实际用量为 15 套，*DN*100 弯头(90°) 5 个，*DN*100 正三通 2 个，试套用定额(不考虑未计价材费)。

【解】 按《云南安装定额》中第七册《消防及安全防范设备安装工程》定额相关规定，消火栓管道采用螺纹连接应执行第八册《给排水、采暖、燃气工程》相应定额子目；消火栓管道采用沟槽连接，则执行第七册《消防及安全防范设备安装工程》水灭火系统(第二章)相应定额子目。沟槽连接时，卡箍安装按实际用量计算，卡箍安装中已含管件安装人工费，管件的价格另计。定额套用见表 4-27。

表 4-27 管道定额套用

定额编号	项目名称	计量单位	工程量	基价/元	其中/元			未计价材费
					人工费	材料费	机械费	
03080144	镀锌钢管(螺纹连接)*DN*65	10 m	3.0	230.05	175.03	50.02	5	
未计价材	热镀锌钢管 *DN*65	m	30.6					
03070085	镀锌钢管(沟槽连接)*DN*100	10 m	8	68.02	46.63	8.75	12.64	
未计价材	热镀锌钢管 *DN*100	m	81.6					
03070099	卡箍安装 *DN*100	10 个	2	87.69	53.02	31.3	3.37	
未计价材	卡箍(含螺栓)*DN*100	套	15					
未计价材	密封胶圈 *DN*100	个	15					
未计价材	90°弯头 *DN*100	个	5					
未计价材	正三通 *DN*100	个	2					

(2)界限划分。

1)室内外界限：以建筑物外墙皮外 1.5 m 为界，入口处设阀门者以阀门为界。

2)设在高层建筑内的消防泵间管道与本章界线，以泵间外墙皮为界。

(3)工程量计算规则。管道安装按设计管道中心长度，以“10 m”为计量单位，不扣除阀门、管件所占长度。

2. 阀门安装、法兰安装

(1)定额的使用。阀门安装、法兰安装、管道支架制作安装定额执行《云南安装定额》第八册《给排水、采暖、燃气工程》相应定额子目。阀门若采用沟槽连接，则执行本定额中水灭火系统(第二章) 相应定额子目。

(2)工程量计算规则。

1)阀门安装工程量计算不区分阀门种类，区分连接方式，按设计图示数量，均以“个”为计量单位。

2)法兰安装工程量计算区分法兰材质(铸铁法兰、碳钢法兰)以及法兰与管道或阀门等设备的连接方式(螺纹连接、焊接)分类，以“副”为计量单位。

3. 消火栓安装、水泵接合器安装

(1)定额的使用。消火栓安装、水泵接合器安装定额执行本定额中水灭火系统(第二章)相应定额子目。

(2)工程量计算规则。

1)室内消火栓安装，区分单栓和双栓以“套”为计量单位，所带消防按钮的安装另行计算。成套产品包括的内容详见表 4-28。

表 4-28 成套产品包括的内容

序号	项目名称	型号	包括内容
1	室内消火栓	SN	消火栓箱、消火栓、水枪、水龙带、水龙带接扣、挂架、消防按钮
2	室外消火栓	地上式 SS	地上式消火栓、法兰接管、弯管底座
		地下式 SX	地下式消火栓、法兰接管、弯管底座或消火栓三通
3	消防水泵接合器	地上式 SQ	消防接口本体、止回阀、安全阀、闸阀、弯管底座、放水阀
		地下式 SQX	消防接口本体、止回阀、安全阀、闸阀、弯管底座、放水阀
		墙壁式 SQB	消防接口本体、止回阀、安全阀、闸阀、弯管底座、放水阀、标牌
4	室内消火栓组合卷盘	SN	消火栓箱、消火栓、水枪、水龙带、水龙带接扣、挂架、消防按钮消防软管卷盘

2)室内消火栓组合卷盘安装，执行室内消火栓安装定额乘以系数 1.2。

3)室外消火栓安装，区分不同规格、工作压力和覆土深度以“套”为计量单位。

4)消防水泵接合器安装，区分不同安装方式和规格以“套”为计量单位。如设计要求用短管时，其本身价值可另行计算，其余不变。

【例 4-3】 昆明市某工程现有 *DN*65 室内单栓消火栓 15 套，*DN*65 屋面试验消火栓 1 套，*DN*65 室内单栓消火栓组合卷盘 2 套，试套用定额(未计价材费不考虑)。

【解】 根据《云南安装定额》第七册《消防及安全防范设备安装工程》水灭火系统(第二章)相应定额子目套用。其中室内消火栓组合卷盘安装，执行室内消火栓安装定额乘以系数1.2，人工费：54.04×1.2=64.85(元)；材料费：7.86×1.2=9.43(元)；机械费：0.62×1.2=0.74(元)；基价：64.85+9.43+0.74=75.02(元)。定额套用情况见表4-29。

表4-29 消火栓定额套用

定额编号	项目名称	计量单位	工程量	基价/元	其中/元			未计价材费
					人工费	材料费	机械费	
03070151	室内消火栓安装单栓 *DN*65	套	15	62.52	54.04	7.86	0.62	
未计价材	室内消火栓单栓 *DN*65	套	15					
03070173	屋面试验消火栓头安装 *DN*65	套	1	15.12	14.05	1.07	0	
未计价材	屋面试验消火栓头 *DN*65	套	1					
03070151×1.2	室内消火栓组合卷盘安装 *DN*65	套	2	75.02	64.85	9.43	0.74	
未计价材	室内消火栓组合卷盘 *DN*65	套	2					

4. 消火栓给水系统控制装置调试

水灭火系统控制装置按照不同点数以"系统"为计量单位，其点数按多线制与总线制联动控制器的点数计算。水灭火系统控制装置调试包括消火栓、自动喷水灭火系统的控制装置。消火栓给水系统的控制装置按消火栓启泵按钮的数量，以系统为单位按不同点数编制计价。

(五)自动喷淋水灭火系统工程量计算及定额运用

(1)定额的使用。管道安装定额执行本定额中水灭火系统(第二章)相应定额子目及(第五章)消防系统调试安装相应定额子目。

(2)界限划分。

1)室内外界限：以建筑物外墙皮外1.5 m为界，入口处设阀门者以阀门为界。

2)设在高层建筑内的消防泵间管道与本部分的界限，以泵间外墙皮为界。

(3)工程量计算规则。管道安装按设计管道中心长度，以"10 m"为计量单位，不扣除阀门、管件及各种组件所占长度。

(4)其他有关规定。

1)阀门、法兰安装，各种套管的制作安装，泵房间管道安装及管道系统强度试验、严密性试验，执行《云南安装定额》第六册《工业管道工程》相应定额子目。

2)设置于管道间、管廊内的管道，其定额人工乘以系数1.3。

3)主体结构为现场浇筑采用钢模施工的工程：内外浇筑的定额人工乘以系数1.05，内浇外砌的定额人工乘以系数1.03。

4)镀锌钢管沟槽式连接定额项目中未包括卡箍管件安装，卡箍管件安装按卡箍安装计算，卡箍安装按管道连接"每连接处"计算一个卡箍安装(如机械三通、机械四通等)；管件安装按"每安装处"计量，沟槽弯头计算两个卡箍安装、沟槽三通计算三个卡箍安装、沟槽四通计算四个卡箍安装，管件和卡箍的未计价材料按实计算。

(六)火灾自动报警系统及安全防范设备安装工程量计算及定额运用

1. 火灾自动报警系统及安全防范设备安装工程量计算规则

自动灭火及消防系统由报警系统、防火系统、灭火系统、火灾档案管理系统4个分系统组成。这4个系统均由防火、报警设备用管线连接起来。

2. 火灾自动报警系统安装定额运用

(1)点型探测器按线制的不同，分为多线制与总线制，不分规格、型号、安装方式与位置，以“只”为计量单位。探测器安装包括探头和底座的安装及本体调试。

(2)红外线探测器以“对”为计量单位。红外线探测器是成对使用的，在计算时一对为两只。定额中包括探头支架安装和探测器的调试、对中。

(3)火焰探测器、可燃气体探测器按线制的不同，分为多线制与总线制两种，计算时不分规格、型号、安装方式与位置，以“只”为计量单位。探测器安装包括探头和底座的安装及本体调试。

(4)线型探测器的安装、调试按环绕、正弦及直线综合考虑，不分线制及保护形式，以“10 m”为计量单位。定额中未包括探测器连接的一只模块和终端，其工程量应按相应定额另行计算。

(5)按钮包括消火栓按钮、手动报警按钮、气体灭火启/停按钮，以“只”为计量单位，按照在轻质墙体和硬质墙体上安装两种方式综合考虑，执行时不得因安装方式不同而调整。

(6)控制模块(接口)是指仅能起控制作用的模块(接口)，也称中继器，依据其给出控制信号的数量，分为单输出和多输出两种形式。执行时不分安装方式，按照输出数量以“只”为计量单位。

(7)报警模块(接口)不起控制作用，只能起监视、报警作用，执行时不分安装方式，以“只”为计量单位。

(8)报警控制器按线制的不同分为多线制与总线制两种，其中又按其安装方式不同分为壁挂式和落地式。在不同线制、不同安装方式中，按照“点”数的不同划分定额项目，以“台”为计量单位。

多线制“点”是指报警控制器所带报警器件(探测器、报警按钮等)的数量。总线制“点”是指报警控制器所带的有地址编码的报警器件(探测器、报警按钮、模块等)的数量。如果一个模块带数个探测器，则只能计为一点。

(9)联动控制器按线制的不同分为多线制与总线制两种，其中又按其安装方式不同分为壁挂式和落地式。在不同线制、不同安装方式中，按照“点”数的不同划分定额项目，以“台”为计量单位。

多线制“点”是指联动控制器所带联动设备的状态控制和状态显示的数量。总线制“点”是指联动控制器所带的有地址编码的报警器件与控制模块(接口)的数量。

(10)报警联动一体机按其安装方式不同，分为壁挂式和落地式。在不同安装方式中，按照“点”数的不同划分定额项目，以“台”为计量单位。

这里的“点”是指报警联动一体机所带的有地址编码的报警器件与控制模块(接口)的数量。

(11)重复显示器(楼层显示器)不分规格、型号、安装方式，按总线制与多线制划分，以“台”为计量单位。

(12)警报装置分为声光报警和警铃报警两种形式，均以“只”为计量单位。

(13)远程控制器按其控制回路数，以“台”为计量单位。

(14)火灾事故广播中的功放机、录音机的安装按柜内及台上两种方式综合考虑，分别以“台”为计量单位。

(15)消防广播控制柜是指安装成套消防广播设备的成品机柜，不分规格、型号，以“台”为计量单位。

(16)火灾事故广播中的扬声器不分规格、型号，按照吸顶式与壁挂式，以“只”为计量单位。

(17)广播分配器是指单独安装的消防广播用分配器(操作盘)，以“台”为计量单位。

(18)消防通信系统中的电话交换机按“门”数不同，以“台”为计量单位；通信分机、插孔是指消防专用电话分机与电话插孔，不分安装方式，分别以“部”“个”为计量单位。

(19)报警备用电源综合考虑规格、型号，以“台”为计量单位。

总线制“点”是指报警器所带的有地址编码的报警器件(探测器、报警器按钮、模块)的数量，例如一个模块带几只探测器，只能计算一点。

3. 电消防系统调试

(1)启动报警系统包括各种探测器、报警按钮、报警控制器组成的报警系统，分别按照不同点数，以“系统”为计量单位，其点数按多线制与总线制报警器的点数计算。

(2)水灭火系统控制装置按照不同点数，以“系统”为计量单位，其点数按多线制与总线制联动控制器的点数计算。

(3)火灾事故广播、消防通信系统中的消防广播喇叭、音箱和消防通信的电话分机、电话插孔，按其个数，以“10 个”为计量单位。

(4)消防用电梯与控制中心间的控制调试以“部”为计量单位。

(5)电动防火门、防火卷帘门是指可由消防控制中心显示与控制的电动防火门、防火卷帘门，以“10 处”为计量单位，每樘为一处。

(6)正压送风阀、排烟阀、防火阀以“10 处”为计量单位，一个阀为一处。

(7)气体灭火系统装置调试包括模拟喷气试验、备用灭火器贮存容器切换操作试验，按试验容器的规格(L)，分别以“个”为计量单位。试验容器的数量包括系统调试、检测和验收所消耗的试验容器的总数，试验介质不同时可以换算。

4. 安全防范设备安装定额运用

(1)设备、部件按设计成品，以“台”或“套”为计量单位。

(2)模拟盘以“m^2”为计量单位。

(3)入侵报警系统调试以“系统”为计量单位，其点数按实际调试点数计算。

(4)电视监控系统调试以“系统”为计量单位，其头尾数包括摄像机、监视器数量之和。

第七节　通信设备及线路工程技术与计量

通信是人类实现从一地向另一地进行信息传递和交换的过程，信息传递和交换是通过通信网络实现的。通信网络由终端设备、传输链路和交换设备三要素构成。

一、网络工程和网络设备

网络工程是集语音、数据、图像、监控设备、综合布线于一体的系统工程，它是通信、计算机网络以及智能大厦的基础。

(一)网络的范围

网络一般分为局域网、城域网和广域网三种。

(1)局域网(LAN)：将彼此距离很近的计算机连接起来，如在一个办公室内两台连接在一起的计算机和用线缆连接起来的两栋建筑物等。

(2)城域网(MAN)：是指介于广域网与局域网之间的一种高速网络。满足几十千米范围内的大量企业、机关、公司等多个局域网互联的需求。

(3)广域网(WAN)：也称远程网，是指覆盖一个国家、地区或横跨几个洲，形成国际性的远程网络。

(二)网络的功能

(1)能与全球范围内的终端用户进行多种业务通信。支持多种媒体、多种信道、多种速率、多种业务的通信，如(可视)电话、传真、互联网、网真、视频会议、计算机专网等。

(2)完善的通信业务管理和服务功能。如可以应对通信设备增删、搬迁、更换和升级的综合布线系统，保障通信安全可靠的网管系统等。

(3)信道的冗余功能。在应对突发事件、自然灾害时，通信更加可靠。

(4)新一代基于IP的多媒体高速通信网、光通信网是未来新的通信业务支撑平台。

(三)网络传输介质和网络设备

1. 网络传输介质及选型

常见的网络传输介质有双绞线、同轴电缆、光纤等。网络信息还利用无线电系统、微波无线系统和红外技术等传输。网络传输介质选型比较见表4-30。

表4-30 网络传输介质选型比较

线型	物理特性	连通性	地理范围	抗干扰性	价格
双绞线	由按规则螺旋结构排列的2根或4根绝缘线组成	可用点对点连接，也可用于多点连接	作远程中继线最多15 km，在10 Mb/s局域网中100 m	低频时相当于同轴电缆，10～100 kHz时低于同轴电缆	低于其他传输介质
同轴电缆	由两根导体组成，内导体实心，外导体是纺织的，用屏蔽物包覆	应用于点到点和多点配置	基带电缆最远限于数千米，宽带可到数十千米	抗干扰能力较强	介于双绞线和光纤之间
光纤	直径细，柔软，能传导光波的介质，能传导光束的媒体	全用在点到点链路上	可在6～8 km距离内不使用中继器实现高速率数据传输	不受电磁干扰或噪声的影响	较高

2. 网卡及选型

网卡是主机和网络的接口，用于提供与网络之间的物理连接。一般根据接口总线与传输速率等条件来选择。

对于有线网卡的选择，工作站的网卡基本上统一采用10/100 Mb/s的RJ-45接口快速以太网网卡。服务器集成的网卡通常都是兼容性的10/100/1 000 Mb/s双绞线以太网网卡。

无线局域网网卡选择，在主机接口方面，普通的PCI和USB接口支持就绰绰有余。在台式机工作站中通常选用PCI或者USB接口的无线局域网网卡，对于笔记本用户可以选择PCIMCIA和USB两种接口类型的无线局域网网卡。

3. 集线器及选型

集线器(HUB)是对网络进行集中管理的重要工具，是各分枝的汇集点。

4. 交换机及选型

交换机能把用户线路、电信电路和(或)其他要互连的功能单元根据单个用户的请求连接起来。根据工作位置的不同，可分为广域网交换机和局域网交换机。

5. 路由器及选型

路由器(Router)是连接因特网中各局域网、广域网的设备。它根据信道的情况自动选择和设定路由，以最佳路径，按前后顺序发送信号的设备，广泛用于各种骨干网内部连接、骨干网间互联和骨干网与互联网互联互通业务。路由器具有判断网络地址和选择IP路径的功能，能在多网络互联环境中建立灵活的连接，可用完全不同的数据分组和介质访问方法连接各种子网。路由器只接受源站或其他路由器的信息，属网络层的一种互联设备。

路由器可分为本地路由器和远程路由器。本地路由器是用来连接网络传输介质的，如光纤、同轴电缆、双绞线；远程路由器是用来连接远程传输介质的，并要求相应的设备，如电话线要配调制解调器，无线要通过无线接收机、发射机。

6. 服务器及选型

服务器是指局域网中运行管理软件以控制对网络或网络资源(磁盘驱动器、打印机等)进行访问的计算机，并能够为在网络上的计算机提供资源，使其犹如工作站那样地进行操作。通常分为文件服务器、数据库服务器和应用程序服务器。

服务器选购方面的注意事项：适当的处理器架构；适宜的可扩展能力；适当的服务器架构；新技术的支持；合适的品牌。

7. 网络防火墙及选型

防火墙主要由服务访问规则、验证工具、包过滤和应用网关4部分组成。从结构上来分，防火墙有两种，即代理主机结构和路由器+过滤器结构。从原理上来分，防火墙则可以分成4种类型，即特殊设计的硬件防火墙、数据包过滤型、电路层网关和应用级网关。安全性能高的防火墙系统都是组合运用多种类型的防火墙。

二、有线电视系统和卫星电视接收系统

有线电视系统用同轴电缆、光缆或其组合作为信号传输介质，传输图像信号、声音信号和控制信号。这些信号在封闭的线缆中传输，不向空间辐射电磁波，所以称为闭路电视系统。

(一)有线电视系统

有线电视系统一般由天线、前端装置、传输干线和用户分配网络组成，而系统规模的大小决定了所用设备与器材的多少。图 4-59 所示为一个大型有线电视系统的电路图。

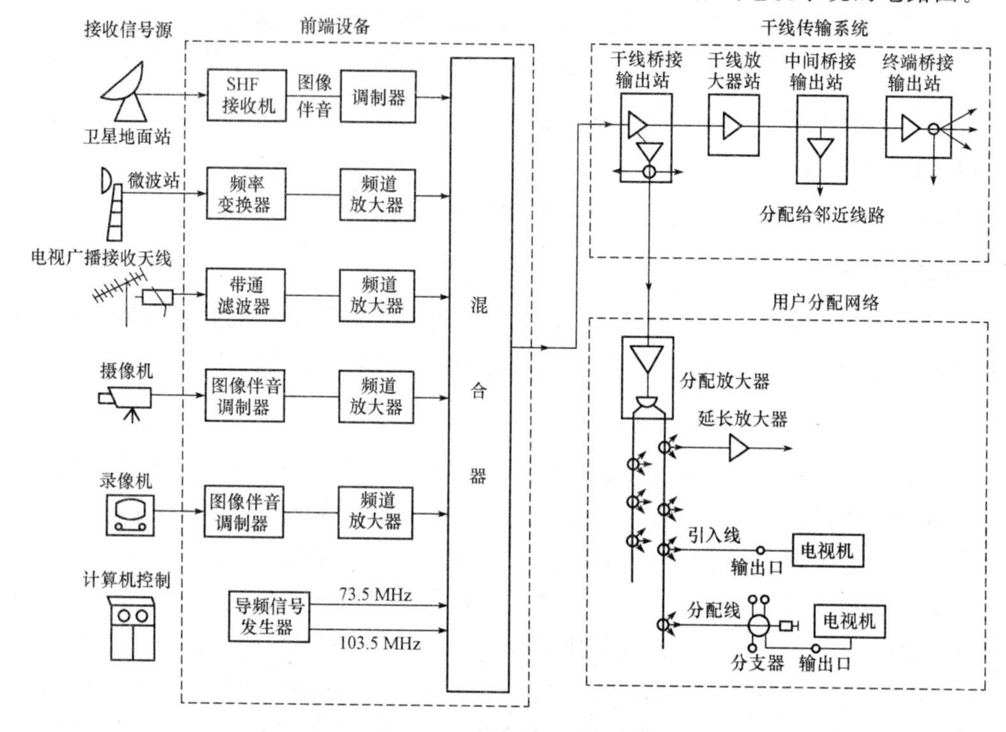

图 4-59 某大型有线电视系统的电路图

(1)信号源。有线电视的信号源可以是录像机、DVD、摄像机等，也可以是通过开路接收电视广播、微波传输、卫星电视等的空中电视信号。

(2)前端设备。前端设备的作用是把经过处理的各路信号进行混合，把多路(套)电视信号转换成一路含有多套电视节目的宽带复合信号，然后经过分支、分配、放大等处理后变成高电平宽带复合信号，送往干线传输分配部分的电缆始端。

(3)干线传输系统。干线传输系统的作用是把前端设备输出的宽带复合信号进行传输，并分配到用户终端。在传输过程中根据信号电平的衰减情况合理设置电缆补偿放大器，以弥补线路中无源器件对信号电平的衰减。干线传输分配部分除电缆外，还有干线放大器、均衡器、分支器、分配器等设备。

(4)用户分配系统。用户分配系统的作用是把干线传输系统提供的信号电平合理地分配给各个用户。比较大的子系统还装有支线放大器。

用户分配系统的主要部件有分支器、分配器、终端电阻、支线放大器等设备。电视用户可以通过连接线把电视机与用户盒相连，来接收全部电视节目。

(5)用户部分。用户部分是闭路电视系统的末端，包括电视机(监视器)和用户线，是显示闭路电视信号的终端设备。

(二)卫星电视接收系统

卫星电视接收系统由接收天线、高频头和卫星接收机三大部分组成，如图 4-60 所示。

接收天线与高频头通常放置在室外，称为室外单元设备；卫星接收机与电视机相接，称为室内单元设备。

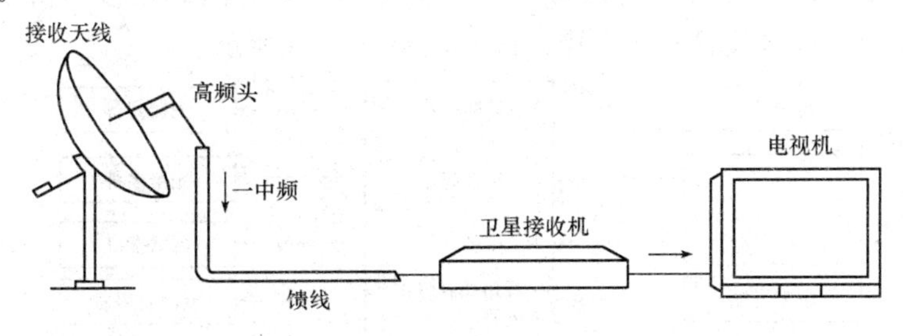

图 4-60　卫星电视接收系统的基本组成

三、音频和视频通信系统

(一)电话通信系统

电话通信系统由用户终端设备、电话传输系统和电话交换设备三大部分组成。

(二)扩音和音响系统

扩音和音响系统的基本功能是对声音进行处理、放大和重放。对声音重放的不同要求和不同场合决定了不同系统的组成。

1. 扩音和音响系统的类型

(1)按声源的性质分类，可分为语言系统和音乐系统。

(2)按工作环境分类，可分为室内系统和室外系统。

(3)按工作原理分类，可分为单声道、双声道和多声道声音处理。

(4)按能量分配方式分类，可分为集中输出系统、分区输出系统和混合输出系统等。

(5)按能量输出方式分类，可分为定压式输出和定阻抗输出。

2. 扩声和音响系统的组成

扩音和音响系统由信号源设备、信号的处理和放大设备及扬声器系统组成，如图 4-61 所示。

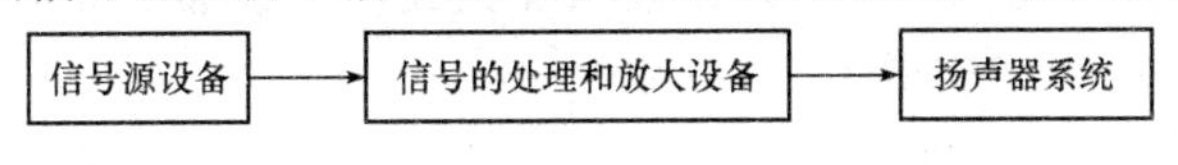

图 4-61　扩音和音响系统的组成

(三)视频会议系统

视频会议系统是一种互动式的多媒体通信。它利用图像处理技术、计算机技术及通信技术，进行点与点之间或多点之间双向视频、音频、数据等信息的实时通信。视频会议系统是由视频会议终端(Video Conferencing Terminals，VCT)、数字传输网络、多点控制单元(Multipoint Control Unit，MCU)等部分构成，如图 4-62 所示。

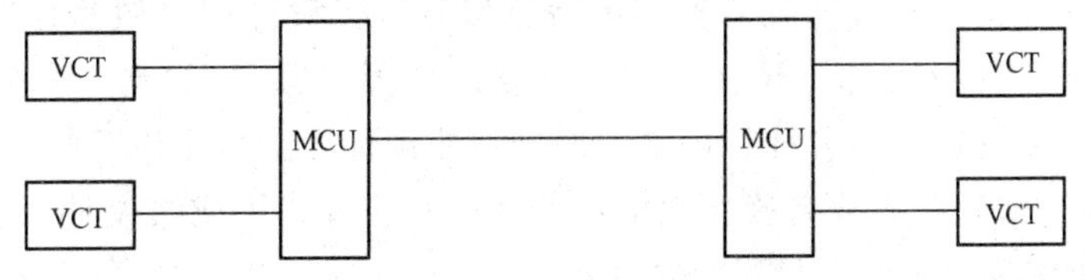

图 4-62　视频会议系统的构成

视频会议终端设备 VCT 由视频/音频输入接口、视频/音频输出接口、视频编解码器、音频编解码器、附加信息终端设备以及系统控制复用设备、网络接口和信令等部分组成。终端设备主要完成会议电视的发送和接收任务，如图 4-63 所示。

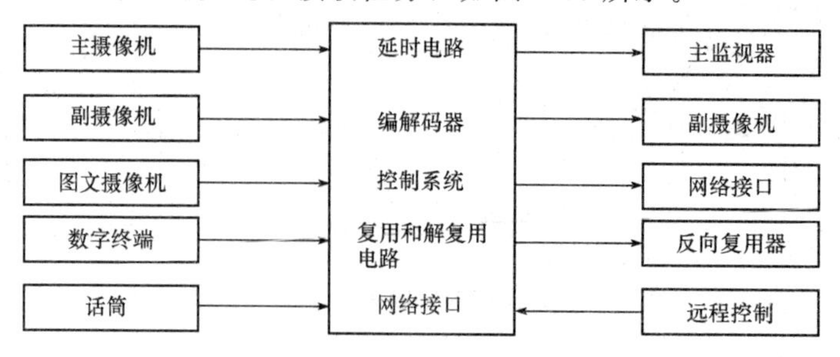

图 4-63　视频会议终端设备示意

一般情况下，VCT 具有：

(1)3～5 个视频输入接口，接入视频输入设备，包括摄像机、副摄像机、图文摄像机、计算机、电子白板、录像机等。

(2)2～4 个音频输入接口，接入音频输入设备，包括话筒、CD、卡座等。

(3)3～5 个视频输出接口，接入视频输出设备，包括监视器、大屏幕投影仪等。

(4)1～2 个音频输出接口，接入音频输出设备，包括耳机、扬声器等。

四、通信设备及线路工程计量

(一)通信工程计量规则

1. 通信设备

(1)开关电源设备、整流器、电子交流稳压器、市话组合电源、调压器、变换器、不间断电源设备区分种类、规格、型号、容量，按设计图示数量以“架(盘、台、套)”计算。

(2)无人值守电源设备系统联测、控制段内无人站电源设备与主控联测区分测试内容，按设计图示数量以“系统(站)”计算。

(3)单芯电源线区分规格、型号，按设计图示尺寸以中心线长度“m”计算；列内电源线按设计图示数量以“列”计算；电缆槽道、走线架、机架、框区分名称、规格、型号和方式，按设计图示尺寸以中心线长度“m”计算，或按设计图示数量以“架(个)”计算。

(4)列柜，电源分配柜、箱区分规格、型号，按设计图示数量以“架”计算；可控硅铃流发生器区分名称、型号，按设计图示数量以“台”计算；房柱抗震加固按设计图示数量以“处”计算；抗震机座按设计图示数量以“个”计算；保安配线箱区分类型、规格、型号和容量，按设计图示数量以“台”计算；配线架区分类型、规格、型号和容量，按设计图示数量以“架”计算；保安排、试线排区分名称、规格、型号，按设计图示数量以“块”计算；测量台、业务台、辅助台区分名称、规格、型号，按设计图示数量以“台”计算；列架、机台、事故照明、机房信号设备区分名称、规格、型号，按设计图示数量以“列(台、盘)”计算。

(5)设备电缆、软光纤区分名称、规格、型号、安装方式，或按设计图示尺寸以中心线长度“m”计算，或按设计图示数量以“条”计算。

(6)配线架跳线按设计图示数量以“条”计算；列内、列间信号线区分名称、规格、型号，按设计图示数量以“条”计算。

(7)电话交换设备，维护终端、打印机、话务台告警设备，程控车载集装箱，用户集线器设备，市话用户线硬件测试，区分名称、规格、型号等，按设计图示数量以“台(架、千线、箱)”计算。

(8)市话用户线硬件测试，中继线 PCM 系统硬件测试，长途硬件测试，市话用户线软件测试，中继线 PCM 系统软件测试，长途软件测试，按设计图示数量以“千线(系统、千路端)”计算。

(9)用户交换机，数字分配架/箱、光分配架/箱，传输设备，再生中继架、远供电源架、网络管理系统设备，本地维护终端设备，子网管理系统试运行、本地维护终端试运行、监控中心及子中心设备，光端机主/备用自动转换设备，数字公务设备，按设计图示数量以“台(套、站、架)”计算。

(10)数字公务系统运行试验，监控系统运行试验(PDH)，中继段、数字段光端调测，复用设备系统调测，光电调测中间站配合，复用器，光电转换器，光线路放大器，数字段中继站(光放站)光端对测，数字段端站(再生站)光端对测，调测波分复用网管系统，数字交叉连接设备(DXC)，基本子架(包括交叉控制等)、接口子架、接口盘，连通测试，数字数据网设备、调测数字数据网设备，系统打印机，数字(网络)终端单元，数字交叉连接设备，网管小型机、网管工作站，分组交换设备，调制解调器，按设计图示数量以“系统(架、站、套、端口)”计算。

(11)铁塔按设计图示数量以“t”计算。《房屋建筑与装饰工程工程量计算规范》(GB 50854—2013)铁塔架设，不含铁塔基础施工，应按《云南省房屋建筑与装饰工程消耗量定额》(DBJ 53/T—61—2013)中相关项目编码列项。微波抛物面天线按设计图示数量以“副”计算；馈线按设计图示数量以“条”计算；分路系统按设计图示数量以“套”计算；微波设备、监控设备、辅助设备按设计图示数量以“套(部)”计算。

(12)数字段内中继段调测、数字段主通道(辅助通道)调测、数字段内波道倒换、两个上下话路站监控调测、配合终端测试、全电路主通道(辅助通道)调测、全电路主通道(辅助通道)上下话路站调测、全电路主控站集中监控性能调测、全电路次主站集中监控性能调测、稳定性能测试、一点多址数字微波通信设备、测试一点对多点信道机、系统联测、天馈线系统、高功放分系统设备、站地面公用设备分系统、电话分系统设备、电话分系统工程勤务 ESC、电视分系统、低噪声放大器、监测控制分系统监控桌、监测控制分系统微机控制、地球站设备站内环测、地球站设备系统调测、小口径卫星地球站(VSAT)中心站高功放(HPA)设备、小口径卫星地球站(VSAT)中心站低噪声放大器设备、中心站(VSAT)公用设备(含监控设备)、中心站(VSAT)公务设备、控制中心站(VSAT)站内环测及全网系统对测、小口径卫星地球站(VSAT)端站设备，按设计图示数量以“系统(套、站)”计算。

2. 移动通信设备工程

(1)全向天线、定向天线、室内天线、卫星全球定位系统(GPS)天线区分规格、型号、塔高、部位，按设计图示数量以“副”计算。

(2)同轴电缆按规格、型号、部位，按设计图示数量以“条”计算，或按设计图示尺寸以中心线长度“m”计算。

(3)室外线缆走道区分种类、规格、方式，按设计图示尺寸以中心线长度“m”计算。

(4)避雷器，室内分布式天、馈线附属设备，馈线密封窗，基站天、馈线调测，分布式天、馈线系统调测，泄漏式电缆调测，基站设备，信道板，直放站设备，基站监控配线箱，GSM、CDMA 和寻呼基站系统调测，自动寻呼终端设备，数据处理中心设备，人工台，短信、语音信箱设备，操作维护中心设备(OMC)，基站控制器、编码器，调测基站控制、编码器，GSM 定向天线基站及 CDMA 基站联网调测，寻呼基站联网调测，按设计图示数量以“个(条、架、站、套)”等计算。

3. 通信线路工程

(1)水泥管道、长途专用塑料管道区分规格、型号、孔数等，按设计图示尺寸以中心线长度“m”计算。

(2)通信电(光)缆通道区分类型、规格、混凝土强度标准，或按设计图示尺寸以中心线长度“m”计算，或按设计图示数量以“处”计算。

(3)微机控制地下定向钻孔敷管，装电杆附属装置，按设计图示数量以“处”计算。

(4)人工敷设塑料子管、架空吊线、光缆、电缆区分类型、规格等，按设计图示尺寸以中心线长度“m”计算。

(5)光缆接续按设计图示数量以“头”计算，光缆成端接头按设计图示数量以“芯”计算；光缆中继段测试按设计图示数量以“中继段”计算；电缆芯线接续、改接按设计图示数量以“百对”计算。

(6)堵塞成端套管、充油膏套管接续、封焊热可缩套管、包式塑料电缆套管、气闭头，按设计图示数量以“个”计算；电缆全程测试按设计图示数量以“百对”计算；进线室承托铁架按设计图示数量以“条”计算；托架按设计图示数量以“根”计算；进线室钢板防水窗口按设计图示数量以“处”计算。

(7)交接箱、分线箱(盒)，告警器、传感器，水线地锚或永久标桩，按设计图示数量以“个”计算；交接间配线架按设计图示数量以“座”计算。

(8)充气设备按设计图示数量以“套”计算；电缆全程充气、排流线、埋式光缆对地绝缘检查及处理，按图示尺寸以中心线长度“m”计算；水底光缆标志牌按设计图示数量以“块”计算。

(9)其他相关问题，按下列规定处理：

1)破路面、管沟挖填、基底处理、混凝土管道敷设等工程，按《房屋建筑与装饰工程工程量计算规范》(GB 50854—2013)、《市政工程工程量计算规范》(GB 50857—2013)相关项目编码列项。

2)建筑与建筑群综合布线，应按《通用安装工程工程量计算规范》(GB 50856—2013)建筑智能化工程相关项目编码列项。

3)通信线路工程中蓄电池、太阳能电池、交直流配电屏、电源母线、接地棒(板)、地漆布、橡胶垫、塑料管道、钢管管道、通信电杆、电杆加固及保护、撑杆、拉线、消弧线、避雷针、接地装置，应按《通用安装工程工程量计算规范》(GB 50856—2013)电气设备安装工程相关项目编码列项。

4)通信线路工程中发电机、发电机组，应按《通用安装工程工程量计算规范》(GB 50856—2013)机械设备工程相关项目编码列项。

5)除锈、刷漆等工程，应按《通用安装工程工程量计算规范》(GB 50856—2013)中刷油、防腐蚀、绝热工程相关项目编码列项。

(二)通信工程计量实例

某住宅共五层，层高为 3.2 m，CATV 共用天线，线路放大器和分配器安装在第三层，各户用射频线 SYV-75-9 连接，穿 PVC15 管暗敷，用户 TV 插座安装高度为 0.4 m。电气平面图如图 4-64 所示，试计算相关项目的工程量。

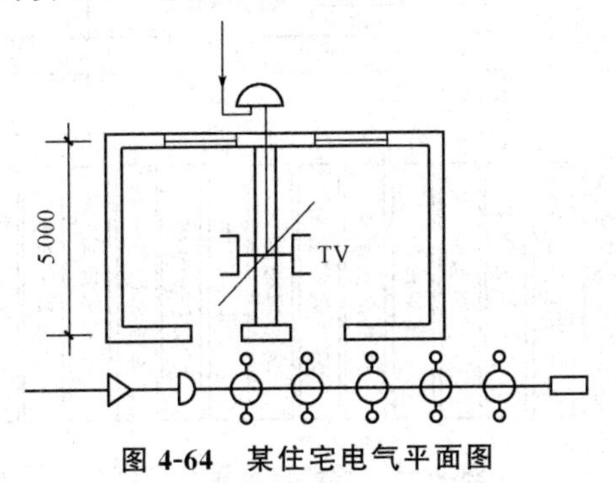

图 4-64 某住宅电气平面图

【解】 PVC15 管：3.2(层高)×4(层数)+0.4(顶层插座)+2.5(水平居中)×5(层数)+1.5(进建筑物)=27.2(m)

射频线：27.2×(1+2.5%)=27.88(m)

分部分项工程量清单见表 4-31。

表 4-31 分部分项工程量清单

序号	项目编码	项目名称	项目特征描述	单位	工程量
1	031101098001	放大器	电视线路放大器安装、调试	站	1
2	031101097001	电视分系统	电视分系统安装、调试电源插座安装	系统	10
3	030502004001	电视插座	电视插座安装、电视插座盒暗装	个	10
4	031101097002	分配器	线路分配器	个	1
5	030411005001	接线箱	放大器及分配器接线箱安装、制作、测试	个	1
6	031103006001	PVC15 管	PVC15 管暗敷	m	27.2
7	031101097003	二分支器	二分支器安装	个	5
8	030411006001	分支器暗盒	二分支器暗盒安装	个	5
9	031102004001	射频线 SYV-75-9	管穿射频线 SYV-75-9 布放	m	27.88
10	030411006002	接线盒	线路接线盒暗装	个	1

第八节 建筑智能化工程技术与计量

一、智能建筑系统

智能建筑系统是以建筑物为平台，兼备信息设施系统、信息化应用系统、建筑设备管理系统、公共安全系统等，集结构、系统、服务、管理及其优化组合为一体，向人们提供安全、高效、便捷、节能、环保、健康的建筑环境。

1. 智能建筑系统构成

智能建筑系统由上层的智能建筑系统集成中心(SIC)和下层的 3 个智能化子系统构成。

智能化子系统包括楼宇自动化系统(BAS)、通信自动化系统(CAS)和办公自动化系统(OAS)。BAS、CAS和OAS三个子系统通过综合布线系统(PDS)连接成一个完整的智能化系统，由SIC统一监管。其组成与功能如图4-65所示。

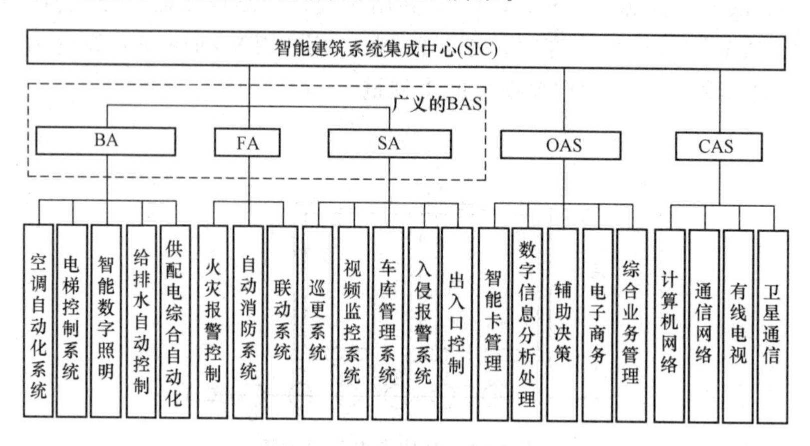

图4-65　智能建筑系统构成

SIC应具有各个智能化系统信息汇集和各类信息综合管理的功能，汇集建筑物内外各类信息，接口界面标准化、规范化，以实现各子系统之间的信息交换及通信；对建筑物各个子系统进行综合管理；对建筑物内的信息进行实时处理，并且具有很强的信息处理及信息通信能力。

PDS是建筑物或建筑群内部之间的传输网络。它能使建筑物或建筑群内部的电话、电视、计算机、办公自动化设备、通信网络设备、各种测控设备以及信息家电等设备之间彼此相连，并能接入外部公共通信网络。在综合布线系统中，可以传输多种信号，包括语音、数据、视频、监控等信号。

2. 智能建筑服务功能

从用户服务功能角度看，智能建筑可提供三大方面的服务功能，即安全功能、舒适功能和便利高效功能，见表4-32。

表4-32　智能建筑的三大服务功能

安全性方面	舒适性方面	便捷性方面
火灾自动报警	空调监控	综合布线
自动喷淋灭火	供热监控	用户程控交换机
防盗报警	给排水监控	VSAT卫星通信
闭路电视监控	供配电监控	办公自动化
保安巡更	卫星电缆电视	Internet
电梯运行控制	背景音乐	宽带接入
出入控制	装饰照明	物业管理
应急照明	视频点播	一卡通

3. 智能建筑种类

(1)智能住宅小区。智能住宅小区基本功能：一是社区安全防范系统；二是社区物业服务与管理系统；三是宽带多媒体信息服务；四是家居智能化系统。

居住区智能化是以信息传输通道(可采用宽带接入网、现场总线、有线电视网、电话网与家庭网等)为物理平台，连接各个智能化子系统，为物业管理和住户提供多种功能的服务。居住区内可以采用多种网络拓扑结构(如树形结构、星形结构或混合结构)。

(2)智能校园。智能校园的功能应符合下列要求：应满足各类学校的教学性质、规模、管理方式和服务对象业务等需求，应适应各类学校教师对教学、科研、管理以及学生对学习、科研和生活等信息化应用的发展，应为高效的教学、科研、办公和学习环境提供基础保障。

(3)智能医院。智能医院的功能应符合下列要求：门诊及药房排队管理系统，病房呼叫对讲系统，手术室视频示教系统，婴儿保护系统，触摸屏信息查询和电子公告牌系统，医用探视系统，医院信息化应用系统。

(4)智能体育场馆。体育场馆智能化系统的功能应符合下列要求：满足运动员高水平发挥竞技能力的要求，满足比赛组织的要求，满足媒体报道的要求，满足现场观众的要求，满足场馆运营维护的要求。

(5)智能宾馆、酒店。宾馆、酒店的智能化技术可分为三大应用类别：直接面对客人提供优质服务的智能化技术，面对酒店管理者提供高质量经营管理手段的智能化技术，面对酒店经营成本提供高质量管理手段的智能化技术。

(6)智能办公写字楼。智能办公写字楼的功能应符合下列要求：适应办公建筑物办公业务信息化应用的需求，具备高效办公环境的基础保障，满足对各类现代办公建筑的信息化管理需求。

行政办公写字楼智能化系统主要包括：综合楼宇信息集成管理系统、政府政务网办公系统及计算机网络系统、建筑设备自动化管理系统、结构化布线系统、多功能电子会议室系统、视频会议系统、消防自动化系统、综合安保管理系统、公共信息发布系统等。

二、楼宇自动化系统

楼宇自动化系统(BAS)是一套采用计算机、网络通信和自动控制技术，对建筑物中的设备、安保和消防进行自动化监控管理的中央监控系统。该系统通过对建筑物内的各种设备、安保和消防实行综合自动化管理以达到舒适、安全、可靠、经济和节能的目的，为用户提供良好的工作和生活环境，并使系统中的各个设备、安保和消防经常处于最佳运行状态，从而保证系统运行的经济性和管理的智能化。

根据我国行业标准，楼宇自动化系统(BAS)可分为设备运行管理与监控子系统(BA)、消防(FA)子系统和安全防范(SA)子系统。一般情况下，消防(FA)子系统和安全防范(SA)子系统宜纳入 BAS 考虑，但由于消防与安全防范系统的行业管理特殊性，大多数的做法是把消防与安全防范系统独立设置，同时与 BAS 监控中心建立通信联系，以便灾情发生时，能够按照约定实现操作转移，进行一体化的协调控制。

楼宇自动化系统(BAS)包括供配电、照明、给排水、暖通空调、电梯、安全防范、消防、车库管理等监控子系统。

1. 供配电监控系统

供配电监控系统的主要功能是保证建筑物安全可靠地供电，主要是对各级开关设备的状态，主要回路的电流、电压，变压器的温度以及发电机运行状态进行监测。在保障安全可靠供电的基础上，系统还可以包括用电计量、各户用电费用分析计算、用电高峰期对次要回路的限制供电控制等功能。

2. 照明监控系统

照明监控系统主要是对门厅、走廊、庭院和停车场等处照明的按顺序启/停控制、对照明回路的分组控制、用电过大时自动切断以及对厅堂、办公室等地的无人熄灯控制等。这些控制可以通过计算机设定启/停时间表、值班人员远动等方式来进行，也可以采用门锁、红外线等方式探测是否无人，从而自动熄灭。

3. 给排水监控系统

给排水监控系统的监控目标是保证建筑物的给排水系统的正常运行，基本功能是对各给水泵、排水泵、污水泵及饮用水泵的运行状态与故障情况进行监测，对各种水箱及污水池的水位、给水系统压力、流量进行监测以及根据这些水位及压力状态，启/停相应的水泵。

4. 暖通空调监控系统

通过对大楼环境温湿度的监测，对冷冻机组、空调机组及水泵等设备状态的监控，实现对空调系统所需冷热源的温度、流量等的自动调节。暖通空调监控系统功能为设备最佳启/停控制、空调及制冷机的节能优化控制、设备运行周期控制、电力负荷控制、蓄冷系统优化控制等。

5. 电梯监控系统

电梯一般都带有完备的控制装置，但需要将这些控制装置与楼宇自动化系统相连并实现它们之间的数据通信，使管理中心能够随时掌握各个电梯的工作状况；有多部电梯时，进行群控优化，并在火灾、非法入侵等特殊场合对电梯的运行进行直接的管理控制。电梯监控系统宜具有下列功能：电梯(自动扶梯)运行状态监视、故障检测与报警、电梯群控制管理、电梯的时间程序控制、与消防信号及保安信号的联锁控制。

6. 保安监控系统

保安监控系统一般包括如下内容：

(1)出入口控制系统：将门禁开关、电子锁或读卡机等装置安装于进入建筑物或主要管理区的出入口，从而对这些通道进行出入对象控制或时间控制。

(2)防盗报警系统：将由红外或微波技术构成的运动信号探测器安装于一些无人值守的部位，当发现监视区出现移动物体时，即发出信号通知控制中心。

(3)闭路电视监视系统：将摄像机装于需要监视控制的区域，通过电缆将图像传至控制中心，使中心可以随时监视各监控区域的现场状态。计算机技术还可进一步对这些图像进行分析，从而辨别出运行物体、火焰、烟及其他异常状态，并报警及自动录像。

(4)保安人员巡逻管理系统：指定保安人员的巡逻路线，在路径上设巡视开关或读卡机，使计算机可确认保安人员是否按顺序在指定路线下巡逻，以保证保安人员的安全。

7. 消防监控系统

消防监控系统是一个相对独立的系统，由火灾报警、水喷淋、送风与排烟、消防通信与紧急广播等子系统组成，传递火灾报警系统的各种状态和报警信息。消防监控系统主要由火灾自动报警系统和消防联动控制两部分构成。

8. BAS 的集中管理协调

在智能建筑中，各种系统在许多情况下需要相互协调。这些协调控制需要在 BAS 控制中心通过计算机和值班人员的相互配合来实现。

三、安全防范自动化系统

安全防范自动化系统包括防盗报警系统、电视监控系统、出入口控制系统、访客对讲系统、电子巡更系统等。

（一）防盗报警系统

防盗报警系统是用探测器对建筑内、外重要地点和区域进行布防。

1. 系统的组成

防盗报警系统的组成部分如图 4-66 所示。

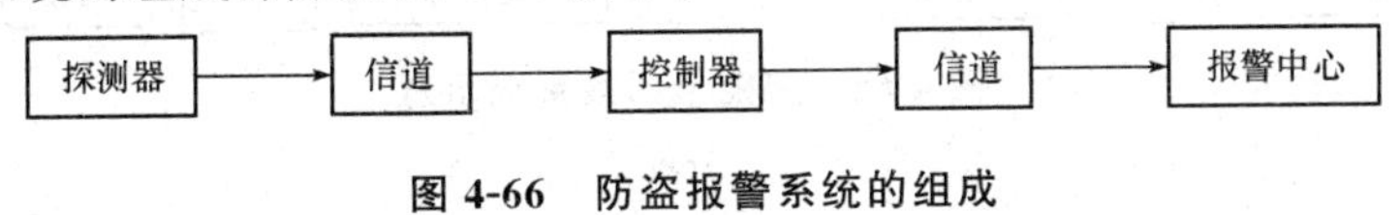

图 4-66　防盗报警系统的组成

2. 常用入侵探测器

入侵探测器按防范的范围可分为点型、直线型、面型和空间型。对入侵探测器的要求：应有防拆和防破坏保护，应有抗小动物干扰的能力，应有抗外界干扰的能力。

（二）电视监控系统

电视监控系统是在重要的场所安装摄像机，保安人员在控制中心监视现场情况。监视系统接到示警信号后，能自动进行实时录像，供事后重放分析。电视监控系统一般由摄像、传输、控制、图像处理与显示四部分组成，如图 4-67 所示。

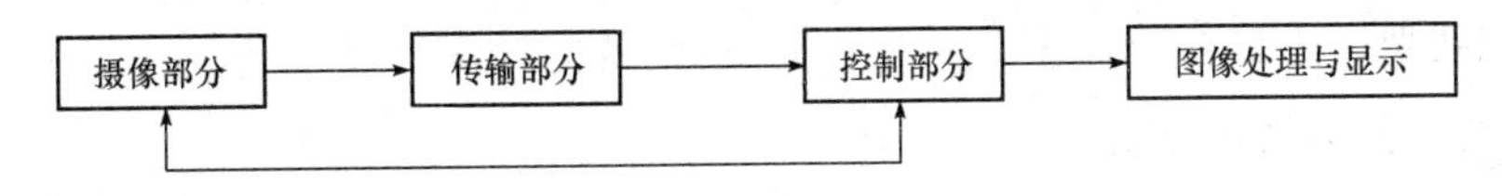

图 4-67　电视监控系统的组成

(1)摄像部分。摄像部分的作用是把被摄体的光、声信号变成电信号进行传送。摄像部分的核心是摄像机，它是光、电信号转换的主体设备。

(2)传输部分。传输部分的作用是将摄像机(现场)和中心机房进行信息交互，传输控制信号，以控制现场的云台和摄像机工作。控制信号传输方式有基带传输和频带传输两种。

（三）出入口控制系统

出入口控制系统一般是在大楼的入口处、档案室门、电梯等处安装出入控制装置，例如磁卡/IC 卡识别器或者密码键盘等。智能卡门禁系统示意如图 4-68 所示。

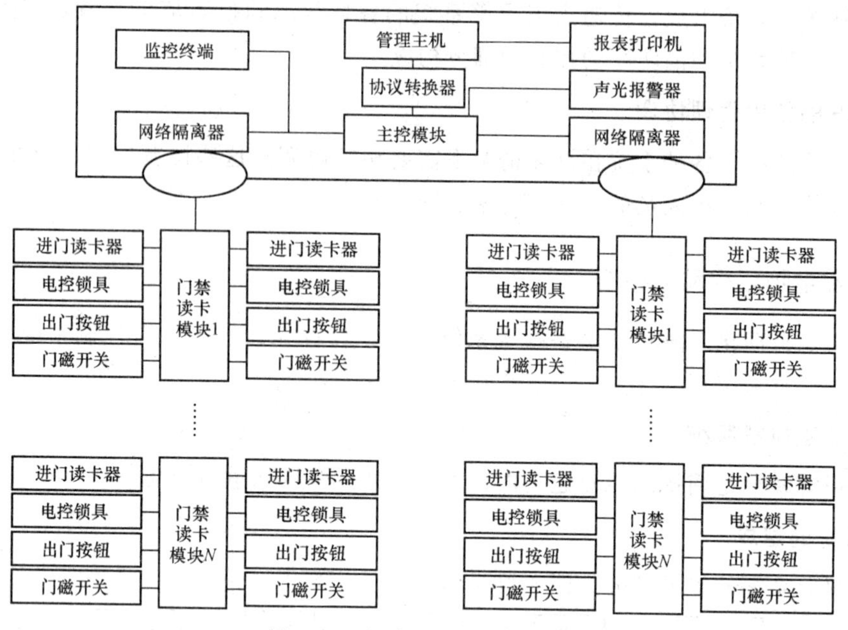

图 4-68 智能卡门禁系统示意

四、办公自动化系统

办公自动化(Office Automation，OA)的主要目的是把部门的指示有形化、实用化、制度化、系统化，充分利用组织的知识资源，通过协作和交流，简化员工工作，提高员工的办公效率和质量。

五、综合布线系统

综合布线系统能使数据、语音、图像设备和交换设备相连接，也能与其他信息管理系统相连接，并能使这些设备与外部通信网络相连接。综合布线系统包括传输介质、相关连接硬件(如配线架、连接器、插座、插头、适配器)及电气保护设备等。

(一)综合布线系统的划分

一种划分是根据通信线路和接续设备的整体性及国际标准化组织/国际电工委员会标准《信息技术 用户建筑群的通用布缆》(GB/T 18233—2008)，将其划分为建筑群主干布线子系统、建筑物主干布线子系统和水平布线子系统三部分，并规定工作区布线为非永久性部分，工程设计和施工也不涉及用户使用时临时连接的部分。

另一种划分是根据通信线路和接续设备的分离及美国电子工业协会/美国通信工业协会商用建筑物布线标准 ANSI/EIA/TIA568A/B，把综合布线系统划分为建筑群子系统、干线(垂直)子系统、配线(水平)子系统、设备间子系统、管理子系统和工作区子系统共 6 个独立的子系统。

无论如何区分，综合布线的结构是开放性的，它由各个相对独立的部件组成，改变、增加或重组其中一些布线部件并不会影响其他子系统。

各个布线子系统可连接成图 4-69 所示的综合布线系统原理图。

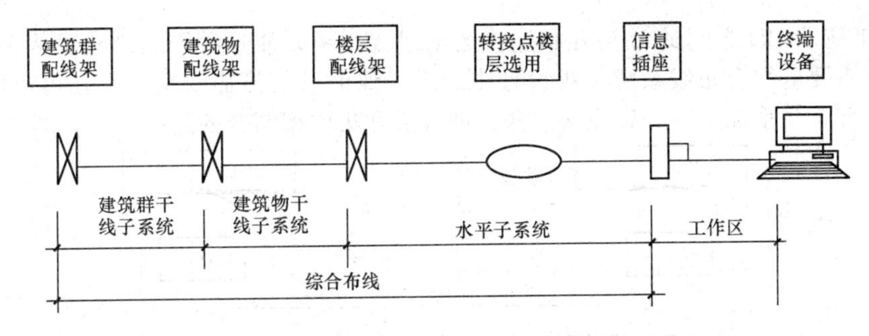

图 4-69　综合布线系统原理图

根据通信线路和接续设备的整体性，建筑群配线架(CD)属于建筑群主干布线子系统，建筑物配线架(BD)属于建筑物主干布线子系统，楼层配线架(FD)属于水平布线子系统。在综合布线系统中，应注意它们之间必须互相匹配、彼此衔接，技术性能、容量和装设位置都要求按照布线系统的需求，既要便于使用，又要有利于维护检修和日常管理。

根据通信线路和接续设备的分离，建筑群配线架(CD)、建筑物配线架(BD)和建筑物的网络设备属于设备间子系统，楼层配线架(FD)和建筑物楼层网络设备属于管理子系统。信息插座与终端设备之间的连线或信息插座通过适配器与终端设备之间的连线属于工作区子系统。

(二)综合布线系统的网络结构

综合布线系统最常用的是分级星形网络拓扑结构。对具体的综合布线系统，其子系统的种类和数量由建筑群或建筑物的相对位置、区域大小及信息插座的密度而定。两级星形网络拓扑结构单栋智能化建筑的综合布线系统如图 4-70 所示。

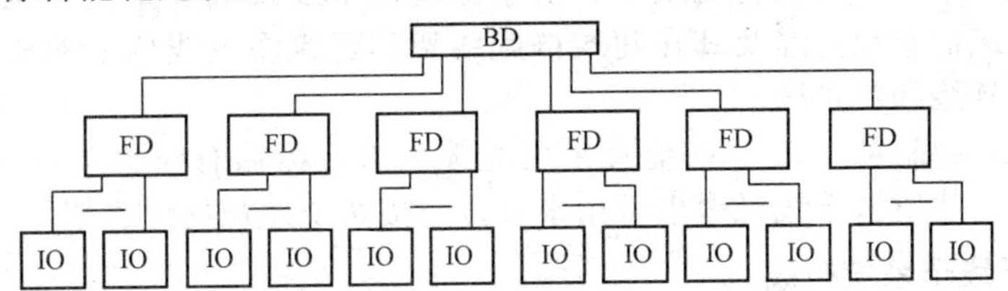

图 4-70　两级星形网络拓扑结构框图

在多栋智能化建筑构成的建筑群或智能化小区里，其综合布线系统的网络结构较复杂，通常在建筑群或智能化小区内设有中心机房，机房内设有建筑群配线架(CD)，其他每栋楼中还分别设有 BD 和 FD(小型楼座 BD 与 FD 合一)，构成三级星形结构。

为了使综合布线系统网络结构具有更高的灵活性和可靠性，且能适应今后多种应用系统的使用要求，也可以在两个层次的配线架(如 BD 或 FD)之间用电缆或光缆连接，构成分级(又称多级)有迂回路由的星形网络拓扑结构，如图 4-71 所示。

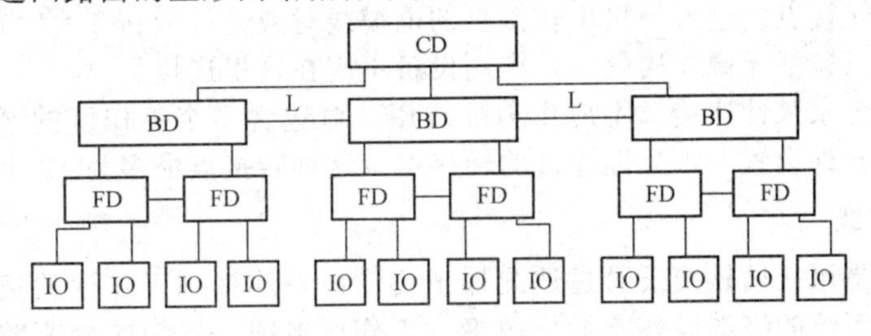

图 4-71　三级星形网络拓扑结构框图

图 4-71 所示 BD 之间的 L 为互相连接的电缆或光缆，使这种网络结构更为灵活、开放。

在有些重要的综合布线系统工程设计中，为了保证通信传输安全可靠，可以考虑增加冗余度，则综合布线系统采取分集连接方法，即分散和集中相结合的连接方式，如图 4-72 所示。

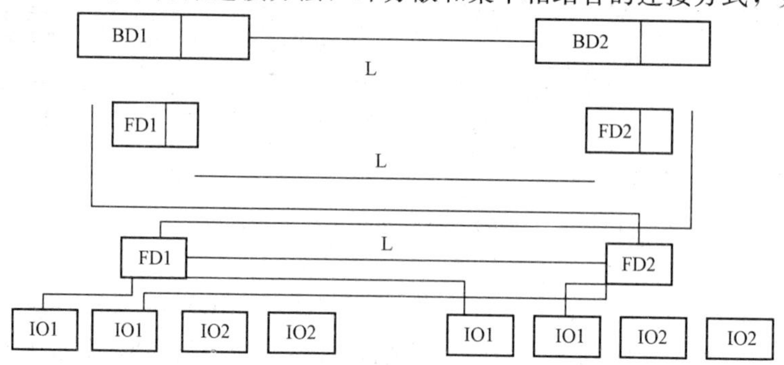

图 4-72　增加冗余量的网络结构图

引入 BD 的通信线路(电缆或光缆)设有两条路由，分别连接到两个建筑物主干布线子系统，与建筑物配线架相连接。根据网络结构和实际需要，可以在建筑物配线架之间(BD1 和 BD2)或楼层配线架之间(FD1 和 FD2)采用电缆或光缆互相连接，形成类似网状的形状。这种网络结构对于防止火灾等灾害或有特殊需求的用户具有保障作用。

(三)系统的综合布线

综合布线系统是一个极其灵活的、模块化的布线系统。它的布线可分为如下子系统。

1. 建筑群干线子系统布线

从建筑群配线架到各建筑物配线架，属于建筑群干线布线子系统。该子系统包括建筑群干线电缆、建筑群干线光缆及其在建筑群配线架和建筑物配线架上的机械终端与建筑群配线架上的接插软线和跳接线。

一般情况下，建筑群干线子系统宜采用光缆。语音传输有时也可以选用大对数电缆。建筑群干线电缆、建筑群干线光缆也可用来直接连接两个建筑物配线架。

2. 建筑物干线子系统布线

从建筑物配线架到各楼层配线架，属于建筑物干线布线子系统(有时也称垂直干线子系统)。该子系统包括建筑物干线电缆、建筑物干线光缆及其在建筑物配线架和楼层配线架上的机械终端与建筑物配线架上的接插软线和跳接线。建筑物干线电缆、建筑物干线光缆应直接端接到有关的楼层配线架，中间不应有转接点或接头。

3. 水平子系统布线

从楼层配线架到各信息插座，属于水平布线子系统。该子系统包括水平电缆、水平光缆及其在楼层配线架上的机械终端、接插软线和跳接线。

水平电缆、水平光缆一般直接连接到信息插座。必要时，楼层配线架和每个信息插座之间允许有一个转接点。进入与接出转接点的电缆线对或光纤应按 1∶1 连接，以保持对应关系。转接点处只包括无源连接硬件，应用设备不应在这里连接。

转接点处宜为永久性连接，不应作为配线用。对包含多个工作区的区域，工作区划分有可能调整时，允许设置非永久性连接的转接点。这种转接点最多为 12 个工作区配线。

4. 工作区布线

工作区布线是用接插软线或通过适配器把终端设备连接到工作区的信息插座上。工作区布线随着应用系统的终端设备不同而改变。工作区电缆、工作区光缆的长度及传输特性应有一定的要求。若不符合这些要求，可能影响某些系统的应用。

(四)综合布线系统的部件

综合布线系统的部件通常由传输媒介、连接件和信息插座组成。

1. 传输媒介

综合布线系统常用的传输媒介有双绞线和光纤。

根据不同的场合、不同的需求，可以选用不同的传输媒介。表4-33给出了综合布线系统中推荐使用的传输媒介，以供参考。

表4-33 综合布线各个子系统中推荐使用的传输媒介

子系统	传输媒介	说 明
水平布线	电缆	音频和数据
	光缆	数据
建筑物干线布线	电缆	音频和中低速数据
	光缆	中高速数据
建筑群干线布线	电缆	不需要宽带特性时(如用户交换机线路)，可用对称电缆
	光缆	多数情况采用光缆

(1)双绞线(双绞电缆)。双绞线是两根铜芯导线，其直径一般为0.40～0.65 mm，常用的是0.5 mm。它们各自包在彩色绝缘层内，按照规定的绞距互相扭绞成一对对绞线。扭绞的目的是使对外的电磁辐射和遭受外部的电磁干扰减到最小。

双绞线(双绞电缆)分为非屏蔽和屏蔽两种。

UTP双绞电缆是无屏蔽层的非屏蔽线缆，由于它具有质量轻、体积小、弹性好和价格适宜等特点，所以使用较多。但其抗外界电磁干扰的性能较差，安装时因受牵拉和弯曲，易破坏其均衡绞距。

STP(每对芯线和电缆绕包铝箔、加铜编织网)、FTP(纵包铝箔)和SFTP(纵包铝箔、加铜编织网)双绞电缆都是有屏蔽层的屏蔽线缆，具有防止外来电磁干扰和防止向外辐射的特性，但它们质量重、体积大、价格高和不易施工。在施工安装中要求完全屏蔽和正确接地，才能保证其特性效果。

因此，在决定是否采用屏蔽线缆时，应从智能化建筑的使用性质、所处的环境和今后发展等因素综合考虑。

(2)光纤。在综合布线系统中，按工作波长采用的光纤是0.85 μm(0.8～0.9 μm)和1.30 μm(1.25～1.35 μm)两种。

以光纤(MMF)纤芯直径考虑，推荐采用50 μm/125 μm[光纤为《通信用多模光纤 第1部分：A1类多模光纤特性》(GB/T 12357.1—2015)规定的A1a类]或62.5 μm/125 μm[光纤为《通信用多模光纤 第1部分：A1类多模光纤特性》(GB/T 12357.1—2015)规定的A1b类]两种类型的光纤。

在要求较高的场合，也可采用8.3 μm/125 μm突变型单模光纤(SMF)[光纤为《通信用单模光纤 第1部分：非色散位移单模光纤特性》(GB/T 9771.1—2020)规定的B1.1类]，一般以62.5 μm/125 μm渐变型增强多模光纤使用较多。因为它具有光耦合效率较高、纤芯直径较大、在施工安装时光纤对准要求不高、配备设备较少等优点，而且光纤在微小弯曲或较大弯曲时，其传输特性不会有太大的改变。

2. 连接件

连接件是综合布线系统中各种连接设备的统称，如图 4-73～图 4-75 所示。连接件在综合布线系统中按其使用功能划分，可分为：

图 4-73　连接模块

图 4-74　配线架

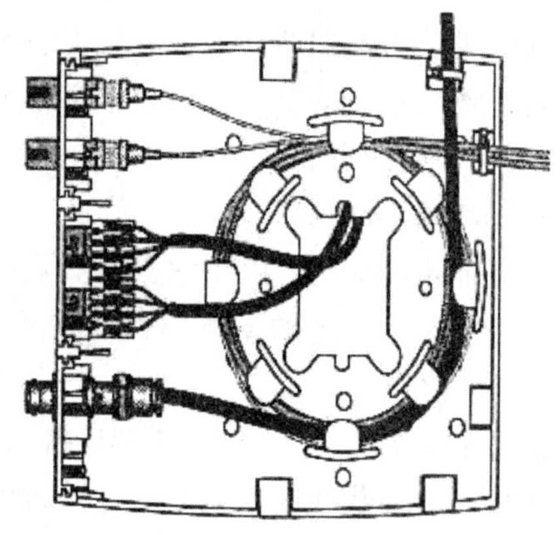

图 4-75　光纤接线盒

(1)配线设备，如配线架(箱、柜)等。

(2)交接设备，如配线盘(交接间的交接设备)等。

(3)分线设备，如电缆分线盒、光纤分线盒等。

连接件不包括某些应用系统对综合布线系统用的连接硬件，也不包括有源或无源电子线路的中间转接器或其他器件(如局域网设备、终端匹配电阻、阻抗匹配变量器、滤波器和保护器件)等。连接件还有 100 Ω 的电缆布线用、150 Ω 的电缆布线用、光纤或光缆用(它们都包括通信引出端的连接硬件)几种，选用时要充分注意。

3. 信息插座

综合布线可采用不同类型的信息插座和插头的接插软线。这些信息插座和带有插头的接插软线相互兼容。如在工作区，用带有 8 针插头的接插软线一端插入工作区水平子系统的信息插座，另一端插入工作区设备接口。信息插座类型如下：

(1)3 类信息插座模块。支持 16 Mb/s 信息传输，适合语音应用；8 位/8 针无锁模块，可安装在配线架或接线盒内。

(2)5类信息插座模块。支持155 Mb/s信息传输，适合语音、数据、视频应用；8位/8针无锁信息模块，可安装在配线架或接线盒内。

(3)超5类信息插座模块。支持622 Mb/s信息传输，适合语音、数据、视频应用，可安装在配线架或接线盒内。一旦装入，即被锁定。

(4)千兆位信息插座模块。支持1 000 Mb/s信息传输，适合语音、数据、视频应用，可装在接线盒或机柜式配线架内。

(5)光纤插座(Fiber Jack，FJ)模块。支持1 000 Mb/s信息传输，适合语音、数据、视频应用；凡能安装RJ45信息插座的地方，均可安装FJ型插座。

(6)多媒体信息插座。支持100 Mb/s信息传输，适合语音、数据、视频应用，可安装RJ45型插座或SC、ST和MIC型耦合器。

8针模块化信息插座(IO)是为所有的综合布线推荐的标准信息插座。它的8针结构为单一信息插座配置提供了支持数据、语音、图像或三者的组合所需的灵活性。

4. 电缆长度确定

(1)根据最佳的水平布线方案，确认离楼层配线间距离最远的信息插座(IO)位置、最近的信息插座位置，并分别确定其电缆(光缆)的长度B与C。

(2)平均电缆长度为$D=(B+C)/2$，即两根电缆路由的总长度除以2。

(3)总电缆长度＝平均电缆长度＋备用部分(平均电缆长度的10%)＋端接电缆长度(6 m)，每个楼层用线量的计算公式如下：

$$A=[0.55(B+C)+6]\times n \tag{4-12}$$

式中 A——每个楼层的用线量(m)；

B——最远的信息插座离配线间的距离；

C——最近的信息插座离配线间的距离；

n——每层信息插座的数量。

整栋楼的用线量(m)：$W=\sum MA$(M为楼层数)。

(4)点/箱线(平均电缆长度)。

(5)线缆箱数。

六、建筑智能化工程计量

(一)建筑智能化工程计量规则

1. 计算机应用、网络系统工程

输入设备，输出设备，控制设备，存储设备，插箱、机柜区分名称、规格、类别、安装方式等，按设计图示数量以“台”为计量单位；接口卡、集线器、路由器、收发器、防火墙、交换机、网络服务器区分名称、类别、规格、功能、安装方式等，按设计图示数量以“台(套)”计算；互连电缆区分名称、类别、规格，按设计图示数量以“条”计算；计算机应用、网络系统接地，计算机应用、网络系统联调，计算机应用、网络系统试运行区分名称、类别、规格，按设计图示数量以“系统”计算；软件区分名称、类别、规格、容量等，按设计图示数量以“套”计算。

2. 综合布线系统工程

(1)机柜、机架，抗震底座，分线接线箱(盒)，电视、电话插座区分名称、材质、规格、功能、安装方式等，按设计图示数量以“台(个)”计算。

(2)双绞线缆，大对数电缆，光缆，光纤束、光缆外护套区分名称、规格、线缆对数、敷设方式，按设计图示数量以“m”计算；跳线区分名称、类别、规格，按设计图示数量以“条”计算。

(3)配线架、跳线架、信息插座、光纤盒区分名称、规格、容量、安装方式等，按设计图示数量以“个(块)”计算；光纤连接区分方法、模式，按设计图示数量以“芯(端口)”计算；光缆终端盒区分光缆芯数，按设计图示数量以“个”计算；布放尾纤、线管理器、跳块，按设计图示数量以“个(根)”计算；双绞线缆测试、光纤测试，按“链路(点、芯)”计算。

3. 建筑设备自动化系统工程

中央管理系统区分名称、类别、功能和控制点数量，按设计图示数量以“系统/套”计算；通信网络控制设备、控制器、控制箱区分名称、类别、功能和控制点数量等，按设计图示数量以“台(套)”计算；第三方通信设备接口，传感器，电动调节阀执行机构，电动、电磁阀门，区分名称、类别、功能和规格等，按设计图示数量以“支(台、个)”计算；建筑设备自控化系统调试、建筑设备自控化系统试运行区分名称、类别、功能等，按设计图示数量以“台(户、系统)”计算。

4. 建筑信息综合管理系统工程

(1)服务器，服务器显示设备，通信接口输入、输出设备，区分名称、类别和安装方式，按设计图示数量以“台(个)”计算。

(2)系统软件、基础应用软件、应用软件接口，应用软件二次区分测试内容和类别，按系统所需集成点数及图示数量以“套(顶、点)”计算；各系统联动试运行按图示数量以“系统”计算。

5. 有线电视、卫星接收系统工程

(1)共用天线，卫星电视天线、馈线系统，区分名称、规格等，按设计图示数量以“副”计算。

(2)前端机柜区分名称、规格等，按设计图示数量以“个”计算；电视墙、前端射频设备，区分名称、监视器数量，按设计图示数量以“套”计算；射频同轴电缆区分名称、规格和敷设方式，按设计图示数量以“m”计算。

(3)同轴电缆接头，卫星地面站接收设备，光端设备安装、调试，有线电视系统管理设备，播控设备安装、调试，分配网络，终端调试，干线设备，区分名称、规格等，按设计图示数量以“个(台)”计算。

6. 音频、视频系统工程

(1)扩声系统设备，扩声系统试运行，背景音乐系统设备，视频系统设备区分名称、类别、规格、安装方式等，按设计图示数量以“台(系统)”计算。

(2)扩声系统调试，背景音乐系统调试，背景音乐系统试运行，视频系统调试区分名称、类别、规格、功能等，按设计图示数量以“系统（只、副、台）”计算。

7. 安全防范系统工程

(1)入侵探测设备，入侵报警控制器，入侵报警中心显示设备，入侵报警信号传输设备，出/入口控制设备，出/入口执行机构设备，监控摄像设备，视频控制设备，音频、视频及脉冲分配器，视频补偿器，视频传输设备，录像设备等，按设计图示数量以“台(套)”计算。

(2)安全检查设备，停车场管理设备区分名称、类别、规格等，以“台(套)”计算；显示设备按设计图示数量以“台”计算，或按设计图示面积以“m^2”计算。

(3)安全防范分系统调试，安全防范全系统调试，安全防范系统工程试运行区分名称、类别等，按设计图示数量以“系统”计算。

8. 其他相关问题应按下列规定处理

(1)土方工程，应按《房屋建筑与装饰工程工程量计算规范》(GB 50854—2013)相关项目编码列项。

(2)开挖路面工程，应按《市政工程工程量计算规范》(GB 50857—2013)相关项目编码列项。

(3)配管工程，线槽，桥架，电气设备，电气器件，接线箱、盒，电线，接地系统，凿(压)槽，打孔，打洞，人孔、手孔，立杆工程，应按《通用安装工程工程量计算规范》(GB 50856—2013)电气设备安装工程相关项目编码列项。

(4)蓄电池组、六孔管道、专业通信系统工程，应按《通用安装工程工程量计算规范》(GB 50856—2013)通信设备及线路工程相关项目编码列项。

(5)机架等项目的除锈、刷油，应按《通用安装工程工程量计算规范》(GB 50856—2013)刷油、防腐蚀、绝热工程相关项目编码列项。

(6)如主项目工程与综合项目工程量不对应，项目特征应描述综合项目的型号、规格、数量。

(7)由国家或地方检测验收部门进行的检测验收，应按《通用安装工程工程量计算规范》(GB 50856—2013)措施项目相关项目编码列项。

(二)建筑智能化工程计量实例

某政府机关办公大楼，大楼共10层，楼长为70 m，1～4层宽45 m，5～10层宽30 m，楼层高3 m。大楼在土建时已经设计和安装了综合布线系统所需要的线槽、线管，因此，设计和施工过程中不需要对此部分进行设计。根据用户需求，需要设计及安装综合布线系统。在综合布线系统上传输的信号种类为数据和语音。每个信息点的功能要求是在必要时能够进行语音、数据通信的互换使用。

1～4层信息点平面图如图4-76所示，5～10层信息点平面图如图4-77所示，系统拓扑图如图4-78所示。

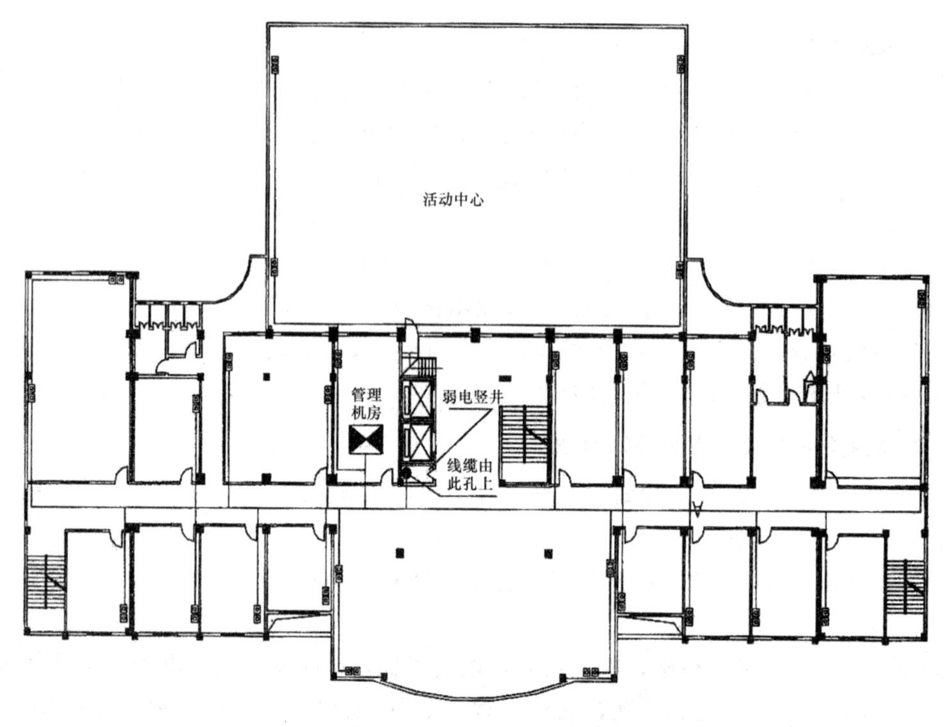

图 4-76　1～4 层信息点平面图

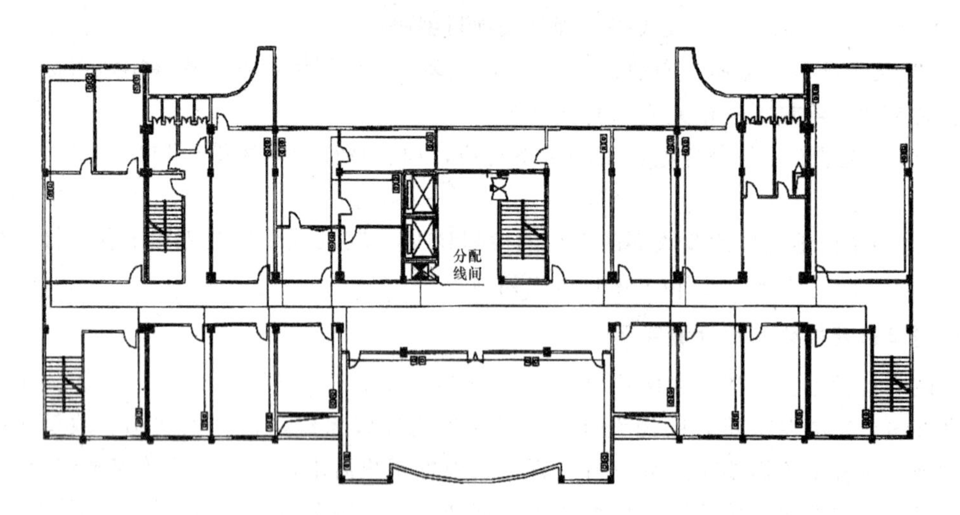

图 4-77　5～10 层信息点平面图

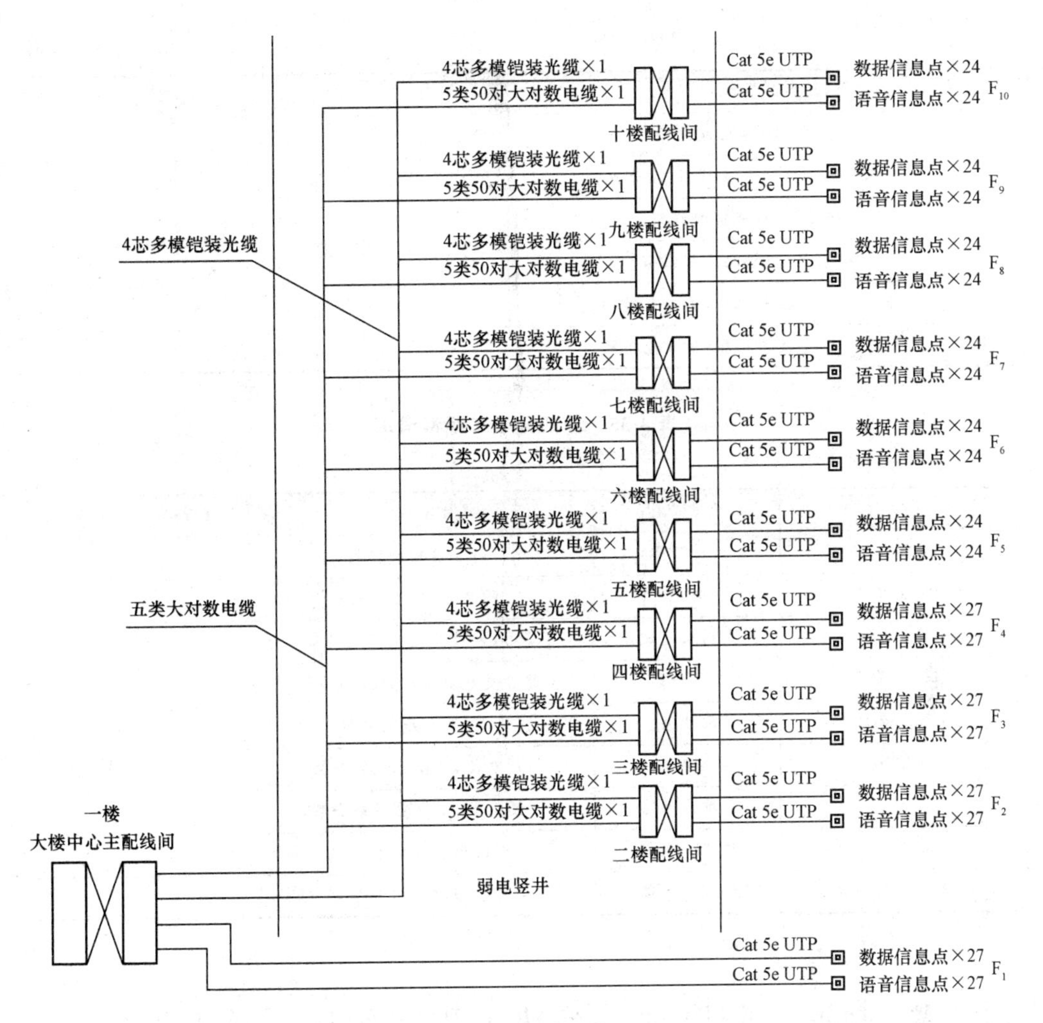

图 4-78　系统拓扑图

运用工程量计算规则，按图 4-76 计算，见表 4-34。

综合工程内容，填制表格，见表 4-35。

【解】 水平线缆计算：$L_{平均}=[(L_{最长}+L\ 最短)/2]\times1.1+6$

$S_{总}=L_{平均}\times504/305$(m/箱)

垂直主干线缆的计算方法：

垂直线缆长度(m)＝[距 MDF 层数×层高＋电缆井至 MDF 距离＋端接容限(光纤 10 m，双绞线 6 m)]×每层需要根数

表 4-34　工程量计算

序号	名称	单位	数量	备注
1	超 5 类模块端接	个	504.00	
2	布放 4 芯室内光缆	m	360.00	
3	布放 5 类 50 对室内大对数电缆	m	288.00	
4	布放室内超 5 类非屏蔽双绞线	100 m	183.00	
5	光纤熔接	点	72.00	

续表

序号	名称	单位	数量	备注
6	安装100对110型配线架(水平用)	个	12.00	
7	安装100对110型配线架(主干用)	个	9.00	
8	安装24口光缆配线架	个	11.00	
9	安装24口模块式配线架	个	14.00	
10	安装12U壁挂式机柜(带4座排插)	个	9.00	
11	安装42U壁挂式机柜(带5座排插)	个	2.00	

表4-35　分部分项工程量清单

工程名称：某网络综合布线工程　　　　第　　页　共　　页

序号	项目编码	项目名称	项目特征描述	计量单位	工程量
1	030502017001	线管理器	超5类模块端接		
2	030502007001	光缆	四芯室内光缆布设		
3	030502006001	大对数电缆	5类50对室内大对数电缆布设		
4	030502005001	双绞线缆	超5类非屏蔽双绞线缆布设		
5	030502010001	配线架	110型配线架安装		
6	030502010002	配线架	光缆式24口配线架安装		
7	030502010003	配线架	模块式24口配线架安装		
8	030502001001	机柜、机架	12U壁挂式机柜安装		
9	030502001002	机柜、机架	12U壁挂式机柜安装		

第九节　刷油、防腐蚀、绝热工程定额运用及工程量计算

一、刷油、防腐蚀、绝热工程定额适用范围

本定额[1]适用于新建、扩建项目中的设备、管道、金属结构等的刷油、防腐蚀、绝热工程。

二、定额中各项费用的规定

(1)脚手架搭拆费按下列系数计算，其中人工工资占25%：

1)刷油工程，按人工费的8%；

2)防腐蚀工程，按人工费的12%；

3)绝热工程，按人工费的20%。

(2)超高降效增加费，以设计标高正负零为准，当安装高度超过±6.000 m时，人工和机械分别乘以表4-36的系数。

1　本节本定额，是指《云南省通用安装工程消耗量定额》第十一册《刷油、防腐蚀、绝热工程》。

表 4-36 超高降效增加费系数

操作高度	20 m 以内	30 m 以内	50 m 以内	60 m 以内	70 m 以内	80 m 以内	80 m 以上
系数	0.30	0.40	0.60	0.70	0.80	0.90	1.00

(3)厂区外 1～10 km 施工增加的费用，按超过部分的人工和机械乘以系数 1.10 计算。

(4)安装与生产同时进行增加的费用，按人工费的 10%计算。

(5)在有害身体健康的环境中施工增加的费用，按人工费的 10%计算。

三、注意事项

(1)一般钢结构(包括吊、支、托架，梯子，栏杆，平台)、管廊钢结构以“100 kg”为单位，大于 400 mm 的型钢及 H 型钢制钢结构以“10 m^2”为单位。

(2)各种管件、阀件及设备上人孔、管口凹凸部分的除锈、刷油已综合考虑在定额内，不得另行计算。

(3)本定额适用于金属表面的手工、动力工具、干喷射除锈及化学除锈工程。

(4)本定额不包括除微锈(标准：氧化皮完全紧附，仅有少量锈点)，发生时执行轻锈定额乘以系数 0.2。

(5)因施工需要发生的二次除锈，应另行计算。

(6)本定额按安装地点就地刷(喷)油漆考虑，如安装前管道集中刷油，人工乘以系数 0.7(暖气片除外)。

(7)标志色环等零星刷油，执行本章定额相应项目，其人工乘以系数 2.0。

(8)如采用本定额未包括的新品种涂料，应按相应定额项目执行，其人工、机械消耗量不变。

(9)依据《工业设备及管道绝热工程施工规范》(GB 50126—2008)要求，当绝热制品的保温层厚度大于或等于 100 mm 且保冷层厚度大于或等于 80 mm 时，应分层施工，工程量分层计算。

(10)管道绝热工程，除法兰、阀门外，其他管件均已考虑在内；设备绝热工程除法兰、人孔外，其封头已考虑在内。

(11)管道绝热均按现场安装后绝热施工考虑，若先绝热后安装，其人工乘以系数 0.9。

(12)聚氨酯泡沫塑料发泡工程，是按现场直喷无模具考虑的，若采用有模具浇铸法施工，其模具制作安装应依据施工方案另行计算。

(13)仪表管道绝热工程，应执行第十册第九章定额相应项目。

(14)采用不锈钢薄钢板做保护层安装，执行金属保护层相应定额项目，其人工乘以系数 1.25，钻头消耗量乘以系数 1.20，机械乘以系数 1.15。

(15)镀锌钢板、铝皮保护层的规格按 1 000 mm×2 000 mm 和 900 mm×1 800 mm，厚度 0.8 mm 以下综合考虑，若采用其他规格镀锌钢板，可按实际调整。

四、除锈、刷油工程量计算

(1)除锈工程按除锈方法(手工、动力工具、喷射、化学除锈)分档，执行第十一册第一章定额子目。

(2)手工、动力工具除锈按锈蚀程度分为轻锈、中锈、重锈三种，区分标准为：

轻锈：部分氧化皮开始破裂脱落，红锈开始发生。

中锈：氧化皮因锈蚀而剥落或可以刮除，已出现轻微点蚀。

重锈：氧化皮因锈蚀而剥落，且已普遍发生点蚀。

(3)喷射除锈按Sa2.5级标准确定。

Sa2.5级：完全除去金属表面上油脂、氧化皮、锈蚀产物等一切杂物，可见阴影条纹、斑痕等残留物不得超过单位面积的5%。

1. 设备、管道除锈、刷油工程量

设备、管道除锈、刷油工程量按设备、管道表面展开面积计算，以"10 m²"为计量单位。

注：本节以下公式S为各项目面积，D为各项目直径，L为各项目长度，δ为各项目绝热层厚度，其余系数可查到。

(1)不保温设备筒体、管道除锈、刷油表面积计算公式：

$$S=\pi\times D\times L \tag{4-13}$$

(2)保温设备筒体、管道刷油表面积计算公式：

$$\begin{cases}S=\pi\times(D+2\delta+2\delta\times5\%+2d_1+3d_2)\times L\\S=\pi\times(D+2.1\delta+0.0082)\times L\end{cases} \tag{4-14}$$

(3)不保温设备表面积计算公式：

平封头设备：

$$S_{平}=\pi\times D\times L+2\pi(D/2)^2 \tag{4-15}$$

圆封头设备：

$$S_{圆}=\pi\times D\times L+2\pi(D/2)^2\times1.5 \tag{4-16}$$

(4)保温设备表面积计算公式：

平封头设备：$$S_{平}=\pi\times(D+2.1\delta)\times(L+2.1\delta)+2\pi\times\left(\frac{D+2.1\delta}{2}\right)^2 \tag{4-17}$$

圆封头设备：$$S_{圆}=\pi\times(D+2.1\delta)\times(L+2.1\delta)+2\pi\times\left(\frac{D+2.1\delta}{2}\right)^2\times1.6 \tag{4-18}$$

2. 金属结构除锈、刷油工程量

除动力工具、化学除锈及H型钢制钢结构(包括大于400 mm以上的型钢)除锈以"10 m²"为工程量计量单位，金属结构除锈、刷油工程量均按质量以"100 kg"为工程量计量单位。

3. 暖气片除锈、刷油工程量

暖气片、刷油工程量按暖气片的散热面积计算，以"10 m²"为工程量计量单位。

五、绝热工程量计算

绝热工程中，绝热层安装按保温材质、管道直径规格、设备形式(立式、卧式)、绝热层厚度分档，以"m³"为工程量计量单位。

1. 设备筒体或管道绝热、防潮和保护层计算公式

$$V=\pi\times(D+\delta+\delta\times3.3\%)\times(\delta+\delta\times3.3\%)\times L \tag{4-19}$$

或
$$V=\pi\times(D+1.033\delta)\times1.033\delta\times L \tag{4-20}$$
$$S=\pi\times(D+2.1\delta+0.0082)\times L$$

2. 伴热管道绝热工程量计算公式

(1)单管伴热或双管伴热(管径相同，夹角小于90°时)。
$$D'=D_1+D_2+(10\sim20\ \text{mm}) \tag{4-21}$$
(2)双管伴热(管径相同，夹角大于90°时)。
$$D'=D_1+1.5D_2+(10\sim20\ \text{mm}) \tag{4-22}$$
(3)双管伴热(管径不同，夹角小于90°时)。
$$D'=D_1+1.5D_{伴大}+(10\sim20\ \text{mm}) \tag{4-23}$$

3. 设备封头绝热、防潮和保护层工程量计算公式

$$V=[(D+1.033\delta)/2]^2\pi\times1.033\delta\times1.5\times N \tag{4-24}$$

4. 阀门绝热防潮和保护层计算公式

$$V=\pi(D+1.033\delta)\times2.5D\times1.033\delta\times1.05\times N \tag{4-25}$$

5. 法兰绝热、防潮和保护层计算公式

$$V=\pi(D+1.033\delta)\times1.5D\times1.033\delta\times1.05\times N \tag{4-26}$$

6. 弯头绝热、防潮和保护层计算公式

$$V=\pi(D+1.033\delta)\times1.5D\times2\pi\times1.033\delta\times N/B \tag{4-27}$$

7. 拱顶罐封头绝热、防潮和保护层计算公式

$$V=2\pi r(h+1.033\delta)\times1.033\delta \tag{4-28}$$

六、防腐蚀工程量计算

防腐蚀涂料工程的工程量与刷油工程量计算相同，只不过设备、管道、支架不是刷普通油漆，而是刷防腐涂料，以“10 m^2”“100 kg”为工程量计量单位，执行第十一册第三章相应定额子目。

1. 设备简体、管道表面积计算公式

设备筒体、管道表面积计算公式同管道刷油表面积公式。

2. 阀门、弯头、法兰表面积计算公式

(1)阀门表面积。
$$S=\pi\times D\times2.5D\times K\times N \tag{4-29}$$
(2)弯头表面积。
$$S=\pi\times D\times1.5D\times K\times2\pi\times N/B \tag{4-30}$$
(3)法兰表面积。
$$S=\pi\times D\times1.5D\times K\times N \tag{4-31}$$

3. 设备和管道法兰翻边防腐蚀工程量计算公式

$$S=\pi\times(D+A)\times A \tag{4-32}$$

复习思考题

1. 给排水、采暖、燃气工程定额中，室内承插铸铁给水管道与承插铸铁排水管道，同是石棉水泥接口，为什么前者管道主材消耗量如 $DN75$ 为 10 m，而后者为 8.8 m？室外承插铸铁排水管道为 10.3 m，为什么？

2. 试分析给水管道和采暖管道、燃气管道，它们的试压、调试(整)在《通用安装工程消耗量定额》(TY 02—31—2015)中是怎样划分的？各自不同点是什么？

3. 采暖工程系统调整费属综合系数吗？为什么？安装工程中有几个系统调整费属于综合系数？为什么热水采暖工程系统不计算调整费？其采暖系统调整费包括哪些？

4. 采暖管道如何分类？具体如何划分？如何使用定额？

5. 燃气用具安装是否已考虑了与燃气用具前阀门连接的短管在内？需要重复计算吗？

6. 钢板水箱的制作安装工程量如何计算？

7. 简述给排水、采暖、燃气工程工程量计算规则。

8. 通风空调设备安装在使用定额时应注意哪些问题？

9. 简述通风管道工程量计算规则。

10. 简述通风空调设备安装工程量。

11.《云南安装定额》第九分册《通风空调工程》中有哪些增加费用？如何计算？

12. 简述风管部件工程量计算规则。

第五章　工程量清单及计价

知识目标

1. 了解工程量清单计价的原理和意义。
2. 熟悉各安装分部工程工程量清单计价内容及要求。
3. 了解工程量清单计价与工程定额计价的区别。

技能目标

1. 掌握工程量清单计价的基本内容。
2. 能熟知各安装分部工程的工程量清单项目，并对工程量进行计算。
3. 能阐述工程量清单计价、定额计价的区域和各自的特点。

素质目标

1. 通过工程量清单计价学习，使学生认识科学计量与计价的重要性。
2. 通过定额计价、工程量清单计价的学习，培养学生多方面考虑问题的能力。
3. 通过清单计价与定额计价对比学习，倡导学生节约、低碳、绿色发展的理念。

第一节　工程量清单概述

一、工程量清单的概念

工程量清单是建设工程的分部分项工程项目、措施项目、其他项目、规费项目和税金项目的名称与相应数量等的明细清单。

工程量清单应由具有编制招标文件能力的招标人或者受其委托具有相应资质的工程造价咨询机构、招标代理机构进行编制。采用工程量清单方式招标的拟建工程，工程量清单必须作为招标文件的组成部分，其准确性、完整性由招标人负责。招标工程量清单是工程量清单计价的基础，应作为编制招标控制价、投标报价、计算工程量、工程索赔等的依据。

二、工程量清单的主要作用

(1)工程量清单是工程量清单计价的基础；
(2)工程量清单是编制招标控制价的依据；
(3)工程量清单是投标报价的依据；
(4)工程量清单是计算工程进度的依据；
(5)工程量清单是支付工程价款的依据；
(6)工程量清单是调整合同价款的依据；

(7)工程量清单是办理竣工结算的依据；
(8)工程量清单是办理工程索赔的依据。

三、工程量清单的编制依据

(1)“13计价规范”；
(2)国家或省级、行业建设部门颁发的计价依据和办法；
(3)建设工程设计文件；
(4)与工程有关的标准、规范、技术资料；
(5)招标文件及其补充通知、答疑纪要；
(6)现场施工情况、工程特点及常规施工方案；
(7)其他相关资料。

四、工程量清单的内容

(1)招标工程量清单封面；
(2)招标工程量清单扉页；
(3)总说明；
(4)分部分项工程和单价措施项目清单；
(5)总价措施项目清单；
(6)其他项目清单；
(7)暂列金额明细表；
(8)材料(工程设备)暂估价及调整表；
(9)计日工表；
(10)总承包服务费计价。

五、工程量清单的项目设置

工程量清单的项目设置规则是为了统一工程量清单项目名称、项目编码、计量单位和工程量计算而制定的，是编制工程量清单的依据。在《建设工程工程量清单计价规范》(GB 50500—2013)及配套使用的工程量计算规范中，对工程量清单项目的项目编码、项目名称、项目特征、计量单位和工程量的设置做了明确的规定：

(1)项目编码。项目编码以五级编码设置，用12位阿拉伯数字表示(图5-1)。第一、二、三、四级编码统一；第五级编码由工程量清单编制人区分具体工程的清单项目特征而分别编码。各级编码代表的含义如下(以电气设备安装工程为例)：

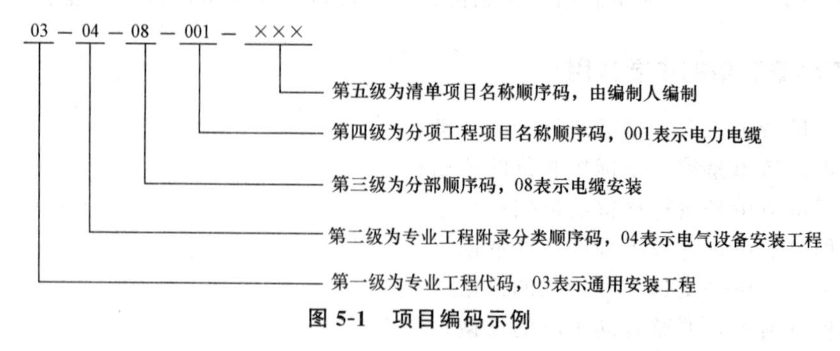

图5-1 项目编码示例

1)第一级表示专业工程代码(分两位)：01—房屋建筑与装饰工程；02—仿古建筑工程；03—通用安装工程；04—市政工程；05—园林绿化工程；06—矿山工程；07—构筑物工程；08—城市轨道交通工程；09—爆破工程。

2)第二级表示专业工程附录分类顺序码(由两位数组成)。

3)第三级表示分部顺序码(由两位数组成)。

4)第四级表示分项工程项目名称顺序码(由三位数组成)。

5)第五级表示清单项目名称顺序码(由三位数组成，由清单编制人编制)。

(2)项目名称。项目名称以工程实体命名，不能重复，一个项目一个编码、一个对应的综合单价。项目名称若有缺项，招标人可按相应的原则进行补充，并报当地工程造价管理部门备案。

(3)项目特征。项目特征是对项目的准确描述，是影响价格的因素和设置具体清单项目的依据。项目特征按不同的工程部位、施工工艺或材料品种、规格等分别列项。凡项目特征中未描述到的其他独有特征，由清单编制人依据项目的具体情况进行准确描述。

例如：清单项目编码 030411004(配线)，其项目特征应描述：名称、配线形式、型号、规格、材质、配线部位、配线线制、钢索材质及规格。

(4)计量单位。计量单位应采用基本单位，除各专业另有特殊规定外，均按以下单位计量(一般用物理单位计量，不能采用的，依据其项目特征以自然单位来表示)：

1)以质量计算的项目——吨或千克(t 或 kg)；

2)以体积计算的项目——立方米(m^3)；

3)以面积计算的项目——平方米(m^2)；

4)以长度计算的项目——米(m)；

5)以自然计量单位计算的项目——个、套、块、樘、组、台等；

6)没有具体数量的项目——系统、项等；

7)各专业有特殊计量单位的，再另外加以说明。

(5)工程内容。工程内容是指完成该清单项目所涉及的具体相关工作或内容，可供招标人确定清单项目和投标人投标报价参考。例如：清单项目编码 0304110004(配线)，其工程内容：配线；钢索架设(拉紧装置安装)；支持体(夹板、绝缘子、槽板等)安装。

凡工程内容中未列全的其他具体工程，由投标人按招标文件或图纸要求编制，以完成清单项目为准，综合考虑到报价中。

备注：《通用安装工程工程量计算规范》(GB 50856—2013)规定：项目安装高度若超过基本高度，应在“项目特征”中描述。本规范安装工程各附录基本安装高度为：附录 A 机械设备安装工程 10 m；附录 D 电气设备安装工程 5 m；附录 E 建筑智能化工程 5 m；附录 G 通风空调工程 6 m；附录 J 消防工程 5 m；附录 K 给排水、采暖、燃气工程 3.6 m；附录 M 刷油、防腐、绝热工程 6 m。

六、工程量清单文件组成

(1)招标工程量清单封面(表 5-1)；

(2)招标工程量清单扉页(表 5-2)；

(3)清单编制说明(表 5-3)；

(4)工程量清单(表 5-4);
(5)工程量清单计算书。

七、招投标过程中工程量清单计价文件组成

(1)工程项目招标控制价封面(表 5-5);
(2)工程项目招标控制价扉页(表 5-6);
(3)招标控制价编制总说明(表 5-7);
(4)工程项目招标控制价(投标报价)汇总表(表 5-8);
(5)单项工程招标控制价(投标报价)汇总表(表 5-9);
(6)单位工程招标控制价(投标报价)汇总表(表 5-10);
(7)分部分项工程和单价措施项目清单与计价表(表 5-11);
(8)工程量清单综合单价分析表(表 5-12);
(9)综合单价调整表;
(10)总价措施项目清单与计价表(表 5-13);
(11)其他项目清单与计价汇总表(表 5-14);
(12)暂列金额明细表(表 5-15);
(13)材料(工程设备)暂估单价及调整表(表 5-16);
(14)专业工程暂估价及结算价表(表 5-17);
(15)计日工表(表 5-18);
(16)总承包服务费计价表(表 5-19);
(17)规费、税金项目计价表;
(18)发包人提供材料和工程设备一览表;
(19)承包人提供主要材料和工程设备一览表(适用于造价信息差额调整法);
(20)承包人提供主要材料和工程设备一览表(适用于价格指数差额调整法)。

表 5-1　招标工程量清单封面

____________工程 **招标工程量清单** 招　标　人:____________ (单位盖章) 造价咨询人:____________ (单位盖章) 年　月　日

表 5-2　招标工程量清单扉页

______________工程

招标工程量清单

招　标　人：______________
（单位盖章）

造价咨询人：______________
（单位资质专用章）

法定代表人
或其授权人：______________
（签字或盖章）

法定代表人
或其授权人：______________
（签字或盖章）

编　制　人：______________
（造价人员签字盖专用章）

复　核　人：______________
（造价工程师签字盖专用章）

编制时间：　　年　　月　　日

复核时间：　　年　　月　　日

表 5-3　××项目清单编制总说明

工程名称：××项目工程量清单

1. 工程批准号：（略）

2. 工程概况：

本工程位于××市××地。建筑面积：__________m^2。结构形式：__________。

电气工程：进线电缆从建筑物的北侧埋地引入每单元的一层总开关箱（ZM）。本工程配电系统采用放射式的供电方式共给每户住宅，即住宅用电导线经保护管从（ZM）箱送每层层箱（集中电表箱 BM），再到每户开关箱（AM）后分为五条回路供电；车库供电系统：用电导线经保护管从（ZM）箱送至半地下层每车库计量表箱（CM）后，分两条回路供每车库照明和插座。

电气敷设方式：导线敷设方式：导线为穿 PVC 阻燃管沿墙或沿顶板敷设。用电负荷等级为三级，电源进线采用 380/220 V 三相供电，进线采用铜芯塑料绝缘埋地穿钢管引入，要求电源进线 PEN 线作重复接地，AL 箱接零线，N 线及接地 PE 线端子分设。电气安装高度：（见教材 P314 设备安装高度），主要设备表选用见教材 P315—316。

3. 清单编制依据：《施工图》

《安装工程工程量清单计算规范》（GB 50856—2013）；

《建筑工程工程量清单计价规范》（GB 50500—2013）。

表 5-4　分部分项工程和单价措施项目清单与计价表

工程名称：　　　　标段：　　　　第　页　共　页

序号	项目编码	项目名称	项目特征描述	计量单位	工程量	金额/元		
						综合单价	合价	其中
								暂估价

续表

<table>
<tr><th rowspan="3">序号</th><th rowspan="3">项目编码</th><th rowspan="3">项目名称</th><th rowspan="3">项目特征描述</th><th rowspan="3">计量单位</th><th rowspan="3">工程量</th><th colspan="3">金额/元</th></tr>
<tr><th rowspan="2">综合单价</th><th rowspan="2">合价</th><th>其中</th></tr>
<tr><th>暂估价</th></tr>
<tr><td></td><td></td><td></td><td></td><td></td><td></td><td></td><td></td><td></td></tr>
<tr><td colspan="7">本页小计</td><td></td><td></td></tr>
<tr><td colspan="7">合　计</td><td></td><td></td></tr>
<tr><td colspan="9">注：为计取规费等使用，可在表中增设其中："定额人工费"。</td></tr>
</table>

表 5-5　招标控制价封面

<table>
<tr><td>

________________工程

招标工程量清单

招　标　人：________________
（单位盖章）

造价咨询人：________________
（单位盖章）

年　　月　　日

</td></tr>
</table>

表 5-6　招标控制价扉页

<table>
<tr><td>

________________工程

招标控制价

招标控制价(小写)：________________
(大写)：________________

招　标　人：________________（单位盖章）　　造价咨询人：________________（单位资质专用章）

法定代表人
或其授权人：________________（签字或盖章）　　法定代表人
或其授权人：________________（签字或盖章）

编　制　人：________________（造价人员签字盖专用章）　　复　核　人：________________（造价工程师签字盖专用章）

编制时间：　年　月　日　　复核时间：　年　月　日

</td></tr>
</table>

表 5-7　××项目工程量清单招标控制价编制总说明

工程名称：××项目招标控制价 1. 工程批准号：（略） 2. 工程概况： 本工程位于××市××地。建筑面积：________ m^2。结构形式：________。 电气工程：进线电缆从建筑物的北侧埋地引入每单元的一层总开关箱(ZM)。本工程配电系统采用放射式的供电方式共给每户住宅，即住宅用电导线经保护管从(ZM)箱送每层层箱(集中电表箱 BM)，再到每户开关箱(AM)后分为五条回路供电；车库供电系统：用电导线经保护管从(ZM)箱送至半地下层每车库计量表箱(CM)后，分两条回路供每车库照明和插座。 电气敷设方式：导线敷设方式：导线为穿 PVC 阻燃管沿墙或沿顶板敷设。用电负荷等级为三级，电源进线采用 380/220 V 三相供电，进线采用铜芯塑料绝缘埋地穿钢管引入，要求电源进线 PEN 线作重复接地，AL 箱接零线，N 线及接地 PE 线端子分设。电气安装高度：（见教材 P314 设备安装高度），主要设备表选用见教材 P315-316。 3. 清单编制依据：《施工图》 《安装工程工程量清单计算规范》(GB 50856—2013) 《建筑工程工程量清单计价规范》(GB 50500—2013) 4. 招标控制价编制依据：《施工图》《工程量清单》《云南省通用安装工程消耗量定额》(《电气自动化篇》和第十一册《刷油、防腐蚀、绝热工程》)。 《云南省建设工程造价计价规则及机械仪器仪表台班费用定额》(DBJ 53/T-58-2013)。 “除税机械费单价”见 207 号文的附件二：《云南省建设工程施工机械台班除税单价表》。 “0.912”见 207 号文的附件一：《关于建筑业营业税改征增值税后调整云南省工程造价计价依据的实施意见》。 增值税及综合税率“10.08%、9.90%、9.54%”见 207 号文的附件一：《关于建筑业营业税改征增值税后调整云南省工程造价计价依据的实施意见》。 按照规定的程序计算单位工程总价、单项工程造价、工程项目总价。

表 5-8　建设工程项目招标控制价(投标报价)汇总表

工程名称：　　　　　　　　　　　　　　　　　　　　　　　　　　第　页　共　页

序号	单项工程名称	金额/元	其中/元		
			暂估价	安全文明施工费	规费
合　计					
注：本表适用于建设项目招标控制价或投标报价的汇总。					

表 5-9　单项工程招标控制价(投标报价)汇总表

工程名称：　　　　　　　　　　　　　　　　　　　　　　　　　　第　页　共　页

序号	单位工程名称	金额/元	其中/元		
			暂估价	安全文明施工费	规费

续表

序号	单位工程名称	金额/元	其中/元		
			暂估价	安全文明施工费	规费
合　计					
注：本表适用于单项工程招标控制价或投标报价的汇总。暂估价包括分部分项工程中的暂估价和专业工程暂估价。					

表 5-10　单位工程招标控制价(投标报价)汇总表

工程名称　　　　　　　　第　页　共　页

序号	单项工程名称	金额/元	其中：暂估价/元
1	分部分项工程		
1.1			
1.2			
1.3			
2	措施项目		—
2.1	其中：安全文明施工费		—
3	其他项目		—
3.1	其中：暂列金额		—
3.2	其中：专业工程暂估价		—
3.3	其中：计日工		—
3.4	其中：总承包服务费		—
4	规费		—
5	税金		—
招标控制价合计=1+2+3+4+5			—
注：本表适用于单项工程招标控制价或投标总价的汇总。			

表 5-11　分部分项工程和单价措施项目清单与计价表

工程名称：　　　　　　　　　　　　标段：　　　　　　　　　　　　第　页　共　页

序号	项目编码	项目名称	项目特征描述	计量单位	工程量	金额/元		
						综合单价	合价	其中 暂估价
本页小计								
合　计								

表 5-12　综合单价分析表

工程名称：　　　　　　　　　　　　标段：　　　　　　　　　　　　第　页　共　页

项目编码		项目名称				计量单位		工程量			
清单综合单价组成明细											
定额编号	定额项目名称	定额单位	数量	单价				合价			
				人工费	材料费	机械费	管理费和利润	人工费	材料费	机械费	管理费和利润
清单综合单价组成明细											
定额编号	定额项目名称	定额单位	数量	单价				合价			
				人工费	材料费	机械费	管理费和利润	人工费	材料费	机械费	管理费和利润
人工单价		小计									
元/工日		未计价材料费									
清单项目综合单价											

续表

项目编码		项目名称		计量单位		工程量	
材料费明细	主要材料名称、规格、型号	单位	数量	单价/元	合价/元	暂估单价/元	暂估合价/元
	其他材料费			—		—	
	材料费小计			—		—	
注：1. 如不使用省级或行业建设主管部门发布的计价依据，可不填定额项目、编号等。 2. 招标文件提供了暂估单价的材料，按暂估的单价填入表内“暂估单价”栏及“暂估合价”栏。							

表 5-13　总价措施项目清单与计价表

工程名称：　　　　　　　　　　　　标段：　　　　　　　　　　　　第　页　共　页

序号	项目编码	项目名称	计算基础	费率/%	金额/元	调整费率/%	调整后金额/元	备注
		安全文明施工费						
		夜间施工增加费						
		二次搬运费						
		冬雨期施工增加费						
		已完工程及设备保护费						
合　计								

表 5-14　其他项目清单与计价汇总表

工程名称：　　　　　　　　　　　　标段：　　　　　　　　　　　　第　页　共　页

序号	项目名称	金额/元	结算金额/元	备注
1	暂列金额			明细详见表 5-15
2	暂估价			
2.1	材料(工程设备)暂估价/结算价	—		明细详见表 5-16
2.2	专业工程暂估价/结算价			明细详见表 5-17
3	计日工			明细详见表 5-18
4	总承包服务费			明细详见表 5-19
5	索赔与现场签证	—		

续表

序号	项目名称	金额/元	结算金额/元	备注
合　　计				
注：材料(工程设备)暂估单价计入清单项目综合单价，此处不汇总。				

表 5-15　暂列金额明细表

工程名称：　　　　　　　　　　　　标段：　　　　　　　　　　　　第　页　共　页

序号	项目名称	计量单位	暂定金额/元	备注
1				
2				
3				
5				
6				
7				
8				
合　　计				—
注：此表由招标人填写，如不能详列，也可只列暂定金额总额，投标人应将上述暂列金额计入投标总价中。				

表 5-16　材料(工程设备)暂估单价及调整表

工程名称：　　　　　　　　　　　　标段：　　　　　　　　　　　　第　页　共　页

序号	材料(工程设备)名称、规格、型号	计量单位	数量		暂估/元		确认/元		差额±/元		备注
			暂估	确认	单价	合价	单价	合价	单价	合价	
合　　计											

注：此表由招标人填写“暂估单价”，并在备注栏说明暂估单价的材料、工程设备拟用在哪些清单项目上，投标人应将上述材料、工程设备暂估单价计入工程量清单综合单价报价中。

表 5-17　专业工程暂估价及结算价表

工程名称：　　　　　　　　　　　　标段：　　　　　　　　　　　　第　页　共　页

序号	工程名称	工程内容	暂估金额/元	结算金额/元	差额±/元	备注
合　计						
注：此表“暂估金额”由招标人填写，招标人应将“暂估金额”计入投标总价中。结算时按合同约定结算金额填写。						

表 5-18　计日工表

工程名称：　　　　　　　　　　　　标段：　　　　　　　　　　　　第　页　共　页

编号	项目名称	单位	暂定数量	实际数量	综合单价/元	合价/元	
						暂定	实际
一	人工						
1							
2							
3							
4							
人工小计							
二	材料						
1							
2							
3							
4							
5							
材料小计							
三	施工机械						
1							
2							
3							
4							
施工机械小计							
四、企业管理费和利润							
总　计							
注：此表项目名称、暂定数量由招标人填写，编制招标控制价时，单价由招标人按有关规定确定；投标时，单价由投标人自主确定，按暂定数量计算合价计入投标总价中；结算时，按发承包双方确定的实际数量计算合价。							

表 5-19　总承包服务费计价表

工程名称：　　　　　　　　　　　　标段：　　　　　　　　　　　　第　页　共　页

序号	项目名称	项目价值/元	服务内容	计算基础	费率/%	金额/元
1	发包人发包专业工程					
2	发包人提供材料					
	合　计	—	—		—	

注：此表项目名称、服务内容由招标人填写，编制招标控制价时，费率及金额由招标人按有关计价规定确定；投标时，费率及金额由投标人自主报价，计入投标总价中。

八、工程量清单计价方式

(1)建设工程造价由分部分项工程费、措施项目费、其他项目费、规费和税金组成。

(2)分部分项工程和措施项目清单应采用综合单价计价。

(3)招标工程量清单标明的工程量是投标人投标报价的共同基础。竣工结算的工程量按发、承包双方在合同中约定应予计量且实际完成的工程量确定。

(4)措施项目清单中的安全文明施工费应按国家或省级、行业建设主管部门的规定计价，不得作为竞争性费用。

(5)规费和税金应按国家或省级、行业建设主管部门的规定计算，不得作为竞争性费用。

九、招标控制价编制步骤

(1)复核工程量清单；

(2)根据细目特征确定选用定额编码；

(3)确定未计价材料名称及单价；

(4)编制清单综合单价分析表；

(5)计取管理费费率、利润费费率；

(6)按《云南省建设工程造价计价规则及机械仪器仪表台班费用定额》(DBJ 53/T—58—2013)编制分部分项工程清单计价表；

(7)编制措施项目计价表；

(8)编制其他项目费清单计价表；

(9)编制规费项目清单费用表；

(10)计算税金，并编制汇总表。

第二节　电气设备安装工程清单项目及工程量计算

一、变压器安装

变压器安装工程量清单项目设置、项目特征描述的内容、计量单位及工程量计算规则，应按表 5-20 的规定执行。

表 5-20　变压器安装(编码：030401)

<table>
<tr><th>项目编码</th><th>项目名称</th><th>项目特征</th><th>计量单位</th><th>工程量
计算规则</th><th>工作内容</th></tr>
<tr><td>030401001</td><td>油浸电力
变压器</td><td rowspan="2">1. 名称
2. 型号
3. 容量(kV·A)
4. 电压(kV)
5. 油过滤要求
6. 干燥要求
7. 基础型钢形式、规格
8. 网门、保护门材质、规格
9. 温控箱型号、规格</td><td rowspan="5">台</td><td rowspan="5">按设计图示
数量计算</td><td>1. 本体安装
2. 基础型钢制作、安装
3. 油过滤
4. 干燥
5. 接地
6. 网门、保护门制作、安装
7. 补刷(喷)油漆</td></tr>
<tr><td>030401002</td><td>干式变压器</td><td rowspan="2">1. 本体安装
2. 基础型钢制作、安装
3. 温控箱安装
4. 接地
5. 网门、保护门制作、安装
6. 补刷(喷)油漆</td></tr>
<tr><td>030401003</td><td>整流变压器</td><td rowspan="3">1. 名称
2. 型号
3. 容量(kV·A)
4. 电压(kV)
5. 油过滤要求
6. 干燥要求
7. 基础型钢形式、规格
8. 网门、保护门材质、规格</td></tr>
<tr><td>030401004</td><td>自耦变压器</td><td rowspan="2">1. 本体安装
2. 基础型钢制作、安装
3. 油过滤
4. 干燥
5. 网门、保护门制作、安装
6. 补刷(喷)油漆</td></tr>
<tr><td>030401005</td><td>有载调压
变压器</td></tr>
<tr><td>030401006</td><td>电炉变压器</td><td>1. 名称
2. 型号
3. 容量(kV·A)
4. 电压(kV)
5. 基础型钢形式、规格
6. 网门、保护门材质、规格</td><td></td><td></td><td>1. 本体安装
2. 基础型钢制作、安装
3. 网门、保护门制作、安装
4. 补刷(喷)油漆</td></tr>
<tr><td>030401007</td><td>消弧线圈</td><td>1. 名称
2. 型号
3. 容量(kV·A)
4. 电压(kV)
5. 油过滤要求
6. 干燥要求
7. 基础型钢形式、规格</td><td></td><td></td><td>1. 本体安装
2. 基础型钢制作、安装
3. 油过滤
4. 干燥
5. 补刷(喷)油漆</td></tr>
<tr><td colspan="6">注：变压器油如需试验、化验、色谱分析，应按《通用安装工程工程量计算规范》(GB 50856—2013)附录 N 措施项目相关项目编码列项。</td></tr>
</table>

实训 1

1. 实训内容

安装干式电力变压器三台，型号为 SG-100 kV・A/10-0.4 kV。试计算综合单价。

2. 实训步骤

干式电力变压器安装，3 台，型号为 SG-100 kV・A/10-0.4 kV。主材(未计价材)干式电力变压器 21 800 元/台。

套用《云南省建设工程造价计价规则及机械仪器仪表台班费用定额》(DBJ 53/T－58－2013)、《云南省通用安装工程消耗量定额(管道篇)》中定额编码 03020008 项目，计算得：

(1)人工费：480.38 元。

(2)材料费：(105.13＋21800)＝21 905.13(元)。

(3)机械费：134.12 元。

(4)管理费：(480.38＋134.12×8％)×30％＝147.33(元)。

(5)利润：(480.38＋134.12×8％)×20％＝98.22(元)。

综合单价＝480.38＋21 905.13＋134.12＋147.33＋98.22＝22 765.18(元/台)。

二、配电装置安装

配电装置安装工程量清单项目设置、项目特征描述的内容、计量单位及工程量计算规则，应按表 5-21 的规定执行。

表 5-21　配电装置安装(编码：030402)

<table>
<tr><th>项目编码</th><th>项目名称</th><th>项目特征</th><th>计量单位</th><th>工程量计算规则</th><th>工作内容</th></tr>
<tr><td>030402001</td><td>油断路器</td><td rowspan="3">1. 名称
2. 型号
3. 容量(A)
4. 电压等级(kV)
5. 安装条件
6. 操作机构名称及型号
7. 基础型钢规格
8. 接线材质、规格
9. 安装部位
10. 油过滤要求</td><td rowspan="3">台</td><td rowspan="3">按设计图示数量计算</td><td>1. 本体安装、调试
2. 基础型钢制作、安装
3. 油过滤
4. 补刷(喷)油漆
5. 接地</td></tr>
<tr><td>030402002</td><td>真空断路器</td><td rowspan="2">1. 本体安装、调试
2. 基础型钢制作、安装
3. 补刷(喷)油漆
4. 接地</td></tr>
<tr><td>030402003</td><td>SF_6 断路器</td></tr>
</table>

续表

项目编码	项目名称	项目特征	计量单位	工程量计算规则	工作内容
030402004	空气断路器	1. 名称 2. 型号 3. 容量(A) 4. 电压等级(kV) 5. 安装条件 6. 操作机构名称及型号 7. 接线材质、规格 8. 安装部位	台	按设计图示数量计算	1. 本体安装、调试 2. 基础型钢制作、安装 3. 补刷(喷)油漆 4. 接地
030402005	真空接触器				1. 本体安装、调试 2. 补刷(喷)油漆 3. 接地
030402006	隔离开关		组		
030402007	负荷开关				
030402008	互感器	1. 名称 2. 型号 3. 规格 4. 类型 5. 油过滤要求	台		1. 本体安装、调试 2. 干燥 3. 油过滤 4. 接地
030402009	高压熔断器	1. 名称 2. 型号 3. 规格 4. 安装部位	组		1. 本体安装、调试 2. 接地
030402010	避雷器	1. 名称 2. 型号 3. 规格 4. 电压等级 5. 安装部位			1. 本体安装 2. 接地
030402011	干式电抗器	1. 名称 2. 型号 3. 规格 4. 电压等级 5. 安装部位			1. 本体安装 2. 干燥
030402012	油浸电抗器	1. 名称 2. 型号 3. 规格 4. 质量 5. 安装部位 6. 干燥要求	台		1. 本体安装 2. 油过滤 3. 干燥
030402013	移相及串联电容器	1. 名称 2. 型号 3. 规格 4. 质量 5. 安装部位	个		1. 本体安装 2. 接地
030402014	集合式并联电容器				

续表

项目编码	项目名称	项目特征	计量单位	工程量计算规则	工作内容
030402015	并联补偿电容器组架	1. 名称 2. 型号 3. 规格 4. 结构形式	台	按设计图示数量计算	1. 本体安装 2. 接地
030402016	交流滤波装置组架	1. 名称 2. 型号 3. 规格			
030402017	高压成套配电柜	1. 名称 2. 型号 3. 规格 4. 母线配置方式 5. 种类 6. 基础型钢形式、规格			1. 本体安装 2. 基础型钢制作、安装 3. 补刷(喷)油漆 4. 接地
030402018	组合型成套箱式变电站	1. 名称 2. 型号 3. 容量(kV·A) 4. 电压(kV) 5. 组合形式 6. 基础规格、浇筑材质			1. 本体安装 2. 基础浇筑 3. 进箱母线安装 4. 补刷(喷)油漆 5. 接地
注：1. 空气断路器的储气罐及储气罐至断路器的管路应按《通用安装工程工程量计算规范》(GB 50856—2013)附录H工业管道工程相关项目编码列项。 2. 干式电抗器项目适用于混凝土电抗器、铁芯干式电抗器、空心干式电抗器等。 3. 设备安装未包括地脚螺栓、浇筑(二次灌浆、抹面)，如需安装，应按现行国家标准《房屋建筑与装饰工程工程量计算规范》(GB 50854—2013)相关项目编码列项。					

实训 2

1. 实训内容

图 5-2 所示为某办公楼配电示意，是由临近的变电所提供的。另外，在工厂内部还有一套供紧急停电情况下使用的发电系统。试计算该配电工程所用设备的清单工程量和综合单价。

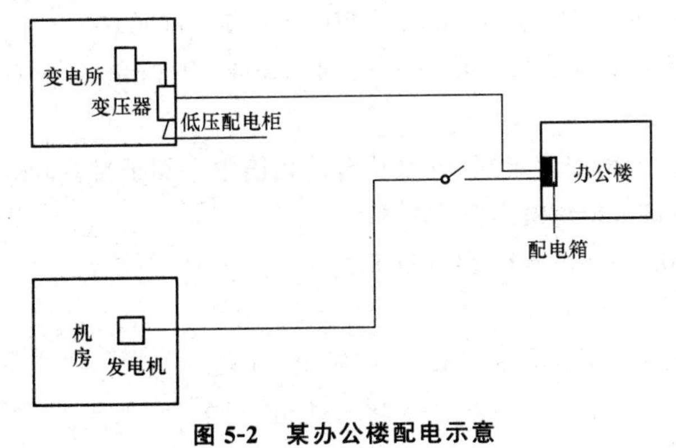

图 5-2　某办公楼配电示意

2. 实训步骤

(1)基本工程量。由图 5-2 所示可以看出所用设备的工程量如下：

1)整流变压器：1 台。

2)低压配电柜：1 台。

3)发电机：1 台。

4)配电箱：1 台。

(2)清单工程量。清单工程量计算见表 5-22。

表 5-22 清单工程量计算

序号	项目编码	项目名称	项目特征描述	计量单位	工程量
1	030401003	整流变压器	容量 100 kV・A 以下	台	1
2	030406001	发电机	空冷式发电机，容量 1 500 kW 以下	台	1
3	030404017	配电箱	悬挂嵌入式，周长 2 m	台	1
4	030404004	低压开关柜(屏)	质量 30 kg 以下	台	1

(3)综合单价计算。

1)整流变压器：套用《云南安装定额》电器及自动化篇中定额子目 03020008。

①人工费：480.38×1=480.38(元)。

②材料费：(105.13+6800)×1=6905.13(元)。

③机械费：134.12×1=134.12(元)。

④管理费：(480.38+134.12×8%)×30%=147.33(元)。

⑤利润：(480.38+134.12×8%)×20%=98.22(元)。

综合单价=480.38+6 905.13+134.12+147.33+98.22=7 765.18(元/台)。

2)发电机：套用《云南安装定额》电器及自动化篇中定额子目 03020588。

①人工费：3 399.69×1=3 399.69(元)。

②材料费：(483.65+720 000)×1=720 483.65(元)。

③机械费：1 471.04×1=1 471.04(元)。

④管理费：(3 399.69+1 471.04×8%)×30%=1 055.21(元)。

⑤利润：(3 399.69+1 471.04×8%)×20%=703.47(元)。

综合单价=3 399.69+720 483.65+1 471.04+1 055.21+703.47=727 113.06(元/台)。

3)配电箱：套用《云南安装定额》电器及自动化篇中定额子目 03020302。

①人工费：193.17×1=193.17(元)。

②材料费：41.68+3 100=3 141.68(元)。

③机械费：0 元。

④管理费：(193.17+0×8%)×30%=57.95(元)。

⑤利润：(193.17+0×8%)×20%=38.63(元)。

综合单价=193.17+3 141.68+0+57.95+38.63=3 431.43(元/台)。

4)低压配电柜：套用《云南安装定额》电器及自动化篇中定额子目03020275。

①人工费：302.15×1=302.15(元)。

②材料费：54.25+2 680=2 734.25(元)。

③机械费：0元。

④管理费：(302.15+0×8%)×30%=90.65(元)。

⑤利润：(302.15+0×8%)×20%=60.43(元)。

综合单价=302.15+2 734.25+0+90.65+60.43=3 187.48(元/台)。

实训3

1. 实训内容

如图5-3所示，某工程所列电气调试系统为13个，试计算此项工程清单工程量。

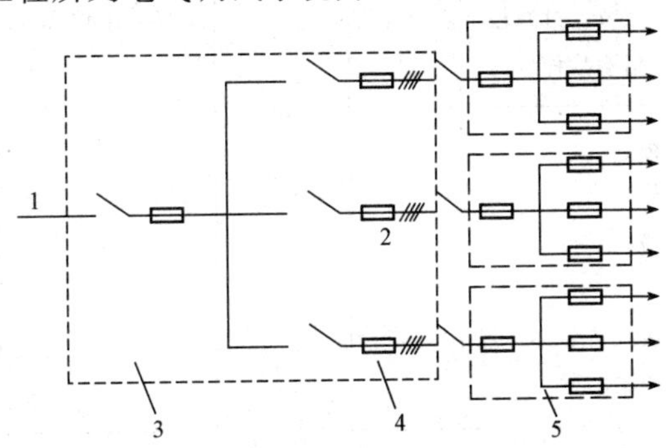

图5-3　某工程所列电气调试系统

1—进户线；2—干线；3—总配电箱；4—熔断器；5—分配电箱

2. 实训步骤

依据送配电装置系统清单工程计算规则，供电系统的三个分配电箱引出的9条回路均由总配电箱控制，因此，各分箱引出的回路不能作为独立的系统，电气调试系统工程量为1个。

三、母线安装

母线安装工程量清单项目设置、项目特征描述的内容、计量单位及工程量计算规则，应按表5-23的规定执行。

表5-23　母线安装(编码：030403)

项目编码	项目名称	项目特征	计量单位	工程量计算规则	工作内容
030403001	软母线	1. 名称 2. 材质 3. 型号 4. 规格 5. 绝缘子类型、规格	m	按设计图示尺寸，以单相长度计算（含预留长度）	1. 母线安装 2. 绝缘子耐压试验 3. 跳线安装 4. 绝缘子安装
030403002	组合软母线				

续表

项目编码	项目名称	项目特征	计量单位	工程量 计算规则	工作内容
030403003	带形母线	1. 名称 2. 型号 3. 规格 4. 材质 5. 绝缘子类型、规格 6. 穿墙套管材质、规格 7. 穿通板材质、规格 8. 母线桥材质、规格 9. 引下线材质、规格 10. 伸缩节、过滤板材质、规格 11. 分相漆品种	m	按设计图示尺寸，以单相长度计算（含预留长度）	1. 母线安装 2. 穿通板制作、安装 3. 支持绝缘子、穿墙套管的耐压试验、安装 4. 引下线安装 5. 伸缩节安装 6. 过渡板安装 7. 刷分相漆
030403004	槽形母线	1. 名称 2. 型号 3. 规格 4. 材质 5. 连接设备名称、规格 6. 分相漆品种			1. 母线制作、安装 2. 与发电机、变压器连接 3. 与断路器、隔离开关连接 4. 刷分相漆
030403005	共箱母线	1. 名称 2. 型号 3. 规格 4. 材质		按设计图示尺寸，以中心线长度计算	1. 母线安装 2. 补刷（喷）油漆
030403006	低压封闭式插接母线槽	1. 名称 2. 型号 3. 规格 4. 容量(A) 5. 线制 6. 安装部位			
030403007	始端箱、分线箱	1. 名称 2. 型号 3. 规格 4. 容量(A)	台	按设计图示数量计算	1. 本体安装 2. 补刷（喷）油漆
030403008	重型母线	1. 名称 2. 型号 3. 规格 4. 容量(A) 5. 材质 6. 绝缘子类型、规格 7. 伸缩器及导板规格	t	按设计图示尺寸以质量计算	1. 母线制作、安装 2. 伸缩器及导板制作、安装 3. 支持绝缘子安装 4. 补刷（喷）油漆

实训 4

1. 实训内容

某电气工程设计要求直流盘 4 块、信号盘 2 块，共计 6 块，盘宽为 900 mm，安装 18 根小母线，试计算小母线安装总长度。

2. 实训步骤

总长度：6×0.9×18＋18×6×0.5＝151.20(m)

工程量：151.20÷10＝15.12(10 m)

实训 5

1. 实训内容

已知某工程安装组合母线 2 根，跨度为 60 m，试计算定额材料的消耗量调整系数及调整后的材料费。

2. 实训步骤

由定额说明可知，组合软母线安装定额不包括两端铁构件的制作、安装和支持瓷瓶、带形母线的安装，发生时应执行相应的定额。其跨距是按标准跨距综合考虑的，如实际跨距与定额不相符时，不做换算，套用定额 2-121，其材料费为 42.22 元。清单工程量计算见表 5-24。

表 5-24 清单工程量计算

项目编码	项目名称	项目特征描述	计量单位	工程量
030403002001	组合软母线	组合软母线安装	m	60

四、控制设备及低压电器安装

控制设备及低压电器安装工程量清单项目设置、项目特征描述的内容、计量单位及工程量计算规则，应按表 5-25 的规定执行。

表 5-25 控制设备及低压电器安装(编码：030404)

项目编码	项目名称	项目特征	计量单位	工程量计算规则	工作内容
030404001	控制屏	1. 名称 2. 型号 3. 规格 4. 种类 5. 基础型钢形式、规格 6. 接线端子材质、规格 7. 端子板外部接线材质、规格 8. 小母线材质、规格 9. 屏边规格	台	按设计图示数量计算	1. 本体安装 2. 基础型钢制作、安装 3. 端子板安装 4. 焊、压接线端子 5. 盘柜配线、端子接线 6. 小母线安装 7. 屏边安装 8. 补刷(喷)油漆 9. 接地
030404002	继电、信号屏				
030404003	模拟屏				

续表

<table>
<tr><th>项目编码</th><th>项目名称</th><th>项目特征</th><th>计量单位</th><th>工程量计算规则</th><th>工作内容</th></tr>
<tr><td>030404004</td><td>低压开关柜(屏)</td><td rowspan="2">1. 名称
2. 型号
3. 规格
4. 种类
5. 基础型钢形式、规格
6. 接线端子材质、规格
7. 端子板外部接线材质、规格
8. 小母线材质、规格
9. 屏边规格</td><td rowspan="2">台</td><td rowspan="2">按设计图示数量计算</td><td>1. 本体安装
2. 基础型钢制作、安装
3. 端子板安装
4. 焊、压接线端子
5. 盘柜配线、端子接线
6. 屏边安装
7. 补刷(喷)油漆
8. 接地</td></tr>
<tr><td>030404005</td><td>弱电控制返回屏</td><td>1. 本体安装
2. 基础型钢制作、安装
3. 端子板安装
4. 焊、压接线端子
5. 盘柜配线、端子接线
6. 小母线安装
7. 屏边安装
8. 补刷(喷)油漆
9. 接地</td></tr>
<tr><td>030404006</td><td>箱式配电室</td><td>1. 名称
2. 型号
3. 规格
4. 质量
5. 基础规格、浇筑材质
6. 基础型钢形式、规格</td><td>套</td><td>按设计图示数量计算</td><td>1. 本体安装
2. 基础型钢制作、安装
3. 基础浇筑
4. 补刷(喷)油漆
5. 接地</td></tr>
<tr><td>030404007</td><td>硅整流柜</td><td>1. 名称
2. 型号
3. 规格
4. 容量(A)
5. 基础型钢形式、规格</td><td rowspan="2">台</td><td rowspan="2">按设计图示数量计算</td><td rowspan="2">1. 本体安装
2. 基础型钢制作、安装
3. 补刷(喷)油漆
4. 接地</td></tr>
<tr><td>030404008</td><td>可控硅柜</td><td>1. 名称
2. 型号
3. 规格
4. 容量(kW)
5. 基础型钢形式、规格</td></tr>
</table>

续表

项目编码	项目名称	项目特征	计量单位	工程量计算规则	工作内容
030404009	低压电容器柜	1. 名称 2. 型号 3. 规格 4. 基础型钢形式、规格 5. 接线端子材质、规格 6. 端子板外部接线材质、规格 7. 小母线材质、规格 8. 屏边规格	台	按设计图示数量计算	1. 本体安装 2. 基础型钢制作、安装 3. 端子板安装 4. 焊、压接线端子 5. 盘柜配线、端子接线 6. 小母线安装 7. 屏边安装 8. 补刷(喷)油漆 9. 接地
030404010	自动调节励磁屏				
030404011	励磁灭磁屏				
030404012	蓄电池屏(柜)				
030404013	直流馈电屏				
030404014	事故照明切换屏				
030404015	控制台	1. 名称 2. 型号 3. 规格 4. 基础型钢形式、规格 5. 接线端子材质、规格 6. 端子板外部接线材质、规格 7. 小母线材质、规格			1. 本体安装 2. 基础型钢制作、安装 3. 端子板安装 4. 焊、压接线端子 5. 盘柜配线、端子接线 6. 小母线安装 7. 补刷(喷)油漆 8. 接地
030404016	控制箱	1. 名称 2. 型号 3. 规格 4. 基础形式、材质、规格 5. 接线端子材质、规格 6. 端子板外部接线材质、规格 7. 安装方式			1. 本体安装 2. 基础型钢制作、安装 3. 焊、压接线端子 4. 补刷(喷)油漆 5. 接地
030404017	配电箱				
030404018	插座箱	1. 名称 2. 型号 3. 规格 4. 安装方式			1. 本体安装 2. 接地
030404019	控制开关	1. 名称 2. 型号 3. 规格 4. 接线端子材质、规格 5. 额定电流(A)	个		1. 本体安装 2. 焊、压接线端子 3. 接线

续表

项目编码	项目名称	项目特征	计量单位	工程量计算规则	工作内容
030404020	低压熔断器	1. 名称 2. 型号 3. 规格 4. 接线端子材质、规格	个	按设计图示数量计算	1. 本体安装 2. 焊、压接线端子 3. 接线
030404021	限位开关				
030404022	控制器		台		
030404023	接触器				
030404024	磁力启动器				
030404025	Y—△自耦减压启动器				
030404026	电磁铁（电磁制动器）				
030404027	快速自动开关				
03040428	电阻器		箱		
030404029	油浸频敏变阻器		台		
030404030	分流器	1. 名称 2. 型号 3. 规格 4. 容量(A) 5. 接线端子材质、规格	个	按设计图示数量计算	1. 本体安装 2. 焊、压接线端子 3. 接线
030404031	小电器	1. 名称 2. 型号 3. 规格 4. 接线端子材质、规格	个（套、台）		
030404032	端子箱	1. 名称 2. 型号 3. 规格 4. 安装部位	台		1. 本体安装 2. 接线
030404033	风扇	1. 名称 2. 型号 3. 规格 4. 安装方式			1. 本体安装 2. 调速开关安装
030404034	照明开关	1. 名称 2. 型号 3. 规格 4. 安装方式	个		1. 本体安装 2. 接线
030404035	插座				
030404036	其他电器	1. 名称 2. 规格 3. 安装方式	个（套、台）		1. 安装 2. 接线

实训 6

1. 实训内容

某工程厂房内的一检修电源箱(高 1.1 m、宽 0.7 m、深 0.6 m)，由一台动力配电箱 XL(F)-15(高 2.4 m、宽 1.2 m、深 1.1 m)供给电源，该供电回路为 BV5×16(*DN*32)，如图 5-4 所示。*DN*32 的工程量为 32 m，试计算 BV5×16 的清单工程量和综合单价(已知 BV5X16 的价格为 6.17 元/m)。

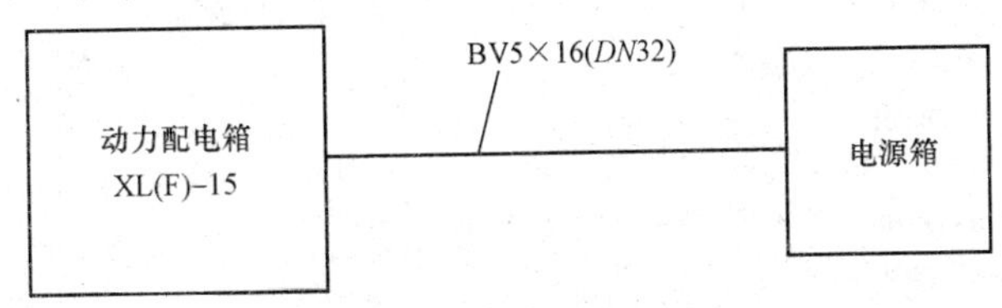

图 5-4　配电线路图

2. 实训步骤

(1)基本工程量。

BV5×16 的工程量：[32+(1.1+0.7)+(2.4+1.2)]×5=187(m)。

(2)清单工程量。清单工程量计算见表 5-26。

表 5-26　清单工程量计算

项目编码	项目名称	项目特征描述	计量单位	工程量
030411004001	配线	BV5×16(*DN*32)	m	18T

(3)定额工程量。BV16 的工程量为 1.87(100 m)。套用《云南省通用安装工程消耗量定额(电气与自动化篇)》03021468 子项。BV16 的价格为 6.17 元/m。

1)人工费：75.89×1.87=141.91(元)。

2)材料费：68.20×18T/100+105×18T/100×6.17=1 339.01(元)。

3)机械费：0 元。

4)管理费：(141.91+0×8%)×30%=42.57(元)。

5)利润：(141.91+0×8%)×20%=28.38(元)。

综合单价=(141.91+1 339.01+0+42.57+28.38)/1.87=8.30(元/m)。

注：包含主要材料费。

蓄电池安装(编码：030405)、电机检查接线及调试(编码：030406)、滑触线装置安装(编码：030407)工程量清单项目设置、项目特征描述的内容、计量单位及工程量计算规则本章略。

五、电缆安装

电缆安装工程量清单项目设置、项目特征描述的内容、计量单位及工程量计算规则，应按表 5-27 的规定执行。

表 5-27　电缆安装(编码：030408)

<table>
<tr><th>项目编码</th><th>项目名称</th><th>项目特征</th><th>计量单位</th><th>工程量计算规则</th><th>工作内容</th></tr>
<tr><td>030408001</td><td>电力电缆</td><td rowspan="2">1. 名称
2. 型号
3. 规格
4. 材质
5. 敷设方式、部位
6. 电压等级(kV)
7. 地形</td><td rowspan="2">m</td><td rowspan="2">按设计图示尺寸，以长度计算(含预留长度及附加长度)</td><td rowspan="2">1. 电缆敷设
2. 揭(盖)盖板</td></tr>
<tr><td>030408002</td><td>控制电缆</td></tr>
<tr><td>030408003</td><td>电缆保护管</td><td>1. 名称
2. 材质
3. 规格
4. 敷设方式</td><td rowspan="3">m</td><td rowspan="3">按设计图示尺寸，以长度计算</td><td>保护管敷设</td></tr>
<tr><td>030408004</td><td>电缆槽盒</td><td>1. 名称
2. 材质
3. 规格
4. 型号</td><td>槽盒安装</td></tr>
<tr><td>030408005</td><td>铺砂、盖保护板(砖)</td><td>1. 种类
2. 规格</td><td>1. 铺砂
2. 盖板(砖)</td></tr>
<tr><td>030408006</td><td>电力电缆头</td><td>1. 名称
2. 型号
3. 规格
4. 材质、类型
5. 安装部位
6. 电压等级(kV)</td><td rowspan="2">个</td><td rowspan="2">按设计图示数量计算</td><td rowspan="2">1. 电力电缆头制作
2. 电力电缆头安装
3. 接地</td></tr>
<tr><td>030408007</td><td>控制电缆头</td><td>1. 名称
2. 型号
3. 规格
4. 材质、类型
5. 安装方式</td></tr>
<tr><td>030408008</td><td>防火堵洞</td><td rowspan="3">1. 名称
2. 材质
3. 方式
4. 部位</td><td>处</td><td>按设计图示数量计算</td><td rowspan="3">安装</td></tr>
<tr><td>030408009</td><td>防火隔板</td><td>m^2</td><td>按设计图示尺寸，以面积计算</td></tr>
<tr><td>030408010</td><td>防火涂料</td><td>kg</td><td>按设计图示尺寸，以质量计算</td></tr>
</table>

续表

项目编码	项目名称	项目特征	计量单位	工程量计算规则	工作内容
030408011	电缆分支箱	1. 名称 2. 型号 3. 规格 4. 基础形式、材质、规格	台	按设计图示数量计算	1. 本体安装 2. 基础制作、安装
注：1. 电缆穿刺线夹按电缆头编码列项。 2. 电缆井、电缆排管、顶管，应按现行国家标准《市政工程工程量计算规范》(GB 50857—2013)相关项目编码列项。					

实训 7

1. 实训内容

某电缆工程采用电缆沟敷设，沟长为400 m，共24根电缆VV29(3×120+2×35)，分四层，双边，支架镀锌。试列出项目和工程量。

2. 实训步骤

(1)基本工程量。

电缆沟支架制作安装工程量：400×2=800(m)。

电缆敷设工程量：(400+1.5×2+2)×24=9 720(m)。

(2)清单工程量。清单工程量计算见表5-28。

表5-28 清单工程量计算

项目编码	项目名称	项目特征描述	计量单位	工程量
030408001001	电力电缆	采用电缆敷设，共24根VV29(3×120+2×35)	m	9 720

(3)定额工程量。套用《云南安装定额》电气及自动化篇中定额子目03020765，电缆VV29(3×120+2×35)单价为310/m。

1)人工费：809.36/100×9 720=78 669.79(元)

2)材料费：(184.05+310×101.00)/100×9 720=3 061 221.66(元)

3)机械费：70.36/100×9720=6 838.99(元)

4)管理费：(78 669.79+6 838.99×8%)×30%=23 765.07(元)

5)利润：(78 669.79+6 838.99×8%)×20%=15 843.38(元)

综合单价=(78 669.79+3 061 221.66+6 838.99+23 765.07+15 843.38)/9 720=327.81(元/m)

工程量汇总见表5-29。

表 5-29　工程量汇总

工程项目	单位	数量	说明
电缆沟支架制作安装 4 层	m	600	双边 300×2=600
电缆沿沟内敷设	m	9 804	不考虑定额损耗
注：电缆进建筑预留 1.5 m，电缆终端电缆头预留 1.5 m，2 个，共 3 m，水平垂直 2 次，0.5×2，进入低压低柜电缆预留 3 m，4 层，双边，每边 12 根。			

六、防雷及接地装置

防雷及接地装置工程量清单项目设置、项目特征描述的内容、计量单位及工程量计算规则，应按表 5-30 的规定执行。

表 5-30　防雷及接地装置(编码：030409)

项目编码	项目名称	项目特征	计量单位	工程量计算规则	工作内容
030409001	接地极	1. 名称 2. 材质 3. 规格 4. 土质 5. 基础接地形式	根(块)	按设计图示数量计算	1. 接地极(板、桩)制作、安装 2. 基础接地网安装 3. 补刷(喷)油漆
030409002	接地母线	1. 名称 2. 材质 3. 规格 4. 安装部位 5. 安装形式	m	按设计图示尺寸，以长度计算(含附加长度)	1. 接地母线制作、安装 2. 补刷(喷)油漆
030409003	避雷引下线	1. 名称 2. 材质 3. 规格 4. 安装部位 5. 安装形式 6. 断接卡子、箱材质、规格			1. 避雷引下线制作、安装 2. 断接卡子、箱制作、安装 3. 利用主钢筋焊接 4. 补刷(喷)油漆
030409004	均压环	1. 名称 2. 材质 3. 规格 4. 安装形式			1. 均压环敷设 2. 钢铝窗接地 3. 柱主筋与圈梁焊接 4. 利用圈梁钢筋焊接 5. 补刷(喷)油漆
030409005	避雷网	1. 名称 2. 材质 3. 规格 4. 安装形式 5. 混凝土块标号			1. 避雷网制作、安装 2. 跨接 3. 混凝土块制作 4. 补刷(喷)油漆

续表

<table>
<tr><th>项目编码</th><th>项目名称</th><th>项目特征</th><th>计量单位</th><th>工程量计算规则</th><th>工作内容</th></tr>
<tr><td>030409006</td><td>避雷针</td><td>1. 名称
2. 材质
3. 规格
4. 安装形式、高度</td><td>根</td><td rowspan="3">按设计图示数量计算</td><td>1. 避雷针制作、安装
2. 跨接
3. 补刷(喷)油漆</td></tr>
<tr><td>030409007</td><td>半导体少长针消雷装置</td><td>1. 型号
2. 高度</td><td>套</td><td rowspan="2">本体安装</td></tr>
<tr><td>030409008</td><td>等电位端子箱、测试板</td><td rowspan="2">1. 名称
2. 材质
3. 规格</td><td>台
(块)</td></tr>
<tr><td>030409009</td><td>绝缘垫</td><td>m^2</td><td>按设计图示尺寸，以展开面积计算</td><td>1. 制作
2. 安装</td></tr>
<tr><td>030409010</td><td>浪涌保护器</td><td>1. 名称
2. 规格
3. 安装形式
4. 防雷等级</td><td>个</td><td>按设计图示数量计算</td><td>1. 本体安装
2. 接线
3. 接地</td></tr>
<tr><td>030409011</td><td>降阻剂</td><td>1. 名称
2. 类型</td><td>kg</td><td>按设计图示以质量计算</td><td>1. 挖土
2. 施放降阻剂
3. 回填土
4. 运输</td></tr>
<tr><td colspan="6">注：1. 利用桩基础作接地极的，应描述桩台下桩的根数、每桩台下需焊接柱筋根数，其工程量按柱引下线计算；利用基础钢筋作接地极，按均压环项目编码列项。
2. 利用柱筋作引下线的，需描述柱筋焊接根数。
3. 利用圈梁筋作均压环的，需描述圈梁筋焊接根数。
4. 使用电缆作接地线的，应按相关项目编码列项。</td></tr>
</table>

实训 8

1. 实训内容

某建筑防雷及接地装置如图 5-5～图 5-8 所示，试计算其工程量，并计算避雷网、避雷引下线、接地极、接地母线综合单价。

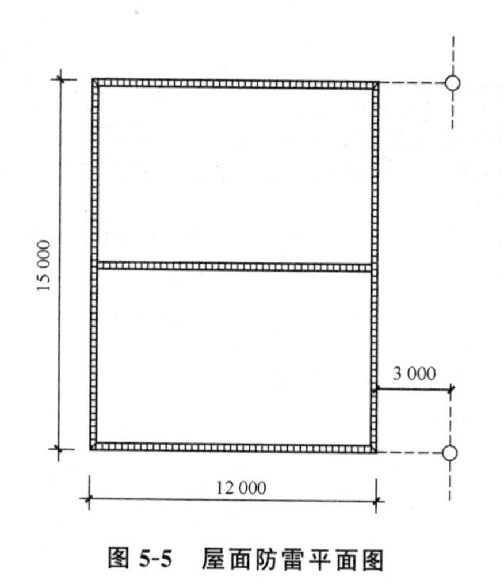

图 5-5　屋面防雷平面图

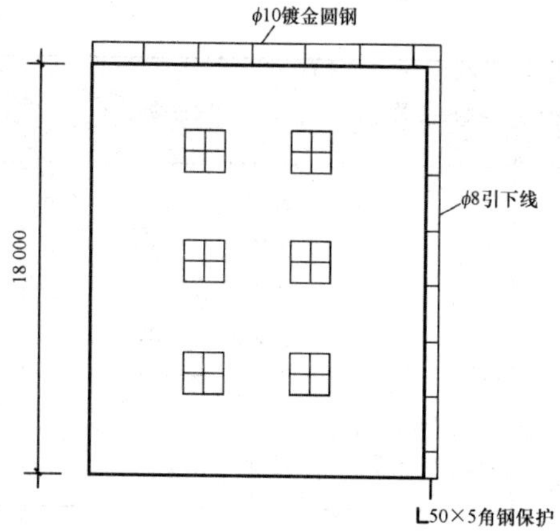

ϕ10镀金圆钢
ϕ8引下线
18 000
L50×5角钢保护

图 5-6　引下线安装图

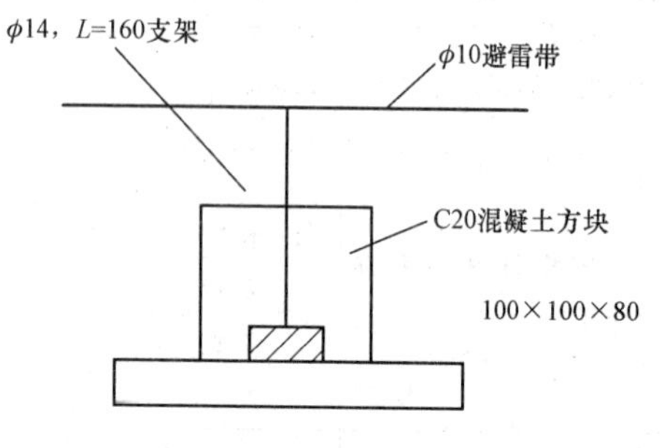

图 5-7　避雷带安装图

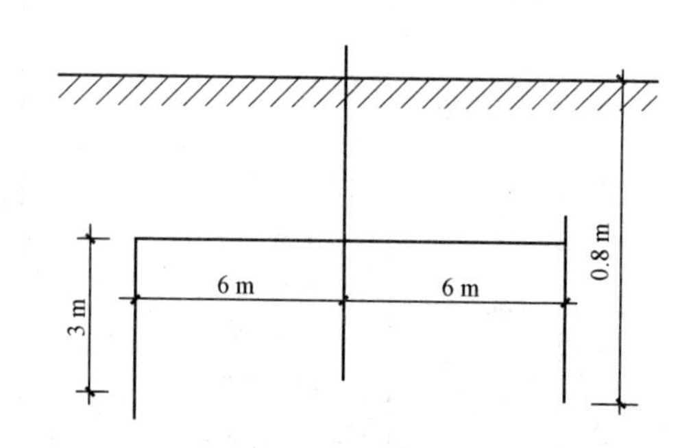

图 5-8　接地极安装图

2. 实训步骤

(1)基本工程量。

1)避雷带线路长度：15×2+12×2+12=66(m)。

注：避雷网除沿着屋顶周围装设外，在屋顶上还用圆钢或扁钢纵横连接成网。在房屋的沉降处应预留 100～200 mm。

2)避雷引下线：(18+1)×2−2×4=30(m)。

3)接地极制作安装：2 根 *DN*50 钢管，*L*=25 m。

4)接地母线埋设：3.0×2+6×4+0.8×2+2×0.5=32.6(m)。

(2)清单工程量。清单工程量计算见表 5-31。

表 5-31　清单工程量计算

序号	项目编码	项目名称	项目特征描述	计量单位	工程量
1	030409005001	避雷网	避雷网沿屋顶周围敷设，圆钢或扁钢连成网	m	66.00
2	030409001001	接地极	接地极制作安装：2 根 *DN*50 钢管，*L*=25 m	根	2
3	030409001001	接地母线	ϕ10 圆钢接地母线制作、安装、补刷喷漆	m	32.60
4	030409001003	引下线	避雷引下线制作、安装；断接卡子、箱制作、安装；补刷(喷)油漆	项	30

(3)定额工程量。

1)避雷网安装。套用《云南安装定额》电气及自动化篇中定额子目 03021003。查昆明市《建设工程价格指导》，ϕ10 钢筋每吨 3 200 元，电焊条为 15 元/kg。66m 钢筋质量为 66×0.617=40.72(g)。

①人工费：97.99/10×66=646.73(元)。

②材料费：[(92.98+0.25×15)/10+10.5/10/1 000×3 200]×66=860.18(元)。

③机械费：18.39/10×66=121.38(元)。

④管理费：(646.73+121.38×8%)×30%=196.93(元)。

⑤利润：(646.73+121.38×8%)×20%=131.29(元)。

综合单价=(646.73+860.18+121.38+196.93+131.29)/66=29.64(元/m)。

2)避雷引下线。套用《云南安装定额》电气及自动化篇中定额子目 03020996。

①人工费：77.93/10×30=233.79(元)。

②材料费：[(11.05+0.5×15)/10+10.5/10/1 000×3 200]×30=156.45(元)。

③机械费：28.01/10×30=84.03(元)。

④管理费：(574.88+84.03×8%)×30%=174.48(元)。

⑤利润：(574.88+84.03×8%)×20%=116.32(元)。

综合单价=(233.79+ +156.45+84.03+174.48+116.32)/30=25.50(元/m)。

3)接地极制作安装。套用《云南安装定额》电气及自动化篇中定额子目 03020948。查昆明市《建设工程价格指导》，*DN*50 钢管每吨 4 700 元，假设壁厚 8 mm，长 2.5 m 的 *DN*50 钢管质量=0.0246 6×8×(50−8)×2.5=20.71(kg/根)。

①人工费：41.97×2=83.94(元)。

②材料费：(2.34+20.71/1 000×4 700)×2=199.35(元)。

③机械费：30.25×2=60.50(元)。

④管理费：(82.66+60.50×8%)×30%=26.25(元)。

⑤利润：(82.66+60.50×8%)×20%=17.50(元)。

综合单价=(83.94+199.35+60.50+26.25+17.50)/2=193.77(元/m)。

4)接地母线敷设。套用《云南安装定额》第二册中定额子目 03020964。查昆明市《建设工程价格指导》，ϕ10 钢筋每吨 3 200 元，33.6 m 钢筋质量 33.6×0.617=20.73(kg)。

①人工费：198.22/10×33.6=666.02(元)。

②材料费：0.67/10×33.6+20.73/1 000×3 200=68.59(元)。

③机械费：4.48/10×33.6=15.05(元)。

④管理费：(666.02+15.05×8%)×30%=200.17(元)。

⑤利润：(666.02+15.05×8%)×20%=133.44(元)。

综合单价=(666.02+68.59+15.05+200.17+133.44)/33.6=32.24(元/m)。

实训 9

1. 实训内容

某工程需安装接地系统，试计算其工程量清单综合单价、合价并制作相应表格。

2. 实训步骤

(1)编制分部分项清单工程量。

角钢接地极∟50×5×2 500：3 根。

分部分项工程量清单见表 5-32。

表 5-32　分部分项工程量清单

工程名称：××工程　　　　　　　　　　　　　　　　　　　　　第　页　共　页

序号	项目编码	项目名称	项目特征描述	计量单位	工程量
1	030409001001	接地极	接地母线材质、规格	项	1
2	030409001002	接地极	角钢接地极∟50×5×2 500：3 根	项	1

(2)编制分部分项工程量清单综合单价计算表，见表 5-33。

表 5-33　分部分项工程量清单综合单价计算表

项目编码	030409001001		项目名称		接地极		计量单位	项			
清单综合单价组成明细											
定额编号	定额名称	定额单位	数量	单价/元				合价/元			
				人工费	材料费	机械费	管理费和利润	人工费	材料费	机械费	管理费和利润
03020950	角钢接地极（普通土）	根	3	32.51	2.09	20.17	13.65	97.53	6.27	60.51	40.95
人工单价		小计						97.53	6.27	60.51	40.95
元/工日		未计价材料费						1.00×9.43×3.5×3=99.02			
清单项目综合单价								304.28			
材料费	主要材料名称、规格、型号			单位	数量			单价/元	合价/元	暂估单价/元	暂估合价/元
	∟50×5			kg	1.00×9.43×3=28.29			3.5	99.02		
	其他材料费										
	材料费小计								99.02		

注：管理费费率 35%，利润率 5%。因接地极为 3 根等边角钢∟50×5，每根长 2.5 m，等边角钢∟50×5 理论质量为 3.77 kg/m，单价 3 500 元/吨，所以单根接地极装置工程量=2.5×3.77=9.43(kg)，单根接地极角钢材料价格=9.43×3.5=33.01 元，查定额 03020950，单价材料费=2.09+33.01=35.10(元)。管理费和利润=(人工费+机械费×8%)×(35%+5%)=13.65(元)。

(3)编制分部分项工程量清单合价表，见表 5-34。

表 5-34　分部分项工程量清单合价表

序号	项目编号	项目名称	项目特征描述	计量单位	工程量	金额/元	
						综合单价	合价
1	030409001	接地极	接地地极材质、规格	项	1		

续表

序号	项目编号	项目名称	项目特征描述	计量单位	工程数量	金额/元	
						综合单价	合价
2	0304090010001	接地极	角钢接地极∟50×5×2 500：3根	项	1	304.28	304.28
本页小计				项	1	304.28	
合计				项	1	304.28	

七、10 kV以下架空配电线路

10 kV以下架空配电线路工程量清单项目设置、项目特征描述的内容、计量单位及工程量计算规则，应按表5-35的规定执行。

表5-35　10 kV以下架空配电线路(编码：030410)

项目编码	项目名称	项目特征	计量单位	工程量计算规则	工作内容
030410001	电杆组立	1. 名称 2. 材质 3. 规格 4. 类型 5. 地形 6. 土质 7. 底盘、拉盘、卡盘规格 8. 拉线材质、规格、类型 9. 现浇基础类型、钢筋类型、规格，基础垫层要求 10. 电杆防腐要求	根(基)	按设计图示数量计算	1. 施工定位 2. 电杆组立 3. 土(石)方挖填 4. 底盘、拉盘、卡盘安装 5. 电杆防腐 6. 拉线制作、安装 7. 现浇基础、基础垫层 8. 工地运输
030410002	横担组装	1. 名称 2. 材质 3. 规格 4. 类型 5. 电压等级(kV) 6. 瓷瓶型号、规格 7. 金具品种、规格	组		1. 横担安装 2. 瓷瓶、金具组装
030410003	导线架设	1. 名称 2. 型号 3. 规格 4. 地形 5. 跨越类型	km	按设计图示尺寸，以单线长度计算(含预留长度)	1. 导线架设 2. 导线跨越及进户线架设 3. 工地运输

续表

项目编码	项目名称	项目特征	计量单位	工程量计算规则	工作内容
030410004	杆上设备	1. 名称 2. 型号 3. 规格 4. 电压等级(kV) 5. 支撑架种类、规格 6. 接线端子材质、规格 7. 接地要求	台(组)	按设计图示数量计算	1. 支撑架安装 2. 本体安装 3. 焊压接线端子、接线 4. 补刷(喷)油漆 5. 接地
注：杆上设备调试，应按电气调整试验相关项目编码列项。					

实训 10

1. 实训内容

如图 5-9 所示为一外线工程，电杆 15 m，间距 55 m，丘陵地区施工，室外杆上变压器容量为 315 kV·A，变压器台杆高度为 15 m。试求各项的定额工程量。已知架空线缆铜芯阻燃电力电缆的规格为 ZR-YJV3×70+2×35。经查询《云南省价格信息》，ZR YJV70 价格为 65 元/ m，ZR-YJV35 价格为 55 元/ m，15 m 高混凝土电线杆价格为 789 元/根，进户线横档价格为 2 300 元/根，普通电力拉线价格为 4 000 元/根，315 kV·A 杆上变压器价格为 25 000 元/台。架设进户线缆规格为 95 内。

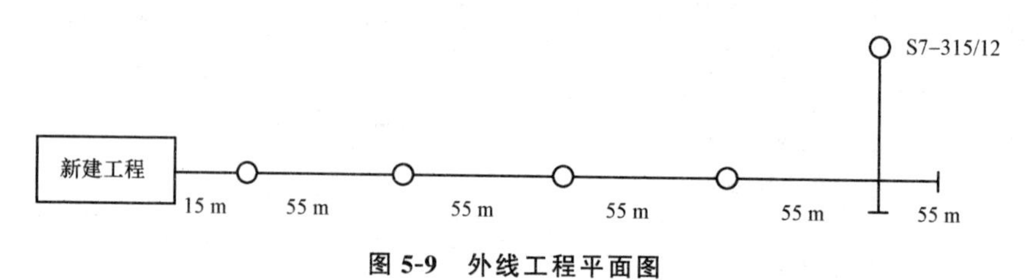

图 5-9　外线工程平面图

2. 实训步骤

(1)70 mm^2 的导线长度：310×3=930(m)。

套用《云南安装定额》电气及自动化篇中定额子目 03021134。

①人工费：1 420.05/1 000×930=1 320.65(元)。

②材料费：(3 013.41+1 010×65)/1 000×930=63 856.97(元)。

③机械费：131.78/1 000×930=122.56(元)。

④管理费：(1 320.65+122.56×8%)×30%=399.14(元)。

⑤利润：(1 320.65+122.56×8%)×20%=266.09(元)。

综合单价=(1 320.65+63 856.97+122.56+399.14+266.09)/930=70.93(元/m)。

(2)35 mm^2 的导线长度：310×2=620(m)。

套用《云南安装定额》电气及自动化篇中定额子目 03021133。

①人工费：1 117.9/1 000×620＝693.10(元)。
②材料费：(3 007.32＋1 010×55)/1 000×620＝36 305.54(元)。
③机械费：113.51/1 000×620＝70.38(元)。
④管理费：(693.10＋70.38×8％)×30％＝209.62(元)。
⑤利润：(693.10＋70.38×8％)×20％＝139.75(元)。
综合单价＝(693.10＋36 305.54＋70.38＋209.62＋139.75)/620＝60.35(元/m)。
(3)立混凝土电杆：5 根。
套用《云南安装定额》电气及自动化篇中定额子目 03021077。
①人工费：168.64×5＝843.20(元)。
②材料费：(3.96＋780)×5＝3 919.80(元)。
③机械费：36.09×5＝180.45(元)。
④管理费：(843.20＋180.45×8％)×30％＝257.29(元)。
⑤利润：(843.20＋180.45×8％)×20％＝171.53(元)。
综合单价＝(843.20＋3 919.80＋180.45＋257.29＋171.53)/5＝1 074.45(元/根)。
(4)普通拉线制作安装：3 根。
套用《云南安装定额》电气及自动化篇中定额子目 030211009。
①人工费：35.13×3＝105.39(元)。
②材料费：(2.29＋4 000)×3＝12 006.87(元)。
③机械费：0 元。
④管理费：(105.39＋0×8％)×30％＝31.62(元)。
⑤利润：(105.39＋0×8％)×20％＝21.08(元)。
综合单价＝(105.39＋12 006.87＋0＋31.62＋21.08)/3＝4 054.99(元/根)。
(5)进户线横担安装：1 根。
套用《云南安装定额》电气及自动化篇中定额子目 03021104。
①人工费：31.94×1＝31.94(元)。
②材料费：(13.6＋2 300)×1＝2 313.60(元)。
③机械费：0 元。
④管理费：(31.94＋0×8％)×30％＝9.58(元)。
⑤利润：(31.94＋0×8％)×20％＝6.39(元)。
综合单价＝(31.94＋2 313.60＋0＋9.58＋6.39)/1＝2 361.51(元/根)。
(6)杆上变压器组装 315 k·A：1 台。
套用《云南安装定额》电气及自动化篇中定额子目 03021149。
①人工费：641.95×1＝641.95(元)。
②材料费：(92.03＋25 000)×1＝25 092.03(元)。
③机械费：300.06×1＝300.06(元)。
④管理费：(641.95＋300.06×8％)×30％＝199.79(元)。
⑤利润：(641.95＋300.06×8％)×20％＝133.19(元)。
综合单价＝(641.95＋25 092.03＋300.06＋199.79＋133.19)/1＝26 367.02(元)。

八、配管、配线

配管、配线工程量清单项目设置、项目特征描述的内容、计量单位及工程量计算规则，应按表 5-36 的规定执行。

表 5-36　配管、配线(编码：030411)

<table>
<tr><th>项目编码</th><th>项目名称</th><th>项目特征</th><th>计量单位</th><th>工程量
计算规则</th><th>工作内容</th></tr>
<tr><td>030411001</td><td>配管</td><td>1. 名称
2. 材质
3. 规格
4. 配置形式
5. 接地要求
6. 钢索材质、规格</td><td rowspan="4">m</td><td rowspan="3">按设计图示尺寸以长度计算</td><td>1. 电线管路敷设
2. 钢索架设(拉紧装置安装)
3. 预留沟槽
4. 接地</td></tr>
<tr><td>030411002</td><td>线槽</td><td>1. 名称
2. 材质
3. 规格</td><td>1. 本体安装
2. 补刷(喷)油漆</td></tr>
<tr><td>030411003</td><td>桥架</td><td>1. 名称
2. 型号
3. 规格
4. 材质
5. 类型
6. 接地方式</td><td>1. 本体安装
2. 接地</td></tr>
<tr><td>030411004</td><td>配线</td><td>1. 名称
2. 配线形式
3. 型号
4. 规格
5. 材质
6. 配线部位
7. 配线线制
8. 钢索材质、规格</td><td>按设计图示尺寸以单线长度计算(含预留长度)</td><td>1. 配线
2. 钢索架设(拉紧装置安装)
3. 支持体(夹板、绝缘子、槽板等)安装</td></tr>
<tr><td>030411005</td><td>接线箱</td><td rowspan="2">1. 名称
2. 材质
3. 规格
4. 安装形式</td><td rowspan="2">个</td><td rowspan="2">按设计图示数量计算</td><td rowspan="2">本体安装</td></tr>
<tr><td>030411006</td><td>接线盒</td></tr>
</table>

续表

项目编码	项目名称	项目特征	计量单位	工程量 计算规则	工作内容
注：1. 配管、线槽安装不扣除管路中间的接线箱(盒)、灯头盒、开关盒所占长度。 2. 配管名称指电线管、钢管、防爆管、塑料管、软管、波纹管等。 3. 配管配置形式指明配、暗配、吊顶内、钢结构支架、钢索配管、埋地敷设、水下敷设、砌筑沟内敷设等。 4. 配线名称指：管内穿线、瓷夹板配线、塑料夹板配线、绝缘子配线、槽板配线、塑料护套配线、线槽配线、车间带线母线等。 5. 配线形式指照明线路，动力线路，木结构，顶棚内，砖、混凝土结构，沿支架、钢索、屋架、梁、柱、墙，以及跨屋架、梁、柱。 6. 配线保护管遇到下列情况之一时，应增设管路接线盒和拉线盒：①管长度每超过 30 m，无弯曲；②管长度每超过 20 m，有 1 个弯曲；③管长度每超过 15 m，有 2 个弯曲；④管长度每超过 8 m，有 3 个弯曲。垂直敷设的电线保护管遇到下列情况之一时，应增设固定导线用的拉线盒：①管内导线截面为 50 mm^2 及以下，长度每超过 30 m；②管内导线截面为 70～95 mm^2，长度每超过 20 m；③管内导线截面为 120～240 mm^2，长度每超过 18 m。在配管清单项目计量时，设计无要求时上述规定可以作为计量接线盒的依据。 7. 配管安装中不包括凿槽、刨沟，应按附属工程相关项目编码列项。 8. 配线进入箱、柜、板的预留长度见表 5-37。					

表 5-37　配线进入箱、柜、板的预留长度　　m/根

序号	项目	预留长度	说明
1	各种开关箱、柜、板	高＋宽	盘面尺寸
2	单独安装(无箱、盘)的铁壳开关、闸刀开关、启动器、线槽进出线盒等	0.3	从安装对象中心算起
3	由地面管子出口引至动力接线箱	1.0	从管口计算
4	电源与管内导线连接(管内穿线与软、硬母线接点)	1.5	从管口计算
5	出户线	1.5	从管口计算

九、照明器具安装

照明器具安装工程量清单项目设置、项目特征描述的内容、计量单位及工程量计算规则，应按表 5-38 的规定执行。

表 5-38　照明器具安装(编码：030412)

项目编码	项目名称	项目特征	计量单位	工程量计算规则	工作内容
030412001	普通灯具	1. 名称 2. 型号 3. 规格 4. 类型	套	按设计图示数量计算	本体安装
030412002	工厂灯	1. 名称 2. 型号 3. 规格 4. 安装形式			
030412003	高度标志(障碍)灯	1. 名称 2. 型号 3. 规格 4. 安装部位 5. 安装高度			
030412004	装饰灯	1. 名称 2. 型号 3. 规格 4. 安装形式			
030412005	荧光灯				
030412006	医疗专用灯	1. 名称 2. 型号 3. 规格			
030412007	一般路灯	1. 名称 2. 型号 3. 规格 4. 灯杆材质、规格 5. 灯架形式及臂长 6. 附件配置要求 7. 灯杆形式(单、双) 8. 基础形式、砂浆配合比 9. 杆座材质、规格 10. 接线端子材质、规格 11. 编号 12. 接地要求	套	按设计图示数量计算	1. 基础制作、安装 2. 立灯杆 3. 杆座安装 4. 灯架及灯具附件安装 5. 焊、压接线端子 6. 补刷(喷)油漆 7. 灯杆编号 8. 接地

续表

项目编码	项目名称	项目特征	计量单位	工程量计算规则	工作内容
030412008	中杆灯	1. 名称 2. 灯杆的材质及高度 3. 灯架的型号、规格 4. 附件配置 5. 光源数量 6. 基础形式、浇筑材质 7. 杆座材质、规格 8. 接线端子材质、规格 9. 铁构件规格 10. 编号 11. 灌浆配合比 12. 接地要求	套	按设计图示数量计算	1. 基础浇筑 2. 立灯杆 3. 杆座安装 4. 灯架及灯具附件安装 5. 焊、压接线端子 6. 铁构件安装 7. 补刷(喷)油漆 8. 灯杆编号 9. 接地
030412009	高杆灯	1. 名称 2. 灯杆高度 3. 灯架形式(成套或组装、固定或升降) 4. 附件配置 5. 光源数量 6. 基础形式、浇筑材质 7. 杆座材质、规格 8. 接线端子材质、规格 9. 铁构件规格 10. 编号 11. 灌浆配合比 12. 接地要求			1. 基础浇筑 2. 立灯杆 3. 杆座安装 4. 灯架及灯具附件安装 5. 焊、压接线端子 6. 铁构件安装 7. 补刷(喷)油漆 8. 灯杆编号 9. 升降机构接线调试 10. 接地
030412010	桥栏杆灯	1. 名称 2. 型号 3. 规格 4. 安装形式	套	按设计图示数量计算	1. 灯具安装 2. 补刷(喷)油漆
030412011	地道涵洞灯				

注：1. 普通灯具包括圆球吸顶灯、半圆球吸顶灯、方形吸顶灯、软线吊灯、座灯头、吊链灯、防水吊灯、壁灯等。

2. 工厂灯包括工厂罩灯、防水灯、防尘灯、碘钨灯、投光灯、泛光灯、混光灯、密闭灯等。

3. 高度标志(障碍)灯包括烟囱标志灯、高塔标志灯、高层建筑屋顶障碍指示灯等。

4. 装饰灯包括吊式艺术装饰灯、吸顶式艺术装饰灯、荧光艺术装饰灯、几何型组合艺术装饰灯、标志灯、诱导装饰灯、水下(上)艺术装饰灯、点光源艺术灯、歌舞厅灯具、草坪灯具等。

5. 医疗专用灯包括病房指示灯、病房暗脚灯、紫外线杀菌灯、无影灯等。

十、电气调整试验

电气调整试验工程量清单项目设置、项目特征描述的内容、计量单位及工程量计算规则，应按表 5-39 的规定执行。

表 5-39　电气调整试验(编码：030414)

<table>
<tr><th>项目编码</th><th>项目名称</th><th>项目特征</th><th>计量单位</th><th>工程量计算规则</th><th>工作内容</th></tr>
<tr><td>030414001</td><td>电力变压器系统</td><td>1. 名称
2. 型号
3. 容量(kV·A)</td><td rowspan="2">系统</td><td rowspan="2">按设计图示系统计算</td><td rowspan="2">系统调试</td></tr>
<tr><td>030414002</td><td>送配电装置系统</td><td>1. 名称
2. 型号
3. 电压等级(kV)
4. 类型</td></tr>
<tr><td>030414003</td><td>特殊保护装置</td><td rowspan="2">1. 名称
2. 类型</td><td>台(套)</td><td rowspan="3">按设计图示数量计算</td><td rowspan="8">调试</td></tr>
<tr><td>030414004</td><td>自动投入装置</td><td>系统(台、套)</td></tr>
<tr><td>030414005</td><td>中央信号装置</td><td rowspan="2">1. 名称
2. 类型</td><td>系统(台)</td></tr>
<tr><td>030414006</td><td>事故照明切换装置</td><td rowspan="2">系统</td><td rowspan="2">按设计图示系统计算</td></tr>
<tr><td>030414007</td><td>不间断电源</td><td>1. 名称
2. 类型
3. 容量</td></tr>
<tr><td>030414008</td><td>母线</td><td rowspan="3">1. 名称
2. 电压等级(kV)</td><td>段</td><td rowspan="3">按设计图示数量计算</td></tr>
<tr><td>030414009</td><td>避雷器</td><td rowspan="2">组</td></tr>
<tr><td>030414010</td><td>电容器</td></tr>
<tr><td>030414011</td><td>接地装置</td><td>1. 名称
2. 类别</td><td>1. 系统
2. 组</td><td>1. 以系统计量，按设计图示系统计算
2. 以组计量，按设计图示数量计算</td><td>接地电阻测试</td></tr>
<tr><td>040414012</td><td>电抗器、消弧线圈</td><td>1. 名称
2. 类别</td><td>台</td><td rowspan="2">按设计图示数量计算</td><td rowspan="3">调试</td></tr>
<tr><td>040414013</td><td>电除尘器</td><td>1. 名称
2. 型号
3. 规格</td><td>组</td></tr>
<tr><td>040414014</td><td>硅整流设备、可控硅整流装置</td><td>1. 名称
2. 类别
3. 电压(V)
4. 电流(A)</td><td>系统</td><td>按设计图示系统计算</td></tr>
</table>

续表

项目编码	项目名称	项目特征	计量单位	工程量计算规则	工作内容
030414015	电缆试验	1. 名称 2. 电压等级(kV)	次(根、点)	按设计图示数量计算	试验
注：1. 功率大于10 kW的电动机及发电机的启动调试用的蒸汽、电力和其他动力能源消耗及变压器空载试运转的电力消耗及设备，需烘干处理的应说明。 2. 配合机械设备及其他工艺的单体试车，应按《通用安装工程工程量计算规范》(GB 50856—2013)附录N措施项目相关项目编码列项。 3. 计算机系统调试应按《通用安装工程工程量计算规范》(GB 50856—2013)附录F自动化控制仪表安装工程相关项目编码列项。					

实训 11

1. 实训内容

图5-10所示为某配电所主接线图，试分析此工程需计算的电气调试及定额工程量。

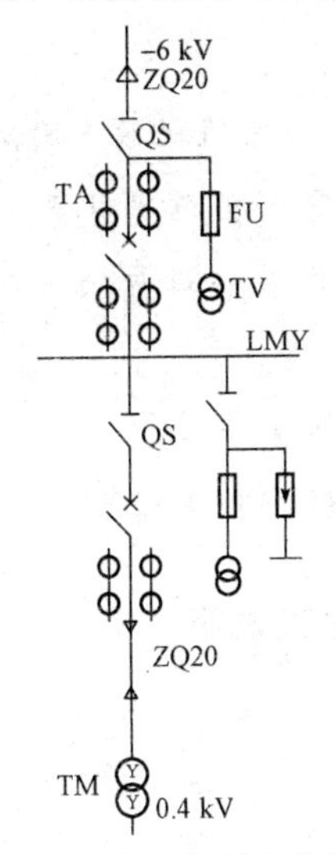

图5-10　某配电所主接线图

2. 实训步骤

依据电气调试试验定额工程量计算规则，此工程电气调试工程量如下：

(1)10 kV供电送配电系统调试：2系统。

(2)变压器系统调试：1系统。

(3)10 kV以下母线系统调试：3段。

(4)接地调试：1组。

(5)避雷器调试：1组。

某电气设备安装工程工程量清单及计价编制实例

根据《云南省住房和城乡建设厅关于印发〈关于建筑业营业税改征增值税后调整云南省工程造价计价依据的实施意见〉的通知》(云建标[2016]207号文)的规定，实施“营改增”后云南省工程量清单计价的费用计算程序注意以下几点：

(1)计税的分部分项工程费/单价措施费=(分部分项工程费除税计价材料费－未计价材料费设备费－除税机械费)。

其中，除税计价材料费=定额表中计价材料费×0.912(见云建标〔2016〕207号文附件1)，除税机械费=定额机械费/台班单价×除税机械费台班单价(见云建标〔2016〕207号文附件2)。

(2)一般计税办法和简易计税办法的适用范围。一般计税办法适用于一般纳税人的增值税计算；简易计税办法适用于小规模纳税人的增值税计算。

(3)增值税计税的对象为税前工程造价。税前工程造价是指工程造价的各组成要素价格不含增值税(即可抵扣的进项税税额)的全部价款。也即人工费、计价材费、未计价材费、机械费和各种费用中扣除相应进项税税额后计算的价款。因此，“税前工程造价”准确的定义应改为“计增值税的工程造价”。

(4)单位工程造价=税前工程造价+增值税额+附加税费。
式中，税前工程造价=分部分项工程费+措施项目费+其他项目费+规费[应为执行《云南省建设工程造价计价规则及机械仪器仪表台班费用定额》(DBJ 53/T－58－2013)的计算结果]。

增值税额+附加税费=计增值税的工程造价×综合税率(执行《关于建筑业营业税改征增值税后调整云南省工程造价计价依据的实施意见》)。

一、熟悉工程概况、施工图与施工说明

某住宅楼共6层，每层高3 m，一个单元内每层共两户，有A、B两种户型：A户型为4室1厅，约92 m^2；B户型为3室1厅，约73 m^2。共用楼梯、楼道。

本电气照明工程提供了两张设计图纸：电气照明平面图(图5-11)和配电系统图(图5-12)。

微课：电气工程清单及计价实例讲解

由图5-12所示的配电系统图可知，每层住宅楼采用220 V单相三线系统供电。在楼道内设置一个配电箱AL-1，安装高度为1.8 m，配电箱有4路输出线，其中，2L为A户供电、1L为B户供电，导线使用铜芯塑料绝缘线，3根，截面面积为6 mm^2，穿钢管敷设，管径为25 mm，敷设方式为沿墙暗敷，3L供楼梯照明，4L为备用，3L、4L的预算省略。

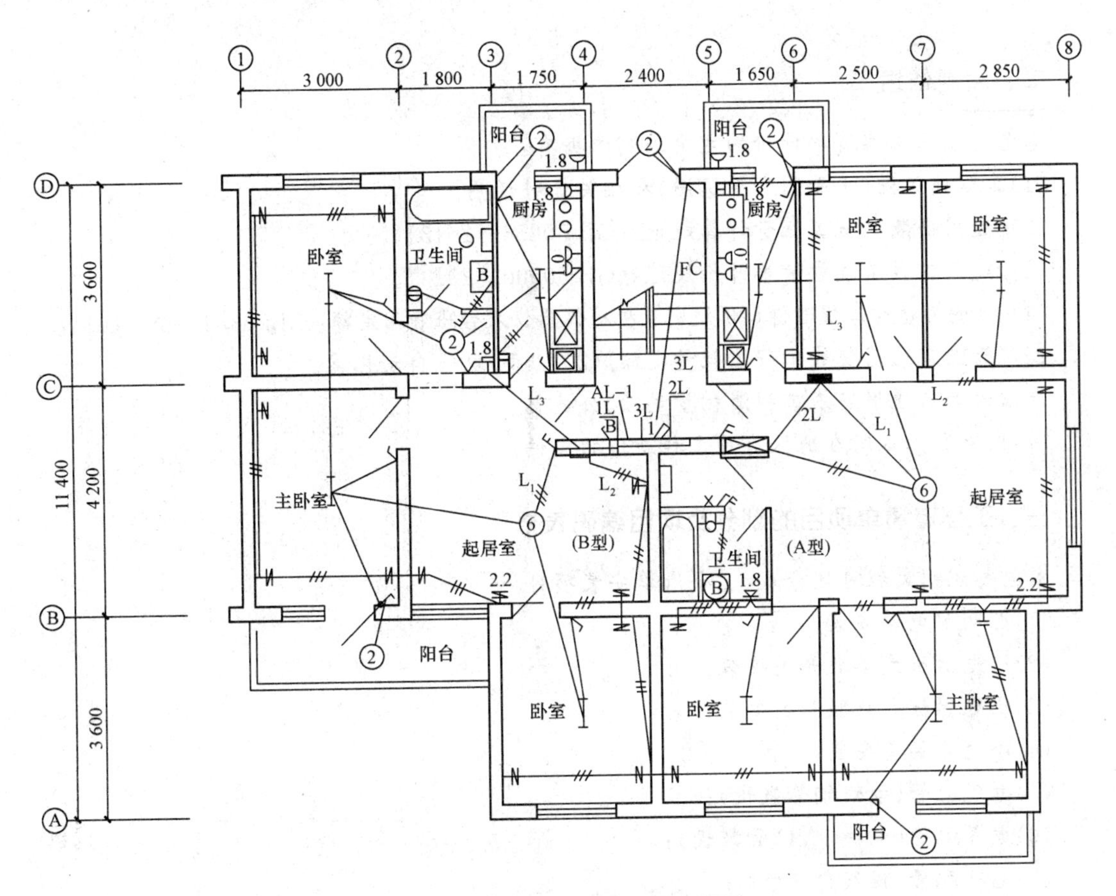

图 5-11 某住宅楼电气照明平面图

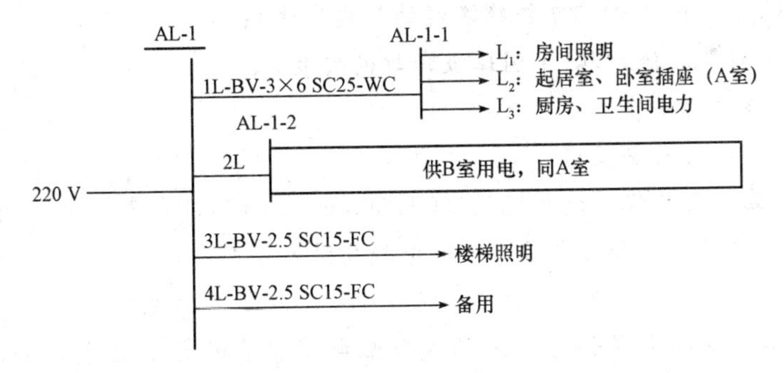

图 5-12 某住宅楼配电系统图

A 户、B 户在室内各安装一个配电箱 AL-1-2、AL-1-1，其安装高度为 1.8 m，分别采用 3 路供电，其中 L_1 供各房间照明，L_2 供起居室、卧室内的家用电器用电，L_3 供厨房、卫生间用电。

房间内所有照明、插座管线均选用了 2.5 mm^2 铜芯塑料绝缘线，穿线管使用 20 mm 管径的 PVC 硬质塑料管，敷设在现浇混凝土楼板内，竖直方向为暗敷设在墙体内。

照明回路沿墙和楼顶板暗敷，插座回路沿墙和楼地板暗敷。

所有开关距地 1.4 m 安装，插座距地 0.4 m 安装。

本项目为一般纳税人。

二、编制依据

本电气照明工程清单计价的主要编制依据有：

(1)工程施工图(平面图和系统图)和相关资料说明。

(2)《通用安装工程工程量计算规范》(GB 50856—2013)。

(3)《建设工程工程量清单计价规范》(GB 50500—2013)。

(4)《云南省建设工程造价计价规则及机械仪器仪表台班费用定额》(DBJ 53/T—58—2013)。

(5)《云南省通用安装工程消耗量定额》(2013 年)电气自动化篇。

(6)《云南省通用安装工程消耗量定额》公共篇。

(7)国家和工程所在地区有关工程造价的文件。

三、工程量清单项目的划分及项目编码表格

本电气照明工程可划分成 12 个清单安装项目：

(1)照明配电箱安装；

(2)小电器板式单联开关安装；

(3)小电器板式双联开关安装；

(4)小电器插座安装；

(5)电气配管(电线钢管敷设)；

(6)电气配管(电线 PVC 管敷设)；

(7)电气配管(接线盒安装)；

(8)电气配线(6 mm^2 铜芯塑料绝缘线的管内穿线)；

(9)电气配线(2.5 mm^2 铜芯塑料绝缘线的管内穿线)；

(10)普通吸顶灯及其他灯具(半圆球吸顶灯的安装)；

(11)装饰灯(吊灯的安装)；

(12)荧光灯(荧光灯的安装)。

根据《通用安装工程工程量计算规范》(GB 50856—2013)，在表 5-40 中填入各清单安装项目的项目编码、计量单位和定额编号。配电箱安装的项目编码可从《通用安装工程工程量计算规范》(GB 50856—2013)查知，为“030204018”，计量单位是“台”；由《云南安装定额》电气自动化篇上册，查知半周长为 1 m 的成套配电箱安装的定额编号是“03020299”。小电器安装的项目编码是“030204031”，计量单位是“套”，小电器板式开关安装的定额编号是“03020378”，小电器插座安装的定额编号是“03020418”。其他安装项目的编码、计量单位和定额编号也可以一一查得。

表 5-40　工程量清单项目的划分及项目编码表格

工程名称：某住宅楼电气照明工程　　　　第　页　共　页

序号	项目编码	项目名称	计量单位	工程内容	定额指引
1	030404017001	配电箱	台	配电箱安装	03020299～03020302
2	030404031001	小电器	套	小电器板式单联开关安装	03020377

续表

序号	项目编码	项目名称	计量单位	工程内容	定额指引
3	030404031002	小电器	套	小电器板式双联开关安装	03020378
4	030404031003	小电器	套	小电器插座安装	03020418
5	030411001101	电气配管	m	刨沟槽、电线钢管敷设	03021194
6	030411001201	电气配管	m	刨沟槽、电线PVC管敷设	03021282
7	030411001202	电气配管	个	接线盒安装	03021624
8	030411004501	电气配线	m	6 mm^2 铜芯塑料绝缘线的管内穿线	03021466
9	030411004502	电气配线	m	2.5 mm^2 铜芯塑料绝缘线的管内穿线	03021445
10	030412001001	普通吸顶灯及其他灯具	套	半圆球吸顶灯的安装	03021634
11	030412004001	装饰吊灯	套	吊灯的安装	03021727
12	030412005001	荧光灯	套	荧光灯的安装	03021803

四、工程量计算

1. 照明配电箱的安装

每层公用1台配电箱，A、B户又各设有1台配电箱，这样每层共有3台配电箱，6层共计有18台配电箱。

2. 板式开关的安装

A型单元每层9只(其中2只双联)，B型单元每层9只(其中2只双联)，这样每层有18只开关，六层共108只开关(其中24只双联，84只单联)。

3. 单相三孔插座的安装

A型单元20只，B型单元18只，这样每层有38只插座，6层共计228只插座。

4. 钢管的敷设

由层配电箱AL-1至B户配电箱AL-1-1：其敷设钢管的长度由层配电箱到顶板的1.2 m加上到户配电箱的水平距离1 m，再加上顶板到户配电箱的1.2 m，共计3.4 m。

由层配电箱AL-1至A户配电箱AL-1-2：其敷设钢管的长度为1.2+3.13+1.2=5.53(m)。

每层敷设钢管长度为：3.4+5.53=8.93(m)。

工程共6层，共敷设钢管长度为8.93×6=53.58(cm)，再加上从底层层配电箱到6层层配电箱的竖直配管长度3×5=15(m)，共计68.58 m。

5. PVC管的敷设

(1)B型单元。对于L_1回路，有(开关箱至楼板顶的1.2 m)+(开关箱水平至起居室6号吊灯开关的0.44 m)+(起居室6号吊灯开关水平至6号吊灯的1.55 m)+(6号吊灯至卧室荧光灯的3.55 m)+(卧室荧光灯至开关的1.55 m)+(6号吊灯至主卧室荧光灯的3.89 m)+(主卧室荧光灯到开关的1.33 m)+(主卧室荧光灯至阳台灯开关的2.22 m)+(阳台灯开关至阳台灯的0.89 m)+(主卧室荧光灯至卧室荧光灯的3.66 m)+(卧室荧光灯至卧室荧光灯开关的1.33 m)+(卧室荧光灯至2号灯的2.55 m)+(2号灯至开关的0.56 m)+

(2号灯至厨房灯的 2 m)+(厨房灯至开关的 1.67 m)+(厨房灯至阳台 2 号灯开关的 1.67 m)+(厨房阳台 2 号灯开关至 2 号灯的 1.33 m)+(8 只灯，由房顶楼板至开关的配管 1.6 m×8)，共计 44.19 m。

对于 L_2 回路，配管长度为 33.42 m。

对于 L_3 回路，配管长度为 11.53 m。

(2)A 型单元。对于 L_1 回路：1.2+2.78+4+3.89+1.67+3.66+1.78+2.22+1.34+3.89+1.67+2.78+1.67+2+1.67+1.67+1.11+1.6×8，配管长度为 51.80 m。

对于 L_2 回路：1.8+3.63+4.2+3.6+2+7.22+3+1.33+3.11+7+1.8×1+0.4×12，配管长度为 43.49 m。

对于 L_3 回路：1.8+3.6+2+2+1.44+1.8×2+1×1+0.4×2，配管长度为 16.24 m。

(3)小计 6 层 PVC 管敷设长度：

(44.19+33.42+11.53+51.80+43.49+16.24)×6=1 204.02(m)。

6. 接线盒的安装

(1)B 型单元：

L_1 回路：有接线盒 7 个，开关盒 8 个，计 15 个接线盒。

L_2 回路：有 13 个接线盒。

L_3 回路：有 6 个接线盒。

(2)A 型单元：

L_1 回路：有接线盒 4 个，开关盒 8 个，计 12 个接线盒。

L_2 回路：有 12 个接线盒。

L_3 回路：有 9 个接线盒。

(3)小计 6 层接线盒：(15+13+6+12+12+9)×6=402(个)。

7. 钢管电气配线

钢管内穿 6 mm^2 铜芯塑料绝缘线，每回路管内有 3 根线，长度：68.58×3=205.74(m)。

8. PVC 管电气配线

PVC 管内穿 2.5 mm^2 铜芯塑料绝缘线。

(1)B 型单元：

L_1 回路为照明回路，除起居室 6 号吊灯开关水平至 6 号吊灯为 3 根线外，其余为 2 根线，所需长度：L_1 回路全部管长 44.19×2+1.55=89.93(m)。

L_2 和 L_3 回路为插座回路，都为 3 根线，所需长度：L_2 回路全部管长 33.42×3+L_3 回路全部管长 11.53×3=34.59+100.26=134.85(m)。

(2)A 型单元：

L_1 回路为照明回路，都为 2 根线，所需长度：51.8×2=103.6(m)。

L_2 和 L_3 回路为插座回路，都为 3 根线，所需长度：L_2 回路全部管长 43.49×3+L_3 回路全部管长 16.24×3=48.72+130.47=179.19(m)。

(3)小计 2.5 mm^2 铜芯塑料绝缘线：

(89.93+100.26+34.59+103.6+130.47+48.72)×6=507.57×6=3 045.42(m)。

9. 半圆球吸顶灯的安装

每户3套，共6套，小计：6×6=36(套)。

10. 吊灯的安装

每户1套，共2套，小计：2×6=12(套)。

11. 单管成套荧光灯的安装

A型单元5套，B型单元4套，共9套。小计：9×6=54(套)。

将以上所算工程量依次填入工程量计算表中(表5-41)。

表5-41 工程量计算表

工程名称：某住宅楼电气照明工程　　　　第　页　共　页

序号	分部分项工程名称	计算式	计量单位	工程数量	部位
1	配电箱安装	3×6=18(台)	台	18	走廊、房间
2	小电器单联板式开关安装	14×6=84(只)	10只	8.4	各用户房间
3	小电器双联板式开关安装	4×6=24(只)	10只	2.4	起居室
4	小电器插座安装	38×6=228(套)	10套	22.8	各用户房间
5	刨沟槽、电线钢管敷设 *DN*25	(3.4+5.53)×6+3×5=68.58(m)	100 m	0.686	沿墙、天花板暗敷
6	刨沟槽、电线PVC管敷设 *DN*20	(44.19+33.42+11.53+51.8+43.49+17.24)×6=1 210.02(m)	100 m	12.10	沿墙、天花板暗敷
7	接线盒安装	(15+13+6+12+12+9)×6=402(个)	10个	40.2	各用户房间
8	6 mm² 铜芯塑料绝缘线的管内穿线	68.58×3=205.74(m)	100 m	2.06	各层配电箱至户配电箱
9	2.5 mm² 铜芯塑料绝缘线的管内穿线	(89.93+100.26+34.59+103.6+130.47+48.72)×6=507.57×6=3 045.42(m)	100 m	30.45	各用户房间
10	半圆球吸顶灯的安装	6×6=36(套)	10套	3.6	各用户阳台、卫生间
11	吊灯的安装	2×6=12(套)	10套	1.2	各用户客厅
12	荧光灯的安装	9×6=54(套)	10套	5.4	各用户房间

五、计算主材费用

表5-42所示为主材费用计算。表中主材单价应以当地工程造价管理部门所编制的材料预算价格为依据，缺项者可依据当地造价管理部门所发布的材料价格信息确定。如果还不能确定，可参考市场价或订货价，按材料预算价格编制的方法确定。现确定的照明配电箱

单价为 300.00 元/台，板式开关为 15.00 元/套，单相三孔插座为 5.00 元/套，钢管为 6.62 元/m，PVC 管为 3.50 元/m，接线盒为 5.10 元/个，BV6.0 铜芯塑料绝缘线为4.39 元/m，BV2.5 铜芯塑料绝缘线为 1.20 元/m，吊灯为 450.00 元/套，半圆球吸顶灯为 32.00 元/套，单管成套荧光灯为 39.60 元/套。

表 5-42　主材费用计算

工程名称：某住宅楼电气照明工程　　　　第　页　共　页

序号	材料名称	规格型号	单位	消耗数量	单价/元	合价/元
1	照明配电箱		台	18	300.00	5 400.00
2	板式开关		套	108×(1+2%)=110.16	15.00	1 652.40
3	单相三孔插座		套	228×(1+2%)=232.56	5.00	1 162.80
4	钢管	*DN*25	m	68.58×(1+3%)=70.64	6.62	467.64
5	PVC 管	管径 20 mm	m	1 204×(1+3%)=1 240.12	3.50	4 340.42
6	接线盒	100×100	个	402×(1+2%)=410.04	5.10	2 091.20
7	铜芯塑料绝缘线	BV6.0	m	206×(1+3%)=212.18	4.39	931.47
8	铜芯塑料绝缘线	BV2.5	m	3 045×(1+3%)=3 136.35	1.20	3 763.62
9	吊灯(9 头花灯)		套	12×(1+1%)=12.12	450.00	5 454.00
10	半圆球吸顶灯		套	36×(1+1%)=36.36	32.00	1 163.52
11	单管成套荧光灯		套	54×(1+1%)=54.54	39.60	2 159.78
合计						28 586.77

主材消耗数量要考虑主材的损耗量，其损耗率是计价表中规定的，在定额说明或计价表附录中均有说明。

照明配电箱不考虑损耗率，其消耗数量为 18 台，消耗数量 18 台与单价 300 元相乘，得照明配电箱的合价为 5 400 元。

由《云南安装定额》电气自动化篇第 432 页查得板式开关的损耗率是 2%，因此，板式开关的消耗数量：108×(1+2%)=110.16(套)，其合价为 1 652.40 元。

查得单相三孔插座的损耗率是 2%，其消耗数量：228×(1+2%)=232.56(套)，其合价为 1 162.80 元。

查得 *DN*25 钢管的损耗率是 3%，其消耗数量：68.58×(1+3%)=70.64(m)，其合价为 467.64 元。

查得 PVC 管的损耗率是 3%，其消耗数量：1 204×(1+3%)=1 240.12(m)，其合价为 4 340.42 元。

查得接线盒的损耗率是 2%，其消耗数量：402×(1+2%)=410.04(个)，其合价为 2 091.20元。

查得 BV6.0 铜芯塑料绝缘线的损耗率是 3%，其消耗数量：206×(1+3%)=212.18(m)，其合价为 931.47 元。

查得 BV2.5 铜芯塑料绝缘线的损耗率是 3%，其消耗数量为：3 045×(1+3%)=

3 136.35(m)，其合价为 3 763.62 元。

查得吊灯的损耗率是 1%，其消耗数量：12×(1+1%)=12.12(套)，其合价为 5 454.00元。

查得吸顶灯的损耗率是 1%，其消耗数量：36×(1+1%)=36.36(套)，其合价为 1 163.52元。

查得荧光灯的损耗率是 1%，其消耗数量：54×(1+1%)=54.54(套)，其合价为 2 159.78元。

六、套用定额计价表计算分部分项工程量清单报价

含主材的分部分项工程量清单报价表，见表 5-43。

表 5-43 含主材的分部分项工程量清单报价表

工程名称：某住宅楼电气照明工程　　　　第　页　共　页

序号	项目编码	项目名称	计量单位	工程数量	综合单价	合价	人工费/元	
							单价	合价
1	030204018001	配电箱	台	18	493.37	8 880.66	103.49	1 862.82
2	030204031001	小电器单联开关安装	套	84	24.67	2 072.28	5.88	493.92
3	030204031002	小电器双联开关安装	套	24	25.26	600.24	6.13	147.12
3	030204031003	小电器插座安装	套	228	15.52	3 538.56	6.28	1 431.84
4	030212001001	电气配管(钢管)	m	68.58	16.94	1 161.75	5.58	382.68
5	030212001002	电气配管(PVC 管)	m	1 204	10.45	12 581.80	3.29	3 980.97
6	030212001003	电气配管(接线盒)	个	402	15.30	6 150.60	2.88	1 157.76
7	030212003001	电气配线(6 mm^2 线)	m	206	5.83	1 200.98	0.55	113.16
8	030212003002	电气配线(2.5 mm^2 线)	m	3 045	2.67	8 131.27	0.69	2 101.34
9	030213001001	普通吸顶灯及其他灯具	套	36	63.00	2 268.00	14.90	536.40
10	030213003001	装饰吊灯	套	12	554.62	6 655.44	63.13	757.56
11	030213004001	荧光灯	套	54	86.43	4 667.32	27.86	1 504.44
小计						57 908.90		14 470.01

由表 5-40 中定额指引，查《云南省建设工程造价计价规则及机械仪器仪表台班费用定额》(DBJ 53/T—58—2013)，电气设备安装工程管理费费率 30%、利润率 20%。为根据各清单项目的定额编号和《云南安装定额》电气篇(上册)，将查出计算得的各清单项目的综合单价、人工费单价填入分部分项工程量清单报价表中(表 5-43)。例如表 5-40 中的清单项目

“配电箱”，由其定额子目编号“03020299”和《云南安装定额》电气篇(上册)，查知1台配电箱安装的定额基价(不含未计价材电表箱)为141.62元，其中人工费为103.49元，材料费为38.13元(计价材)，查《云南省价格指导》可知，1台电表箱单价为300元，则此项材料费为300+38.13=338.13(元)，综合单价为103.49+338.13+103.49×(30%+20%)=493.37(元)。将配电箱安装的综合单价493.37元和人工费单价103.49元填入表5-43中。

将配电箱安装的综合单价493.37元乘以配电箱的工程数量18台，得配电箱的合价为8 880.66元，将配电箱安装的人工费单价103.49元乘以配电箱的工程数量18台，得配电箱的人工费合价为1 862.82元(表5-43)。

同样，表5-40中的清单项目“小电器单联开关安装”，由其定额子目编号“03020377”和《云南安装定额》电气篇(上册)，查知10套单联开关安装的定额基价(不含未计价材开关)为64.34元，其中人工费为58.77元，材料费为5.57元(计价材)，查《云南省价格指导》可知，1套单联开关单价为15元，则此项10套单联开关安装材料费为150×1.02=153.00(元)，综合单价为64.34+153.00+58.77×(30%+20%)=246.73(元/10套)。将1套单联开关安装的综合单价24.67元和人工费单价5.88元填入表5-43中。

表5-40中的清单项目“小电器双联开关安装”，由其定额子目编号“03020378”和《云南安装定额》电气篇(上册)，查知10套双联开关安装的定额基价(不含未计价材开关)为68.93元，其中人工费为61.32元，材料费为7.61(计价材)，查《云南省价格指导》知，1套双联开关单价为15元，则此项10套双联开关安装材料费为150×1.02=153.00(元)，综合单价为68.93+153.00+61.32×(30%+20%)=252.59(元/10套)。将1套双联开关安装的综合单价25.26元和人工费单价6.13元填入表5-43中。

表5-40中的清单项目“小电器插座安装”，由其定额子目编号“03020418”和《云南安装定额》电气篇(上册)，查知10套插座安装的定额基价(不含未计价材插座)为72.82元，其中人工费为62.79元，材料费为10.03元(计价材)，查《云南省价格指导》可知，1套插座单价为5.00元，则此项10套插座安装材料费为50×1.02=51.00(元)，综合单价为72.82+51.00+62.79×(30%+20%)=155.22(元/10套)=15.52(元/套)。将1套插座安装的综合单价15.52元和人工费单价6.28元填入表5-43中。将配插座安装的综合单价15.52元乘以插座的工程数量228套，得配电箱的合价3 538.56元，将配插座安装的人工费单价6.28元乘以开关的工程数量228套，得插座安装的人工费合价1 431.84(表5-43)。

表5-40中的清单项目“电气配管(钢管)”，由其定额子目编号“03021194”和《云南安装定额》电气篇(上册)，查知100 m电线管安装的定额基价(不含未计价材钢管)为731.02元，其中人工费为558.12元，材料费为115.83元(计价材)，机械费为57.07元，查《云南省价格指导》可知，1m *DN*25钢管单价为6.62元，则此项100 m钢管安装材料费为662×1.03=681.86(元)，综合单价为731.02+681.86+(558.12+57.07×8%)×(30%+20%)=1 694.22(元/100 m)=16.94(元/m)。将1 m钢管安装的综合单价16.94元和人工费单价5.58元填入表5-43中。本清单中的机械为交流弧焊机，含税单价为112.03元/台班，除税单价105.09元/台班。将钢管安装的综合单价16.94元乘以钢管安装的工程数量68.58 m，得钢管安装的合价为1 161.75元，将钢管安装的人工费单价5.58元乘以钢管安装的工程数量68.58 m，得钢管安装的人工费合价为382.68元(表5-43)。

表5-40中的清单项目“电气配管(PVC管)”，由其定额子目编号“03021282”和《云南安

装定额》电气篇(上册)，查知 100 m 电线管安装的定额基价(不含未计价材 PVC 管)为 520.22 元，其中人工费为 329.11 元，材料费为 2.07 元(计价材)，机械费为 61.42 元，查《云南省价格指导》可知，1 m *DN*20 PVC 管单价为 3.5 元，则此项 100 m PVC 安装材料费为 350×1.03＝360.50(元)，综合单价为 520.22＋360.50＋329.11×(30%＋20%)＝1 045.28(元/100 m)＝10.45(元/m)。将 1 m PVC 管安装的综合单价 10.45 元和人工费单价 3.29 元填入表 5-43 中。此项清单中机械为空气压缩机 0.6 立方/min，含税单价为 122.83 元/台班，除税单价为 97.26 元/台班。

表 5-40 中的清单项目"电气配管(接线盒)"，由其定额子目编号"03021624"和《云南安装定额》电气篇(上册)，查知 10 个接线盒安装的定额基价(不含未计价材接线盒)为 86.56 元，其中人工费为 28.75 元，材料费 57.81 元(计价材)，查《云南省价格指导》可知，1 个接线盒单价为 5.10 元，则此项 10 个接线盒安装材料费为 51.00×1.02＝52.02(元)，综合单价为 86.56＋52.02＋28.75×(30%＋20%)＝152.96(元/10 个)＝9.27(元/个)。将 1 个接线盒安装的综合单价 15.30 元和人工费单价 2.88 元填入表 5-43 中。

表 5-40 中的清单项目"电气配线(6 mm^2 线)"，由其定额子目编号"03021466"和《云南安装定额》电气篇(上册)，查知 100 m 单线安装的定额基价(不含未计价材电气配线)为 111.88 元，其中人工费为 55.19 元，材料费为 56.69 元(计价材)，查《云南省价格指导》可知，1 m BV6 mm^2 线单价为 4.39 元，则此项 100 m 单线安装材料费为 439.00×1.05＋56.69＝517.64(元)，综合单价为 55.19＋517.64＋19.80×(30%＋20%)＝582.73(元/100 m)＝5.83 元/m。将 1 m BV6 mm^2 线安装的综合单价 5.83 元和人工费单价 0.55 元填入表 5-43中。

表 5-40 中的清单项目"电气配线(2.5 mm^2 线)"，由其定额子目编号"03021445"和《云南安装定额》电气篇(上册)，查知 100 m 单线安装的定额基价(不含未计价材，电气配线)为 93.17 元，其中人工费为 68.99 元，材料费为 24.18 元(计价材)，查《云南省价格指导》可知，1 m BV2.5 mm^2 线单价为 1.2 元，则此项 100 m 单线安装材料费为 120.00×1.16＋24.18＝163.38(元)，综合单价为 68.99＋163.38＋68.99×(30%＋20%)＝266.87(元/100 m)＝2.67 元/ m。将 1 m BV2.5 mm^2 线安装的综合单价 2.67 元和人工费单价 0.69 元填入表 5-43中。

表 5-40 中的清单项目"普通吸顶灯及其他灯具"，由其定额子目编号"03021634"和《云南安装定额》电气篇(上册)，查知 10 套普通吸顶灯安装的定额基价(不含未计价材，普通吸顶灯)为 232.23 元，其中人工费为 149.03 元，材料费为 83.20 元(计价材)，查《云南省价格指导》可知，1 套普通吸顶灯单价为 32 元，则此项 10 套普通吸顶灯安装材料费为 320.00×1.01＝323.20(元)，综合单价为 232.23＋323.20＋149.03×(30%＋20%)＝629.95(元/10 套)＝63.00(元/套)。将 1 套普通吸顶灯安装的综合单价 63.00 元和人工费单价 14.90 元填入表 5-43 中。

表 5-40 中的清单项目"装饰吊灯"，由其定额子目编号"03021727"和《云南安装定额》电气篇(上册)，查知 10 套装饰吊灯安装的定额基价(不含未计价材装饰吊灯)为 685.59 元，其中人工费为 631.26 元，材料费为 54.33 元(计价材)，查《云南省价格指导》可知，1 套装饰吊灯单价为 450 元，则此项 10 套装饰吊灯安装材料费为 4 500.00×1.01＝4 545.00(元)，综合单价为 685.59＋4 545.00＋631.26×(30%＋20%)＝5 546.22(元/10 套)＝554.62(元/套)。1 套装饰吊灯安装的综合单价 554.62 元和人工费单价 63.13 元填入表 5-43 中。

表 5-40 中的清单项目“荧光灯”，由其定额子目编号“03021803”和《云南安装定额》电气篇(上册)，查知 10 套荧光灯安装的定额基价(不含未计价材，荧光灯)为 324.99 元，其中人工费为 278.64 元，材料费为 46.35 元(计价材)，查《云南省价格指导》可知，1 套荧光灯单价为 39.60 元，则此项 10 套荧光灯安装材料费为 39.60×10×1.01＝399.96(元)，综合单价为 324.99＋399.96＋278.64×(30%＋20%)＝864.27(元/10 套)＝86.43(元/套)。1 套荧光灯安装的综合单价 86.43 元和人工费单价 27.86 元填入表 5-43 中。

小计出分部分项工程量清单报价为 56 498.64 元，其中人工费为 14 470.01 元，材料费为 41 246.30 元(其中主材费为 29 060.37 元，计价材料费为 12 185.93 元)，含税机械费为 782.33 元，除税机械费为 625.20 元。

七、单位工程措施项目清单

常见的单位工程措施项目包括现场安全文明施工措施费、脚手架搭设费、夜间施工增加费、二次搬运费和冬雨期施工增加费等。本工程现只考虑现场安全文明施工措施费和脚手架搭设费两项(表 5-44)。根据《云南省建设工程造价计价规则及机械仪器仪表台班费用定额》(DBJ 53/T—58—2013)，安装工程安全防护文明施工措施费费率为 12.65%。

表 5-44　单位工程措施项目清单表

工程名称：某住宅楼电气照明工程　　　　第　页　共　页

序号	项目名称	计算基数/元	费率/%	金额/元
1	现场安全文明施工措施费	14 470.01＋782.33×8%	12.65	1 838.37
2	脚手架搭设费	14 470.01	4	578.80
3	其他措施费	14 470.01＋782.33×8%	4.16	604.56
小计				3 021.73

安装工程现场安全文明施工措施费的计算基数是分部分项工程量清单报价表(表 5-43)中小计的人工费 14 470.01 元＋含税机械费 782.33 元×8%，其计算费率为 12.65%，故安装工程现场安全文明施工措施费为 1 838.37 元。

脚手架搭设费的计算基数是分部分项工程量清单报价表(表 5-43)中小计的人工费 14 470.01 元，其计算费率为 4%，故脚手架搭设费为 578.80 元。

其他措施费的计算基数是分部分项工程量清单报价表(表 5-43)中小计的人工费 14 470.01 元＋含税机械费 782.33 元×8%，其计算费率为 4.16%，故其他措施费为 604.56 元。

小计措施项目清单费用为 3 021.73 元。

八、单位工程其他项目清单

常见的其他项目清单由暂列金、暂估价、总承包费、计日工组成(表 5-45)。单位工程其他项目清单费用可由招标文件或甲、乙双方协商确定。本工程未考虑其他项目清单费。

表 5-45 单位工程其他项目清单表

工程名称：某住宅楼电气照明工程　　　　　　　　　　　　　　　　　第　页　共　页

序号	项目名称	金额/元
1	暂列金	0
2	暂估价	0
2.1	材料暂估价	0
2.2	专业暂估价	0
3	总承包费	0
4	计日工	0
5	人工费调差	14 470.01×15%=2 170.50
合计		2 170.50

九、规费明细

建筑安装工程规费项目包括工程排污费、社会保障及劳动保险，工程定额测定费和危险作业意外伤害保险等。本工程考虑了社会保障及劳动保险和危险作业意外伤害保险等两项规费(表 5-46)。

表 5-46 规费明细表

工程名称：某住宅楼电气照明工程　　　　　　　　　　　　　　　　　第　页　共　页

序号	名称	计算基数	费率/%	金额/元
1	工程排污费	按文件规定		0
2	社会保障及劳动保险(分部分项工程量清单费中的人工费＋措施项目费中的人工费＋其他项目费中的人工费)×26%	14 470.01	26	3 762.20
3	工程定额测定费	停征	0	0
4	危险作业意外伤害保险费(分部分项工程量清单费中的人工费＋措施项目费中的人工费＋其他项目费中的人工费)×1%	14 470.01	1	144.70
小计				3 906.90

十、单位工程费用汇总

根据云南省安装工程计算程序(包工包料)，本工程造价等于分部分项工程量清单费用(含主材)56 498.64 元＋措施项目清单费用 3 021.73 元＋其他项目费用 2 170.50 元＋规费 3 906.90 元＋税金 2 195.11 元，合计为 67 792.88 元(表 5-47)。

表 5-47　单位工程费用汇总表

工程名称：某住宅楼电气照明工程　　　　　　　　　　　　　　　　　　　　第　页　共　页

序号	项目名称	计算方法	金额/元
1	分部分项工程费	＜1.1＞＋＜1.2＞＋＜1.3＞＋＜1.4＞＋＜1.5＞＋＜1.6＞	56 498.64
1.1	定额人工费	∑分部分项定额工程量×定额人工费单价	14 470.01
1.2	计价材料费	∑分部分项定额工程量×计价材料费单价	12 185.93
1.3	未计价材料费	∑分部分项定额工程量×未计价材料单价×未计价材消耗量	29 060.37
1.4	设备费	∑分部分项定额工程量×设备单价×设备消耗量	0
1.5	定额机械费	∑分部分项定额工程量×定额机械费单价	782.33
A	除税机械费	∑分部分项定额工程量×除税机械费单价×台班消耗量	625.20
1.6	管理费和利润	∑(＜1.1＞＋＜1.5＞×8%)×(30%＋20%)	7 266.29
B	计税的分部分项工程费	＜1＞－＜1.2＞×0.912－＜1.3＞－＜1.4＞－＜A＞ 意为：(分部分项工程费－除税计价材料费－未计价材料费－设备费－除税机械费)	15 699.50
2	措施项目费	＜2.2.1＞＋＜2.2.2＞＋＜2.2.3＞	3 021.73
2.1	单价措施项目费	＜2.1.1＞＋＜2.1.2＞＋＜2.1.3＞＋＜2.1.4＞＋＜2.1.5＞	0
2.1.1	定额人工费	∑单价措施定额工程量×定额人工费单价	0
2.1.2	计价材料费	∑单价措施定额工程量×计价材料费单价	0
2.1.3	未计价材料费	∑单价措施定额工程量×未计价材料单价×未计价材消耗量	0
2.1.4	定额机械费	∑单价措施定额工程量×定额机械费单价	0
C	除税机械费	∑单价措施定额工程量×除税机械费单价×台班消耗量	0
2.1.5	管理费和利润	∑(＜2.1.1＞＋＜2.1.4＞×8%)×(33%＋20%)	0
D	计税的单价措施项目费	＜2＞－＜2.1.2＞×0.912－＜2.1.3＞－＜C＞ 意为：(单价措施项目费－除税计价材料费－未计价材料费－除税机械费)	0
2.2	总价措施项目费	＜2.2.1＞＋＜2.2.2＞	3 021.73
2.2.1	安全文明施工费	分部分项工程费中(定额人工费＋定额机械费×8%)×12.65%	1 838.37
2.2.2	其他总价措施费	分部分项工程费中(定额人工费＋定额机械费×8%)×4.16%	604.56

续表

<table>
<tr><th>序号</th><th colspan="3">项目名称</th><th>计算方法</th><th>金额/元</th></tr>
<tr><td>2.2.3</td><td colspan="3">脚手架费用</td><td>分部分项工程费中的定额人工费×4%</td><td>578.80</td></tr>
<tr><td>3</td><td colspan="3">其他项目费</td><td><3.1>+<3.2>+<3.3>+<3.4>+<3.5></td><td>2 170.50</td></tr>
<tr><td>3.1</td><td colspan="3">暂列金额</td><td>按双方约定或按题给条件计取</td><td>0</td></tr>
<tr><td>3.2</td><td colspan="3">暂估材料工程设备单价</td><td>按双方约定或按题给条件计取</td><td>0</td></tr>
<tr><td>3.3</td><td colspan="3">计日工</td><td>按双方约定或按题给条件计取</td><td>0</td></tr>
<tr><td>3.4</td><td colspan="3">总包服务费</td><td>按双方约定或按题给条件计取</td><td>0</td></tr>
<tr><td>3.5</td><td colspan="3">其他</td><td>按实际发生额计算</td><td>0</td></tr>
<tr><td>3.5.1</td><td colspan="3">人工费调增</td><td>(<1.1>+<2.1.1>)×15%</td><td>14 470.01×15%=2 170.50</td></tr>
<tr><td>4</td><td colspan="3">规费</td><td><4.1>+<4.2>+<4.3></td><td>3 906.90</td></tr>
<tr><td>4.1</td><td colspan="3">社保费住房公积金及残保金</td><td>定额人工费总和×26%</td><td>3 762.20</td></tr>
<tr><td>4.2</td><td colspan="3">危险作业意外伤害保险</td><td>定额人工费总和×1%</td><td>144.70</td></tr>
<tr><td>4.3</td><td colspan="3">工程排污费</td><td>按有关规定或题给条件计算</td><td>0</td></tr>
<tr><td rowspan="3">5</td><td rowspan="3">税金</td><td rowspan="3">工程所在地</td><td>市区</td><td>(<B>+<D>+<3>+<4>)×10.08%</td><td>(15 699.50+0+2 170.50+3 906.90)×10.08%=2 195.11</td></tr>
<tr><td>县城/镇</td><td>(<B>+<D>+<3>+<4>)×9.95%</td><td></td></tr>
<tr><td>其他地方</td><td>(<B>+<D>+<3>+<4>)×9.54%</td><td></td></tr>
<tr><td>6</td><td colspan="3">单位工程造价</td><td><1>+<2>+<3>+<4>+<5></td><td>67 792.88</td></tr>
</table>

第三节　给排水、采暖工程安装工程清单项目及工程量计算

一、给排水安装工程清单项目及工程量计算规则

给排水安装工程清单项目及工程量计算规则，应按表 5-48～表 5-51 的规定执行。

表 5-48　给排水、采暖管道(编码：031001)

项目编码	项目名称	项目特征	计量单位	工程量计算规则	工作内容
031001001	镀锌钢管	1. 安装部位 2. 介质 3. 规格、压力等级 4. 连接形式 5. 压力试验及吹、洗设计要求 6. 警示带形式	m	按设计图示管道中心线以长度计算	1. 管道安装 2. 管件制作、安装 3. 压力试验 4. 吹扫、冲洗 5. 警示带敷设
031001002	钢管				
031001003	不锈钢管				
031001004	铜管				
031001005	铸铁管	1. 安装部位 2. 介质 3. 材质、规格 4. 连接形式 5. 接口材料 6. 压力试验及吹、洗设计要求 7. 警示带形式			1. 管道安装 2. 管件安装 3. 压力试验 4. 吹扫、冲洗 5. 警示带敷设
031001006	塑料管	1. 安装部位 2. 介质 3. 材质、规格 4. 连接形式 5. 阻火圈设计要求 6. 压力试验及吹、洗设计要求 7. 警示带形式	m	按设计图示管道中心线以长度计算	1. 管道安装 2. 管件安装 3. 塑料卡固定 4. 阻火圈安装 5. 压力试验 6. 吹扫、冲洗 7. 警示带敷设
031001007	复合管	1. 安装部位 2. 介质 3. 材质、规格 4. 连接形式 5. 压力试验及吹、洗设计要求 6. 警示带形式			1. 管道安装 2. 管件安装 3. 塑料卡固定 4. 压力试验 5. 吹扫、冲洗 6. 警示带敷设
031001008	直埋式预制保温管	1. 埋设深度 2. 介质 3. 管道材质、规格 4. 连接形式 5. 接口保温材料 6. 压力试验及吹、洗设计要求 7. 警示带形式			1. 管道安装 2. 管件安装 3. 接口保温 4. 压力试验 5. 吹扫、冲洗 6. 警示带敷设
031001009	承插陶瓷缸瓦管	1. 埋设深度 2. 规格 3. 接口方式及材料 4. 压力试验及吹、洗设计要求 5. 警示带形式			1. 管道安装 2. 管件安装 3. 压力试验 4. 吹扫、冲洗 5. 警示带敷设
031001010	承插水泥管				

续表

项目编码	项目名称	项目特征	计量单位	工程量计算规则	工作内容
031001011	室外管道碰头	1. 介质 2. 碰头形式 3. 材质、规格 4. 连接形式 5. 防腐、绝热设计要求	处	按设计图示以处计算	1. 挖填工作坑或暖气沟拆除及修复 2. 碰头 3. 接口处防腐 4. 接口处绝热及保护层

注：1. 铸铁管安装适用于承插铸铁管、球墨铸铁管、柔性抗震铸铁管等。

2. 塑料管安装适用于 UPVC、PVC、PP-C、PP-R、PE、PB 管等塑料管材。

3. 复合管安装适用于钢塑复合管、铝塑复合管、钢骨架复合管等复合型管道安装。

4. 直埋保温管包括直埋保温管件安装及接口保温。

5. 室外管道碰头：

1)适用于新建或扩建工程热源、水源、气源管道与原(旧)有管道碰头。

2)室外管道碰头包括挖工作坑、土方回填或暖气沟局部拆除及修复。

3)带介质管道碰头包括开头闸、临时放水管线敷设等费用。

4)热源管道碰头每处包括供、回水两个接口。

5)碰头形式指带介质碰头、不带介质碰头。

6. 管道工程量计算不扣除阀门、管件(包括减压器、疏水器、水表、伸缩器等组成安装)及附属构筑物所占长度。

表 5-49　支架及其他(编码：031002)

项目编码	项目名称	项目特征	计量单位	工程量计算规则	工作内容
031002001	管道支架	1. 材质 2. 管架形式	1. kg 2. 套	1. 以千克计量，按设计图示质量计算 2. 以套计量，按设计图示数量计算	1. 制作 2. 安装
031002002	设备支架	1. 材质 2. 形式			
031002003	套管	1. 名称、类型 2. 材质 3. 规格 4. 填料材质	个	按设计图示数量计算	1. 制作 2. 安装 3. 除锈、刷油

注：1. 单件支架质量 100 kg 以上的管道支吊架执行设备支吊架制作安装。

2. 成品支架安装执行相应管道支架或设备支架项目，不再计取制作费，支架本身价值含在综合单价中。

3. 套管制作安装，适用于穿基础、墙、楼板等部位的防水套管、填料套管、无填料套管及防火套管等，应分别列项。

表 5-50　管道附件(编码：031003)

项目编码	项目名称	项目特征	计量单位	工程量计算规则	工作内容
031003001	螺纹阀门	1. 类型 2. 材质 3. 规格、压力等级 4. 连接形式 5. 焊接方法	个	按设计图示数量计算	1. 安装 2. 电气接线 3. 调试
031003002	螺纹法兰阀门				
031003003	焊接法兰阀门				
031003004	带短管甲、乙阀门	1. 材质 2. 规格、压力等级 3. 连接形式 4. 接口方式及材质			
031003005	塑料阀门	1. 规格 2. 连接形式			1. 安装 2. 调试
031003006	减压器	1. 材质 2. 规格、压力等级 3. 连接形式 4. 附件配置	组		组装
031003007	疏水器				
031003008	除污器(过滤器)	1. 材质 2. 规格、压力等级 3. 连接形式			安装
031003009	补偿器	1. 类型 2. 材质 3. 规格、压力等级 4. 连接形式	个		
031003010	软接头(软管)	1. 材质 2. 规格 3. 连接形式	个(组)	按设计图示数量计算	安装
031003011	法兰	1. 材质 2. 规格、压力等级 3. 连接形式	副(片)		
031003012	倒流防止器	1. 材质 2. 型号、规格 3. 连接形式	套		
031003013	水表	1. 安装部位(室内外) 2. 型号、规格 3. 连接形式 4. 附件配置	组(个)		组装
031003014	热量表	1. 类型 2. 型号、规格 3. 连接形式	块		安装
031003015	塑料排水管消声器	1. 规格 2. 连接形式	个		
031003016	浮标液面计		组		
031003017	浮漂水位标尺	1. 用途 2. 规格	套		

续表

注：1. 法兰阀门安装包括法兰连接，不得另计。阀门安装如仅为一侧法兰连接，应在项目特征中描述。
2. 塑料阀门连接形式需注明热熔连接、粘接、热风焊接等方式。
3. 减压器规格按高压侧管道规格描述。
4. 减压器、疏水器、倒流防止器等项目包括组成与安装工作内容，项目特征应根据设计要求描述附件配置情况，或根据××图集或××施工图做法描述。

表 5-51　卫生器具(编号：031004)

<table>
<tr><th>项目编码</th><th>项目名称</th><th>项目特征</th><th>计量单位</th><th>工程量计算规则</th><th>工作内容</th></tr>
<tr><td>031004001</td><td>浴缸</td><td rowspan="8">1. 材质
2. 规格、类型
3. 组装形式
4. 附件名称、数量</td><td rowspan="8">组</td><td rowspan="9">按设计图示数量计算</td><td rowspan="8">1. 器具安装
2. 附件安装</td></tr>
<tr><td>031004002</td><td>净身盆</td></tr>
<tr><td>031004003</td><td>洗脸盆</td></tr>
<tr><td>031004004</td><td>洗涤盆</td></tr>
<tr><td>031004005</td><td>化验盆</td></tr>
<tr><td>031004006</td><td>大便器</td></tr>
<tr><td>031004007</td><td>小便器</td></tr>
<tr><td>031004008</td><td>其他成品卫生器具</td></tr>
<tr><td>031004009</td><td>烘手器</td><td>1. 材质
2. 型号、规格</td><td>个</td><td>安装</td></tr>
<tr><td>031004010</td><td>淋浴器</td><td rowspan="3">1. 材质、规格
2. 组装形式
3. 附件名称、数量</td><td rowspan="4">套</td><td rowspan="5">按设计图示数量计算</td><td rowspan="3">1. 器具安装
2. 附件安装</td></tr>
<tr><td>031004011</td><td>淋浴间</td></tr>
<tr><td>031004012</td><td>桑拿浴房</td></tr>
<tr><td>031004013</td><td>大、小便槽自动冲洗水箱</td><td>1. 材质、类型
2. 规格
3. 水箱配件
4. 支架形式及做法
5. 器具及支架除锈、刷油设计要求</td><td>1. 制作
2. 安装
3. 支架制作、安装
4. 防锈、刷油</td></tr>
<tr><td>031004014</td><td>给、排水附(配)件</td><td>1. 材质
2. 型号、规格
3. 安装方式</td><td>个
(组)</td><td>安装</td></tr>
<tr><td>031004015</td><td>小便槽冲洗管</td><td>1. 材质
2. 规格</td><td>m</td><td>按设计图示长度计算</td><td rowspan="4">1. 制作
2. 安装</td></tr>
<tr><td>031004016</td><td>蒸汽—水加热器</td><td rowspan="3">1. 类型
2. 型号、规格
3. 安装方式</td><td rowspan="4">套</td><td rowspan="4">按设计图示数量计算</td></tr>
<tr><td>031004017</td><td>冷热水混合器</td></tr>
<tr><td>031004018</td><td>饮水器</td></tr>
<tr><td>031004019</td><td>隔油器</td><td>1. 类型
2. 型号、规格
3. 安装部位</td><td>安装</td></tr>
</table>

续表

注：1. 成品卫生器具项目中的附件安装，主要指给水附件包括水嘴、阀门、喷头等，排水配件包括存水弯、排水栓、下水口等以及配备的连接管。
2. 浴缸支座和浴缸周边的砌砖、瓷砖粘贴，应按现行国家标准《房屋建筑与装饰工程工程量计算规范》(GB 50854—2013)相关项目编码列项；功能性浴缸不含电动机接线和调试，应按《通用安装工程工程量计算规范》(GB 50856—2013)附录D电气设备安装工程相关项目编码列项。
3. 洗脸盆适用于洗发盆、洗手盆安装。
4. 器具安装中若采用混凝土或砖基础，应按现行国家标准《房屋建筑与装饰工程工程量计算规范》(GB 50854—2013)相关项目编码列项。
5. 给、排水附(配)件是指独立安装的水嘴、地漏、地面扫出口等。

实训 12

1. 实训内容

图 5-13 所示为某住宅排水系统的部分管道，管道采用承插铸铁管，水泥接口，试对其中承插铸铁管进行工程量计算。

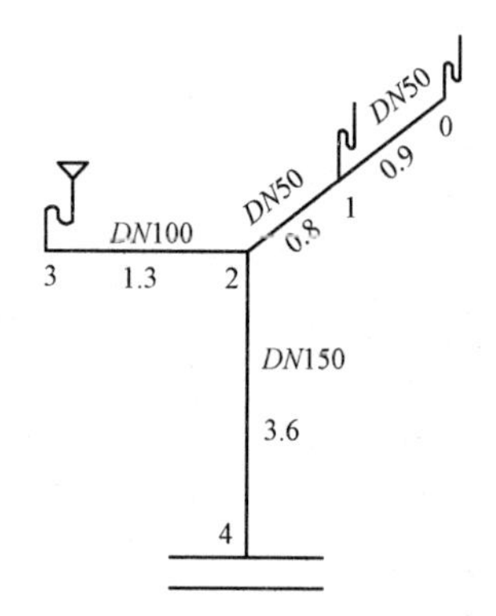

图 5-13 某住宅排水系统部分管道(单位：m)

2. 实训步骤

(1)清单工程量计算。

承插铸铁管 *DN*50：0.9(从节点 0 到节点 1 处)+0.8(从节点 1 到节点 2 处)=1.7(m)。

承插铸铁管 *DN*100：1.3(从节点 3 至节点 2 处)=1.3(m)。

承插铸铁管 *DN*150：3.6(从节点 2 到节点 4 处)=3.6(m)。

清单工程量计算见表 5-52。

表 5-52 清单工程量计算

项目编码	项目名称	项目特征描述	单位	数量
031001005001	铸铁管	*DN*50、排水	m	1.7
031001005002	铸铁管	*DN*100、排水	m	1.3
031001005003	铸铁管	*DN*150、排水	m	3.6

(2)定额工程量计算。定额工程量计算见表 5-53。

表 5-53　定额工程量计算

项目	规格	单位	数量
承插铸铁管	*DN*50	10 m	0.17
承插铸铁管	*DN*100	10 m	0.13
承插铸铁管	*DN*150	10 m	0.36

说明：清单工程量计算与定额工程量计算中的最大区别在于单位的不同，清单工程量以“m”计，定额工程量以“10 m”计。

(3)套用定额。

1)承插铸铁管 *DN*50(石棉水泥接口)：

套用《云南安装定额》管道篇中定额子目 03080189。

基价：220.43 元，其中人工费 143.09 元，材料费(不含主材费)76.01 元，机械费 1.33 元。

2)承插铸铁管 *DN*100(石棉水泥接口)：

套用《云南安装定额》管道篇中定额子目 03080191。

基价：455.23 元，其中人工费 221.02 元，材料费(不含主材费)232.42 元，机械费 1.78 元。

3)承插铸铁管 *DN*150(石棉水泥接口)：

套用《云南安装定额》管道篇中定额子目 03080192。

基价 450.10 元，其中人工费 234.44 元，材料费(不含主材费)213.88 元，机械费 1.78 元。

实训 13

1. 实训内容

图 5-14 所示为室内给水镀锌钢管，规格型号有 *DN*50、*DN*25，需刷防锈漆一道，银粉漆两道，连接方式为镀锌钢管丝接，试计算其工程量。

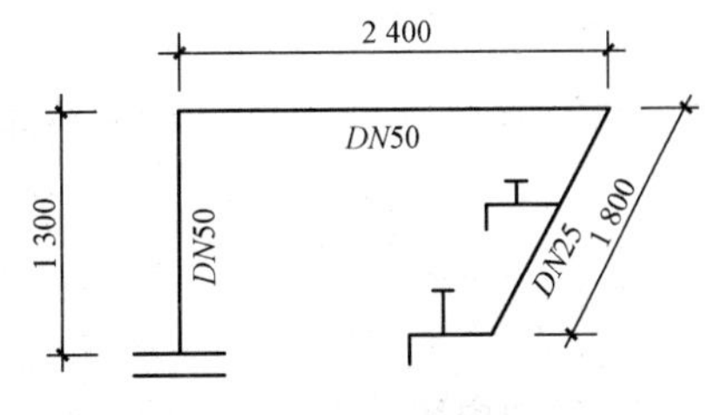

图 5-14　镀锌钢管

2. 实训步骤

(1)清单工程量计算。

1)镀锌钢管 *DN*50：1.3(给水立管楼层以上部分)＋2.4(横支管长度)＝3.7(m)。

2)镀锌管 *DN*25：1.8 m(接水龙头的支管长度)。

3)刷防锈漆一道，银粉漆两道，其工程量：3.14×(3.7×0.060＋1.8×0.034)＝0.89(m^2)。

说明：*DN*50 的外径为 0.060 m，*DN*25 的外径为 0.034 m。

水龙头：2 个。

清单工程量计算见表 5-54。

表 5-54　清单工程量计算

项目编码	项目名称	项目特征描述	单位	数量
031001001001	镀锌钢管	室内给水 *DN*50	m	3.7
031001001002	镀锌钢管	室内给水 *DN*25	m	1.8
031004014001	给、排水附(配)件	*DN*25	个	2

(2)定额工程费用计算。

1)项目：镀锌钢管 *DN*25，工程量：0.18。

套用《云南安装定额》管道篇中定额子目 03080140。

基价：168.89 元/10 m，其中人工费 140.54 元/10 m，计价材料费 26.05 元/10 m(不含主材)，机械费 2.30 元/10 m。

镀锌钢管 *DN*25 工程费用＝168.89/10×1.8/10＝30.40(元)(不含主材费)。

2)项目：镀锌钢管 *DN*50，工程量：0.37。

套用《云南安装定额》管道篇中定额子目 03080143。

基价：217.71/10 m，其中人工费 171.20 元/10 m，材料费 41.11 元/10 m，机械费 5.40 元/10 m。

镀锌钢管 *DN*50 工程费用＝217.71/10×3.7/10＝80.55(元)(不含主材费)

3)项目：水龙头，数量：0.2。

套用《云南安装定额》管道篇中定额子目 03080599。

基价：25.42 元/10 个，其中人工费 23.64 元，计价材料费 1.78 元(不含主材费)。

水龙头 *DN*25 工程费用＝25.42 元/10 个×2/10 个＝5.08(元)(不含主材费)

4)项目：刷漆，计量单位：10 m^2，数量：0.089。

①刷防锈漆一道。套用《云南安装定额》管道篇中定额子目 030130462。

基价：18.57 元/10 m^2，其中人工费 17.89 元，计价材料费 0.68 元(不含主材费)。

②刷银粉一道。套用《云南安装定额》管道篇中定额子目 03130442。

基价：26.51 元/10 m^2，其中人工费 17.89 元，计价材料费 8.62 元(不含主材费)。

③刷银粉二道。套用《云南安装定额》管道篇中定额子目 03130443。

基价：23.14 元/10 m^2，其中人工费 15.20 元，计价材料费 7.94 元(不含主材费)。

镀锌钢管 *DN*50、*DN*25 刷防锈漆、银粉漆工程费用＝(18.57＋26.51＋23.14)/10×3.14×(3.7＋1.8)×(0.05＋0.025)/10＝8.84(元)(不含主材费)

实训 14

1. 实训内容

某住宅消防系统的给水平面图及系统图如图 5-15 和图 5-16 所示，其中二层以下的水喷头距地面高度为 1.2 m，消防给水立管埋深为 1.0 m，消防埋地横管①、②长度分别为8 m、7.2 m，梁横管连接管长度为 7.2 m，消防给水管旁通管部分长度为 3.2 m，与旁通管并列的水泵给水管部分长度为 3.6 m，水表井至户外部分长度为 7 m。七层水喷头至七层顶部长度为 2.0 m，消防上部横管长度为 15.2 m，上部两横管连接管长度为 4.6 m，消防水箱入水口至上部横管连接管为 2.8 m。计算其清单工程量。

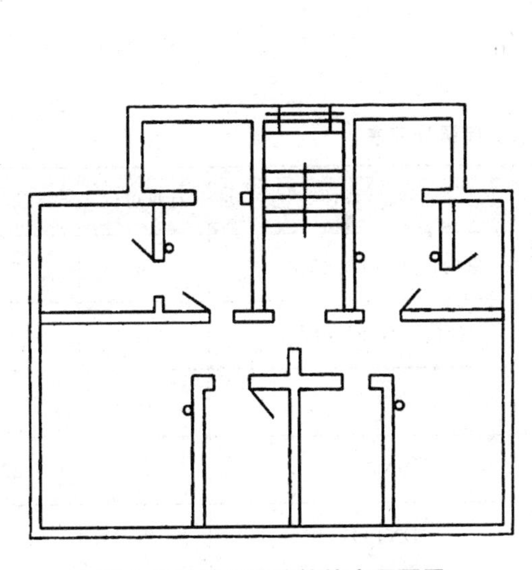

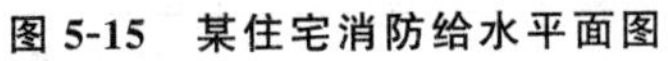

图 5-15　某住宅消防给水平面图

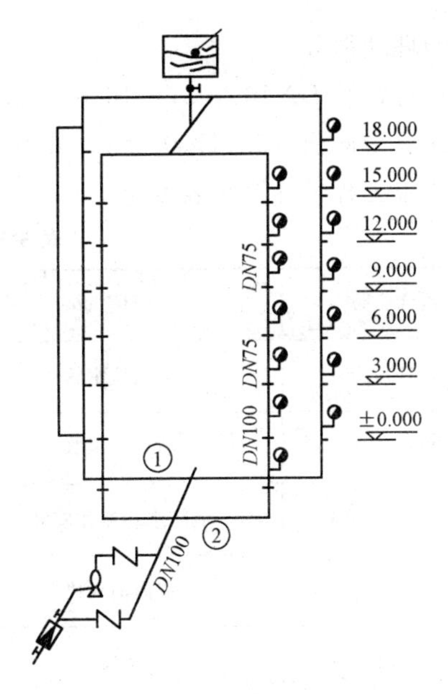

图 5-16　消防给水系统图

2. 实训步骤

(1)消防给水管工程量计算。消防给水管为镀锌钢管，二层以上消防管道为 *DN*75，二层以下消防管道为 *DN*100。

1)*DN*100 镀锌钢管：

[3(二层至一层高度)＋1.2(水喷头距地面高度)＋1.0(消防给水立管埋深)]×4＋8(消防埋地横管①)＋7.2(消防埋地横管②)＋7.2(横管连接管长度)＋3.2(消防给水管旁通管部分)＋3.6(与旁通管并列的水泵给水管部分长度)＋7(水表井至户外部分长度)＝57(m)

2)*DN*75 镀锌钢管：

3(楼层高度)×5(七层至二层)×4＋2.0(七层水喷头至七层顶部长度)×4＋15.2(消防上部横管长度)＋4.6(上部两横管连接管)＋2.8(消防水箱入水口至上部横管连接管长度)＝90.6(m)

(2)消防给水系统附件及附属设备工程量计算。

1)消防水箱：1 个。

2)给水泵：1 台。

3)止回阀：1×2＝2(个)。

4)消火栓：7×4＝28(套)。

5)水表：1 组

(3)防腐。消防给水管全部为镀锌钢管，明装部分刷防锈漆一道，银粉两道，埋地部分刷沥青油两道，冷底子油一道。其工程量计算如下：

1)明装部分：

镀锌钢管 *DN*75：90.6 m。

镀锌钢管 *DN*100：(3＋1.2)×4＝16.8(m)。

换算为面积：3.14×(0.085×90.6＋0.11×16.8)＝29.98(m^2)。

2)埋地部分：

镀锌钢管 $DN100$：57－16.8＝40.2(m)。

换算为面积：3.14×0.11×40.2＝13.89(m^2)。

清单工程量计算见表 5-55。

表 5-55 清单工程量计算表

项目编码	项目名称	项目特征描述	计量单位	工程量
030901002001	消火栓钢管	室内，*DN*100，给水	m	57
030901002002	消火栓钢管	室内，*DN*75，给水	m	90.6
031006015001	消防水箱制作安装	—	台	1
030901010001	室内消火栓	*DN*75	套	28
031003013001	水表	*DN*100	组	1
031003001001	螺纹阀门	*DN*100	个	1
031003001002	螺纹阀门	*DN*75	个	1

实训 15

1. 实训内容

某 7 层住宅楼的卫生间排水管道布置如图 5-17 和图 5-18 所示。首层为架空层，层高为 3 m，其余层高为 2.6 m。自 2 层至 7 层设有卫生间。管材为铸铁排水管，石棉水泥接口。图中所示地漏为 $DN75$，连续地漏的横管标高为楼板面下 0.1 m，立管至室外第一个检查井的水平距离为 5 m。试计算该排水管道系统的工程量。明露排水铸铁管刷防锈底漆一遍，银粉漆两遍，埋地部分刷沥青漆两遍，试编制该管道工程的工程量清单。

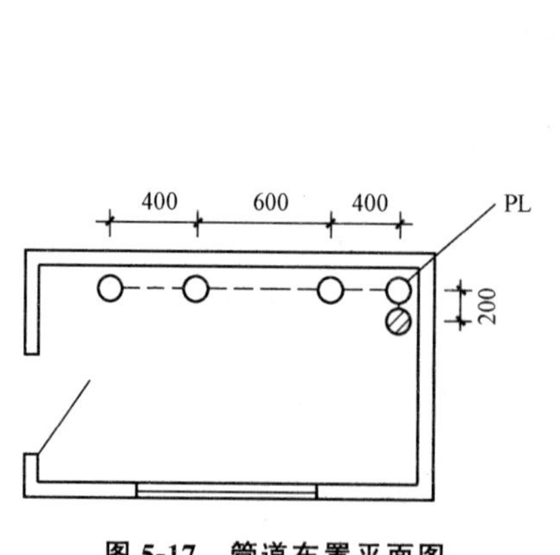

图 5-17 管道布置平面图

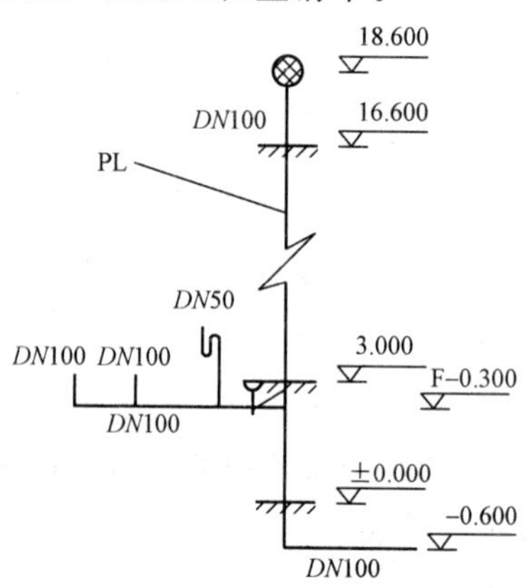

图 5-18 排水管道系统图

2. 实训步骤

(1)器具排水管。

1)铸铁排水管 $DN50$：0.3×6=1.8(m)。

2)铸铁排水管 $DN75$：0.1×6=0.6(m)。

3)铸铁排水管 $DN100$：0.3×6×2=3.6(m)。

(2)排水横管。

1)铸铁排水管 $DN75$：0.2×6=1.2(m)。

2)铸铁排水管 $DN100$：(0.4+0.6+0.4)×6=8.4(m)。

3)排水立管和排出管：18.6+0.6+5=24.2(m)。

(3)综合。

1)铸铁排水管 $DN50$：1.8 m。

2)铸铁排水管 $DN75$：1.8 m。

3)铸铁排水管 $DN100$：36.2 m，其中埋地部分 $DN100$，5.6 m。

分部分项工程量清单见表 5-56。

表 5-56 分部分项工程量清单

工程名称：排水管道工程　　　　标段：　　　　第 页 共 页

序号	项目编码	项目名称	项目特征描述	计量单位	工程量	金额/元		
						综合单价	合价	其中 暂估价
1	031001005001	承插铸铁排水管装	$DN50$，一遍防锈底漆，两遍银粉漆	m	1.8			
2	031001005002	承插铸铁排水管装	$DN75$，一遍防锈底漆，两遍银粉漆	m	1.8			
3	031001005003	承插铸铁排水管装	$DN100$，一遍防锈底漆，两遍银粉漆	m	36.2			
4	031001005004	承插铸铁排水管装	$DN100$，(埋地)两遍沥青漆	m	5.6			
合计								

二、采暖安装工程清单项目及工程量计算规则

采暖安装工程清单项目及工程量计算规则见表 5-57。

表 5-57　燃气器具及其他(编码：031007)

<table>
<tr><th>项目编码</th><th>项目名称</th><th>项目特征</th><th>计量
单位</th><th>工程量
计算规则</th><th>工作内容</th></tr>
<tr><td>031007001</td><td>燃气开水炉</td><td rowspan="2">1. 型号、容量
2. 安装方式
3. 附件型号、规格</td><td rowspan="4">台</td><td rowspan="12">按设计图示数量计算</td><td rowspan="4">1. 安装
2. 附件安装</td></tr>
<tr><td>031007002</td><td>燃气采暖炉</td></tr>
<tr><td>031007003</td><td>燃气沸水器、消毒器</td><td rowspan="2">1. 类型
2. 型号、容量
3. 安装方式
4. 附件型号、规格</td></tr>
<tr><td>031007004</td><td>燃气热水器</td></tr>
<tr><td>031007005</td><td>燃气表</td><td>1. 类型
2. 型号、容量
3. 连接方式
4. 托架设计要求</td><td>块
（台）</td><td>1. 安装
2. 托架制作、安装</td></tr>
<tr><td>031007006</td><td>燃气灶具</td><td>1. 用途
2. 类型
3. 型号、规格
4. 安装方式
5. 附件型号、规格</td><td>台</td><td>1. 安装
2. 附件安装</td></tr>
<tr><td>031007007</td><td>气嘴</td><td>1. 单嘴、双嘴
2. 材质
3. 型号、规格
4. 连接形式</td><td>个</td><td rowspan="5">安装</td></tr>
<tr><td>031007008</td><td>调压器</td><td>1. 类型
2. 型号、规格
3. 安装方式</td><td>台</td></tr>
<tr><td>031007009</td><td>燃气抽水缸</td><td>1. 材质
2. 规格
3. 连接形式</td><td rowspan="2">个</td></tr>
<tr><td>031007010</td><td>燃气管道调长器</td><td>1. 规格
2. 压力等级
3. 连接形式</td></tr>
<tr><td>031007011</td><td>调压箱、调压装置</td><td>1. 类型
2. 型号、规格
3. 安装部位</td><td>台</td></tr>
<tr><td>031007012</td><td>引入口砌筑</td><td>1. 砌筑形式、材质
2. 保温、保护材料设计要求</td><td>处</td><td>1. 保温(保护)台砌筑
2. 填充保温(保护)材料</td></tr>
</table>

注：1. 沸水器、消毒器适用于容积式沸水器、自动沸水器、燃气消毒器等。
2. 燃气灶具适用于人工煤气灶具、液化石油气灶具、天然气灶具等，用途应描述民用或公用，类型应描述所采用气源。
3. 调压箱、调压装置安装部位应区分室内、室外。
4. 引入口砌筑形式应说明地上、地下。

实训 16

1. 实训内容

某采暖系统采用钢串片(闭式)散热器进行采暖，其中一房间的布置如图 5-19 和图 5-20 所示，其中所连支管为 $DN20$ 的焊接钢管(螺纹连接)，试计算其工程量。

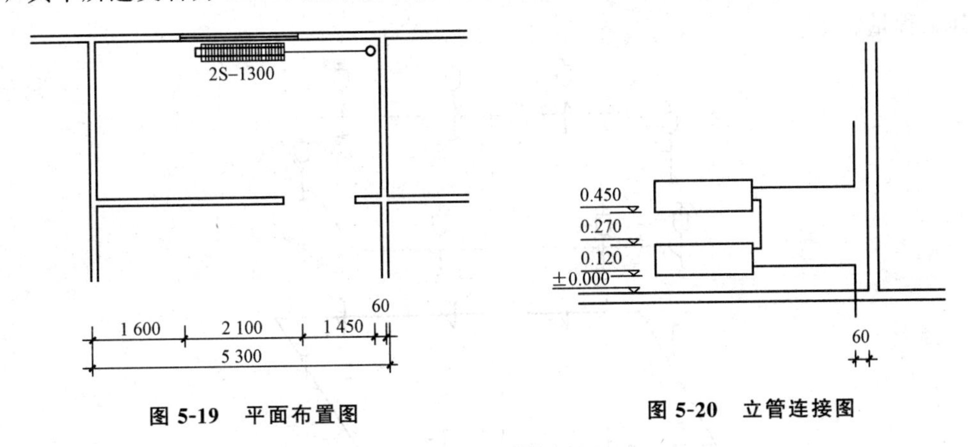

图 5-19　平面布置图　　图 5-20　立管连接图

2. 实训步骤

(1)清单工程量计算。

1)钢制闭式散热器 2S-1 300，项目编码：031005002，计量单位：片，工程量为 $\frac{1\times2(\text{每组片数})}{1(\text{计量单位})}=2$。

2)焊接钢管 $DN20$(螺纹连接)，项目编码：031001002，计量单位：m，工程量；$\left[\frac{5.3}{2}(\text{房间长度一半})-0.12(\text{半墙厚})-0.06(\text{立管中心距内墙边距离})\right]\times2-1.300$(钢制闭式散热器的长度)$=3.64$。

(2)定额工程量计算。

1)钢制闭式散热器 2S-1 300，该散热器的高度为 150 mm，宽度为 80 mm，同侧进出水口中心距为 70 mm。

故 $H200\times2\ 000$ 以内钢制闭式散热器，计量单位：片，工程量：$\frac{1\times2(\text{每组片数})}{1(\text{计量单位})}=2$。

套用《云南省通用安装工程消耗量定额》(第八册)03080574。

基价：12.08 元，其中人工费 $53.23\times0.22=11.71$(元)、材料费 0.37 元。

$H200\times2\ 000$ 以内钢制闭式散热器工程费用$=12.08\times2=24.16$(元)。

2)焊接钢管 $DN20$(螺纹连接)，计量单位：10 m，工程量：$\frac{\left(\frac{5.3}{2}-0.12-0.06\right)\times2-1.3}{10}=0.364$。

套用《云南省通用安装工程消耗量定额》(第八册)03080099。

基价：116.76 元，其中人工费 97.41 元、材料费 19.35 元。

焊接钢管 $DN20$(螺纹连接)工程费用$=116.76$ 元$/10\times0.364=42.50$(元)。

实训 17

1. 实训内容

某采暖系统采用下供上回式系统，为避免垂直失调，保证热水流动通畅，采暖立管上均安装自动放气阀，系统如图 5-21 所示，自动放气阀公称直径为 20 mm、25 mm 两种，试计算其工程量。

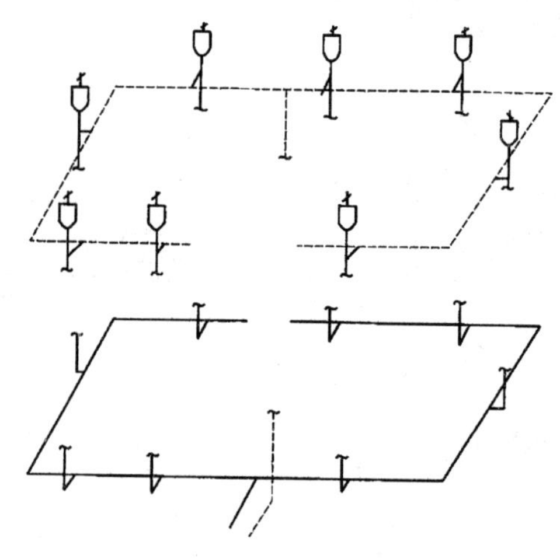

图 5-21　采暖系统图

2. 实训步骤

(1)清单工程量计算。

1)*DN*25 自动放气阀(立式)，项目编码：030803005，计量单位：个，工程量：3。

2)*DN*20 自动放气阀(立式)，项目编码：030803005，计量单位：个，工程量：5。

(2)定额工程量计算。

1)*DN*25 自动放气阀(立式)，计量单位：个，工程量：3。

套用《云南安装定额》管道篇中定额子目 02080448。

基价：32.72 元，其中人工费：17.25 元，计价材料费 15.47 元(不含主材费)。

*DN*25 自动放气阀(立式)工程费用＝32.72×3＝98.16 元(不含主材费)

2)*DN*20 自动放气阀(立式)，计算单位：个，工程量：5。

套用《云南安装定额》(第八册)中定额子目 03080447。

基价：25.89 元，其中人工费：14.05 元，计价材料费 11.82 元(不含主材费)。

*DN*20 自动放气阀(立式)工程费用＝25.87×5＝129.35 元(不含主材费)

实训 18

1. 实训内容

某住宅煤气系统图如图 5-22 所示，平面图如图 5-23 所示，外墙厚为 240 mm，立管距内墙面 100 mm，进出燃气表立管间距为 150 mm，系统管道均采用镀锌钢管，螺纹连接，计算煤气入户支管的定额工程量。

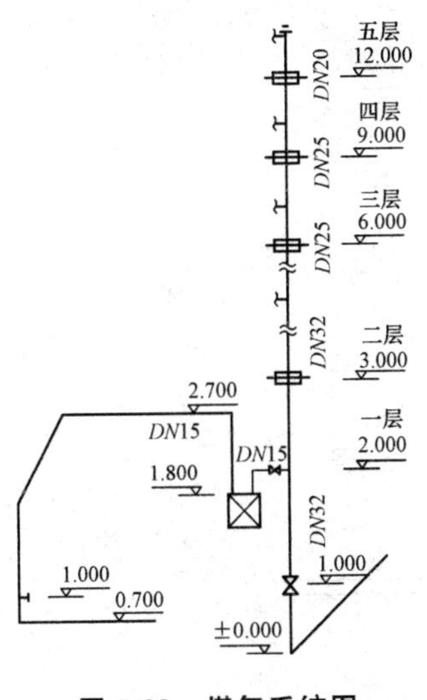

图 5-22　煤气系统图

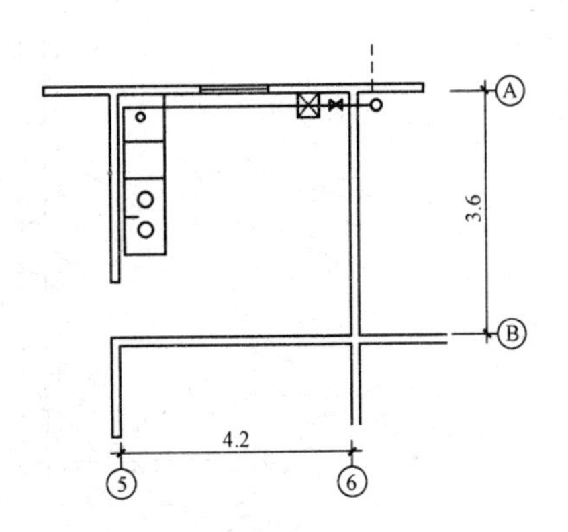

图 5-23　煤气管平面图(单位：m)

2. 实训步骤

(1)定额工程量计算。根据平面图和系统图，煤气入一层用户支管管长：

[3.6(房间宽度)+4.2(房间长度)+0.24(一墙厚)+0.1(立管距内墙面距离)−0.05(转变后煤气管道距⑤轴线墙面的距离)−0.1(煤气管道距⑤轴线墙面的距离)−1.5(接入灶具处距Ⓐ轴线的距离)+(2.7−1.0)(标高差)+(2.7−2.0)(标高差)+(2.0−1.8)×2(进出燃气表立管长度)−0.15(进出燃气表立管间距)]=9.14(m)，则整个系统用户支线的长度为 9.14×5=45.7(m)。

定额工程量：45.7/10=4.57(10 m)。

(2)套用定额：室内镀锌钢管 *DN*15 螺纹连接，单位：10 m，定额工程量：4.57。套用《云南安装定额》管道篇中定额子目 03080138。基价：138.68 元，其中人工费：116.90 元，计价材料费 20.89 元(不含主材费)，机械费 0.89 元。

室内镀锌钢管 *DN*15 螺纹连接工程费用=138.68/10×45.7/10=633.77(元)(不含主材费)

实训 19

1. 实训内容

某南方建筑，燃气立管完全敷设在外墙上，引入管采用 D57×3.5 无缝钢管，燃气立管采用镀锌钢管，该燃气由中压管道经调节器后供给用户，调压器设在专用箱体内，调压箱挂在外墙壁上，调压箱底部距室外地坪高度为 1.5 m，其系统如图 5-24 所示，图中标高 0.700 处安有清扫口，采用法兰连接，镀锌钢管外刷防锈漆两道、银粉漆两道，试计算其工程量。

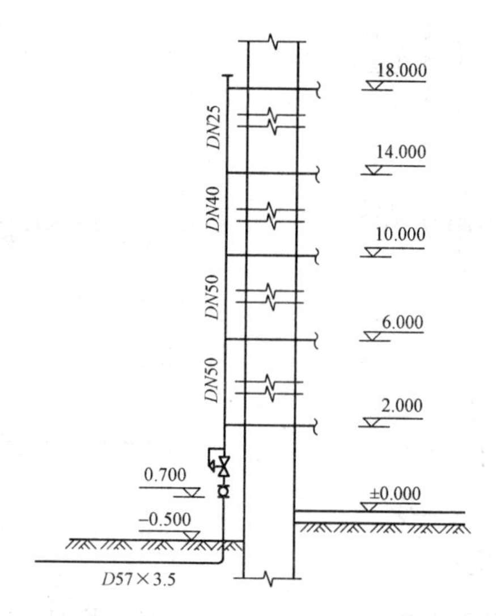

图 5-24　煤气管平面图(单位：m)

2. 实训步骤

(1)清单工程量计算。

1)*DN*50 煤气调压器安装，项目编码：030808001，计量单位：台，工程量：1。

2)*DN*50 法兰焊接连接，项目编码：031003009，计量单位：副，工程量：1。

3)*DN*50 镀锌钢管，项目编码：031001001，计量单位：m，工程量：

$$\frac{10.000-2.000(\text{标高差})}{1(\text{计量单位})}=8。$$

4)*DN*40 镀锌钢管，项目编码：031001001，计量单位：m，工程量：

$$\frac{14.000-10.000(\text{标高差})}{1(\text{计量单位})}=4。$$

5)*DN*25 镀锌钢管，项目编码：031001001，计量单位：m，工程量：

$$\frac{18.000-14.000(\text{标高差})+0.2}{1(\text{计量单位})}=4.2。$$

(2)定额工程量及费用计算。

1)*DN*50 煤气调压器安装，计量单位：个，工程量：10。

2)*DN*50 法兰焊接连接，计量单位：副，工程量：1。

套用《云南省通用安装工程消耗量定额管道篇(中册)》03080305。基价：51.21 元，其中人工费 18.53 元，计价材料费 8.93 元(不含主材费)，机械费 23.75 元。

3)*DN*50 镀锌钢管。

①*DN*50 镀锌钢管安装，计量单位：10 m，工程量：(10.000−2.000)/10=0.8。

套用《云南安装定额》管道篇中定额子目 03080143。

基价：217.71 元，其中人工费 171.20 元，计价材料费 41.11 元(不含主材费)，机械费 5.40 元。

②钢管外刷防锈漆第一遍，计量单位：10 m^2，工程量：(1.89×0.8)/10=0.151 2。

套用《云南安装定额》管道篇中定额子目 03130437。

基价：20.62 元，其中人工费 17.25 元，计价材料费 3.37 元(不含主材费)。

③钢管外刷防锈漆第二遍，计量单位：10 m^2，工程量：(1.89×0.8)/10=0.151 2。

套用《云南安装定额》管道篇中定额子目 03130438。

基价：18.20 元，其中人工费 15.20 元，计价材料费 3.00 元(不含主材费)。

④钢管外刷银粉漆第一遍，计量单位：10 m^2，工程量：(1.89×0.8)/10=0.151 2。

套用《云南安装定额》管道篇中定额子目 03130442。

基价：26.51 元，其中人工费 17.89 元，计价材料费 8.62 元(不含主材费)。

⑤钢管外刷银粉漆第二遍，计量单位：10 m^2，工程量：(1.89×0.8)/10=0.151 2。

套用《云南安装定额》管道篇中定额子目 03130443。

基价：23.14 元，其中人工费 15.20 元，计价材料费 7.94 元(不含主材费)。

4)*DN*40 镀锌钢管。

①*DN*40 镀锌钢管安装，计量单位：10 m，工程量：(14.000−10.000)/10=0.4。

套用《云南安装定额》管道篇中定额子目 03080142。

基价：198.93 元，其中人工费 167.37 元，计价材料费 28.82 元(不含主材费)，机械费 2.74 元。

②钢管外刷防锈漆第一遍，计量单位：10 m^2，工程量(1.51×0.4)/10=0.060 40。

套用《云南安装定额》管道篇(公共篇)中定额子目 03130437。

基价：20.62 元，其中人工费 17.25 元，计价材料费 3.37 元(不含主材费)。

③钢管外刷防锈漆第二遍，计量单位：10 m^2，工程量：(1.51×0.4)/10=0.060 40。

套用《云南安装定额》管道篇(公共篇)中定额子目 03130438。

基价：18.20 元，其中人工费 15.20 元，计价材料费 3.00 元(不含主材费)。

④钢管外刷银粉漆第一遍，计量单位：10 m^2，工程量：1.51×0.4)/10=0.060 40。

套用《云南安装定额》管道篇(公共篇)中定额子目 03130442。

基价：26.51 元，其中人工费 17.89 元，计价材料费 8.62 元(不含主材费)。

⑤钢管外刷银粉漆第二遍，计量单位：10 m^2，工程量：(1.51×0.4)/10=0.060 40。

套用《云南安装定额》管道篇(公共篇)中定额子目 03130443。

基价：23.14 元，其中人工费 15.20 元，计价材料费 7.94 元(不含主材费)。

5)*DN*25 镀锌钢管。

①*DN*25 镀锌钢管安装，计量单位：10 m，工程量(18.000−14.000+0.2)/10=0.42。

套用《云南安装定额》管道篇中定额子目 03080140。

基价：168.89 元，其中人工费 140.54 元，计价材料费 26.05(不含主材费)，机械费 2.30 元。

②钢管外刷防锈漆第一遍，计量单位：10 m^2，工程量：(1.05×0.42)/10=0.044 1。

套用《云南安装定额》管道篇(公共篇)中定额子目 03130437。

基价：20.62 元，其中人工费 17.25 元，计价材料费 3.37 元(不含主材费)。

③钢管外刷防锈漆第二遍，计量单位：10 m^2，工程量(1.05×0.42)/10=0.044 1。

套用《云南安装定额》管道篇(公共篇)中定额子目 03130438。

基价：18.20 元，其中人工费 15.20 元，计价材料费 3.00 元(不含主材费)。

④钢管外刷银粉漆第一遍，计量单位：10 m^2，工程量：(1.05×0.42)/10=0.044 1。

套用《云南安装定额》管道篇(公共篇)中定额子目 03130442。

基价：26.51 元，其中人工费 17.89 元，计价材料费 8.62 元(不含主材费)。

⑤钢管外刷银粉漆第二遍，计量单位：10 m^2，工程量：(1.05×0.42)/10=0.044 1。

套用《云南安装定额》管道篇(公共篇)中定额子目 03130443。

基价：23.14 元，其中人工费 15.20 元，计价材料费 7.94 元(不含主材费)。

燃气系统费用=51.21×10+217.71×8+(20.62+18.20+26.51+23.14)×0.151 2+198.93×4+(20.62+18.20+26.51+23.14)×0.060 40+168.89×4+(20.62+18.20+26.51+23.14)×0.044 1=3 747.68(元)

给排水安装工程工程量清单及计价编制实例

一、熟悉工程概况、施工图与施工说明

本给排水工程是有三个单元的五层住宅楼，每单元每层两户，每单元为10住户。工程由给水系统、热水系统和排水系统三部分组成。工程提供了6张施工设计图纸：中间单元底层给水、热水、排水工程平面图(图5-25)；厨房给水、热水、排水工程平面图(图5-26)；卫生间给水、热水、排水工程平面图(图5-27)；中间单元给水系统轴测图(图5-28)；中间单元热水系统轴测图(图5-29)；中间单元排水系统轴测图(仅右边五层用户，图5-30)。

给水系统，由户外阀门井埋地引入自来水供水管道，通过立管经各户横支管上的水表向其厨房和卫生间设备供水。热水系统，由小区换热站经地沟引入热水管道，并通过立管经各户热水表，由横支管向其厨房洗涤盆和卫生间洗脸盆、浴盆设备供水；而热水回水由立管返回地沟，通向小区换热站。排水系统，由卫生间与厨房的排水管道，经不同排水立管，再经其排出管引至室外化粪池。

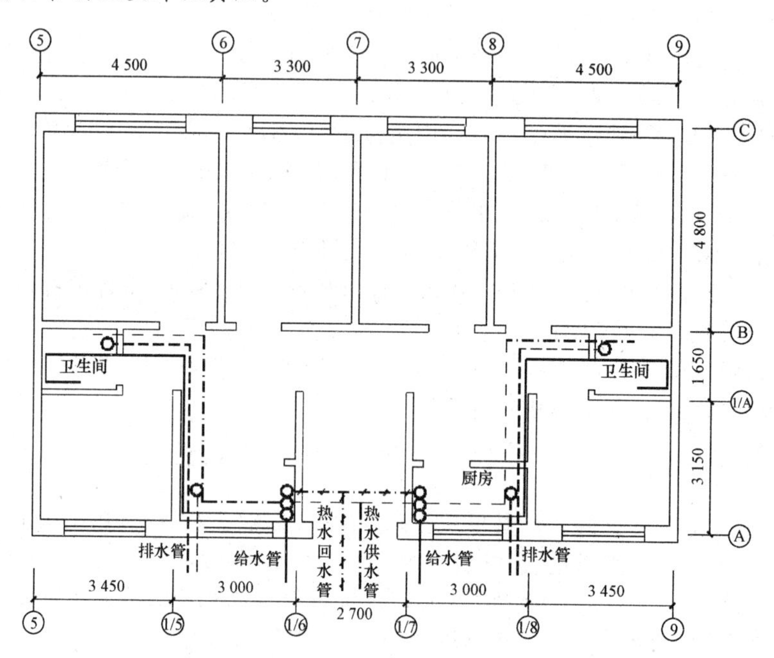

图5-25　中间单元底层给水、热水、排水工程平面图

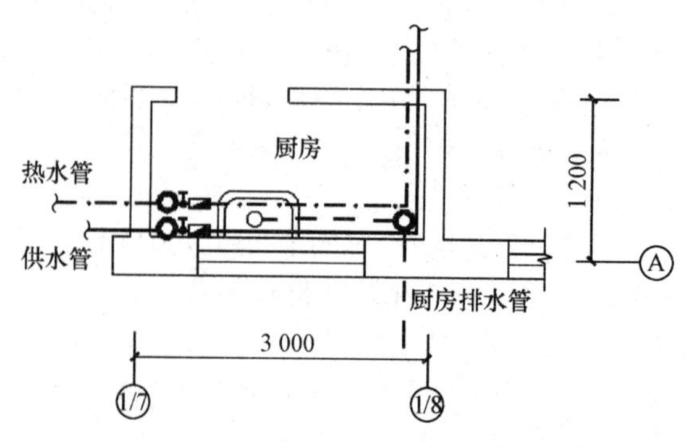

图5-26　厨房给水、热水、排水工程平面图

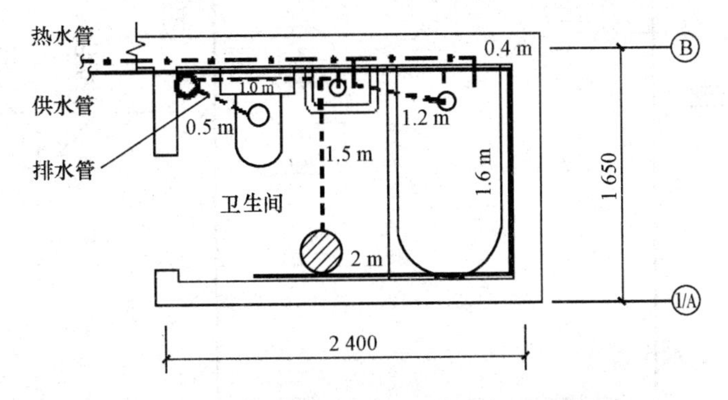

图 5-27　卫生间给水、热水、排水工程平面图

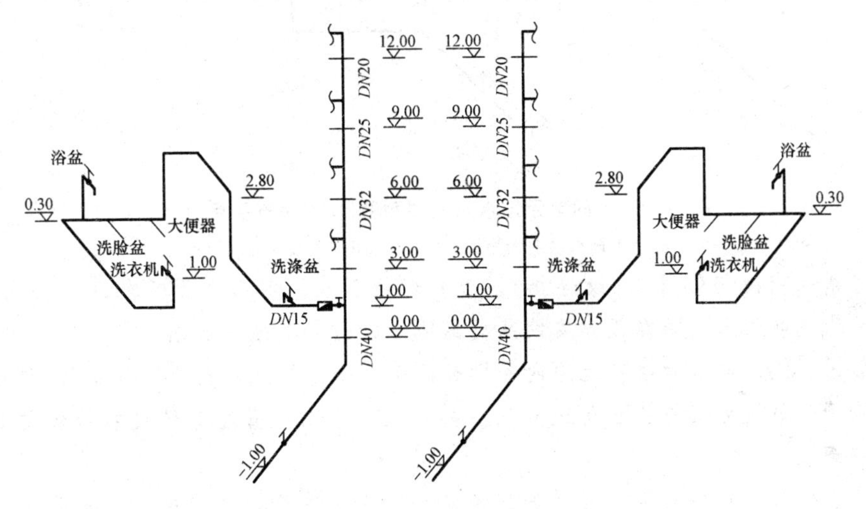

图 5-28　中间单元给水系统轴测图

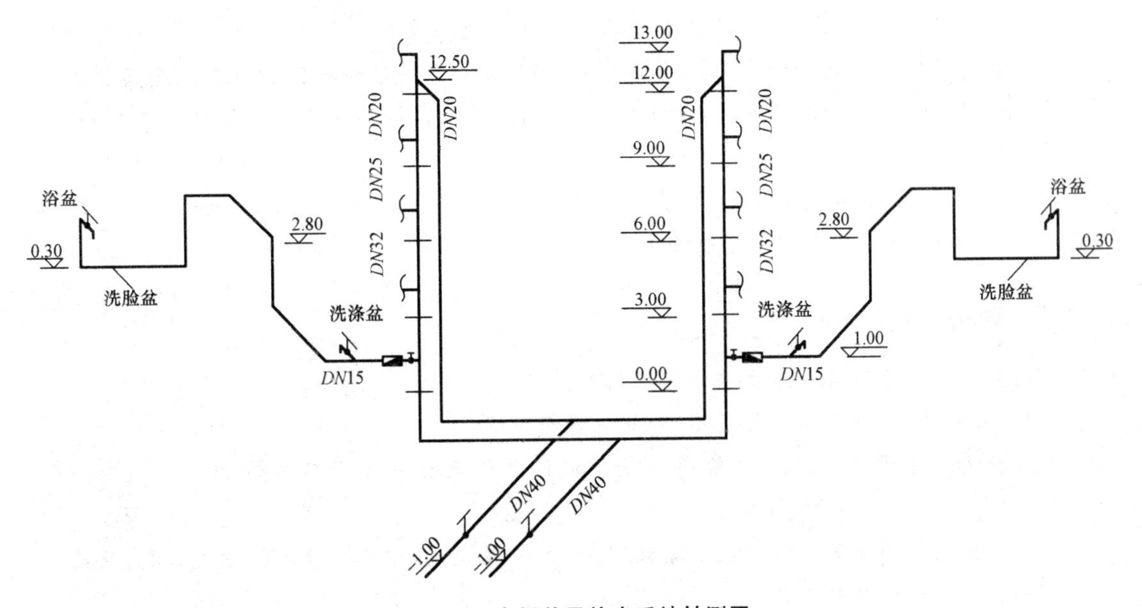

图 5-29　中间单元热水系统轴测图

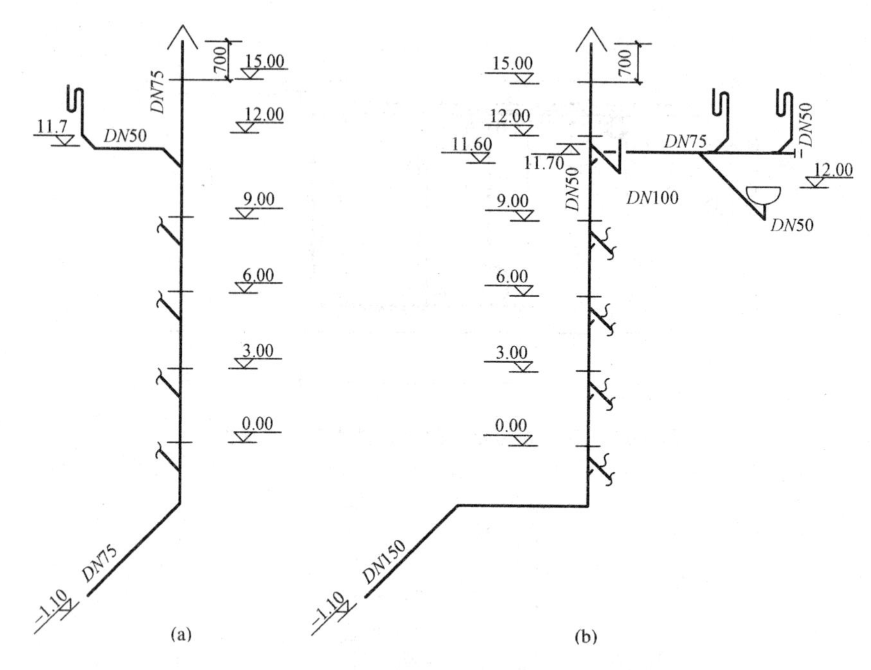

图 5-30　中间单元排水系统轴测图(仅右边五层用户)

(a)厨房排水系统轴测图；(b)卫生间排水系统轴测图

给水管道采用镀锌钢管(螺纹连接)，进户埋地引入，室内立管明敷设于房间阴角处，各户横支管沿墙、沿吊顶明敷设，安装高度离地 0.3 m 和离地 2.8 m。

热水管道、热水回水管道在地沟内并排敷设于水平支架上，也为镀锌钢管(螺纹连接)。其立管与横管的敷设方式与给水管道相同。热水及热水回水管道穿墙设镀锌铁皮套管，穿楼板时设钢套管。

冷、热水管道同时安装时应符合下列规定：①上、下平行安装时，热水管道应在冷水管道上方。②垂直平行安装时，热水管道应在冷水管道左侧。

给水管道在交付使用前必须冲洗和消毒。热水管道在交付使用前必须冲洗。地沟内的热水管采用泡沫塑料瓦块(绝热层厚 δ=40 mm)保温，缠绕玻璃丝布保护层后，刷沥青漆两道。排水管道采用承插铸铁排水管(水泥接口)，明敷设时，铸铁管除锈刷红丹防锈漆一道、银粉漆两道。埋地敷设时，铸铁管除锈后刷热沥青两道防腐。排水立管明敷设于厨房、卫生间墙阴角。横管(除底层外)设于下层顶棚下，横管与立管三通连接点距楼板下表面距离不超过 500 mm。底层横支管埋在地坪下。

二、编制依据

本给排水工程量清单计价主要编制依据有：

(1)工程施工图(平面图和系统图)和相关资料说明。

(2)《云南省建设工程造价计价规则及机械仪器仪表台班费用定额》(DBJ 53/T—58—2013)。

(3)《云南省通用安装工程消耗量定额》(2013 年)管道篇(中册，采暖、燃气工程)及第十一册刷油、防腐蚀、绝热工程。

(4)国家和工程所在地区有关工程造价的文件。

(5)《通用安装工程工程量计算规范》(GB 50856—2013)。

(6)《建设工程工程量清单计价规范》(GB 50500—2013)。

三、工程量清单项目的划分及项目编码表格

本安装工程有室内给水、热水、排水三个系统，它们的分项工程项目有：

(1)室内给水系统安装：①镀锌钢管安装。②管道支架制作安装。③管道消毒冲洗。④阀门安装。⑤水表组成与安装。⑥洗衣机水龙头安装。

(2)热水供应系统安装：①镀锌钢管安装。②管道穿墙镀锌铁皮套管制作。③管道穿楼板钢套管制作安装。④管道支架制作安装。⑤管道冲洗。⑥阀门安装。⑦水表组成与安装。

(3)室内排水系统安装：①承插铸铁排水管安装。②浴盆安装。③洗脸盆安装。④洗涤盆安装。⑤坐式大便器安装。⑥地漏安装。⑦水平清扫口和地面扫除口安装。以上项目属于《云南省安装工程计价表》(第八册)预算定额范围。

(4)除锈、刷油、保温工程：①埋地镀锌钢管刷热沥青。②铸铁排水管除锈与刷油。③管道支架除锈与刷油。④绝热保护层安装。⑤绝热保护层刷油。以上项目属于《云南省通用安装工程消耗量定额》(第十三册)预算定额范围。

(5)埋地管道挖土、回填土及砌筑工程：①埋地给水管道人工挖沟槽和回填土。②埋地排水管道人工挖沟槽和回填土。③排水立管下砖墩砌筑。④阀门井砌筑。⑤化粪池砌筑。

埋地管道挖土、回填土及砌筑工程项目属于建筑工程预算定额范围。

由此，可归纳本给排水工程的分项工程项目，划分成13个清单安装项目，见表5-58。

表5-58　工程量清单项目的划分及项目编码

工程名称：某住宅楼给排水工程　　　　第　页　共　页

序号	项目编码	项目名称	计量单位	工程内容	定额指引
1	031001001001	镀锌钢管	m	(1)管道安装； (2)消毒、冲洗； (3)埋地管防腐； (4)地沟热水管保温、刷漆	03080138、03080139、03080140、03080141、03080142、03080377、03130459、03130458、03132583、03132918、03130638、03130639
2	031001005001	承插铸铁管	m	(1)管道安装； (2)除锈； (3)明敷管防腐； (4)埋地管防腐	03080075、03080076、03080077、03080079、03130437、03130442、03130443、03130452、03130453
3	031001004001	钢管	m	(1)钢套管制作、安装； (2)铁皮套管制作	03080023、03080024、03080025、03080169
4	031002001001	管道支架制作安装	kg	(1)管道支架制作、安装； (2)防腐刷油	03080178、03110122、03110123、03110117、03110118、03110007

续表

序号	项目编码	项目名称	计量单位	工程内容	定额指引
5	031003001001	螺纹阀门	个	阀门安装	03080245
6	031003013001	水表	组	水表安装	03080357
7	031004001001	浴缸	组	浴缸安装	03080376
8	031004003001	洗脸盆	组	洗脸盆安装	03080384
9	031004004001	洗涤盆	组	洗涤盆安装	03080392
10	031004006001	大便器	套	坐式大便器安装	03080416
11	031004014001	给、排水附(配)件	个	水龙头安装	03080438
12	031004014002	给、排水附(配)件	个	地漏安装	03080447
13	031004014003	给、排水附(配)件	个	地面扫除口安装	03080451

根据《通用安装工程工程量计算规范》(GB 50854—2013)，在表中填入各清单安装项目的项目编码、计量单位和定额编号。如镀锌钢管安装的项目编码，可从《通用安装工程工程量计算规范》(GB 50854—2013)查知镀锌钢管安装项目的编码是"031001001"，计量单位是"m"，并根据定额指引和本工程镀锌钢管安装的工作内容，其定额子目有"03080138、03080139、03080140、03080141、03080142、03080377、03130459、03130458、03132583、03132918、03130638、03130639"。

同样，可查知承插铸铁管安装的项目编码是"031001003"，计量单位是"m"，定额子目有"03080075、03080076、03080077、03080079、03130437、03130442、03130443、03130452、03130453"。

其他清单安装的项目编码、计量单位和定额子目也可以一一查得。

本项目工程清单项目的划分及项目编码见表 5-59。

表 5-59　工程清单项目的划分及项目编码表

工程名称：某住宅楼给排水工程　　　　第　页　共　页

序号	项目编码	项目名称	计量单位	工程内容	数量	定额编号
1	031001001001	*DN*15 镀锌钢管	m	(1)管道安装； (2)消毒、冲洗	1 093	03080138、03080377
2	031001001002	*DN*20 镀锌钢管	m	(1)管道安装； (2)消毒、冲洗	114	03080139、03080377
3	031001001003	*DN*25 镀锌钢管	m	(1)管道安装； (2)消毒、冲洗	36	03080140、03080377

续表

序号	项目编码	项目名称	计量单位	工程内容	数量	定额编号
4	031001001004	*DN*32镀锌钢管	m	(1)管道安装; (2)消毒、冲洗	36	03080141、03080377
5	031001001005	*DN*40镀锌钢管	m	(1)管道安装; (2)冲洗	66	03080142、03080377
6	031001001006	地沟内*DN*20镀锌钢热水管	m	(1)管道安装; (2)冲洗; (3)埋地管防腐; (4)地沟热水管保温、刷漆	15	03080139、03080377、03130458、03130459、03132583、03132918、03130638、03130639
7	031001001007	地沟内*DN*40镀锌钢热水管	m	(1)管道安装; (2)冲洗; (3)埋地管防腐; (4)地沟热水管保温、刷漆	27	03080140、03080377、03130458、03130459、03132583、03132918、03130638、03130639
8	031001005001	室内埋地*DN*50承插铸铁管	m	(1)管道安装; (2)除锈; (3)埋地管防腐	26.9	03080075、03130382、03130437、03130458、03130459
9	031001005002	室内埋地*DN*75承插铸铁管	m	(1)管道安装; (2)除锈; (3)埋地管防腐	32.4	03080076、03130382、03130437、03130458、03130459
10	031001005003	室内埋地*DN*100承插铸铁管	m	(1)管道安装; (2)除锈; (3)埋地管防腐	5.4	03080077、03130382、03130437、03130458、03130459
11	031001005004	室内埋地*DN*150承插铸铁管	m	(1)管道安装; (2)除锈; (3)埋地管防腐	56.1	03080079、03130382、03130437、03130458、03130459
12	031001005005	室内明敷*DN*50承插铸铁管	m	(1)管道安装; (2)除锈; (3)明敷管防腐	107.5	03080075、03130382、03130437、03130452、03130453
13	031001005006	室内明敷*DN*75承插铸铁管	m	(1)管道安装; (2)除锈; (3)明敷管防腐	149.4	03080076、03130382、03130437、03130452、03130453
14	031001005007	室内明敷*DN*100承插铸铁管	m	(1)管道安装; (2)除锈; (3)明敷管防腐	21.6	03080077、03130382、03130437、03130452、03130453
15	031001005008	室内明敷*DN*150承插铸铁管	m	(1)管道安装; (2)除锈; (3)明敷管防腐	94.2	03080079、03130382、03130437、03130452、03130453

续表

序号	项目编码	项目名称	计量单位	工程内容	数量	定额编号
16	031001002001	管道穿楼板钢套管 DN32	m	钢套管制作、安装	9	03080023
17	031001002002	管道穿楼板钢套管 DN40	m	钢套管制作、安装	18	03080024
18	031001002003	管道穿楼板钢套管 DN50	m	钢套管制作、安装	9	03080025
19	031001002004	穿墙镀锌铁皮套管 DN25	个	铁皮套管制作	60	03080368
20	031002001001	管道支架制作、安装	kg	（1）管道支架制作、安装； （2）防腐刷油	69	03080220、03130388、03130508、03130509、031301503、03130504
21	031003001001	DN40 螺纹阀门	个	阀门安装	12	03080392
22	031003003001	DN15 螺纹水表	组	水表安装	30	03080516
23	031004001001	冷热水带喷头搪瓷浴盆安装	组	浴盆安装	30	03080534
24	031004003001	冷热水洗脸盆安装	组	洗脸盆安装	30	03080543
25	031004004001	双嘴洗涤盆安装	组	洗涤盆安装	30	03080551
26	031004006001	坐式大便器安装	套	坐式大便器安装	30	03080575
27	031004014001	洗衣机水龙头安装	个	水龙头安装	30	03080597
28	031004014002	DN50 地漏安装	个	地漏安装	30	03080606
29	031004014003	地面扫除口	个	地面扫除口安装	30	03080610

四、工程量计算

(一)清单工程量计算

本项目清单工程量计算见表 5-60。

表 5-60　清单工程量计算

工程名称：某住宅楼给排水工程　　　　第　页　共　页

序号	分部分项工程名称	计算式	计量单位	工程数量	部位
1	镀锌钢管安装	1 093+129+36+36+93	m	1 387	给水、热水系统
2	承插铸铁管安装	134.4+181.8+27+150.3	m	493.5	排水系统
3	钢套管	9+18+9	m	36	管穿楼板处
		2×30	个	60	DN15 管穿墙处
4	管道支架制作、安装	6.2+63	kg	69	地沟内、DN40 立管上
5	螺纹阀门	6+6	个	12	各单元进户阀门井

续表

序号	分部分项工程名称	计算式	计量单位	工程数量	部位
6	水表	30+30	组	60	各厨房
7	浴盆	30	组	30	各卫生间
8	洗脸盆	30	组	30	各卫生间
9	洗涤盆	30	组	30	各厨房
10	大便器	30	套	30	各卫生间
11	水龙头	30	个	30	各卫生间
12	地漏	30	个	30	各卫生间
13	地面扫除口	24+6	个	30	各卫生间

1. 镀锌钢管(螺纹连接)

(1)室内给水系统安装：

1)$DN40$：42 m{[1.6(阀门井至外墙皮)+0.4(外墙皮至立管)+1+1+3(高低差)]×6=42(m)}；

2)$DN32$：3×6=18(m)；

3)$DN25$：3×6=18(m)；

4)$DN20$：3×6=18(m)；

5)$DN15$：[3(轴线$\frac{1}{7}$～$\frac{1}{8}$距离)+(3.15+1.65)(轴线Ⓐ～Ⓑ距离)+3.45(轴线$\frac{1}{8}$～⑨距离)+(2.8−1)+(2.8−0.3)(轴线$\frac{1}{A}$～Ⓑ标高差)+(1−0.3)×2(水龙头安装点标高差)+(1.6+2)(图 5-25 标注)]×30=617(m)。

(2)热水供应系统安装：镀锌钢管(螺纹连接)。

1)$DN40$：45+6=51(m)。

其中，$DN40$ 供热管：[1.5(室外至外墙皮)+0.5(外墙皮至管沟)+2.7(轴线～距离)+0.3(轴线～至两边立管距离之和)+(1+1+3)×2(标高差)]×3=45(m)；$DN40$ 回水管：[1.5(室外至外墙皮)+0.5(外墙皮至管沟)]×3=6(m)。

2)$DN32$：3×6=18(m)。

3)$DN25$：3×6=18(m)。

4)$DN20$：18+93=111(m)。

其中，$DN20$ 供热管：3×6=18(m)；$DN20$ 回水管：[0.5(供水与回水管的连管)+(12.5+1)(回水立管长度)]×6+[2.7(轴线$\frac{1}{6}$～$\frac{1}{7}$距离)+0.3(轴线$\frac{1}{6}$～$\frac{1}{7}$至两边立管距离之和)]×3=93(m)。

5)$DN15$：[3(轴线$\frac{1}{7}$～$\frac{1}{8}$距离)+(3.15+1.65)(轴线Ⓐ～Ⓑ距离)+(3.45−0.4)(轴线$\frac{1}{8}$～浴盆水龙头)+(2.8−1)+(2.8−0.3)(轴线$\frac{1}{A}$～Ⓑ标高差)+(1−0.3)(浴盆水龙头安装点标高差)]×30=476(m)。

(3)小计：

*DN*15 管长：617＋476＝1 093(m)；

*DN*20 管长：18＋111＝129(m)(其中有 15 m 热水回水管在沟内)；

*DN*25 管长：18＋18＝36(m)；

*DN*32 管长：18＋18＝36(m)；

*DN*40 管长：42＋51＝93(m)(其中有 27 m 热水回水管在沟内)。

合计管长：1 093＋129＋36＋36＋93＝1 387(m)。

冷水管消毒冲洗：617＋18＋18＋42＝695(m)。

热水管冲洗：476＋111＋18＋18＋51＝674(m)。

2. 承插铸铁管安装(室内排水系统安装)

(1)厨房。

*DN*75：[2(户外化粪池至厨房立管)＋(1.1＋15＋0.7)(立管总高度)]×6＝112.8(m)；

*DN*50：[(12－11.7)(标高差)＋1.5(图 5-26 厨房平面图)＋0.07(45°斜三通增加长度)]×30＝56.1(m)。

(2)卫生间。

*DN*150：[(2＋3.15＋1.65)(户外化粪池至轴线Ⓑ)＋(3.45－2.4＋0.4)(轴线$\frac{1}{8}$至立管)＋(1.1＋15＋0.7)(立管总高度)]×6＝150.3(m)；

*DN*100：[0.5(图 5-27 标注)＋(12－11.7)(标高差)＋0.1(45°斜三通增加部分)]×30＝0.9×30＝27(m)；

*DN*75：[(1.2＋1.0)(图 5-27 标注)＋0.1(45°斜三通增加部分)]×30＝2.3×30＝69(m)；

*DN*50：[1.5(图 5-27 标注)＋(12－11.7)×3(标高差)＋0.07×3(45°斜三通增加部分)]×30＝2.61×30＝78.3(m)。

(3)小计：

*DN*50 管长：56.1＋78.3＝134.4(m)；

*DN*75 管长：112.8＋69＝181.8(m)；

*DN*100 管长：27 m；

*DN*150 管长：150.3 m。

合计：134.4＋181.8＋27＋150.3＝493.5(m)。

3. 钢套管安装

热水供应系统安装管道穿楼板钢套管制作安装，套管长度均按 300 mm 计，表 5-61 为穿楼板钢套管长度。

表 5-61　穿楼板钢套管长度

<table>
<tr><th>管道</th><th>穿楼板钢套管</th><th>数量/个</th><th>钢管长度/m</th></tr>
<tr><td>DN20</td><td>DN32</td><td>1×30＝30</td><td>0.3×30＝9</td></tr>
<tr><td>DN25</td><td>DN40</td><td rowspan="2">2×30＝60</td><td rowspan="2">0.3×60＝18</td></tr>
<tr><td>DN32</td><td>DN40</td></tr>
<tr><td>DN40</td><td>DN50</td><td>2×30＝60</td><td>0.3×30＝9</td></tr>
</table>

合计穿楼板钢套管工程量：9+18+9=36(m)。

热水供应系统安装管道穿墙镀锌铁皮套管制作数量见表5-62。

表5-62　管道穿墙镀锌铁皮套管制作数量

管道	穿墙镀锌铁皮套管	数量/个
*DN*15	*DN*25	2×30=60

合计*DN*25穿墙镀锌铁皮套管工程量：2×30=60(个)。

4. 管道支架制作、安装

室内给水系统中*DN*40单管支架：每根立管上1个，6根立管共6个，查知单管支架尺寸为∟40×4×375，ϕ10圆钢长度为190 mm。

∟40×4角钢为2.42 kg/m，ϕ10圆钢为0.62 kg/m，故管道支架：(2.42×0.375+0.62×0.19)×6≈6.2(kg)。

热水供应系统*DN*40支架：立管上安装*DN*40单管支架1个，6根立管共6个，质量6.2 kg；地沟内安装*DN*40双管支架4个，三个单元共12个，双管支架尺寸：[8×555，ϕ10圆钢长度为190 mm。[8槽钢为8 kg/m，ϕ10圆钢为0.62 kg/m，故双管支架总质量：8×0.555×12+0.62×0.19×12×2≈56.11(kg)。

小计支架质量：6.2+56.11≈62.31(kg)。

合计：6.2+63.01≈69.21(kg)。

5. 螺纹阀门安装

室内给水系统：全楼共6个(每个进户阀门井安装*DN*40螺纹阀门1个，全楼6处阀门)。

热水供应系统：全楼共6个(每单元进户安装*DN*40螺纹阀门2个)。

合计：6+6=12(个)，主材型号为Z15T-10K *DN*40，12个。

6. 水表安装

室内给水系统：每户给水管道安装*DN*15螺纹水表一组，全楼共30户，故共30组(水表定额包括表前螺纹阀门安装)，主材型号为LXS—15 *DN*15(螺纹水表)，30个。

热水供应系统：每户给水管道安装*DN*15螺纹水表一组，全楼共30户，故共30组(水表定额包括表前螺纹阀门安装)，主材型号为LXR—15 *DN*15(热水螺纹水表)，30个。

合计：30+30=60(组)。

7. 浴盆安装

浴盆安装：(冷热水带喷头搪瓷浴盆)30组；主材：冷热水带喷头浴盆30组，浴盆混合水嘴带喷头30组。

合计：30组。

8. 洗脸盆安装

洗脸盆安装：冷热水洗脸盆30组；主材：冷热水洗脸盆30组。

合计：30组。

9. 洗涤盆安装

洗涤盆安装：双嘴洗涤盆 30 组；主材：双嘴洗涤盆 30 组。

合计：30 组。

10. 大便器安装

坐式大便器安装：(连体水箱坐便器)30 套；主材：连体水箱坐便器 30 套(含连体进水阀配件、连体排水口配件、坐便器桶盖)。

合计：30 套。

11. 水龙头安装

洗衣机水龙头安装：每户给水管道安装 *DN*15 水龙头 1 个，全楼共 30 户，故共 30 个；主材：*DN*15 水龙头 30 个。

合计：30 个。

12. 地漏安装

地漏安装：*DN*50 地漏 30 个；主材：*DN*50 地漏 30 个。

13. 地面扫除口安装

水平清扫口和地面扫除口安装：水平清扫口有 24 个，地面扫除口有 6 个，合计：24＋6＝30(个)；主材：水平清扫口(清通口)24 个，地面扫除口 6 个。

(二)计价表定额子目工程量统计

本实训计价表工程量计算见表 5-63。

表 5-63　计价表工程量计算

序号	分项工程名称	计算式	单位	工程量
1	室内给水系统安装			
(1)	镀锌钢管(螺纹连接)			
	*DN*40	[1.6＋0.4＋(1＋1＋3)(标高差)]×6	m	42
	*DN*32	3×6	m	18
	*DN*25	3×6	m	18
	*DN*20	3×6	m	18
	*DN*15	[3＋(3.15＋1.65)＋3.45＋(2.8－1)＋(2.8－0.3)(标高差)＋(1－0.3)×2(标高差)＋(1.6＋2)]×30	m	617
(2)	管道支架制作、安装			
	*DN*40 支架	(2.42×0.375＋0.62×0.19)×6	kg	6.2
(3)	管道消毒冲洗			
	*DN*50 以下	42＋18＋18＋18＋617	m	713
(4)	阀门安装			

续表

序号	分项工程名称	计算式	单位	工程量
	DN40 螺纹闸阀	1×6	个	6
(5)	水表组成与安装			
	DN15 螺纹水表	1×30	个	30
(6)	洗衣机水龙头安装			
	DN15 水龙头	1×30	个	30
2	热水供应系统安装			
(1)	镀锌钢管(螺纹连接)			
	DN40	供热管：[1.5+0.5+2.7+0.3+(1+1+3)×2(标高差)]×3=45 回水管：(1.5+0.5)×3=6	m	45+6=51
	DN32	3×6	m	18
	DN25	3×6	m	18
	DN20	供热管：3×6=18 回水管：[0.5+(12.5+1)]×6+(2.7+0.3)×3=93	m	18+93=111
	DN15	[3+(3.15+1.65)+(3.45−0.4)+(2.8−1)+(2.8−0.3)(标高差)+(1−0.3)(标高差)]×30	m	476
(2)	管道穿楼板钢套管制作、安装			
	DN32	0.3×30	m	9
	DN40	0.3×60	m	18
	DN50	0.3×30	m	9
(3)	穿墙镀锌薄钢管套管			
	DN25	2×30	个	60
(4)	管道支架制作、安装			
	单管支架 双管支架	(2.42×0.375+0.62×0.19)×6≈6.2 8×0.555×12+0.62×0.19×12×2≈56.11	kg	6.2+56.11≈62.31
(5)	管道冲洗			
	DN50 以下	51+18+18+111+476	m	674
(6)	阀门安装			
	DN40 螺纹阀门	2×3	个	6
(7)	水表组成与安装			
	DN15 螺纹水表	1×30	组	30
3	室内排水系统安装			

续表

序号	分项工程名称	计算式	单位	工程量
(1)	承插铸铁排水管(水泥接口)安装			
	*DN*50	[(12－11.7)(标高差)＋1.5＋0.07(45°斜三通增加长度)]×30＝1.87×30＝56.1 [1.5＋(12－11.7)×3(标高差)＋0.07×3(45°斜三通增加部分)]×30＝2.61×30＝78.3	m	56.1＋78.3＝134.4
	*DN*75	[2＋(1.1＋15＋0.7)(标高差)]×6＝112.8 [(1.2＋1.0)＋0.1(45°斜三通增加部分)]×30＝2.3×30＝69	m	112.8＋69＝181.8
	*DN*100	[0.5＋(12－11.7)(标高差)＋0.1(45°斜三通增加部分)]×30＝ 0.9×30	m	27
	*DN*150	[(2＋3.15＋1.65)＋(3.45－2.4＋0.4)＋(1.1＋15＋0.7)(立管总高度)]×6	m	150.3
(2)	浴盆安装			
	冷热水带喷头搪瓷浴盆	1×30	组	30
(3)	洗脸盆安装		组	30
	冷热水洗脸盆	1×30		
(4)	洗涤盆安装			
	双嘴洗涤盆	1×30	组	30
(5)	坐式大便器安装			
	连体水箱坐便器	1×30	套	30
(6)	地漏安装			
	*DN*50 地漏		个	30
(7)	水平清扫口和地面扫除口安装			
	水平清扫口(清通口、地面扫除口)	1×24 1×6	个	24 6
4	除锈、刷油、保温工程			
(1)	埋地镀锌钢管刷热沥青 *DN*40	π×0.048×18	m^2	3
(2)	铸铁排水管除锈与刷油			
	埋地部分	1.2×π×(0.06×26.9＋0.085×32.4＋0.11×5.4＋0.162×56.1)	m^2	54
	明敷设部分	1.2×π×(0.06×107.5＋0.085×149.7＋0.11×21.6＋0.162×94.2)	m^2	139

续表

序号	分项工程名称	计算式	单位	工程量
(3)	管道支架除锈与刷油	①6.2(单管支架)×2+56.12(双管支架)≈69; ②铸铁管吊架总重：(3×1+2×1.5+1×2.2)×24=197; ③单立管角钢卡子总质量：{0.19×[2(给水立管)+2+2×5(热水立管及回水管)]+0.20×4+0.22×4(给水及热水立管)+1.5×2×5+2.2×2×5(排水立管)}×3(单元)≈124 ④零星部分：10 管道支架总质量：69+197+124+10	kg	400
(4)	绝热泡沫塑料瓦块安装	3.14×27(0.048+1.033×0.04)×1.033×0.04+3.14×9(0.027+1.033×0.04)×1.033×0.04	m^3	0.4
(5)	玻璃丝布保护层	3.14×9×(0.048+2.1×0.04)+3.14×27×(0.027+2.1×0.04)	m^2	15
(6)	绝热保护层刷油	同上	m^2	15

表 5-63 是按照定额子目的工程量计算规则及前面有关计算结果统计而来，以方便套取定额，计算分部分项工程量清单综合单价。

表中除锈、刷油、保温工程的工程量：

(1)*DN*40 埋地镀锌钢管刷热沥青。刷油工程量见表 5-64，管长 L=[1.6(阀门井至外墙皮)+0.4(外墙皮至立管)+1(高低差)]×6=18(m)，表面积 $S=\pi\times$外径 0.048×管长 18≈3(m^2)。

表 5-64　埋地镀锌钢管除锈刷油工程量

管型	外径 D/m	长度 L/m	表面积 $S=\pi DL/m^2$
*DN*40	0.048	18	2.7≈3

(2)铸铁排水管除锈与刷油埋地部分：

*DN*50：1.87×6(底层厨房)+2.61×6(底层卫生间)=26.9(m)。

*DN*75：(2+1.1)×6+2.3×6(底层卫生间)=32.4(m)。

*DN*100：0.9×6(底层卫生间)=5.4(m)。

*DN*150：[(2+3.15+1.65)(户外化粪池至轴线Ⓑ)+(3.45−2.4+0.4)(轴线(1/8)至立管)+1.1(标高差)]×6=56.1(m)。

埋地铸铁排水管除锈与刷油工程量(表 5-65)为 54 m^2。

表 5-65　铸铁排水管埋地部分除锈与刷油工程量

管型	外径 D/m	长度 L/m	表面积 $S=1.2\pi DL/m^2$
*DN*50	0.06	26.9	6.1
*DN*75	0.085	32.4	10.4

续表

管型	外径 D/m	长度 L/m	表面积 $S=1.2\pi DL$/m²
$DN100$	0.11	5.4	2.23
$DN150$	0.162	56.1	34.3
明敷设部分铸铁排水管除锈与刷油总面积			≈54

明敷设部分：按全长减埋地部分计算，见表5-66。明敷设部分铸铁排水管除锈与刷油工程量约为139 m²。

表5-66 铸铁排水管明敷设部分除锈与刷油工程量

管型	外径 D/m	长度 L=全长－埋地长/m	表面积 $S=1.2\pi DL$/m²
$DN50$	0.06	56.1+78.3－26.9=107.5	24.3
$DN75$	0.085	112.8+69－32.4=149.4	47.9
$DN100$	0.11	27－5.4=21.6	8.95
$DN150$	0.162	150.3－56.1=94.2	57.5

(3)管道支架除锈与刷油。

1)6.2(单管支架)×2+56.12(双管支架)≈69.2(kg)。

2)楼板下铸铁管吊架质量按：$DN100$(2.2 kg/个)；$DN75$(1.5 kg/个)；$DN50$(1 kg/个)计算。

铸铁管吊架总质量：[(厨房$DN50$吊架1个+卫生间$DN50$吊架2个)×1 kg/个+卫生间$DN75$吊架2个×1.5 kg/个+卫生间$DN100$吊架1个×2.2 kg/个]×二至六层的24户≈197(kg)。

3)单立管角钢卡子质量按：$DN20$(0.19 kg/个)；$DN25$(0.20 kg/个)；$DN32$(0.22 kg/个)；$DN75$(1.5 kg/个)；$DN150$(2.2 kg/个)计算。

单立管角钢卡子总质量：{0.19×[2(给水立管)+2+2×5(热水立管及回水管)]+0.20×4+0.22×4(给水及热水立管)+1.5×2×5+2.2×2×5(排水立管)}×3(单元)≈124(kg)。

4)零星部分：10 kg。

管道支架总质量：69.2+197+124+10≈400(kg)。

(4)绝热层安装。保温层体积的计算(绝热层厚δ=40 mm)见表5-67。

表5-67 保温层体积的计算

管型	外径 D/m	长度 L/m	保温层体积 $V=\pi L(D+1.033\delta)\times1.033\delta$/m³
$DN40$	0.048	27	0.313
$DN20$	0.027	9	0.08
保温层体积			0.4

$DN40$ 供热管长：[1.5(室外至外墙皮)＋0.5(外墙皮至管沟)＋2.7$\left(\text{轴线}\frac{1}{6}\sim\frac{1}{7}\text{距离}\right)$＋0.3$\left(\text{轴线}\frac{1}{6}\sim\frac{1}{7}\text{至两边立管距离之和}\right)$＋1(标高差)×2]×3(单元数)＝21(m)。

$DN40$ 回水管：[1.5(室外至外墙皮)＋0.5(外墙皮至管沟)]×3(单元数)(在建模图中显示出各段的长度)＝6(m)。

$DN40$ 共长 $L=21+6=27$(m)。

$DN20$ 回水管长 L：1(回水立管地下部分)×6(根)＋[2.7(轴线～距离)＋0.3(轴线～至两边立管距离之和)]×3(单元数)＝15(m)。

保温层体积计算结果：0.4 m^3。

(5)绝热保护层安装、刷油保护层面积的计算见表5-68。

表5-68　绝热保护层安装、刷油保护层面积的计算

管型	外径 D/m	长度 L/m	保护层面积 $S=\pi L(D+2.1\delta)/m^2$
$DN40$	0.048	27	11.2
$DN20$	0.027	9	3.14
保护层面积			≈15

保护层面积约为15 m^2。

埋地管道挖土、回填土及砌筑工程(略)。

计价表工程量汇总表见表5-69。

表5-69　计价表工程量汇总表

序号	定额编号	分项工程名称	单位	工程量	备注
一		镀锌钢管安装			
1	03080138	镀锌钢管(螺纹连接)$DN15$	10 m	109.3	
2	03080139	镀锌钢管(螺纹连接)$DN20$	10 m	12.9	
3	03080140	镀锌钢管(螺纹连接)$DN25$	10 m	3.6	
4	03080141	镀锌钢管(螺纹连接)$DN32$	10 m	3.6	
5	03080142	镀锌钢管(螺纹连接)$DN40$	10 m	9.3	
二		铸铁排水管安装			
6	03080075	承插铸铁排水管(水泥接口)$DN50$	10 m	13.44	
7	03080076	承插铸铁排水管(水泥接口)$DN75$	10 m	18.18	
8	03080077	承插铸铁排水管(水泥接口)$DN100$	10 m	2.7	
9	03080079	承插铸铁排水管(水泥接口)$DN150$	10 m	15.03	
三		钢套管制作、安装			
10	03080023	$DN32$	10 m	0.9	
11	03080024	$DN40$	10 m	1.8	
12	03080025	$DN50$	10 m	0.9	
		镀锌薄钢管套管			定额含薄钢管套管材料费
13	03080368	$DN25$	个	60	

续表

序号	定额编号	分项工程名称	单位	工程量	备注
四		管道支架制作、安装			定额含螺母、垫圈材料费
14	03080220	管道支架制作、安装	100 kg	0.69	
五		管道消毒冲洗 *DN*50 以下			
15	03080377	管道消毒冲洗 *DN*50 以下	100 m	7.13	
16	03080377	管道冲洗 *DN*50 以下	100 m	6.24	
六		螺纹闸阀 *DN*40			
17	03080303	螺纹闸阀 *DN*40	个	12	
七		螺纹水表 *DN*15			
18	03080415	螺纹水表 *DN*15	组	60	
八		卫生器具安装			
19	03080432	冷热水带喷头搪瓷浴盆	组	30	
20	03080442	冷热水洗脸盆	组	30	
21	03080450	双嘴洗涤盆	组	30	
22	03080474	连体水箱坐便器安装	组	30	
23	03080496	*DN*15 水龙头安装	个	30	
24	03080505	*DN*50 地漏	个	30	
25	03080509	*DN*50 水平清扫口和地面扫除口安装	个	30	
九		除锈、刷油工程			
26	03110001	铸铁排水管除锈	10 m^2	19.3	定额含除锈材料费
27	03110007	管道支架除锈	100 kg	4	
28	03110072	*DN*40 埋地镀锌钢管刷热沥青第一遍	10 m^2	0.3	定额含热沥青材料费
29	03110073	*DN*40 埋地镀锌钢管刷热沥青第二遍	10 m^2	0.3	
30	03110198	铸铁排水管刷红丹第一遍	10 m^2	13.9	
31	03110200	铸铁排水管刷银粉第一遍	10 m^2	13.9	
32	03110201	铸铁排水管刷银粉第二遍	10 m^2	13.9	
33	03110206	铸铁管刷热沥青第一遍	10 m^2	5.4	定额含热沥青材料费
34	03110207	铸铁管刷热沥青第二遍	10 m^2	5.4	
35	03110117	管道支架刷红丹第一遍	100 kg	4	
36	03110118	管道支架刷红丹第二遍	100 kg	4	
37	03110122	管道支架刷银粉第一遍	100 kg	4	
38	03110123	管道支架刷银粉第二遍	100 kg	4	
39	03111891	绝热泡沫塑料瓦块(δ=40 mm)安装	m^3	0.4	
40	03112153	玻璃丝布保护层安装	10 m^2	1.5	
41	03110250	玻璃丝布保护层刷沥青漆第一遍	10 m^2	1.5	
42	03110251	玻璃丝布保护层刷沥青漆第二遍	10 m^2	1.5	

根据预算定额中分项工程子目和各子目的定额编号，把工程量计算表中的同类项(即型号、规格相同的项目)工程量合并，填入计价表工程量汇总表。计价表工程量汇总表中的分项工程子目名称、定额编号和计量单位必须与所用定额一致。该表中的工程量数值，才是计算定额直接费时直接使用的数据。

五、计算主材费用

表5-70所示为主材费用计算表。

表5-70 主材费用计算表

定额编号	材料名称	单位	数量	定额耗量	主材费单价	主材费合价/元
03080138	镀锌钢管(螺纹连接)*DN*15	10 m	109.3	10.2	6元/m	6 689.16
03080139	镀锌钢管(螺纹连接)*DN*20	10 m	12.9	10.2	8元/m	1 052.64
03080140	镀锌钢管(螺纹连接)*DN*25	10 m	3.6	10.2	10元/m	367.20
03080141	镀锌钢管(螺纹连接)*DN*32	10 m	3.6	10.2	14元/m	514.08
03080142	镀锌钢管(螺纹连接)*DN*40	10 m	9.3	10.2	18元/m	1 707.48
03080075	承插铸铁排水管(水泥接口)*DN*50	10 m	13.44	8.8	25元/m	2 956.80
03080076	承插铸铁排水管(水泥接口)*DN*75	10 m	18.18	9.3	30元/m	5 072.22
03080077	承插铸铁排水管(水泥接口)*DN*100	10 m	2.7	8.9	40元/m	961.20
03080079	承插铸铁排水管(水泥接口)*DN*150	10 m	15.03	9.6	50元/m	7 214.40
03080023	钢套管钢管 *DN*32	10 m	0.9	10.15	14元/m	127.89
03080024	钢套管钢管 *DN*40	10 m	1.8	10.15	18元/m	328.86
03080025	钢套管钢管 *DN*50	10 m	0.9	10.15	22元/m	200.97
03080178	管道支架制作、安装	100 kg	0.69	106	3.6元/kg	240.40
03080303	螺纹闸阀 *DN*40	个	12	1.01	35元/个	424.20
03080415	螺纹水表 *DN*15	组	60	1.00	40元/个	2 400
03080432	冷热水带喷头搪瓷浴盆	10组	3	10.0	600元/个	18 000
	浴盆混合水嘴带喷头	10套	3	10.1	90元/个	2 727
03080442	冷热水洗脸盆	10组	3	10.1	120元/个	3 636
03080450	双嘴洗涤盆	10组	3	10.1	100元/个	3 030
03080474	连体水箱坐便器安装	10套	3	10.1	700元/个	21 210
03080496	*DN*15水龙头安装	10个	3	10.1	10元/个	303

续表

定额编号	材料名称	单位	数量	定额耗量	主材费单价	主材费合价/元
03080505	$DN50$ 地漏	10 个	3	10	15 元/个	450
03080509	$DN50$ 水平清扫口和地面扫除口安装	10 个	3	10	10 元/个	300
03110198	铸铁排水管刷红丹第一遍(防锈漆)	10 m^2	13.9	1.05	10 元/kg	145.95
03110200	铸铁排水管刷银粉第一遍	10 m^2	13.9	0.45	12 元/kg	75.06
03110201	铸铁排水管刷银粉第二遍	10 m^2	13.9	0.41	12 元/kg	68.39
03110117	管道支架刷红丹第一遍(防锈漆)	100 kg	4	1.16	10 元/kg	46.40
03110118	管道支架刷红丹第二遍(防锈漆)	100 kg	4	0.95	10 元/kg	38.00
03110122	管道支架刷银粉第一遍	100 kg	4	0.25	12 元/kg	12.00
03110123	管道支架刷银粉第二遍	100 kg	4	0.23	12 元/kg	11.04
03111891	绝热泡沫塑料瓦块(δ=40 mm)安装	m^3	0.45	1.03	1 000 元/m^3	412
03112153	玻璃丝布保护层安装	10 m^2	1.64	14	15 元/m^2	315
03110250	玻璃丝布保护层刷沥青漆第一遍	10 m^2	1.64	5.2	2.5 元/kg	19.50
03110251	玻璃丝布保护层刷沥青漆第二遍	10 m^2	1.64	3.85	2.5 元/kg	14.43
主材费合计(精确到“元”)						81 071

表中主材费单价应以当地工程造价管理部门所编制的材料预算价格为依据，缺项者可依据当地造价管理部门所发布的材料价格信息确定。如果还不能确定，可参考市场价或订货价，按材料预算价格编制的方法确定。

表中主材定额耗量是考虑主材的损耗量，由计价表中规定说明。

六、套用定额计价表计算分部分项工程量清单报价(含主材费)

先来分析分部分项工程量清单综合单价。

在分部分项工程量清单综合单价分析表 5-71 中，将已确定的清单项目“序号、项目编码、项目名称、定额编号、工作内容、单位和数量”填入相应栏目格中。查《云南省建设工程造价计价规则及机械仪器仪表台班费用定额》(DBJ 53/T—58—2013)，通用安装工程为管理费费率 30%、利润率 20%，计算基数均为分部分项工程费中的人工费+分部分项工程费中的机械费×8%。

表 5-71　分部分项工程量清单综合单价分析表

工程名称：某住宅楼给水排水工程　　　　第　页　共　页

序号	项目编码	项目名称	定额编号	工作内容	单位	数量	综合单价组成/元					合价	综合单价	其中综合人工单价	含税机械费
							人工费	材料费	机械费	管理费20%	利润				
1	0310010 01001	*DN*15 镀锌钢管	03080138	安装	10 m	109.3	116.90	20.89	0.89	35.09	23.39	21 549.59	26.62	12.02	97.28
				*DN*15	m	1 093		1.02×6				6 689.16			
			03080377	消毒冲洗	100 m	10.93	33.22	28.16		9.97	6.74	852.43			
2	0310010 01002	*DN*20 镀锌钢管	03080139	安装	10 m	11.4	116.90	21.16	0.89	35.09	23.39	2 250.70	28.68	12.02	97.28
				*DN*20	m	114		1.02×6				991.80			
			03080377	消毒冲洗	100 m	1.14	33.22	28.16		9.97	6.64	88.91			
3	0310010 01003	*DN*25 镀锌钢管	03080140	安装	10 m	3.6	140.54	26.05	2.30	42.22	28.14	861.30	34.90	14.39	8.28
				*DN*25	m	36		1.02×1				367.20			
			03080377	消毒冲洗	100 m	0.36	33.22	28.16		9.97	6.64	28.08			
4	0310010 01004	*DN*32 镀锌钢管	03080141	安装	10 m	3.6	140.54	27.95	2.74	42.23	28.15	869.80	39.22	14.39	9.86
				*DN*32	m	36		1.02×14				514.08			
			03080377	消毒冲洗	100 m	0.36	33.22	28.16		9.97	6.64	28.08			
5	0310010 01005	*DN*40 镀锌钢管	03080142	安装	10 m	6.6	167.37	28.82	2.74	50.28	33.52	1 866.02	49.08	17.45	18.08
				*DN*40	m	66		1.02×18				1 211.76			
			03080377	消毒冲洗	100 m	0.66	33.22	28.16		9.97	6.64	51.47			
			03130458	埋地刷热沥青第一遍	10 m^2	0.3	56.85	165.04	0	17.06	11.37	75.10			
			03130459	埋地刷热沥青第二遍	10 m^2	0.3	28.11	74.46	0	8.43	5.62	34.99			

续表

序号	项目编码	项目名称	定额编号	工作内容	单位	数量	综合单价组成/元					合价	综合单价	其中综合人工单价	含税机械费
							人工费	材料费	机械费	管理费 20%	利润				
6	031001001006	地沟内 DN20 镀锌热水钢管安装	03080139	安装	10 m	1.5	116.90	21.16	0.89	35.09	23.39	296.15	77.00	22.16	3.20
				DN20	m	15		1.02×8				122.4			
			03080377	消毒冲洗	100 m	0.15	33.22	28.16		9.97	6.64	11.70			
			03130458	刷热沥青第一遍	10 m²	0.52	56.85	165.04	0	17.06	11.37	130.17			
			03130459	刷热沥青第二遍	10 m²	0.52	28.11	74.46	0	8.43	5.62	60.64			
			03132583	绝热瓦块安装	m³	0.133	296.40	775.71	14.02	89.26	59.50	164.24			
				泡沫塑料（保温）	m³	0.133		1.03×1 000				136.99			
			03132918	保护层安装	10 m²	0.52	30.02	0.19		9.01	6.00	23.51			
				玻璃丝布	m²	5.2		1.4×15				109.2			
			03110638	刷沥青漆第一遍	10 m²	0.52	54.94	4.8		16.48	10.99	45.35			
				沥青漆	kg	0.52		5.2×2.5				6.76			
			03110639	刷沥青漆第二遍	10 m²	0.52	46.63	3.71		13.99	9.33	38.30			
				沥青漆	kg	0.52		3.85×2.5				9.63			

续表

序号	项目编码	项目名称	定额编号	工作内容	单位	数量	综合单价组成/元					合价	综合单价	其中综合人工单价	含税机械费
							人工费	材料费	机械费	管理费 20%	利润				
7	031001001007	地沟内 *DN*40 镀锌热水钢管安装	03080142	安装	10 m	2.7	167.37	28.82	2.74	50.28	33.52	763.37	107.09	29.28	11.79
				*DN*40	m	27		1.02×18				495.72			
			03080377	消毒冲洗	100 m	0.27	33.22	28.16		9.97	6.64	21.06			
			03110458	刷热沥青第一遍	10 m^2	1.12	56.85	165.04	0	17.06	11.37	280.36			
			03130459	刷热沥青第二遍	10 m^2	1.12	28.11	74.46	0	8.43	5.62	23.99			
			03132583	绝热瓦块安装	m^3	0.313	296.40	775.71	14.02	89.26	59.50	386.52			
				泡沫塑料（保温）	m^3	0.313		1.03×1000				322.39			
			03132918	保护层安装	10 m^2	1.12	30.02	0.19		9.01	6.00	50.64			
				玻璃丝布	m^2	11.2		1.4×15				235.2			
			03130638	刷沥青漆第一遍	10 m^2	1.12	54.94	4.8		16.48	10.99	97.68			
				沥青漆	kg	1.12		5.2×2.5				14.56			
			03130639	刷沥青漆第二遍	10 m^2	1.12	46.63	3.71		13.99	9.33	82.49			
				沥青漆	kg	1.12		3.85×2.5				10.78			

续表

序号	项目编码	项目名称	定额编号	工作内容	单位	数量	综合单价组成/元					合价	综合单价	其中综合人工单价	含税机械费
							人工费	材料费	机械费	管理费 20%	利润				
8	031001001001	埋地 *DN*50 铸铁安装	03080075	安装	10 m	2.69	70.91	21.50	1.33	21.30	14.20	347.66	48.81	9.90	3.58
				*DN*50	m	26.90		1.03×25				692.68			
			03130382	手工除锈（清锈）	10 m²	0.61	21.72	3.30		6.52	4.34	21.89			
			03130198	刷红丹第一遍	10 m²	0.61	17.25	3.37		5.18	3.45	17.84			
				醇酸防锈漆	kg	0.61		1.47×10				8.97			
			03130206	刷沥青漆第一遍	10 m²	0.61	56.85	165.04	0	17.06	11.37	152.70			
			03130207	刷沥青漆第二遍	10 m²	0.61	28.11	74.46	0	8.43	5.62	71.14			
9	031001001002	埋地 *DN*75 铸铁安装	03080075	安装	10 m	3.24	86.88	25.80	1.78	26.11	17.40	511.82	61.04	12.67	5.77
				*DN*74	m	32.4		1.03×30				1 001.16			
			03130382	手工除锈（清锈）	10 m²	1.04	21.72	3.30		6.52	4.34	37.32			
			03130473	刷红丹第一遍	10 m²	1.04	17.25	3.37		5.18	3.45	30.42			
				醇酸防锈漆	kg	1.04		1.47×10				15.29			
			03130458	刷沥青漆第一遍	10 m²	1.04	56.85	165.04	0	17.06	11.37	260.34			
			03130459	刷沥青漆第二遍	10 m²	1.04	28.11	74.46	0	8.43	5.62	121.28			

续表

序号	项目编码	项目名称	定额编号	工作内容	单位	数量	综合单价组成/元					合价	综合单价	其中综合人工单价	含税机械费
							人工费	材料费	机械费	管理费20%	利润				
10	0310010 01003	埋地 *DN*100 铸铁安装	03080077	安装	10 m	0.54	106.04	33.59	1.78	31.85	21.24	194.50	79.10	15.72	0.96
				*DN*100	m	5.4		1.03×40				222.48			
			03130382	手工除锈（清锈）	10 m^2	0.223	21.72	3.30		6.52	4.34	8.00			
			03130198	刷红丹第一遍	10 m^2	0.223	17.25	3.37		5.18	3.45	6.52			
				醇酸防锈漆	kg	0.223		1.47×10				3.28			
			03130206	刷沥青漆第一遍	10 m^2	0.223	56.85	165.04	0	17.06	11.37	55.82			
			03110207	刷沥青漆第二遍	10 m^2	0.223	28.11	74.46	0	8.43	5.62	26.01			
11	0310010 01004	埋地 *DN*150 铸铁安装	03080079	安装	10 m	5.61	120.73	52.07	1.78	36.26	24.17	1 318.41	102.32	19.65	9.99
				*DN*150	m	56.1		1.03×50				2 889.15			
			03130382	手工除锈（清锈）	10 m^2	3.43	21.72	3.30		6.52	4.34	123.07			
			03130437	刷红丹第一遍	10 m^2	3.43	8.17	1.35		1.63	0.98	100.32			
				醇酸防锈漆	kg	3.43		1.47×10				50.42			
			03130458	刷沥青漆第一遍	10 m^2	3.43	56.85	165.04	0	17.06	11.37	858.58			
			03130456	刷沥青漆第二遍	10 m^2	3.43	28.11	74.46	0	8.43	5.62	400.01			

续表

序号	项目编码	项目名称	定额编号	工作内容	单位	数量	综合单价组成/元					合价	综合单价	其中综合人工单价	含税机械费
							人工费	材料费	机械费	管理费20%	利润				
12	031001001005	*DN*50铸铁安装	03080144	安装	10 m	10.75	70.91	21.50	1.33	21.30	14.20	1 389.33	42.27	8.72	14.30
				*DN*50	m	107.5		1.03×25				2 768.13			
			03130001	手工除锈（清锈）	10 m^2	2.43	21.72	3.30		6.52	4.34	87.17			
			03130198	刷红丹第一遍	10 m^2	2.43	17.25	3.37		5.18	3.45	71.05			
				醇酸防锈漆	kg	2.43		1.47×10				35.72			
			03130200	刷银粉第一遍	10 m^2	2.43	17.89	8.62		5.37	3.58	86.17			
				酚醛清漆	kg	2.43		0.36×12				10.50			
			03130200	刷银粉第一遍	10 m^2	2.43	15.20	7.94		4.56	3.04	86.17			
				酚醛清漆	kg	2.43		0.33×12				9.62			
13	031001001006	*DN*75铸铁安装	03080076	安装	10 m	14.94	86.88	25.80	1.78	26.11	17.40	2 360.07	51.64	10.45	26.59
				*DN*75	m	149.4		1.03×30				4 616.46			
			03130001	手工除锈（清锈）	10 m^2	4.79	21.72	3.30		6.52	4.34	171.87			
			03130437	刷红丹第一遍	10 m^2	4.79	17.25	3.37		5.18	3.45	140.05			
				醇酸防锈漆	kg	4.79		1.47×10				70.41			

续表

序号	项目编码	项目名称	定额编号	工作内容	单位	数量	综合单价组成/元					合价	综合单价	其中综合人工单价	含税机械费
							人工费	材料费	机械费	管理费 20%	利润				
13	031001001006	*DN*75 铸铁安装	03130442	刷银粉 第一遍	10 m^2	4.79	17.89	8.62		5.37	3.58	169.85	51.6	10.45	26.59
				酚醛清漆	kg	4.79		0.36×12				20.69			
			03130443	刷银粉 第二遍	10 m^2	4.79	15.20	7.94		4.56	3.04	147.24			
				酚醛清漆	kg	4.79		0.33×12				18.97			
14	031001001007	*DN*100 铸铁安装	03080077	安装	10 m	2.16	106.04	33.59		31.81	21.21	416.12	66.97	13.67	0
				*DN*100	m	21.6		1.03×40				889.92			
			03130382	手工除锈（清锈）	10 m^2	0.895	21.72	3.30		6.52	4.34	32.11			
			03130437	刷红丹 第一遍	10 m^2	0.895	17.25	3.37		5.18	3.45	26.18			
				醇酸防锈漆	kg	0.895		1.47×10				13.16			
			03130442	刷银粉 第一遍	10 m^2	0.895	17.89	8.62		5.37	3.58	31.74			
				酚醛清漆	kg	0.895		0.36×12				4.83			
			03130443	刷银粉 第二遍	10 m^2	0.895	15.20	7.94		4.56	3.04	28.17			
				酚醛清漆	kg	0.895		0.33×12				4.40			

续表

序号	项目编码	项目名称	定额编号	工作内容	单位	数量	综合单价组成/元					合价	综合单价	其中综合人工单价	含税机械费
							人工费	材料费	机械费	管理费 20%	利润				
15	031001001008	DN150 铸铁安装	03080079	安装	10 m	9.42	120.73	52.07		36.22	24.15	2 782.10	84.67	16.60	
				DN150	m	94.2		1.03×50				4 851.30			
			03130382	手工除锈（清锈）	10 m^2	5.75	21.72	3.30		6.52	4.34	207.46			
			03130437	刷红丹第一遍	10 m^2	5.75	17.25	3.37		5.18	3.45	169.91			
				醇酸防锈漆	kg	5.75		1.47×10				84.53			
			03130442	刷银粉第一遍	10 m^2	5.75	17.89	8.62		5.37	3.58	205.05			
				酚醛清漆	kg	5.75		0.36×12				24.48			
			03130443	刷银粉第二遍	10 m^2	5.75	15.20	7.94		4.56	3.04	213.43			
				酚醛清漆	kg	5.75		0.33×12				22.77			
16	030801002001	DN32 套管制作安装	03080023	套管制作安装	10 m	0.9	46.63	4.40	3.49	14.07	9.38	70.17	22.01	4.66	3.14
				DN32 钢管	m	9		1.015×14				127.89			
17	030801002002	DN40 套管制作安装	03080024	套管制作安装	10 m	1.8	47.27	4.86	3.93	14.28	9.52	143.75	26.26	4.23	7.07
				DN40 钢管	m	18		1.015×18				328.86			

续表

序号	项目编码	项目名称	定额编号	工作内容	单位	数量	综合单价组成/元					合价	综合单价	其中综合人工单价	含税机械费
							人工费	材料费	机械费	管理费20%	利润				
18	030801002003	*DN*50套管制作安装	03080025	套管制作安装	10 m	0.9	54.94	10.89	3.93	16.58	11.05	87.73	32.08	5.49	3.54
				*DN*50钢管	m	9		10.15×22				200.97			
19	031001002004	*DN*25镀锌铁皮套管	03080368	*DN*25镀锌铁皮套管	个	60	1.92	1.14	0	0.58	0.38	241.20	4.02		
20	031002001001	管道支架制作、安装	03080220	支架制作安装	100 kg	0.692	647.74	111.01	704.32	211.23	140.822	1 256.06	36.28	9.60	668.79
				型钢	kg			106×3.6				264.07			
			03130508	刷银粉第一遍	100 kg	4	14.05	6.57	9.07	4.43	2.96	148.32			
				酚醛清漆	kg			0.25×12				12.00			
			03130509	刷银粉第二遍	100 kg	4	12.65	5.66	9.07	4.01	2.68	140.32			
				酚醛清漆	kg			0.23×12				11.04			
			03130503	刷红丹第一遍	100 kg	4	14.69	2.73	9.07	4.62	3.08	140.76			
				醇酸防锈漆	kg			1.16×10				46.40			
			03130504	刷红丹第二遍	100 kg	4	12.65	2.37	9.07	4.01	2.68	123.12			
				醇酸防锈漆	kg			0.95×10				38.00			
			03130388	手工除锈	100 kg	4	21.72	2.44	9.07	6.73	4.49	177.80			
21	031003001001	螺纹阀门	0308392	螺纹闸阀安装	个	12	15.97	11.75	0	4.79	3.19	428.40	71.05	15.97	0
				螺纹阀门	个	12		1.01×35				424.20			

续表

序号	项目编码	项目名称	定额编号	工作内容	单位	数量	综合单价组成/元					合价	综合单价	其中综合人工单价	含税机械费
							人工费	材料费	机械费	管理费 20%	利润				
22	031003003001	DN15水表	3080516	水表安装	组	60	21.72	0.51	0	6.52	4.34	1 985.40	73.09	21.72	0
				水表	组	60		40.0				2 400			
23	031004001001	浴缸	3080534	浴盆安装	10组	3	522.54	112.95	0	156.76	104.51	1 042.59	689.68	52.25	0
				浴盆	组	30		600				20 727			
24	031004003001	洗脸盆	3080543	洗脸盆安装	10组	3	415.86	221.59	0	124.76	83.17	999.00	174.92	29.45	0
				洗脸盆	组	30		100×1.01				3 030			
25	031004006001	大便器	3080575	座式大便器安装	10组	3	433.75	42.49	0	130.13	86.77	794.67	776.31	43.38	0
				大便器	组	30		700×1.01				21 210			
26	031004014001	给水、排水附(配)件	3080597	水龙头安装	10个	3	17.89	1.78	0	5.37	3.58	85.86	12.96	1.79	0
				水龙头	个	30		10×1.01				303			
27	031004014002	给水、排水附(配)件	3080606	地漏安装	个	3	39.60	16.22	0	7.92	4.75	538.53	32.95	10.22	0
				地漏	个	30		15				450			
28	031004014003	给水、排水附(配)件	3080610	地面扫除口安装	10个	3	47.91	1.60	0	14.37	9.58	220.38	17.35	4.79	0
				地面扫除口	个	30		10				300			
合计												139 684.51		31 984.61	971.42

通过《云南省安装工程计价表》第八册和第十一册，将查得的各清单项目定额编号的综合单价组成：人工费、材料费、机械费、管理费和利润填入表中。

例如：对于清单项目是031001001001的镀锌钢管。

通过《云南安装定额》管道篇(中篇)第八章，可查得定额子目编号为“03080138”，*DN*15镀锌钢管安装的人工费为116.90元/10 m，计价材料费为20.89元/10 m，机械费为0.89元/10 m，管理费为35.09元/10 m，利润为23.39元/10 m，并将这些人工费、材料费、机械费、管理费和利润数据填入表5-71中。

参考市场价，*DN*15镀锌钢管的单价是6元/ m，并考虑主材定额耗量系数10.2 m/10 m=1.02，得主材钢管的定额费用为1.02×6元/ m。

通过定额计价表，可分别查得表格中定额编号“03080139、03080140、03080141、03080142、03080377、…、031302583等”的定额人工费、材料费、机械费、管理费、利润和主材耗量的数据。

通过定额，分别查出清单项目“030801003001承插铸铁管、030801002001钢管、030802001001管道支架制作安装、…、030804018001地面扫除口”有关定额的人工费、材料费、机械费、管理费、利润和主材耗量的数据。同样可算出其他的定额合价。

将每一清单项目下的各定额合价相加，就可求得各自清单项目的合价。如对于“030801001001镀锌钢管”清单项目，将各定额的合价“人工费13 137.86，材料费9 280.23元(含主材费6 689.16元)，含税定额机械费97.28元[除税机械费为0.010台班×试压泵30MPa除税单价85.53元/台班(查云建标〔2016〕207号文件附件二P43)=0.86元/10 m，再乘以该项工程量109.3 m，该项清单除税机械费为94.00元]，管理费3 835.34元，利润为2 556.53元”相加，就得到镀锌钢管清单项目的合价29 095.66元；将合价29 095.66元除以工程量1093得综合单价26.62元/ m。

用同样的方法，可算出其他清单项目的合价和综合单价。

将每个清单项目下的数量分别乘以相应定额的人工费后相加，再除以清单项目的工程量，可得各清单项目的人工费单价。如对于“030801001001镀锌钢管”清单项目，[109.3×116.90+10.93×33.22]÷1093=12.02(元/m)。

同样，可算出其他清单项目的人工费单价。

将表5-71中的有关数值填入“分部分项工程量清单计价表(表5-72)”中。

表5-72　含主材的分部分项工程量清单计价表

工程名称：某住宅楼给水排水工程　　　　第　页　共　页

序号	项目编码	项目名称	单位	工程数量	综合单价	合价	人工费/元	
							单价	合价
1	031001001001	镀锌钢管 *DN*15	m	1 093	26.62	29 095.66	12.02	13 137.86
2	031001001002	镀锌钢管 *DN*20	m	114	28.68	3 269.52	12.02	1 370.28
3	031001001003	镀锌钢管 *DN*25	m	36	34.90	1 256.40	14.39	518.04
4	031001001004	镀锌钢管 *DN*32	m	36	39.22	1 411.92	14.39	518.04
5	031001001005	镀锌钢管 *DN*40	m	66	49.08	3 239.28	17.45	1 151.70
6	031001001006	地沟内镀锌热水钢管 *DN*20	m	15	77.00	1 155.00	22.16	332.40

续表

序号	项目编码	项目名称	单位	工程数量	综合单价	合价	人工费/元	
							单价	合价
7	031001001007	地沟内镀锌热水钢管 *DN*40	m	2	107.09	2 891.43	29.28	790.56
8	031001005001	室内埋地 *DN*50 承插铸铁管	m	26.9	48.81	1 312.99	9.90	266.31
9	031001005002	室内埋地 *DN*75 承插铸铁管	m	32.4	61.04	1 977.70	12.67	410.51
10	031001005003	室内埋地 *DN*100 承插铸铁管	m	5.4	79.10	427.14	15.72	84.89
11	031001005004	室内埋地 *DN*150 承插铸铁管	m	56.1	102.32	5 740.15	19.65	1 102.30
12	031001005005	室内明敷 *DN*50 承插铸铁管	m	107.5	42.27	4 544.03	8.72	937.40
13	031001005006	室内明敷 *DN*75 承插铸铁管	m	149.4	51.64	7 715.02	10.45	1 561.23
14	031001005007	室内明敷 *DN*100 承插铸铁管	m	21.6	66.97	1 446.55	13.67	295.27
15	031001005008	室内明敷 *DN*150 承插铸铁管	m	94.2	84.67	7 975.91	16.60	1 563.72
16	031001002001	管道穿楼板钢套管 *DN*32	m	9	22.01	198.09	4.66	41.94
17	031001002002	管道穿楼板钢套管 *DN*40	m	18	25.51	459.18	4.23	76.14
18	031001002003	管道穿楼板钢套管 *DN*50	m	9	32.08	288.72	5.49	49.41
19	031001002004	穿墙镀锌薄钢管套管 *DN*25	60	4.02	241.20	1.92	115.20	
20	031002001001	管道支架制作安装	kg	69	32.28	2 503.32	9.60	662.40
21	031003001001	*DN*40 螺纹阀门	个	12	71.05	852.60	15.97	191.64
22	031003013001	*DN*15 水表	组	60	73.09	4 385.40	21.72	1 303.20
23	031004001001	冷热水带喷头搪瓷浴盆	组	30	689.68	20 690.40	52.25	1 567.50
24	031004003001	冷热水洗脸盆	组	30	205.74	6 172.20	41.59	1 247.70
25	031004004001	双嘴洗涤盆	组	30	174.92	5 247.60	29.45	883.50
26	031004006001	连体水箱坐便器安装	套	30	776.31	23 289.30	43.38	1 301.40
27	031004014001	*DN*15 水龙头安装	个	30	12.96	3 388.80	1.79	53.70
28	031004014002	*DN*50 地漏	个	30	32.95	988.50	10.22	306.60
29	031004014003	地面扫出口	个	30	17.35	520.50	4.79	143.70
小　　计						139 684.51		31 984.61

小计出分部分项工程量清单报价：139 684.51 元，其中人工费为 31 984.61 元。

七、单位工程措施项目清单

常见的单位工程措施项目(表 5-73)有现场安全文明施工措施费、脚手架搭设费、夜间施工增加费、二次搬运费和冬雨期施工增加费等。本工程现只考虑现场安全文明施工措施费、其他措施费及脚手架搭设费三项。

表 5-73　单位工程措施项目清单表

工程名称：某住宅楼电气照明工程　　　　　　　　　　　　　　　　　第　页　共　页

序号	项目名称	计算基数	费率/%	金额/元
1	现场安全文明施工措施费	31 984.61+971.42×8%	12.65	4 055.88
2	其他措施费	31 984.61	4.16	1 333.79
3	脚手架搭设费	31 984.61	4	1 279.38
小计				6 669.05

八、单位工程其他项目清单

常见的其他项目清单分为招标人部分和投标人部分。招标人部分有不可预留费、工程分包和材料购置等；投标人部分有总承包服务费、零星工作项目等(表 5-74)。单位工程其他项目清单费用可由招标文件、或甲、乙双方协商确定。本工程未考虑其他项目清单费。

表 5-74　单位工程其他项目清单表

工程名称：某住宅楼电气照明工程　　　　　　　　　　　　　　　　　第　页　共　页

序号	项目名称	金额/万元
1	暂列金	0
2	暂估价	0
2.1	材料暂估价	0
2.2	专业暂估价	0
3	总承包费	0
4	计日工	0
	合计：0	0

九、规费明细

建筑安装工程规费项目有工程排污费、社会保障及劳动保险、工程定额测定费和危险作业意外伤害保险等。本工程考虑了社会保障及劳动保险、和危险作业意外伤害保险两项规费(表 5-75)。

危险作业意外伤害保险费计算基数为分部分项工程量清单费中的人工费 31 984.61 元，计算得 8 316.00 元。

社会保障及劳动保险费费率为 26%，计算基数为分部分项工程量清单费中的人工费 31 984.61元，计算得 8 316.00 元。

表 5-75　规费明细表

工程名称：某住宅楼电气照明工程　　　　　　　　　　　　　　　　　　　　　　　　第　页　共　页

序号	名称	计算基数	费率/%	金额/元
1	工程排污费	按文件规定		0
2	社会保障及劳动保险：分部分项清单费用中人工费×26%	31 984.61	26	8 316.00
3	工程定额测定费	停征	0	0
4	危险作业意外伤害保险费：(分部分项工程量清单费用中的人工费＋单价措施项目清单费用中的人工费＋其他项目费用中的人工费)×1%	31 984.61	1	319.85
小计				8 635.85

十、单位工程费用汇总

根据云南省安装工程计算程序(包工包料)，本工程造价等于分部分项工程量清单费用(含主材) 139 684.51 元＋措施项目清单费用 6 669.05 元＋其他项目费用 0 元＋规费 8 635.85元＋税金 6 278.72 元，为 166 065.82 元(表 5-76)。

表 5-76　单位工程费用汇总表

工程名称：某住宅楼电气照明工程　　　　　　　　　　　　　　　　　　　　　　　　第　页　共　页

序号	项目名称	计算公式	计算式	金额/元
1	分部分项工程费	<1.1>＋<1.2>＋<1.3>＋<1.4>＋<1.5>＋<1.6>	139 684.51	139 684.51
1.1	定额人工费	∑分部分项定额工程量×定额人工费单价	31 984.61	31 984.61
1.2	计价材料费	∑分部分项定额工程量×计价材料费单价	7 620.94	7 620.94
1.3	未计价材料费	∑分部分项定额工程量×未计价材料单价×未计价材消耗量	83 076.38	83 076.38
1.4	设备费	∑分部分项定额工程量×设备单价×设备消耗量	0	0
1.5	定额机械费	∑分部分项定额工程量×定额机械费单价	971.42	782.33
A	除税机械费	∑分部分项定额工程量×除税机械费单价×台班消耗量	802.50	625.20
1.6	管理费和利润	∑(<1.1>＋<1.5>×8%)×(30%＋20%)	16 031.16	7 266.29
B	计税的分部分项工程费	<1>−<1.2>×0.912−<1.3>−<1.4>−<A>意为：(分部分项工程费−除税计价材料费−未计价材料费−设备费−除税机械费)	139 684.51−7 620.94×0.912−83 076.38(见表5−71及备注)−802.5	48 855.33
2	措施项目费	<2.1>＋<2.2>	6 669.05	6 669.05

续表

序号	项目名称	计算公式	计算式	金额
2.1	单价措施项目费	＜2.1.1＞+＜2.1.2＞+＜2.1.3＞+＜2.1.4＞+＜2.1.5＞	0	0
2.1.1	定额人工费	∑单价措施定额工程量×定额人工费单价	0	0
2.1.2	计价材料费	∑单价措施定额工程量×计价材料费单价	0	0
2.1.3	未计价材料费	∑单价措施定额工程量×未计价材料单价×未计价材消耗量	0	0
2.1.4	定额机械费	∑单价措施定额工程量×定额机械费单价	0	0
C	除税机械费	∑单价措施定额工程量×除税机械费单价×台班消耗量	0	0
2.1.5	管理费和利润	∑(＜2.1.1＞+＜2.1.4＞×8%)×(33%+20%)	0	0
D	计税的单价措施项目费	＜2＞-＜2.1.2＞×0.912-＜2.1.3＞-＜C＞意为：(单价措施项目费-除税计价材料费-未计价材料费-除税机械费)	0	0
2.2	总价措施项目费	＜2.2.1＞+＜2.2.2＞+＜2.2.3＞	6 669.05	6 669.05
2.2.1	安全文明施工费	分部分项工程费中(定额人工费+定额机械费×8%)×12.65%	(31 984.61+971.42×8%)×12.65%	4 055.88
2.2.2	其他总价措施费	分部分项工程费中(定额人工费+定额机械费×8%)×4.16%	(31 984.61+971.42×8%)×14.16%	1 333.79
2.2.3	脚手架费用	分部分项工程费中的定额人工费×4%	31 984.61×4%	1 279.38
3	其他项目费	＜3.1＞+＜3.2＞+＜3.3＞+＜3.4＞+＜3.5＞	4 797.69	4 797.69
3.1	暂列金额	按双方约定或按题给条件计取	0	0
3.2	暂估材料工程设备单价	按双方约定或按题给条件计取	0	0
3.3	计日工	按双方约定或按题给条件计取	0	0

续表

序号	项目名称	计算公式	计算式	金额
3.4	总包服务费	按双方约定或按题给条件计取	0	0
3.5	其他	按实际发生额计算	0	0
3.5.1	人工费调增	(＜1.1＞+＜2.1.1＞)×15%	31 984.61×15% =4797.69	4 797.69
4	规费	＜4.1＞+＜4.2＞+＜4.3＞	8 635.85	8 635.85
4.1	社保费住房 公积金及残保金	定额人工费总和×26%	31 984.61×15% =8 635.85	8 316.00
4.2	危险作业意外伤害保险	定额人工费总和×1%	31 984.61×1% =319.85	319.85
4.3	工程排污费	按有关规定或题给条件计算	0	0
5	税金 工程所在地 市区	(＜B＞+＜D＞+＜3＞+ ＜4＞)×10.08%	(48 855.33+0+ 4 797.69+8 635.84)× 10.08%=6 278.72	6 278.72
	县城/镇	(＜B＞+＜D＞+＜3＞+＜4＞)×9.95%		
	其他地方	(＜B＞+＜D＞+＜3＞+＜4＞)×9.54%		
6	单位工程造价	＜1＞+＜2＞+＜3＞+＜4＞+＜5＞	139 684.51+6 669.05+ 4 797.69+8 635.84+ 6 278.72=166 065.82	166 065.82

其中税金 6 278.72 元等于计税的分部分项工程费、计税的单价措施项目费、其他项目费用、规费四项之和与增值税综合税率 10.08%的乘积。

本住宅楼电气照明工程的工程造价是 166 065.82 元。

第四节　通风空调工程工程量清单项目及工程量计算

一、通风空调工程工程量清单项目及工程量计算规则

通风空调工程工程量清单项目及工程量计算规则，应按表 5-77～表 5-79 的规定执行。

表 5-77　通风空调设备及部件制作安装(编码：030701)

<table>
<tr><th>项目编码</th><th>项目名称</th><th>项目特征</th><th>计量
单位</th><th>工程量
计算规则</th><th>工作内容</th></tr>
<tr><td>030701001</td><td>空气加热器
(冷却器)</td><td rowspan="2">1. 名称
2. 型号
3. 规格
4. 质量
5. 安装形式
6. 支架形式、材质</td><td rowspan="2">台</td><td rowspan="2">按设计图示数量计算</td><td rowspan="2">1. 本体安装、调试
2. 设备支架制作、安装
3. 补刷(喷)油漆</td></tr>
<tr><td>030701002</td><td>除尘设备</td></tr>
<tr><td>030701003</td><td>空调器</td><td>1. 名称
2. 型号
3. 规格
4. 安装形式
5. 质量
6. 隔振垫(器)、支架形式、材质</td><td>台(组)</td><td rowspan="7">按设计图示数量计算</td><td>1. 本体安装或组装、调试
2. 设备支架制作、安装
3. 补刷(喷)油漆</td></tr>
<tr><td>030701004</td><td>风机盘管</td><td>1. 名称
2. 型号
3. 规格
4. 安装形式
5. 减振器、支架形式、材质
6. 试压要求</td><td rowspan="2">台</td><td>1. 本体安装、调试
2. 支架制作、安装
3. 试压
4. 补刷(喷)油漆</td></tr>
<tr><td>030701005</td><td>表冷器</td><td>1. 名称
2. 型号
3. 规格</td><td>1. 本体安装
2. 型钢制作、安装
3. 过滤器安装
4. 挡水板安装
5. 调试及运转
6. 补刷(喷)油漆</td></tr>
<tr><td>030701006</td><td>密闭门</td><td rowspan="4">1. 名称
2. 型号
3. 规格
4. 形式
5. 支架形式、材质</td><td rowspan="4">个</td><td rowspan="4">1. 本体制作
2. 本体安装
3. 支架制作、安装</td></tr>
<tr><td>030701007</td><td>挡水板</td></tr>
<tr><td>030701008</td><td>滤水器、溢水盘</td></tr>
<tr><td>030701009</td><td>金属壳体</td></tr>
</table>

续表

项目编码	项目名称	项目特征	计量单位	工程量计算规则	工作内容
030701010	过滤器	1. 名称 2. 型号 3. 规格 4. 类型 5. 框架形式、材质	1. 台 2. m^2	1. 以台计量，按设计图示数量计算 2. 以面积计量，按设计图示尺寸以过滤面积计算	1. 本体安装 2. 框架制作、安装 3. 补刷(喷)油漆
030701011	净化工作台	1. 名称 2. 型号 3. 规格 4. 类型	台	按设计图示数量计算	1. 本体安装 2. 补刷(喷)油漆
030701012	风淋室	1. 名称 2. 型号 3. 规格 4. 类型 5. 质量	台	按设计图示数量计算	1. 本体安装 2. 补刷(喷)油漆
030701013	洁净室				
030701014	除湿机	1. 名称 2. 型号 3. 规格 4. 类型			本体安装
030701015	人防过滤吸收器	1. 名称 2. 规格 3. 形式 4. 材质 5. 支架形式、材质			1. 过滤吸收器安装 2. 支架制作、安装
注：通风空调设备安装的地脚螺栓按设备自带考虑。					

表 5-78　通风管道制作安装(编码：030702)

项目编码	项目名称	项目特征	计量单位	工程量计算规则	工作内容
030702001	碳钢通风管道	1. 名称 2. 材质 3. 形状 4. 规格 5. 板材厚度 6. 管件、法兰等附件及支架设计要求 7. 接口形式	m^2	按设计图示内径尺寸，以展开面积计算	1. 风管、管件、法兰、零件、支吊架制作、安装 2. 过跨风管落地支架制作、安装
030702002	净化通风管				

续表

项目编码	项目名称	项目特征	计量单位	工程量计算规则	工作内容
030702003	不锈钢板通风管道	1. 名称 2. 形状 3. 规格 4. 板材厚度 5. 管件、法兰等附件及支架设计要求 6. 接口形式	m^2	按设计图示内径尺寸，以展开面积计算	1. 风管、管件、法兰、零件、支吊架制作、安装 2. 过跨风管落地支架制作、安装
030702004	铝板通风管道				
030702005	塑料通风管道				
030702006	玻璃钢通风管道	1. 名称 2. 形状 3. 规格 4. 板材厚度 5. 支架形式、材质 6. 接口形式		按设计图示外径尺寸，以展开面积计算	1. 风管、管件安装 2. 支吊架制作、安装 3. 过跨风管落地支架制作、安装
030702007	复合型风管	1. 名称 2. 材质 3. 形状 4. 规格 5. 板材厚度 6. 接口形式 7. 支架形式、材质			
030702008	柔性软风管	1. 名称 2. 材质 3. 规格 4. 风管接头、支架形式、材质	1. m 2. 节	1. 以米计量，按设计图示中心线以长度计算 2. 以节计量，按设计图示数量计算	1. 风管安装 2. 风管接头安装 3. 支吊架制作、安装
030702009	弯头导流叶片	1. 名称 2. 材质 3. 规格 4. 形式	1. m^2 2. 组	1. 以面积计量，按设计图示以展开面积平方米计算 2. 以组计量，按设计图示数量计算	1. 制作 2. 安装
030702010	风管检查孔	1. 名称 2. 材质 3. 规格	1. kg 2. 个	1. 以千克计量，按风管检查孔质量计算 2. 以个计量，按设计图示数量计算	1. 制作 2. 安装
030702011	温度、风量测定孔	1. 名称 2. 材质 3. 规格 4. 设计要求	个	按设计图示数量计算	

注：1. 风管展开面积，不扣除检查孔、测定孔、送风口、吸风口等所占面积；风管长度一律以设计图示中心线长度为准(主管与支管以其中心线交点划分)，包括弯头、三通、变径管、天圆地方等管件的长度，但不包括部件所占的长度。风管展开面积不包括风管、管口重叠部分面积。风管渐缩管：圆形风管按平均直径；矩形风管按平均周长。
2. 穿墙套管按展开面积计算，计入通风管道工程量中。
3. 通风管道的法兰垫料或封口材料，按图纸要求应在项目特征中描述。
4. 净化通风管的空气洁净度按 100 000 级标准编制，净化通风管使用的型钢材料如要求镀锌时，工作内容应说明支架镀锌。
5. 弯头导流叶片数量，按设计图纸或规范要求计算。
6. 风管检查孔、温度测定孔、风量测定孔数量，按设计图纸或规范要求计算。

表 5-79　通风管道部件制作安装(编码：030703)

<table>
<tr><th>项目编码</th><th>项目名称</th><th>项目特征</th><th>计量单位</th><th>工程量计算规则</th><th>工作内容</th></tr>
<tr><td>030703001</td><td>碳钢阀门</td><td>1. 名称
2. 型号
3. 规格
4. 质量
5. 类型
6. 支架形式、材质</td><td rowspan="11">个</td><td rowspan="11">按设计图示数量计算</td><td>1. 阀体制作
2. 阀体安装
3. 支架制作、安装</td></tr>
<tr><td>030703002</td><td>柔性软风管阀门</td><td>1. 名称
2. 规格
3. 材质
4. 类型</td><td rowspan="5">阀体安装</td></tr>
<tr><td>030703003</td><td>铝蝶阀</td><td rowspan="2">1. 名称
2. 规格
3. 质量
4. 类型</td></tr>
<tr><td>030703004</td><td>不锈钢蝶阀</td></tr>
<tr><td>030703005</td><td>塑料阀门</td><td rowspan="2">1. 名称
2. 型号
3. 规格
4. 类型</td></tr>
<tr><td>030703006</td><td>玻璃钢蝶阀</td></tr>
<tr><td>030703007</td><td>碳钢风口、散流器、百叶窗</td><td>1. 名称
2. 型号
3. 规格
4. 质量
5. 类型
6. 形式</td><td rowspan="3">1. 风口制作、安装
2. 散流器制作、安装
3. 百叶窗安装</td></tr>
<tr><td>030703008</td><td>不锈钢风口、散流器、百叶窗</td><td rowspan="2">1. 名称
2. 型号
3. 规格
4. 质量
5. 类型
6. 形式</td></tr>
<tr><td>030703009</td><td>塑料风口、散流器、百叶窗</td></tr>
<tr><td>030703010</td><td>玻璃钢风口</td><td rowspan="2">1. 名称
2. 型号
3. 规格
4. 类型
5. 形式</td><td>风口安装</td></tr>
<tr><td>030703011</td><td>铝及铝合金风口、散流器</td><td>1. 风口制作、安装
2. 散流器制作、安装</td></tr>
</table>

续表

项目编码	项目名称	项目特征	计量单位	工程量计算规则	工作内容
030703012	碳钢风相	1. 名称 2. 规格 3. 质量 4. 类型 5. 形式 6. 风相筝绳、泛水设计要求	个	按设计图示数量计算	1. 风相制作、安装 2. 筒形风相滴水盘制作、安装 3. 风相筝绳制作、安装 4. 风相泛水制作、安装
030703013	不锈钢风相				
030703014	塑料风相				
030703015	铝板伞形风相				1. 板伞形风相制作、安装 2. 风相筝绳制作、安装 3. 风相泛水制作、安装
030703016	玻璃钢风相				1. 玻璃钢风相安装 2. 筒形风相滴水盘安装 3. 风相筝绳安装 4. 风相泛水安装
030703017	碳钢罩类	1. 名称 2. 型号 3. 规格 4. 质量 5. 类型 6. 形式			1. 罩类制作 2. 罩类安装
030703018	塑料罩类				
030703019	柔性接口	1. 名称 2. 规格 3. 材质 4. 类型 5. 形式	m^2	按设计图示尺寸，以展开面积计算	1. 柔性接口制作 2. 柔性接口安装
030703020	消声器	1. 名称 2. 规格 3. 材质 4. 形式 5. 质量 6. 支架形式、材质	个	按设计图示数量计算	1. 消声器制作 2. 消声器安装 3. 支架制作、安装
030703021	静压箱	1. 名称 2. 规格 3. 形式 4. 材质 5. 支架形式、材质	1. 个 2. m^2	1. 以个计量，按设计图示数量计算 2. 以平方米计量，按设计图示尺寸，以展开面积计算	1. 静压箱制作、安装 2. 支架制作、安装

续表

项目编码	项目名称	项目特征	计量单位	工程量计算规则	工作内容
030703022	人防超压自动排气阀	1. 名称 2. 型号 3. 规格 4. 类型	个	按设计图示数量计算	安装
030703023	人防手动密闭阀	1. 名称 2. 型号 3. 规格 4. 支架形式、材质			1. 密闭阀安装 2. 支架制作、安装
030703024	人防其他部件	1. 名称 2. 型号 3. 规格 4. 类型	个(套)		安装
注：1. 通风部件是按图纸要求制作、安装还是用成品部件，只安装不制作，这类特征在项目特征中应明确描述。 2. 静压箱的面积计算：按设计图示尺寸以展开面积计算，不扣除开口的面积。					

二、通风管道部件制作、安装工程工程量清单项目说明

(1)概况。通风管道部件制作、安装，包括各种材质、规格和类型的阀类制作、安装，散流器制作、安装，风口制作、安装，风帽制作、安装，罩类制作、安装，消声器制作、安装等项目。

(2)注意事项。

1)有的部件图纸要求制作、安装，有的要求用成品部件，只安装不制作，这类特征在工程量清单中应明确描述。

2)碳钢调节阀制作、安装项目，包括空气加热器上通阀、空气加热器旁通阀、圆形瓣式启动阀、保温及不保温风管蝶阀、风管止回阀、密闭式斜插板阀、矩形风管三通调节阀、对开多叶调节阀、风管防火阀、各类风罩调节阀等。编制工程量清单时，除明确描述上述调节阀的类型外，还应描述其规格、质量、形状(方形、圆形)等特征。

3)散流器制作、安装项目，包括矩形空气分布器、圆形散流器、方形散流器、流线型散流器、百叶风口、矩形风口、旋转吹风口、送吸风口、活动箅式风口、网式风口、钢百叶窗等。编制工程量清单时，除明确描述上述散流器及风口的类型外，还应描述其规格、质量、形状(方形、圆形)等特征。

4)风帽制作、安装项目，包括碳钢风帽、不锈钢板风帽、铝风帽、塑料风帽等。编制工程量清单时，除明确描述上述风帽的材质外，还应描述其规格、质量、形状(伞形、锥形、筒形)等特征。

5)罩类制作、安装项目，包括皮带防护罩、电动机防雨罩、侧吸罩、焊接台排气罩、整体分组式槽边侧吸罩、吹吸式槽边通风罩、条缝槽边抽风罩、泥芯烘炉排气罩、升降式回转排气罩、上下吸式圆形回转罩、升降式排气罩、手锻炉排气罩等。在编制上述罩类工

程量清单时，应明确描述出罩的种类、质量等特征。

6)消声器制作、安装项目，包括片式消声器、矿棉管式消声器、聚酯泡沫管式消声器、卡普隆纤维式消声器、弧形声流式消声器、阻抗复合式消声器、消声弯头等。编制消声器制作、安装工程量清单时，应明确描述出消声器的种类、质量等特征。

三、通风工程检测、调试

通风工程检测、调试工程量清单项目设置、项目特征描述的内容、计量单位及工程量计算规则，应按表 5-80 的规定执行。

表 5-80　通风工程检测、调试(编码：030704)

项目编码	项目名称	项目特征	计量单位	工程量计算规则	工作内容
030704001	通风工程检测、调试	风管工程量	系统	按通风系统计算	1. 通风管道风量测定 2. 风压测定 3. 温度测定 4. 各系统风口、阀门调整
030704002	风管漏光试验、漏风试验	漏光试验、漏风试验、设计要求	m^2	按设计图纸或规范要求以展开面积计算	通风管道漏光试验、漏风试验

实训 20

1. 实训内容

空气加热器安装示意如图 5-31 所示，计算工程量并套用定额(不含主材费)。已知塑料通风管道长 45 m，厚度 $\delta=4$ mm，$\phi=400$ mm，由两处吊托支架支撑且开一风管测定孔。

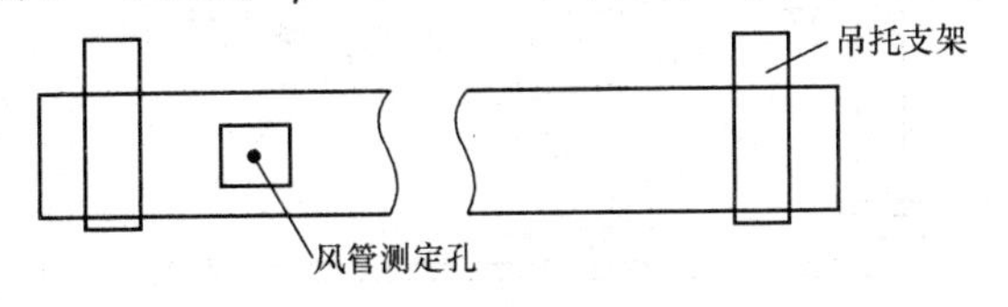

图 5-31　空气加热器安装示意

2. 实训步骤

(1)清单工程量计算。

$$S=\pi dl=3.14\times0.4\times45=56.52(m^2)$$

清单工程量计算见表 5-81。

表 5-81　清单工程量计算

项目编码	项目名称	项目特征描述	计算单位	工程量
030702005001	塑料通风管道制作、安装	直径为 0.4 m，长度为 45 m	m^2	56.52

(2)定额工程量计算。

1)ϕ400 的塑料通风管道的工程量为

$$S=\pi(D-2\delta)\times L$$
$$=3.14\times(0.4-2\times0.004)\times45$$
$$=5.539(10\ m^2)$$

其中(0.4－2×0.004)为塑料通风管道的内径。

由于塑料圆形风管直径×壁厚＝4×400＝1 600(mm)＜630×4＝2 520(mm)。

根据《云南安装定额》管道篇中定额子目 03090309，基价：2 377.41 元，其中人工费 1 472.43元、计价材料费 250.55 元、机械费 654.43 元。

《云南安装定额》中规定：塑料风管、复合型材料风管制作、安装定额所列规则为内径，周长为内周长，因此，计算塑料风管工程量时以内径计算。

2)吊托支架工程量。已知吊托支架一处的质量为 10.2 kg/个，共有 2 个吊托支架，所以吊托支架的工程盘是 2×10.2＝20.4(kg)＝0.204(100 kg)。

根据《云南安装定额》管道篇中定额子目 0303090229，基价：657.52 元，其中人工费 571.09 元、计价材料费 35.17 元、机械费 251.26 元。

3)风管测定孔制作、安装。计量单位：个，工程量：1。

根据《云南安装定额》管道篇中定额子目 0303090043，基价：60.46 元，其中人工费 38.97 元、计价材料费 11.22 元、机械费 10.27 元。

实训 21

1. 实训内容

风机盘管采用卧式暗装(吊顶式)，如图 5-32 所示，计算工程量并套用定额。

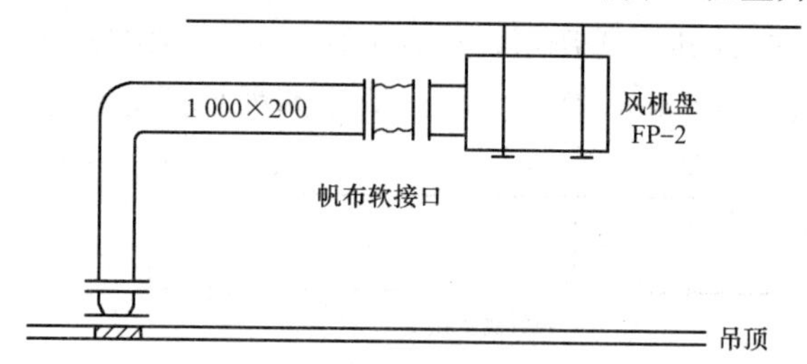

图 5-32　风机盘管安装示意

2. 实训步骤

(1)清单工程量计算。清单工程量计算见表 5-82。

表 5-82　清单工程量计算

项目编码	项目名称	项目特征描述	计算单位	工程量
030702005001	风机盘管	吊顶式	台	1

(2)定额工程量计算。

1)风机盘管安装。计量单位：台，工程量：1。

根据《云南安装定额》管道篇中定额子目 03090263，基价：189.99 元，其中人工费 79.21 元，计价材料费 96.42 元，机械费 14.36 元。

2) 设备吊托架安装。《云南安装定额》管道篇中规定，吊顶式风机盘管安装子目

“03090245”中已包括支吊架制作、安装，因此设备支吊架制作、安装不需要另行计算。

3)风机盘支架除锈。计量单位：100 kg；工程量：[19.75(定额含量)/1.04×1]/100＝0.19 。

根据《云南安装定额》中定额子目 0311007，基价：25.68 元，其中人工费 53.23×0.34＝18.10(元)，材料费 1.85 元，机械费 5.73 元。

4)风机盘支架刷泊。计量单位：100 kg；工程量：0.19。

根据《云南安装定额》中定额子目 03110117，基价：18.96 元，其中人工费 53.23×0.23＝12.24(元)，材料费 0.99 元，机械费 5.73 元。

5) 软管接口制作安装。计量单位：m^2；工程量：2×(0.2＋1)×0.3＝0.72。

根据《云南安装定额》中定额子目 03090041，基价：179.87 元，其中人工费 131.59 元，计价材料费 29.21 元，机械费 19.07 元。

实训 22

1. 实训内容

已知一活动百叶风口，尺寸为 350 mm×175 mm，共 8 个，风口带调节板，如图 5-33 所示，试计算其工程量。

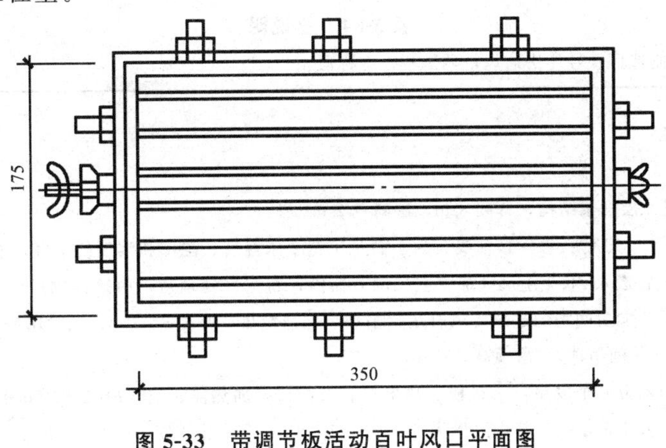

图 5-33　带调节板活动百叶风口平面图

2. 实训步骤

(1)清单工程量计算。带调节板活动百叶风口：8 个。

清单工程量计算见表 5-83。

表 5-83　清单工程量计算

项目编码	项目名称	项目特征描述	计算单位	工程量
030702008001	不锈钢封口、散流器制作、安装(百叶窗)	不锈钢百叶风口，尺寸为 350 mm×175 mm，带调节板	个	8

(2)定额工程量计算。

1)带调节板活动百叶风口制作。根据《国际通风部件标准质量表》，尺寸为 350 mm×175 mm，1.79 kg/个，共 8 个，1.79×8＝14.32(kg)。

①人工费：1 719.91/100×14.32＝246.29(元)

②材料费：635.86/100×14.32＝91.06(元)

③机械费：265.89/100×14.32＝38.08(元)

2)带调节板活动百叶风口的安装。

①人工费：5.34×8＝42.72(元)

②材料费：3.08×8＝24.64(元)

③机械费：0.22×8＝1.76(元)

某通风空调工程工程量清单及计价编制实例

一、实训内容

某机器制造厂3号厂房通风空调工程总说明见表5-84，其平面图、剖面图、系统图分别如图5-34～图5-36所示。工程承包方没有企业的生产消耗定额和成本库，其人工、材料、机械台班的消耗量计算以当地的《安装工程消耗量定额》及《综合单价》为依据，主材单价以市场询价为主，经调整后确定。请编制分部分项工程量清单及计价表，计算分部分项工程量清单费用。

表5-84　总说明

工程名称：某机器制造厂3号厂房通风空调工程　　标段：　　第1页　共1页

1. 工程批准文号(略)

2. 工程概况

3#厂房新建现浇4层框架结构，开间6 m，层高5.2 m。

通风空调工程在3#厂房底层⑧～⑫轴线。为了满足工艺要求温度、湿度和洁度的空气，通风空调系统由新风口吸入新鲜空气，经新风管进入ZK-1金属叠加式空气调节器内，将空气处理后，由镀锌钢板($\delta=1$)制作的五个风管，用方形直流片式散流器，向房间均匀送风。风管用铝箔玻璃棉毡绝热，厚度$\delta=100$。风管用吊架吊在房间顶板上(顶板底高5 m)，并安装在房间吊顶内(吊顶高3.5 m)。

叠式金属空气调节器分6个段室：风机段、喷淋段、过滤段、加热段、空气冷处理段和中间段，其外形尺寸为3 342×1 620×2 109，共1 200 kg，其供风量为8 000～12 000 m^3/h。由FJZ-30型制冷机组、冷水箱、泵两台，与DN100及DN70的冷水管、回水管相连，组成供应冷冻水系统，由DN32和DN25蒸汽动力管和凝结水管相连，组成供热系统，还有冷却塔及循环水系统，以及配管、配线、配电箱柜组成的控制系统。

3. 发包范围

本标段为镀锌钢板通风管道制作安装，通风管道的附件和阀件的制作安装，管道铝箔玻璃棉毡绝热，叠式金属空气调节器安装工程。冷水机组，供冷、供热管网系统，配电及控制系统的安装作为另一标段。

4. 报价要求

主材按造价部门公布的当期指导价计算或者自行询价报价，结算时人工和主材发生的价差，在＋5%～－5%以内时不做调整。

叠式金属空调器设备由发包方采购，并运送至承包方安装现场内或承包方指定点。通风管道主材、管道部件由承包方采购。

5. 其他各项(略)

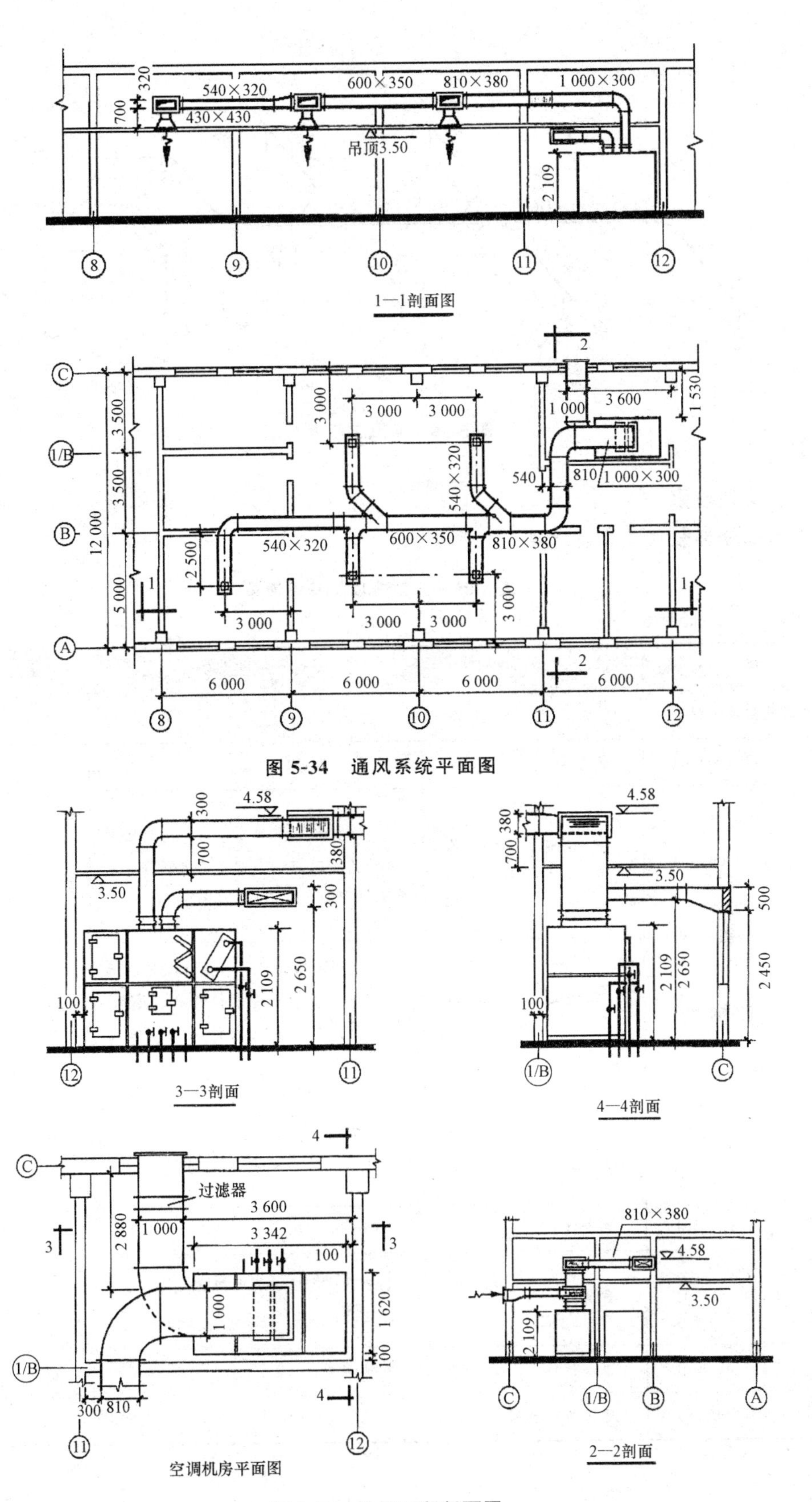

图 5-34　通风系统平面图

图 5-35　通风工程剖面图

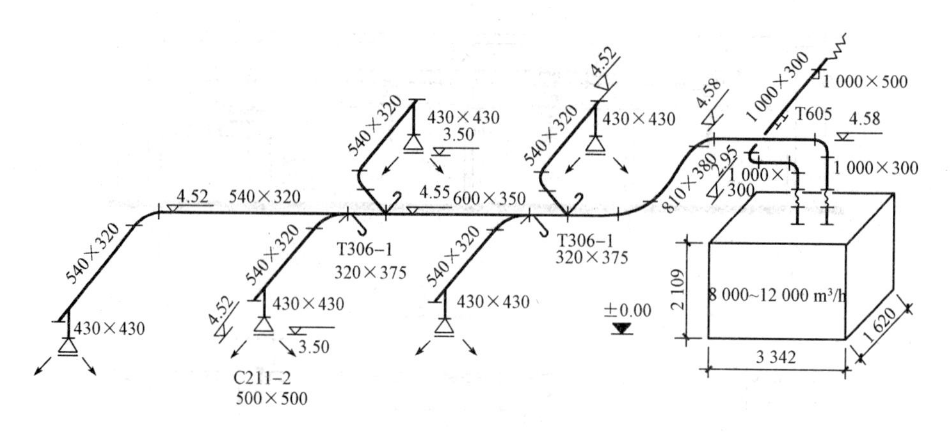

图 5-36　通风工程系统图

二、实训步骤

本工程分部分项工程量清单见表 5-85。

表 5-85　分部分项工程量清单

工程名称：某机器制造厂 3 号厂房通风空调工程　　标段：　　　　　　　　第　页　共　页

序号	项目编码	项目名称	项目特征描述	计量单位	工程量
C. 9 通风空调工程					
1	030701003001	空调器	叠式(6 段)ZK-1 型	kg	1 200.00
2	030702001001	碳钢通风管制作、安装	镀锌钢板矩形风管 δ=1，管周长 2 m以内，咬口、吊架、法兰制作安装及除锈刷油，保温 δ=100	m²	40.44
3	030702001002	碳钢通风管制作、安装	镀锌钢板矩形风管 δ=1，管周长 4 m以内，咬口、温度检测孔、吊架、法兰制作与安装及除锈刷油，保温 δ=100	m²	40.44
4	030703001001	碳钢调节阀制作、安装	三通阀 T306-1 320×357，每个 12.23 kg，除锈刷油	个	4.00
5	030703007001	钢百叶窗	1 000 m×500 m	m²	0.50
6	030703011001	散流器	铝合金方形直片式散流器 CT211-2 500×500	个	5.00
7	030703019001	柔性接口	人造革	m²	1.56
8	030704001001	通风工程检测、调试	系统	系统	1.00

工程量计算式见表5-86。

表5-86 工程量计算式

工程名称：某机器制造厂3号厂房通风空调工程　　　　第1页　共1页

序号	工程项目名称	单位	数量	部位提要	计算式
1	叠式金属空气调节器	kg	1 200		6×200
2	镀锌钢板矩形风管 $\delta=1$	m^2	55.75	主管	$(1+0.3)\times2\times\left(3.5-2.209+0.7+\frac{0.3}{2}-0.2+4+1\right)+(0.81+0.38)\times2\times(3.5+3)+(0.6+0.35)\times2\times6+(0.54+0.32)\times2\times\left(3+3+\frac{0.54}{2}\right)$
		m^2	40.20	支管	$(0.54+0.32)\times2\times\left(4+0.5+4+0.5+\frac{0.43}{2}\times2+3+0.5+3+0.5+\frac{0.43}{2}+2.5+2.5+\frac{0.43}{2}\right)+(0.43+0.43)\times2\times(5\times0.7)+0.54\times0.32\times5$
		m^2	16.05	新风管	$(1+0.5)\times2\times0.8+(1+0.3)\times2\times\left(2.88-0.8+\frac{1}{2}+\frac{3.342}{2}+\frac{1}{2}+2.65-2.1+\frac{0.3}{2}-0.2\right)$
	风管小计	m^2	112.00		管周长2 m以内，共71.56 m^2 管周长4 m以内，共40.44 m^2
3	帆布接头	m^2	1.56		(1+0.3)×2×0.2×3
4	钢百叶窗(新风口)	m^2	0.5		1×0.5
5	方形直片散流器	kg	61.15		CT211-2(500×500)5×12.23
6	温度检测孔	个	2		T605
7	矩形风管三通调节阀	kg	48.92		4×12.23(T306-1)
8	铝箔玻璃棉毡 风管保温 $\delta=100$	m^2	11.2		112×0.1
9	角钢∟25×4	kg	437.70	法兰	75个×(0.6+0.4)×2×1.459

分部分项工程量清单计价表见表5-87。

表5-87 分部分项工程量清单计价表

工程名称：某机器制作厂3号厂房通风空调工程　　标段：　　　　第　页　共　页

序号	项目编码	项目名称	项目特征描述	计量单位	工程量	金额/元	
						综合单价	合价
C.9通风空调工程							
1	030701003001	空调器	叠式金属空调器6段	kg	1 200.00	1.02	1 224.00
2	030702001001	碳钢通风管制作、安装	镀锌钢板矩形风管 $\delta=1$，管周长2 m内，咬口、吊架、法兰制作安装及除锈刷油，保温 $\delta=100$	m^2	71.56	293.66	21 014.31

续表

序号	项目编码	项目名称	项目特征描述	计量单位	工程量	金额/元	
						综合单价	合价
3	030702001002	碳钢通风管制作、安装	镀锌钢板矩形风管 $\delta=1$，周长 4 m 内，咬口、吊架、法兰制作安装及除锈刷油、保温 $\delta=100$ 温度测定孔 T615 2 个	m^2	40.44	280.62	11 348.27
4	030703001001	碳钢调节阀制作、安装	三通阀 T306-1，每个 12.23 kg，除锈、刷油	个	3.00	405.95	1 217.89
5	030703007001	百叶窗制作、安装	1 000×500 J718.1 碳钢除锈、刷油	m^2	0.50	460.06	230.03
6	030703011001	散流器	铝合金方形直片式 CT211-2 500×500	个	5.00	182.36	911.80
7	030703019001	柔性接口	人造革	m^2	1.56	230.53	359.63
8	030704001001	通风工程检测、调试	系统	系统	1.00	634.28	634.28
合计					3 694 021		

工程量清单综合单价分析表见表 5-88。

表 5-88　工程量清单综合单价分析表

工程名称：某机器制作厂 3 号厂房通风空调工程　　　　标段：　　　　　　　　第　页　共　页

项目编码	030702001002			项目名称		碳钢通风管制作、安装		计量单位	m^2	
综合单价组成明细										
定额编号	定额名称	定额单位	工程数量	单价/元				合价/元		
				人工费	材料费	机械费	管理费和利润	人工费	材料费	机械费	管理费和利润
09-0007	镀锌钢板矩形风管 $\delta=1$，周长 4.00 内	10 m^2	4.044	129.74	156.83	31.82	135.54	524.67	634.22	126.68	548.12
11-0007	法兰、支吊架除锈	100 kg	1.573 9	8.84	2.60	7.49	9.24	13.91	4.09	11.79	14.54
11-0117	法兰、支吊架刷红丹漆第一遍	100 kg	1.573 9	5.98	0.75	7.49	6.25	9.41	1.18	11.79	9.84
11-0118	法兰、支吊架刷红丹漆第二遍	100 kg	1.573 9	5.72	0.65	7.49	5.98	9.00	1.02	11.79	9.41
09-0043	温度测定孔	个	2.00	15.86	9.60	6.36	16.57	31.72	19.20	12.72	33.14
11-2004	通风管道离心玻璃棉保温厚度 2×50	m^3	4.044	55.12	141.68	—	57.58	222.91	572.95		232.85
人工单位			小计					811.62	1 232.66	174.77	847.90
								3 066.96/40.44=75.84			
26 元/工日			未计价材料费					204.78			
清单项目综合单价								280.62			

主要材料计价表见表 5-89。

表 5-89　主要材料计价表

	主要材料名称、规格、型号	单位	数量	单价/元	合价/元	暂估单价/元	暂估合价/元
材料明细	角钢∟60	kg	35.04	3.58	125.44		
	角钢∟63	kg	0.160	3.58	0.57		
	扁钢—59	kg	1.120	3.58	4.01		
	圆钢 ϕ5.5～9	kg	1.490	2.95	4.40		
	电焊条 E4303ϕ3.2	kg	0.490	6.30	3.09		
	精制六角螺栓 M8×75	套	4.300	0.25	1.08		
	铁铆钉	kg	0.220	4.48	0.99		
	橡胶板 δ1～3	kg	0.920	6.63	6.10		
	膨胀螺栓 M12	套	1.500	1.00	1.50		
	乙炔气(电石)	kg	0.160	15.04	2.41		
	氧气	m^3	0.450	8.43	3.79		
	材料费小计				156.83		
	钢丝刷	把	0.290	1.50	0.41		
	铁砂布 0 号～2 号	张	1.090	1.08	1.14		
	破布	kg	0.170	6.19	1.05		
	材料费小计				2.60		
	汽油 90 号	kg	0.075	9.95	0.75		
	材料费小计				0.75		
	汽油 90 号	kg	0.065	9.95	0.65		
	材料费小计				0.65		
	普通钢板 δ2.0～2.5	kg	0.180	3.80	0.68		
	电焊条 E4303	kg	0.110	6.30	0.69		
	精制六角螺栓 M(2～5)×(4～20)	套	4.160	0.25	1.04		
	弹簧垫圈 M2～M10	个	4.240	0.08	0.34		
	镀锌丝堵 *DN*50	个	1.000	3.45	3.45		
	熟铁管箍 *DN*50	个	1.000	3.45	3.45		
	材料费小计				9.60		
	塑料保温钉	套	420.000	0.06	25.20		
	氯丁胶	kg	0.550	23.34	12.84		
	铝箔胶粘带 45 m/卷	卷	3.200	32.00	102.40		
	破布	kg	0.200	6.19	1.24		
	材料费小计				141.68		

注：镀锌钢板通风管制作、安装未计价材料费及综合单价：

- 镀锌钢板 δ1：40.44×1.138×10.5＝483.22(元)；
- 醇酸防锈漆 C53-1(红丹防锈漆)：157.39×0.051×28.75＝230.77(元)，共刷两遍漆 230.77×2＝461.54(元)；
- 离心玻璃棉板：4.044×1.03×1.755＝7.31(元)；
- 综合单价：(483.22＋461.54＋7.31)/40.44＝23.54(元/m^2)。

第五节　消防工程工程量清单项目及工程量计算

一、消防工程工程量清单项目及工程量计算规则

消防工程工程量清单项目设置、项目特征描述的内容、计量单位及工程量计算规则，应按表5-90～表5-94的规定执行。

表5-90　水灭火系统（编码：030901）

项目编码	项目名称	项目特征	计量单位	工程量计算规则	工程内容
030901001	水喷淋钢管	1. 安装部位 2. 材质、规格 3. 连接形式 4. 钢管镀锌设计要求 5. 压力试验及冲洗设计要求 6. 管道标识设计要求	m	按设计图示管道中心线以长度计算	1. 管道及管件安装 2. 钢管镀锌及二次安装 3. 压力试验 4. 冲洗 5. 管道标识
030901002	消火栓钢管				
030901003	水喷淋（雾）喷头	1. 安装部位 2. 材质、型号、规格 3. 连接形式 4. 装饰盘材质、型号	个	按设计图示数量计算	1. 安装 2. 装饰盘安装 3. 严密性试验
030901004	报警装置	1. 名称 2. 型号、规格	组		1. 安装 2. 电气接线 3. 调试
030901005	温感式水幕装置	1. 型号、规格 2. 连接形式	组		
030901006	水流指示器	1. 规格、型号 2. 连接形式	个		
030901007	减压孔板	1. 材质、规格 2. 连接形式			
030901008	末端试水装置	1. 规格 2. 组装形式	组		
030901009	集热板制作安装	1. 材质 2. 支架形式	个		1. 制作、安装 2. 支架制作、安装
030901010	室内消火栓	1. 安装方式 2. 型号、规格 3. 附件材质、规格	套		1. 箱体及消火栓安装 2. 配件安装
030901011	室外消火栓				1. 安装 2. 配件安装
030901012	消防水泵接合器	1. 安装部位 2. 型号、规格 3. 附件材质、规格			1. 安装 2. 附件安装

续表

项目编码	项目名称	项目特征	计量单位	工程量计算规则	工程内容
030901013	灭火器	1. 形式 2. 规格、型号	具（组）	按设计图示数量计算	设置
030901014	消防水炮	1. 水炮类型 2. 压力等级 3. 保护半径	台		1. 本体安装 2. 调试

注：1. 水灭火管道工程量计算，不扣除阀门、管件及各种组件所占长度以延长米计算。

2. 水喷淋(雾)喷头安装部位应区分有吊顶、无吊顶。

3. 报警装置适用于湿式报警装置、干湿两用报警装置、电动雨淋报警装置、预作用报警装置等报警装置安装。报警装置安装包括装配管(除水力警铃进水管)的安装，水力警铃进水管并入消防管道工程量。其中：

1)湿式报警装置包括内容：湿式阀、蝶阀、装配管、供水压力表、装置压力表、试验阀、泄放试验阀、泄放试验管、试验管流量计、过滤器、延时器、水力警铃、报警截止阀、漏斗、压力开关等。

2)干湿两用报警装置包括内容：两用阀、蝶阀、装配管、加速器、加速器压力表、供水压力表、试验阀、泄放试验阀(湿式、干式)、挠性接头、泄放试验管、试验管流量计、排气阀、截止阀、漏斗、过滤器、延时器、水力警铃、压力开关等。

3)电动雨淋报警装置包括内容：雨淋阀、蝶阀、装配管、压力表、泄放试验阀、流量表、截止阀、注水阀、止回阀、电磁阀、排水阀、手动应急球阀、报警试验阀、漏斗、压力开关、过滤器、水力警铃等。

4)预作用报警装置包括内容：报警阀、控制蝶阀、压力表、流量表、截止阀、排放阀、注水阀、止回阀、泄放阀、报警试验阀、液压切断阀、装配管、供水检验管、气压开关、试压电磁阀、空压机、应急手动试压器、漏斗、过滤器、水力警铃等。

4. 温感式水幕装置，包括给水三通至喷头、阀门间的管道、管件、阀门、喷头等全部内容的安装。

5. 末端试水装置，包括压力表、控制阀等附件安装。末端试水装置安装中不含连接管及排水管安装，其工程量并入消防管道。

6. 室内消火栓，包括消火栓箱、消火栓、水枪、水龙头、水龙带接扣、自救卷盘、挂架、消防按钮；落地消火栓箱包括箱内手提灭火器。

7. 室外消火栓，安装方式分地上式、地下式；地上式消火栓安装包括地上式消火栓、法兰接管、弯管底座；地下式消火栓安装包括地下式消火栓、法兰接管、弯管底座或消火栓三通。

8. 消防水泵接合器，包括法兰接管及弯头安装，接合器井内阀门、弯管底座、标牌等附件安装。

9. 减压孔板若在法兰盘内安装，其法兰计入组价中。

10. 消防水炮：分普通手动水炮、智能控制水炮。

表 5-91　气体灭火系统(编码：030902)

项目编码	项目名称	项目特征	计量单位	工程量计算规则	工程内容
030902001	无缝钢管	1. 介质 2. 材质、压力等级 3. 规格 4. 焊接方法 5. 钢管镀锌设计要求 6. 压力试验及吹扫设计要求 7. 管道标识设计要求	m	按设计图示管道中心线以长度计算	1. 管道安装 2. 管件安装 3. 钢管镀锌 4. 压力试验 5. 吹扫 6. 管道标识
030902002	不锈钢管	1. 材质、压力等级 2. 规格 3. 焊接方法 4. 充氩保护方式、部位 5. 压力试验及吹扫设计要求 6. 管道标识设计要求	m	按设计图示管道中心线以长度计算	1. 管道安装 2. 焊口充氩保护 3. 压力试验 4. 吹扫 5. 管道标识
030902003	不锈钢管管件	1. 材质、压力等级 2. 规格 3. 焊接方法 4. 充氩保护方式、部位	个	按设计图示数量计算	1. 管件安装 2. 管件焊口充氩保护
030902004	气体驱动装置管道	1. 材质、压力等级 2. 规格 3. 焊接方法 4. 压力试验及吹扫设计要求 5. 管道标识设计要求	m	按设计图示管道中心线以长度计算	1. 管道安装 2. 压力试验 3. 吹扫 4. 管道标识
030902005	选择阀	1. 材质 2. 型号、规格 3. 连接形式	个	按设计图示数量计算	1. 安装 2. 压力试验
030902006	气体喷头	1. 材质 2. 型号、规格 3. 连接形式			喷头安装
030902007	贮存装置	1. 介质、类型 2. 型号、规格 3. 气体增压设计要求	套	按设计图示数量计算	1. 贮存装置安装 2. 系统组件安装 3. 气体增压
030902008	称重检漏装置	1. 型号 2. 规格			1. 安装 2. 调试
030902009	无管网气体灭火装置	1. 类型 2. 型号、规格 3. 安装部位 4. 调试要求			

注：1. 气体灭火管道工程量计算，不扣除阀门、管件及各种组件所占长度以延长米计算。
2. 气体灭火介质，包括七氟丙烷灭火系统、IG541 灭火系统、二氧化碳灭火系统等。
3. 气体驱动装置管道安装，包括卡、套连接件。
4. 贮存装置安装，包括灭火剂存储器、驱动气瓶、支框架、集流阀、容器阀、单向阀、高压软管和安全阀等贮存装置和阀驱动装置、减压装置、压力指示仪等。

表 5-92　泡沫灭火系统(编码：030903)

项目编码	项目名称	项目特征	计量单位	工程量计算规则	工程内容
030903001	碳钢管	1. 材质、压力等级 2. 规格 3. 焊接方法 4. 无缝钢管镀锌设计要求 5. 压力试验、吹扫设计要求 6. 管道标识设计要求	m	按设计图示管道中心线以长度计算	1. 管道安装 2. 管件安装 3. 无缝钢管镀锌 4. 压力试验 5. 吹扫 6. 管道标识
030903002	不锈钢管	1. 材质、压力等级 2. 规格 3. 焊接方法 4. 充氩保护方式、部位 5. 压力试验、吹扫设计要求 6. 管道标识设计要求			1. 管道安装 2. 焊口充氩保护 3. 压力试验 4. 吹扫 5. 管道标识
030903003	铜管	1. 材质、压力等级 2. 规格 3. 焊接方法 4. 压力试验、吹扫设计要求 5. 管道标识设计要求			1. 管道安装 2. 压力试验 3. 吹扫 4. 管道标识
030903004	不锈钢管管件	1. 材质、压力等级 2. 规格 3. 焊接方法 4. 充氩保护方式、部位	个	按设计图示数量计算	1. 管件安装 2. 管件焊口充气保护
030903005	铜管管件	1. 材质、压力等级 2. 规格 3. 焊接方法	台		管件安装
030903006	泡沫发生器	1. 类型 2. 型号、规格 3. 二次灌浆材料			1. 安装 2. 调试 3. 二次灌浆
030903007	泡沫比例混合器				
030903008	泡沫液贮罐	1. 质量/容量 2. 型号、规格 3. 二次灌浆材料			

注：1. 泡沫灭火管道工程量计算，不扣除阀门、管件及各种组件所占长度以延长米计算。
2. 泡沫发生器、泡沫比例混合器安装，包括整体安装、焊法兰、单体调试及配合管道试压时隔离本体所消耗的工料。
3. 泡沫液贮罐内如需充装泡沫液，应明确描述泡沫灭火剂品种、规格。

表 5-93　火灾自动报警系统(编码：030904)

<table>
<tr><th>项目编码</th><th>项目名称</th><th>项目特征</th><th>计量单位</th><th>工程量计算规则</th><th>工程内容</th></tr>
<tr><td>030904001</td><td>点型探测器</td><td>1. 名称
2. 规格
3. 线制
4. 类型</td><td>个</td><td>按设计图示数量计算</td><td>1. 探头安装
2. 底座安装
3. 校接线
4. 编码
5. 探测器调试</td></tr>
<tr><td>030904002</td><td>线型探测器</td><td>1. 名称
2. 规格
3. 安装方式</td><td>m</td><td>按设计图示长度计算</td><td>1. 探测器安装
2. 接口模块安装
3. 报警终端安装
4. 校接线</td></tr>
<tr><td>030904003</td><td>按钮</td><td rowspan="3">1. 名称
2. 规格</td><td rowspan="3">个</td><td rowspan="9">按设计图示数量计算</td><td rowspan="6">1. 安装
2. 校接线
3. 编码
4. 调试</td></tr>
<tr><td>030904004</td><td>消防警铃</td></tr>
<tr><td>030904005</td><td>声光报警器</td></tr>
<tr><td>030904006</td><td>消防报警电话插孔(电话)</td><td>1. 名称
2. 规格
3. 安装方式</td><td>个
(部)</td></tr>
<tr><td>030904007</td><td>消防广播(扬声器)</td><td>1. 名称
2. 功率
3. 安装方式</td><td>个</td></tr>
<tr><td>030904008</td><td>模块(模块箱)</td><td>1. 名称
2. 规格
3. 类型
4. 输出形式</td><td>个
(台)</td></tr>
<tr><td>030904009</td><td>区域报警控制箱</td><td rowspan="2">1. 多线制
2. 总线制
3. 安装方式
4. 控制点数量
5. 显示器类型</td><td rowspan="3">台</td><td rowspan="3">1. 本体安装
2. 校接线、摇测绝缘电阻
3. 排线、绑扎、导线标识
4. 显示器安装
5. 调试</td></tr>
<tr><td>030904010</td><td>联动控制箱</td></tr>
<tr><td>030904011</td><td>远程控制箱(柜)</td><td>1. 规格
2. 控制回路</td></tr>
</table>

续表

项目编码	项目名称	项目特征	计量单位	工程量计算规则	工程内容
030904012	火灾报警系统控制主机	1. 规格、线制 2. 控制回路 3. 安装方式	台	按设计图示数量计算	1. 安装 2. 校接线 3. 调试
030904013	联动控制主机				
030904014	消防广播及对讲电话主机(柜)				
030904015	火灾报警控制微机(CRT)	1. 规格 2. 安装方式			1. 安装 2. 调试
030904016	备用电源及电池主机(柜)	1. 名称 2. 容量 3. 安装方式	套		

注：1. 消防报警系统配管、配线、接线盒均应按《通用安装工程工程量计算规范》(GB 50856—2013)附录D电气设备安装工程相关项目编码列项。

2. 消防广播及对讲电话主机包括功放、录音机、分配器、控制柜等设备。

3. 点型探测器包括火焰、烟感、温感、红外光束、可燃气体探测器等。

表 5-94　消防系统调试(编码：030905)

项目编码	项目名称	项目特征	计量单位	工程量计算规则	工程内容
030905001	自动报警系统装置调试	1. 点数 2. 线制	系统	按系统计算	系统调试
030905002	水灭火系统控制装置调试		点	按控制装置的点数计算	调试
030905003	防火控制装置联动调试	1. 名称 2. 类型	个(部)	按设计图示数量计算	
030905004	气体灭火系统装置调试	1. 试验容器规格 2. 气体试喷	点	按调试、检验和验收所消耗的试验容器总数计算	1. 模拟喷气试验 2. 备用灭火器贮存容器切换操作试验 3. 气体试喷

注：1. 自动报警系统包括各种探测器、报警按钮、报警控制器等组成的报警系统；按不同点数以系统计算。

2. 水灭火系统控制装置，是由消火栓、自动喷水灭火等组成的灭火系统装置；按不同点数以系统计算。

3. 气体灭火系统装置调试，是由七氟丙烷、IG541、二氧化碳等组成的灭火系统装置；按气体灭火系统装置的瓶组计算。

4. 防火控制装置联动调试，包括电动防火门、防火卷帘门、正压送风阀、排烟阀、防火控制阀等防火控制装置。

二、消防工程工程量清单其他相关问题处理

(1)管道界限的划分：

1)喷淋系统水灭火管道：室内外界限应以建筑物外墙皮 1.5 m 为界，入口处设阀门者应以阀门为界；设在高层建筑物内消防泵间管道应以泵间外墙皮为界。

2)消火栓管道：给水管道室内外界限划分应以外墙皮 1.5 m 为界，入口处设阀门者应以阀门为界。

3)与市政给水管道的界限：以水表井为界；无水表井的，以与市政给水管道碰头点为界。

(2)凡涉及管沟及井类的土石方开挖、垫层、基础、砌筑、抹灰、地井盖板预制安装、回填、运输，路面开挖及修复、管道支墩等，应按《房屋建筑与装饰工程工程量计算规范》(GB 50854—2013)、《市政工程工程量计算规范》(GB 50857—2013)相关项目编码列项。

(3)消防水泵房内的管道，应按《通用安装工程工程量计算规范》(GB 50856—2013)附录 H 工业管道工程相关项目编码列项；消防管道如需进行探伤，应按《通用安装工程工程量计算规范》(GB 50856—2013)附录 H 工业管道工程相关项目编码列项。

(4)消防管道上的阀门、管道及设备支架、套管制作安装，应按《通用安装工程工程量计算规范》(GB 50856—2013)附录 K 给排水、采暖、燃气工程相关项目编码列项。

(5)消防管道及设备除锈、刷油、保温除注明者外，均应按《通用安装工程工程量计算规范》(GB 50856—2013)附录 M 刷油、防腐蚀、绝热工程相关项目编码列项。

(6)消防工程措施项目，应按《通用安装工程工程量计算规范》(GB 50856—2013)附录 N 措施项目相关项目编码列项。

第六节　清单计价与定额计价对比实例

某室内安装 *DN*50 镀锌给水管(螺纹连接)，工程量 200 m，要求管道消毒清洗，试压(镀锌管：25 元/ m，取定人工单价 34.77 元/工日)，试各用定额、清单计价法计算分部分项工程费用。

分析：查《云南省建设工程造价计价规则及机械仪器仪表台班费用定额》(DBJ 53/T—58—2013)，建筑安装工程费用项目由分部分项工程费、措施项目费、其他项目费、规费、税金构成；工程量清单计价由分部分项工程费、措施项目费、其他项目费、规费、税金构成。根据云南省计价文件，两种计价模式下分部分项工程费用均由人工费、材料费、机械费、管理费、利润组成。由此可见，无论是定额计价还是清单计价，工程费构成内容均一致，只是清单计价采用了综合单价。两种计价模式下通用安装工程管理费费率为 30%、利润率为 20%，计算基数均为分部分项工程费中的人工费＋分部分项工程费中的机械费×8%。

1. 定额模式计价

(1)定额计价模式下建筑安装工程分部分项工程费中人、材、机计算表(注意定额单位量、工程量)见表 5-95。

表 5-95　人、材、机计算表

定额编号			03080143	03080377	03080383
项目		单位	室内镀锌钢管安装(螺纹连接)DN50 以内	管道消毒、冲洗 DN50 以内	管道压力试验 DN100 以内
人工	综合工日	工日	2.68(消耗量)	0.52(消耗量)	4.63(消耗量)
材料	镀锌钢管 10.2/10 m		41.11(含计价材)	28.16(单价)	74.45(单价)
机械		台班	5.40(单价)	—	27.67(单价)

(2)定额计价方式下建筑安装工程造价表见表 5-96。

表 5-96　定额计价方式下建筑安装工程造价表

序号	定额编码	项目名称	计量单位	工程量	单价				合价			
					人工费	材料费	机械费	小计	人工费	材料费	机械费	小计
1	0308 0092	室内镀锌钢管安装(螺纹连接)DN50 以内	10 m	20.00	171.20	41.111	5.40	217.71	3 424.00	822.20	108.00	6 354.20
2	03080377	管道消毒、冲洗 DN50 以内	100 mm	2.00	33.22	28.16	—	61.38	66.44	56.32	—	122.76
3	0308—383	管道压力试验 DN100 以内	100 m	2.00	295.76	74.45	27.67	397.88	591.52	148.90	55.34	795.76
合计									4 081.96	1 027.42	163.34	7 272.72

(3)建筑安装工程费用计算见表 5-97。

表 5-97　建筑安装工程费用计算

序号	项目名称	计算方法	金额/元
1	分部分项工程费用	F1.1+ F1.2+…+ F1.6	12 420.24
1.1	人工费		4 081.96
1.2	材料费		1 027.42
1.3	机械费		163.34
1.4	主材费	(10.2/10)×25×200	5 100
1.5	管理费	(人工费+机械费×8%)×管理费费率 30%	1 228.51
1.6	利润	(人工费+机械费×8%)×利润率 20%	819.01
2	措施费	见题目	688.37
2.1	总价措施费	见题目	688.37
2.1.1	安全文明施工费	(人工费+机械费×8%)×费率 12.65%	518.02

续表

序号	项目名称	计算方法	金额/元
2.1.2	其他措施费	(人工费+机械费×8%)×管理费费率 4.16%	170.35
2.2	单价措施费	见题目	0
2.2.1	单价措施费中的人工费	0	
3	其他项目费	0	
3.1	其他项目费中的人工费		
6	规费		1 102.13
6.1	工程排污费		0
6.2	社会保障等费用	(1.1+2.2.1+3.1)×26%	1 061.31
6.3	危险作业意外险	(1.1+2.2.1+3.1)×1%	40.82
7	税金	(12 420.24+688.37+0+1 102.13)×0.034 8	494.53
8	单位工程造价	12 420.24+688.37+0+1 102.13+494.53	14 705.27

2. 清单模式计价

综合单价中管理费、利润的计算方法表达为

管理费=计算基础×管理费费率

利润=计算基础×管理费费率

计算基础=分部分项工程费中的人工费+分部分项工程费中的机械费×8%

综合单价=全部施工费用÷清单工程量=[分部分项工程施工量×消耗量基价(人、材、机、管理费、利润)÷定额单位]÷清单工程量=(分部分项工程施工量÷定额单位÷清单工程量)×消耗量基价(人、材、机、管理费、利润及风险)

例题用清单计价法各计算一遍分部分项工程费。

解：施工量=清单量=200 m。

查《云南省建设工程造价计价规则及机械仪器仪表台班费用定额》(DBJ 53/T—58—2013)，通用安装工程管理费费率为30%、利润率为20%，计算基数均为分部分项工程费中的人工费+分部分项工程费中的机械费×8%。

清单模式计价的计算过程见表5-98～表5-102。

表5-98 人、材、机计算表

定额编号			03080143	03080377	03080383
项目		单位	室内镀锌钢管安装(螺纹连接)*DN*50以内	管道消毒、冲洗*DN*50以内	管道压力试验*DN*100以内
人工	人工单价	元	171.20(单价)	33.22(单价)	295.76(单价)
材料	镀锌钢管10.2/10 m		41.11(含计价材)	28.16(单价)	74.45(单价)
机械		台班	5.40(单价)	—	27.67(单价)

表 5-99　工程量清单综合单价分析表(一)

序号	细目编码	细目名称	细目单位	工程内容				单价分析				综合单价/元
				定额编号	定额名称	定额单位	工程量	人工费	材料费	机械费	管理费30% 利润率20%	
1	031001001001	镀锌钢管螺纹连接	m	03080143	室内镀锌钢管安装(螺纹连接) *DN*50 mm 以内	10 m	0.10	171.2×0.1=17.12	(41.11+10.2×25)×0.1=29.611	5.4×0.1=0.54	8.582	62.104
				03080377	管道消毒、冲洗 *DN*50 mm 以内	100 m	0.01	33.22×0.01=0.32	28.16×0.01=0.282	—	0.166	
				03080383	管道压力试验 *DN*100 以内	100 m	0.01	295.76×0.01=2.955	74.45×0.01=0.745	27.67×0.01=0.127 8	1.49	

表 5-100　工程量清单综合单价分析表(二)

细目编码	031001001001		项目名称		镀锌钢管螺纹连接			计量单位		225 m		
清单综合单价组成明细												
定额编号	定额名称	定额单位	数量	单价/元			合价/元					
				人工费	材料费	机械费	人工费	材料费	机械费	管理费	利润	风险费
03080143	室内镀锌钢管安装	10 m	0.1	171.20	41.11	5.40	17.12	4.111	0.329	5.149	3.433	0
03080377	管道消毒、冲洗	100 m	0.01	33.22	28.16	—	0.332	0.282	—	0.100	0.066	0
03080383	管道压力试验	100 m	0.01	4.63×34.77	74.45	27.67	2.958	0.745	0.116	0.894	0.596	0
人工单价		小计					20.41	5.138	0.818	6.143	4.095	0
34.77 元/工日		未计价材料费					25.5					
清单项目综合单价							62.104					
材料费明细	主要材料名称、规格、型号		单位	数量	单价/元		合价/元	暂估单价/元	暂估合价/元			
	镀锌钢管 *DN*50		m	1.02	25		25.5					
	其他材料费											
	材料费小计											

表 5-101　分部分项工程工程量与清单计价表

序号	项目编码	项目名称	项目特征	计量单位	工程量	金额/元		
						综合单价	合价	其中：人工费
1	031001001001	镀锌钢管螺纹连接	安装、消毒冲洗、压力试验	m	200	62.104	12 420.80	4 082.00
合计							1 242.80	4 082.00

表 5-102　清单计价方式下建筑安装工程造价表

序号	项目名称	计算方法	金额/元
1	分部分项工程费用	(1.1～1.6)	12 420.80
1.1	人工费		4 082.00
2	措施费	见题目	688.39
2.1	总价措施费	见题目	688.39
2.1.1	安全文明施工费	(人工费＋机械费×8%)×费率 12.65%	518.03
2.1.2	其他措施费	(人工费＋机械费×8%)×管理费费率 4.16%	170.36
2.2	单价措施费	见题目	0
2.2.1	单价措施费中的人工费		0
3	其他项目费		0
3.1	其他项目费中的人工费		
6	规费		1 102.14
6.1	工程排污费		0
6.2	社会保障等费用	(4 082.00＋2.2.1＋3.1)×26%	1 061.32
6.3	危险作业意外险	(4 082.00＋2.2.1＋3.1)×1%	40.82
7	税金	(12 420.80＋688.39＋0＋1 102.14)×0.034 8	494.55
8	单位工程造价	12 420.80＋688.39＋0＋1 102.14＋494.55	14 705.88

复习思考题

1. 简述工程量清单的主要作用。

2. 简述工程量清单的内容。

3. 简述清单项目设置中项目编码设置的规定。

4. 计算下列水施图纸工程量清单(本实例仅计算 1 户的工程量清单)。

本工程位于某市近郊某厂生活区内，该建筑为钢筋混凝土框架结构，现浇钢筋混凝土楼板，共 7 层，层高 3 m，屋顶为可上人屋面。给水管道用镀锌钢管丝接，排水用承插塑料管道粘接。挂式 13102 型陶瓷洗脸盆，配冷热水龙头；1500 型陶瓷浴盆，配冷热水混合开关带喷头；蹲式 6203 型陶瓷大便器，配按压式延时自动关闭冲洗阀；不锈钢地漏及地面扫除口；旋翼式螺纹水表组；内螺纹直通式截止阀和闸阀。

本工程给排水工程平面图及系统图如图 5-37 所示。

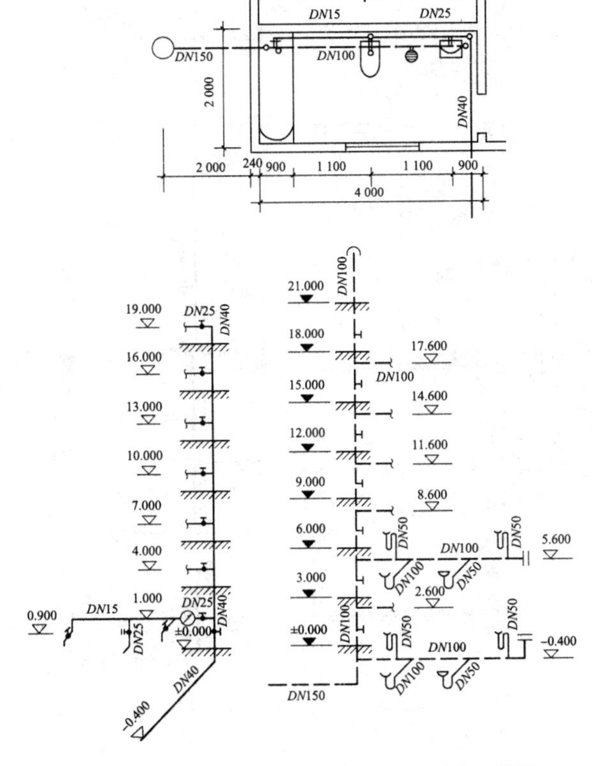

图 5-37　某厂住宅楼给排水工程平面及系统图

5. 计算下列电施图纸工程量清单。

某住宅小区 A-12 住宅楼，建筑面积为 2 350 m^2，共 6 层，层高为 3 m。仅一个单元，两户对称，共计 12 户。240 砖墙，现浇钢筋混凝土楼板及屋面。

电气照明工程，电缆 YJV-4×25+1×16 穿 PVC 管 *DN*40 埋地入户，户内主干线用 BV-4×25+1×16 穿 PVC 管 *DN*40 沿墙暗敷，每层暗设电表箱，进入每户配电箱，其余如图 5-38 和图 5-39 所示。

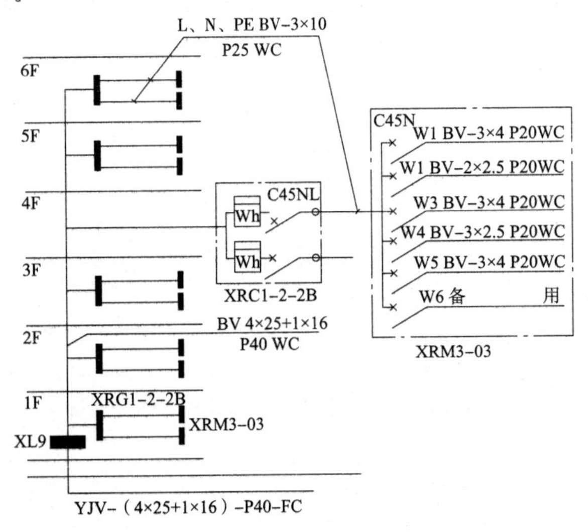

图 5-38　A-12 住宅楼电气照明系统图

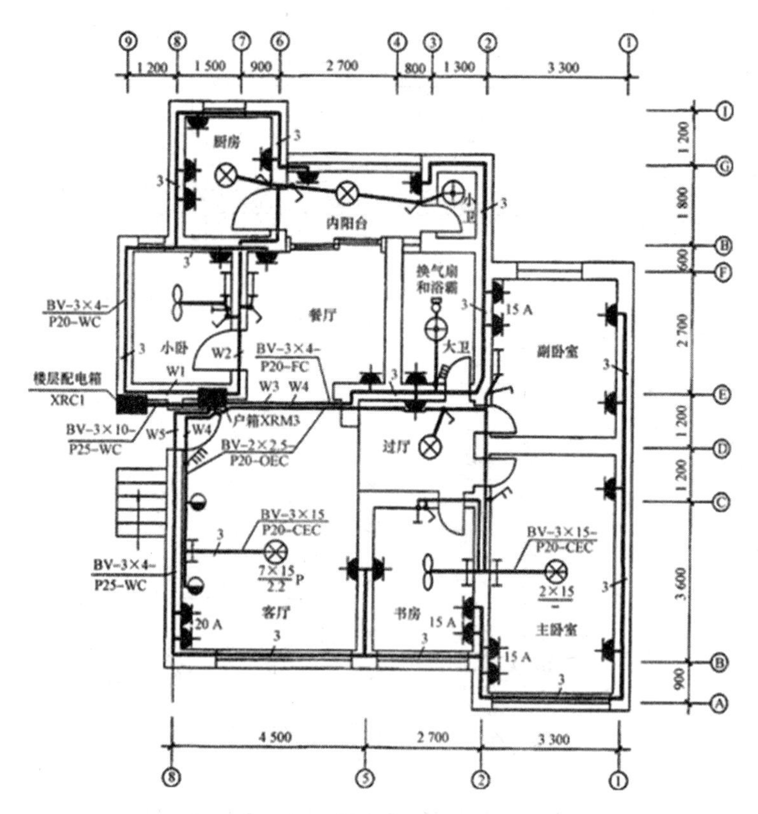

图 5-39　A-12 住宅楼电气照明平面图

安装要求如下：

(1)配电箱安装高度 1 800 m。总配电箱 XL9 型 1 165×1 065；层配电箱 XRCL 型 320×420 户配电箱 XRM3 型 180×320。

(2)插座安装高度 300 m；开关高度 1 300 m；厨房、浴卫冰箱、洗衣机插座高度1 300；楼梯间声控开关高度 2 200 m。

(3)荧光灯安装高度 2 000 m，壁灯高度 2 200 m。

(4)抽油烟机安装高度 1 800 m，轴流排风扇高度 2 300 m。

(5)因楼面结构较薄，导管不能埋地敷设，所以本工程配管配线全部沿墙暗敷设。

第六章　安装工程造价审核与管理

知识目标

1. 了解安装工程施工图预算基本知识。
2. 了解工程计算、竣工决算的概念、内容及意义。
3. 熟知安装工程造价控制与管理的内容。

技能目标

1. 能阐述施工图预算、工程结算、工程决算的概念。
2. 掌握安装工程施工图预算的编制要求。
3. 掌握安装工程造价控制与管理的基本内容。

素质目标

1. 通过对安装工程造价管理的学习，培养学生精细、耐性的品质。
2. 培养学生细心、专心的工作习惯，认真做好每项工程的造价控制及管理。
3. 培养学生精心管理、综合统筹的工作能力，倡导经济适用、低碳节能的建造方式。

第一节　安装工程施工图预算的编制与审查

一、施工图预算的概念和作用

施工图预算是指建设工程开工前，根据施工图设计图纸、现行预算定额、现场条件及有关规定，以一定方法编制的、确定建筑安装工程造价的技术经济文件。

施工图预算的作用有以下几个方面：

(1)确定建筑产品的价格。

(2)施工图预算是建设单位和建筑安装企业经济核算的基础。

(3)施工图预算是编制工程进度计划和统计工作的基础，是设备、材料加工订货的依据。

(4)施工图预算是编制工程标底和投标报价的基础。

二、施工图预算的编制依据及步骤

1. 施工图预算的编制依据

(1)经批准和会审后的施工图纸及说明书。

(2)施工图预算施工组织设计或施工方案。

(3)施工图预算现行预算定额及工程量清单计价规范。

(4)施工图预算法律规范及有关规定。

(5)建筑安装工程取费规定。

(6)掌握筑装的人、材、机市场价格信息。

2. 施工图预算的编制步骤

(1)收集资料。

(2)熟悉图纸。

1)对照图纸目录，检查图纸是否齐全。

2)采用何种标准图集，是否齐全。

3)对设计说明和附注要仔细阅读。

4)本工程与总平面图的关系，平面图与系统图的关系，系统图与原理图的关系，平面图与轴测图的关系。

(3)注意施工组织设计中影响工程费用的因素。

1)有无大型运输吊装机械设备，以确定其机械费用。

2)有无特殊脚手架搭拆要求。

3)有无特殊要求外加工的配件、设备。

(4)结合现场实际情况。在图纸和施工组织设计仍不能完全表示时，必须现场进行实地踏勘，以弥补上述不足之处。

(5)工程量计算。

1)按图纸计算。

2)仔细核对。

3)合理安排工程量计算顺序。

4)迅速减少和随时清理施工图。

5)灵活掌握常用数据。

6)运算正确。

7)熟练使用电子计算器，有条件的，熟练使用计算机，这样既可使运算结果正确无误，又能收到事半功倍的效果。

(6)工程量汇算。工程量计算完成后，应根据定额分部分项名称将工程量汇总列入预算价值表，准备套用定额。

(7)套用定额。

1)分项工程的名称、规格、计量单位必须与定额所列的内容完全一致，这样可以地很快从定额中找出与之相适应的子目编号。

2)凡与定额不符合的项目，要根据相应的定额进行换算，即以某项定额为基准进行局部调整，但必须注意一定要按定额说明是否允许换算的规定办理，有的项目允许换算，有的项目不允许换算，应严格执行定额规定。

3)如果在定额中找不到某一项目的定额，也没有相接近的定额可以参照换算，则必须重新估工算料。

4)在定额编号栏中，要注明定额编号。

(8)计算直接工程费。每个项目套用定额后，根据市场行情确定相应人工、材料、机械单价，计算直接工程费。

(9)费用计算。

(10)编制说明。编制人员向使用人交代编制情况：用什么图纸、什么定额、什么取费规则、哪些费用未包括、哪些设计变更已列入及在编制中尚未解决的遗留问题。

(11)复核、装订、签章。复核是指编制单位工程预算后，由本单位有关人员对预算进行检查核对，及时发现差错，及时纠正，以提高预算的准确性。

三、安装工程施工图预算的审查

1. 施工图预算审查的意义

施工图预算编制完成之后，必须认真进行审查。加强对施工图预算的审查，对提高预算的准确性，合理确定工程造价具有重要的现实意义。

(1)有利于控制工程造价，防止预算超概算。

(2)有利于施工承包合同价的确定。

(3)有利于分析各项技术经济指标。

2. 审查施工图预算的内容

审查施工图预算的重点应放在工程量计算，定额的套用，人工、材料、机械台班单价取定是否正确，各项费用标准取定是否符合现行规定等方面。

(1)审查工程量。

(2)审查人工、材料、机械台班价格。

(3)审查定额子目的套用。

(4)审查有关费用项目及取费标准。

3. 施工图预算的审查方法

(1)标准预算审查法。

(2)对比审查法。

(3)分组计算审查法。

(4)筛选审查法。

(5)重点抽查法。

(6)全面审查法。

(7)利用手册审查法。

第二节　工程结算与竣工决算

一、工程价款结算

(一)工程价款结算的含义

工程价款结算是指承包商在施工过程中，依据承包合同关于付款的规定和已完成的工程量，以预付备料款和工程进度款的形式，按照规定的程序向业主收取工程价款的一项经济活动。

(二)工程价款的结算方法

1. 工程预付款结算的规定

(1)包工包料工程的预付款按合同约定拨付，原则上预付比例不低于合同金额的10%，不高于合同金额的30%，对重大工程项目，按年度工程计划逐年预付。

(2)在具备施工条件的前提下，发包人应在双方签订合同后的一个月内或不迟于约定的开工日期前的7天内预付工程款，发包人不按约定预付，承包人应在预付时间到期后10天内向发包人发出要求预付的通知，发包人收到通知后仍不按要求预付，承包人可在发出通知14天后停止施工，发包人应从约定应付之日起向承包人支付应付款的利息(利率按同期银行贷款利率计)，并承担违约责任。

(3)预付的工程款必须在合同中约定抵扣方式，并在工程进度款中进行抵扣。

(4)凡是没有签订合同或不具备施工条件的工程，发包人不得预付工程款，不得以预付款为名转移资金。

2. 工程进度款结算的规定

工程进度款结算方式有以下两种：

(1)按月结算与支付。

(2)分段结算与支付。

工程量计算的规定如下：

(1)承包人应当按照合同约定的方法和时间向发包人提交已完工程量的报告。

(2)发包人收到承包人报告后14天内未核实完工程量的，从第15天起，承包人报告的工程量即视为被确认，作为工程价款支付的依据，双方合同另有约定的，按合同执行。

(3)对承包人超出设计图纸(含设计变更)范围和因承包人原因造成返工的工程量，发包人不予计量。

工程进度款支付的规定如下：

(1)根据确定的工程计量结果，承包人向发包人提出支付工程进度款申请，14天内，发包人应按不低于工程价款的60%，不高于工程价款的90%向承包人支付工程进度款。

(2)发包人超过约定的支付时间不支付工程进度款，承包人应及时向发包人发出要求付款的通知，发包人收到承包人通知后仍不能按要求付款，可与承包人协商签订延期付款协议，经承包人同意后可延期支付，协议应明确延期支付的时间和从工程计量结果确认后第15天起计算应付款的利息(利率按同期银行贷款利率计)。

(3)发包人不按合同约定支付工程进度款，双方又未达成延期付款协议，导致施工无法进行的，承包人可停止施工，由发包人承担违约责任。

二、竣工结算

1. 竣工结算的含义

竣工结算是指已完工程经有关部门点交验收后，承发包双方就最后工程价款进行结算，包括施工结算和项目竣工决算。

2. 工程竣工结算的方式

工程竣工结算的方式有建设项目竣工总结算、单项工程竣工结算三类、单位工程竣工结算。建设项目竣工总结算就是整个项目的竣工结算(如学校、医院、住宅小区等竣工决算);单项工程竣工结算就是一个单项工程竣工的结算(如教学楼、住院部楼、一幢住宅楼等竣工结算);单位工程竣工结算就是一个单位工程的竣工结算(如给排水、采暖工程、通风、空调工程、电气照明工、弱电工程等竣工决算)。

3. 工程竣工结算的编制依据

(1)定额及工程量清单计价规范。

(2)施工合同。

(3)工程竣工图纸及资料。

(4)双方确认的工程量。

(5)双方确认追加(减)的工程价款。

(6)双方确认的索赔、现场签证事项及价款。

(7)投标文件。

(8)招标文件。

(9)其他依据。

4. 工程竣工结算的编审

(1)单位工程竣工结算由承包人编制,发包人审查;实行总承包的工程,由具体承包人编制,在总包人审查的基础上,发包人审查。

(2)单项工程竣工结算或建设项目竣工总结算由总(承)包人编制,发包人可直接进行审查,也可以委托具有相应资质的工程造价咨询机构进行审查。

5. 工程竣工结算的审查期限

(1)工程竣工结算的核对时间(表 6-1)按发、承包双方合同约定的时间完成。

表 6-1 核对工程竣工结算的时间

序号	工程竣工结算书金额	核对时间
1	500 万元以下	从接到竣工结算书之日起 20 天
2	500 万元～2 000 万元	从接到竣工结算书之日起 30 天
3	2 000 万元～5 000 万元	从接到竣工结算书之日起 45 天
4	5 000 万元以上	从接到竣工结算书之日起 60 天

(2)发、承包双方签字确认后,表示工程竣工结算完成,禁止发包人又要求承包人与另一个或多个工程造价咨询人重复核对竣工结算。

6. 工程竣工价款的结算

发包人收到承包人递交的竣工结算报告及完整的结算资料后,应按本办法规定的期限(合同约定有期限的,从其约定)进行核实,给予确认或者提出修改意见。

7. 索赔价款的结算

发承包人未能按合同约定履行自己的各项义务或发生错误,给另一方造成经济损失的,由受损方按合同约定提出索赔,索赔金额按合同约定支付。

三、竣工决算

(一)竣工决算的含义及作用

1. 竣工决算的含义

建设项目竣工决算是指所有建设项目竣工后，建设单位按照国家有关规定，在新建、扩建和改建工程建设项目竣工验收阶段编制的竣工决算报告。

2. 竣工决算的作用

(1)竣工决算是竣工验收报告的重要组成部分。

(2)竣工决算是反映实际造价和投资效果的文件。

(3)有利于总结、分析建设过程的经验教训。

(4)有利于提高工程造价管理水平。

(5)为有关部门修订概、预算指标提供资料和经验。

(二)竣工决算的内容及编制方法

1. 竣工决算的内容

建设项目竣工决算应包括从筹建到竣工投产全过程的全部实际费用。

(1)竣工决算编制说明书。

1)工程建设概况(从工程造价、质量、安全、进度方面进行分析说明)。

2)工程概(预)算执行情况说明，其中应说明招标方式、结果及重大设计变更情况。

3)设备、工具、器具购置情况说明。

4)工程建设其他费用使用情况的说明(如征地、拆迁费、监理费、建设单位管理费、勘察设计费等)。

5)预留金费用使用情况说明。

6)其他需说明的事项(如经验与教训、遗留问题等)。

(2)竣工财务决算报表。建设项目竣工财务决算报表要根据大、中型建设项目和小型建设项目划分制定。

(3)建设工程竣工图。建设工程竣工图是如实记录各种地上、地下建筑物、构筑物等情况的技术文件，是工程进行竣工验收、维护改建和扩建的依据，是工程的重要技术档案。对其具体要求如下：

1)凡按原设计施工图竣工没有变动的，由施工单位在原施工图上加盖“竣工图”标志后，即作为竣工图。

2)凡在施工中虽有一般性设计变更但可将原施工图加以修改补充作为竣工图的，可不重新绘制，由承包商负责在原施工图(必须是新蓝图)上注明修改部分并附以设计变更通知单和施工说明，加盖“竣工图”标志后，作为竣工图。

3)如设计变更的内容很多，或属于改变结构形式、改变平面布置、改变工艺等重大修改，就必须由原设计单位负责重新绘制。

4)为了满足竣工验收和竣工决算需要，还应绘制反映竣工工程全部内容的工程设计平面示意图。

2. 竣工决算的编制依据与编制方法

(1)竣工决算的编制依据。

1)批准的设计文件。

2)设计交底或施工图会审记录。

3)招标文件及与各有关单位签订的合同文件。

4)设计变更、现场施工签证等有关资料。

5)材料、设备和其他各项费用调整依据。

6)有关定额、费用调整的补充规定。

(2)竣工决算的编制方法。

1)收集、整理、分析原始资料。

2)对照、核实工程变动情况，重新核实各单位工程造价。

3)清理各项财务、债务和结余物资。

4)编制竣工财务决算说明书。

5)据实填报竣工财务决算报表。

6)认真做好工程造价对比分析。

7)按规定上报主管部门审批存档。

上述编写的文字说明和填写的表格经核对无误后，装订成册。

第三节　工程造价管理

所谓工程造价管理，一是指工程投资费用管理；二是指工程价格管理。

工程投资费用管理属于投资管理范畴。更明确地说，它属于工程建设投资管理范畴。建设工程的投资费用管理是为了达到预期的效果(效益)，对建设工程的投资行为进行计划、预测、组织、指挥和监控等系统活动。这一含义既涵盖了微观层次的项目投资费用的管理，也涵盖了宏观层次的投资费用的管理。

工程价格管理属于价格管理范畴。在社会主义市场经济条件下，工程价格管理分为两个层次。在微观层次上，是生产企业在掌握市场价格信息的基础上，为实现管理目标而进行的成本控制、计价、定价和竞价的系统活动。在宏观层次上，是政府根据社会经济发展的要求，利用法律手段、经济手段和行政手段对价格进行管理和调控，以及通过市场管理规范市场主体价格行为的系统活动。

工程造价管理是运用科学、技术原理和方法，在统一目标、各司其职的原则下，为确保建设工程的经济效益和有关各方面的经济权益，而对建筑工程造价管理及建筑安装工程价格所进行的全过程、全方位、符合政策和客观规律的全部业务行为和组织活动。建筑工程造价管理是一个项目投资的重要环节。

我国是一个资源相对缺乏的发展中国家，为了保持适当的发展速度，需要投入更多的建设资金，而筹措资金很不容易也很有限，从这一基本国情出发，如何有效地利用投入建设工程的人力、物力、财力，以尽量少的劳动和物质消耗，取得较高的经济效益和社会效益，保持我国国民经济持续、稳定、协调发展，就成为十分重要的问题。因此，区分不同的管理职能，制定不同的管理目标，进而采用不同的管理方法是非常必要的。

第四节　安装工程造价管理

一、安装工程造价的控制要点

基本建设工程的造价由设备费、建筑安装费以及其他管理费构成。其中，建筑安装费是建设工程造价非常重要的组成部分。加强建筑安装工程投资管理，把建设资金控制好，最大限度地创造出投资效益是投资管理者孜孜以求的目标，要加强建筑安装工程投资管理，必须抓好以下三方面的工作：

(1)必须抓好从事建筑安装工程投资管理人员业务再教育，制定出一套切实可行的建筑安装工程投资管理的规章制度和管理办法，因为教育可以筑起思想道德防线，制度可以确保工作正常开展。

(2)要坚定不移地实行工程招标发包制，因为实行工程招标发包制是铲除腐败、节约投资、择优选择施工单位的最佳方式。

(3)施工图预算编制的取费应该完全按照工程类别取费，在签订建筑安装工程承包施工合同时，尽可能将设计变更现场签证等发生的费用，按预测的一定比例系数计入标价，一次包定，不做调整，最大限度地控制工程造价。

二、安装工程造价的控制措施

1. 加强对项目设计阶段的控制管理

众所周知，对工程造价影响最大的建设阶段是设计阶段。有资料分析，设计费一般只相当于建设工程全寿命费用的1%以下，但正是这少于1%的费用对工程造价的影响度却达75%以上。设计成果的好坏会直接影响到工程造价的高低及工程的质量，对设计单位必须加强管理，强调要达到一定的设计深度，材料的型号、规格、数量要明确。

(1)实行设计招投标。对设计单位的选择，应通过公平、公开的市场化竞争，对竞标单位的设计方案进行考核比较，选择质量高、适合本工程建设的设计方案。

(2)积极推行限额设计。限额设计是按照投资或造价的限额进行满足技术要求的设计。要求设计人员应熟悉和掌握国家现行计价规定，熟悉安装工程材料预算价格，然后按项目批准的设计概算进行合理的分析比较，使施工图设计和施工图预算相结合，做到技术和经济的统一。推行安装工程限额设计，可以保证投资限额不会轻易被突破。

(3)优化设计。

1)在设计方面出现不合理的因素或者材料方面选用不合格，都会影响到工程造价的控制。设计人员的素质参差不齐，每个设计人员的专长也不同，在具体的操作过程中，很难择优选用，这些因素都会影响到工程的质量与造价。

2)在经济建设高速发展时期，个别设计单位为了追求速度，多接任务，设计方面赶时间，造成质量差，没有创新，达不到一定的深度，甚至漏洞百出。施工单位根据设计的情况，站在自身角度计算工程量，往往多计算或者重复计算，施工过程中就会出现变更，从而影响造价的控制。

3)有些设计单位在设计上处处讲求先进性，无论是设计方案本身，还是支持方案实施的技术和材料设备，都过分讲求新技术、新材料，而某些新技术、新材料价格较高，这样就直接增加了工程造价。

因此，要对工程造价进行有效管理，就必须从工程建设实际需要出发，对设计方案进行优化。

(4)注意核查设计方选用的各种设备和材料。一些单位所用设备与材料是指定厂商的，其价格比市场价格要高很多。工程设计方从自己的设计方案出发，往往会向业主推荐或直接在设计方案中规定施工中所必须用到的某些设备和材料的质量等级、生产厂家等。对此，工程招标方必须在考虑工程实际需要的前提下，对这些材料、设备进行核查鉴定，以决定是否按照设计方的要求购买设备和材料。由于市场经济的作用，设计人员除向业主推荐施工单位外，还推荐一些品牌的材料、设备，从中获得厂商的回扣，间接地加大了业主的投资。

2. 加强对项目施工阶段的控制管理

(1)工程建设中要进行专业分包单位的选择，以防企业垄断抬高价格。专业分包工程应采用公开招标的方式，根据其报价，综合考虑施工组织设计及施工方案，进行经济分析和比较，最后选定理想的专业分包队伍。

(2)严格控制安装工程的材料、设备价格。在不同时期、不同地区、不同生产厂家，安装工程的材料、设备价格相差较大，这就要求管理者定期进行市场考察，并结合当地工程造价管理部门发布的工程造价信息，合理确定材料价格，从而达到控制安装工程造价的目的。

(3)加强安装工程变更签证管理。施工过程中难免或多或少地发生一些设计变更及签证现象，合理有效地控制工程造价，加强变更签证管理是非常必要的。

1)在加强设计管理的基础上，坚持图纸会审和交底制度，执行严格审图制度，力求使图纸中的问题尽可能早些暴露和解决。

2)坚持严格的审查审批程序。凡变更造价超过单位工程造价的5%以上的，应报项目主管部门审批并补办相关手续。

3)分级控制、限额签证。签证不仅要做到“随做随签”，而且要严格审核，按程序和制度签证。有效签证必须有施工、设计、监理和甲方有权代表签字，一次签证费超过合同价的1%或5万元的，应由项目法人签字。

4)完善手续，明确价格。变更或者签证实施前，甲乙双方应就涉及的造价调整达成一致，并在变更核定单或签证单上注明变更原因、部位、时间，变更或签证的内容以及变更或签证的价款，尽可能避免事后或结算时才进行价款确认。

(4)由于安装工程的复杂性，影响因素的多变性，工程实施阶段往往会出现一些意想不到的图纸外工程项目或隐蔽工程，如既关系到工程的质量，又关系到工程造价的隐蔽工程的签证等，必须加强隐蔽工程验收会签制度，杜绝掺假和漏洞。对于建设单位，除随时检查隐蔽工程的质量、严把隐蔽工程验收签认外，对于图纸以外的工程，发生隐蔽前，要组织设计单位、施工单位、建设单位和监理单位，对隐蔽工程进行数量、质量的会签，确保隐蔽工程的准确性；建设单位的工程管理人员，要严格坚持按图施工的原则，按照设计施工图要求，进行施工和监督，这样才能在保证工程质量的前提下，加快工程进度、控制工程造价。

(5)作为对造价的综合管理，设计概算、施工预算、竣工结算是工程造价的三把“钥匙”。竣工结算是控制造价的最后一道关口，建设单位必须按图纸、规范、合同及基建程序的要求进行复查。

建设单位工程造价管理部门应首先对完成的工程量进行复核，对设计变更、现场签证逐一核实，予以确认；对工程质量、工期做出评定，此后再按核实工程数量、定额单价、取费标准确定结算造价，并按合同要求做进一步处理。只有这样，才能比较完善地控制安装工程造价。

综上所述，现代工程安装造价管理过程中，企业管理体系、管理工作的开展、影响造价的各因素都将影响工程安装造价。因此，现代工程安装企业必须从自身的实际情况出发，针对工程特点进行相关管理体系的完善、进行相应管理工作的强化。通过针对影响工程安装造价的因素保障造价控制工作的有效开展，保障企业的经济效益。

三、安装工程造价的信息管理

随着经济和科学技术的高度发展，工程造价管理改革不断深化，工程造价信息在工程建设中的作用也日趋明显。

工程造价信息管理是指对信息的收集、加工整理、储存、传递与应用等一系列工作的总称。其目的是通过有组织的信息流通，使决策者能及时、准确地获得相应的信息。我国的工程造价信息都是通过政府的工程造价管理部门发布的。而发达国家及地区的是通过政府和民间两种渠道发布工程造价信息，其中政府主要发布总体性、全局性的各种造价信息，民间组织主要发布相关资源的市场行情信息。工程造价信息的发布必须坚持公开、公平和公正的基本原则，工程造价应由市场双方自行确定。

我国建筑工程造价管理逐步国际化，在建立健全建筑法规的基础上，努力完善建筑工程造价的信息管理是行业创新和变革的必然要求。

1. 工程造价信息管理的现状

(1)对信息的采集、加工和传播缺乏统一规划、统一编码、系统分类。信息系统开发与资源拥有处于分散状态，无法达到信息资源共享和优势互补，更多的管理者满足于目前的表面信息，忽略信息深加工。

(2)信息网建设有待完善。现有工程造价网多为造价站或咨询公司所建，网站内容主要为定额颁布、价格信息、相关文件转发、招投标信息发布、企业或公司介绍等；网站只是将已有的造价信息在网站上显示出来，缺乏对这些信息的整理与分析；信息维护更新速度慢，不能满足信息市场的需要。

(3)定额计价方法下积累的信息资料与清单计价方法标准不符，不能完全实现和工程量清单计价方法的接轨。由于目前项目前期造价资料以定额计价方法为主，定额项目的划分与清单项目的划分口径不统一；信息的分类、采集、加工处理等的标准不一致，没有统一的范式和标准；数据格式与存取方式不一致，造成了前期造价资料不能直接应用于清单应用阶段，不能满足清单计价方法的要求，需要根据要求不断地进行调整。

2. 工程造价信息的特点

(1)区域性。建筑材料大多数量大、体积大、产地远离消费地点，因而运输量大、费用也较高。尤其一些建筑材料本身价格并不算高，但所需运输费用却很高，这都在客观上要求尽可能就近使用建筑材料，因此，这类建筑信息的交换和流通往往限定在一定区域范围内。

(2)多样性。建筑材料具有多样性的特点，要使建筑工程造价管理的信息资料满足不同特点项目的需求，在信息形式和内容上应具有多样性的特点。

(3)专业性。工程造价信息的专业性集中反映在建筑工程专业化的特点上，例如水利、隧道、公路等工程，所需的信息有它的专业特殊性。

(4)系统性。工程造价信息是由若干具有特定内容和同类性质的、在一定时间和空间内形成的一连串信息。一切工程造价的管理活动和变化总是在一定条件下受各种因素的制约和影响。工程造价管理工作也同样是多种因素相互作用的结果，并且从多方面反映出来，因而从工程造价信息源发出来的信息都不是孤立的、紊乱的，而是大量的、有系统的。

(5)动态性。工程项目建设时间长，程序多，工程造价总是不停地变化着、运动着，不同阶段形成不同的造价文件，如可行性研究和项目建议书阶段中的投资估算；方案设计阶段的设计概算；招投标阶段的招标控制价、投标价、中标价；施工阶段的结算价；竣工阶段的决算价等。这些造价文件的形成，是工程造价信息的动态性的具体表现。所以造价信息应保持新鲜度，经常更新，真实反映工程造价的动态变化。

(6)季节性。由于建筑生产受自然条件影响大，施工内容的安排必须充分考虑季节因素，使工程造价的信息也不能完全避免季节性的影响。

3. 工程造价信息管理的基本原则

(1)标准化原则。要求在项目的实施过程中对有关信息的分类进行统一，对信息流程进行规范，力求做到格式化和标准化，从组织上保证信息生产过程的效率。

(2)有效性原则。工程造价信息应针对不同层次管理者的要求进行适当加工，针对不同管理层提供不同要求和浓缩程度的信息。这一原则是为了保证信息产品对决策支持的有效性。

(3)定量化原则。工程造价信息不应是项目实施过程中产生数据的简单记录，应该是经过信息处理人员的比较与分析。采用定量工具对有关数据进行分析和比较是十分必要的。

(4)时效性原则。考虑到工程造价计价与控制过程的时效性，工程造价信息也应具有相应的时效性，以保证信息产品能够及时服务于决策。

(5)高效处理原则。通过采用高性能的信息处理工具(如工程造价信息管理系统)，尽量缩短信息在处理过程中的延迟。

复习思考题

1. 简述施工图预算的概念。

2. 建筑安装工程费用的组成有哪些?

3. 施工图预算的编制步骤是什么?

4. 施工图预算计价的方法有哪几种?

5. 施工图预算审查的内容和方法有哪些?

6. 竣工结算和竣工决算的含义是什么?

7. 竣工结算的依据是什么?

8. 竣工决算的作用和内容是什么?

9. 简述工程造价信息的特点。

10. 简述工程造价信息的主要内容。

第七章 安装工程BIM造价运用

知识目标

1. 了解BIM的概念及特点。
2. 了解BIM在工程项目中的典型应用。
3. 熟知BIM安装软件的应用。

技能目标

1. 能阐述BIM的概念及特点。
2. 能运用BIM安装软件解决工程中的实际问题。

素质目标

1. 通过对安装工程BIM造价软件的学习，培养学生精细、耐性的品质。
2. 培养学生细心、专心的工作习惯，认真做好每项工程的造价控制及管理。
3. 培养学生精心管理、综合统筹的工作能力，倡导经济适用、低碳节能的建造方式。

第一节 BIM概述

一、BIM的概念及特点

BIM全称为“建筑信息模型(Building Information Modeling)”，是利用数字模型对项目进行设计、施工和运营的过程。

BIM建筑信息模型具有以下特点：

(1)采用智能化(计算机可以识别的)与数字化的方式表示建筑构件；

(2)构件内含的信息可以表达构件属性和行为，支持数字化的分析工作；

(3)模型中所有的信息可以达到一致关联，如果某一个信息改变，所有关联的信息都将随之改变；

(4)模型的数据库将作为建设过程中产品信息的唯一来源。

二、BIM在工程项目中的典型应用

1. 项目BIM模型维护

根据项目进度建立和维护BIM模型，使平台汇总各参与方的所有工程信息，实现信息

共享。在实施中，常采用“节点式”BIM 建模方法，即根据工程项目现有条件和使用用途建立 BIM 模型，包括设计模型、施工模型、进度模型、成本模型、制造模型、操作模型等，由相关的设计单位、施工单位或运营单位根据各自工作范围单独建立，最后通过统一的标准合成。为统一标准，业主也常委托独立的 BIM 服务商进行统一规划、维护和管理，以确保 BIM 模型信息的准确、时效和安全。

2. 项目场地分析

场地分析是研究影响建筑物定位的主要因素，是确定建筑物空间方位、外观及与周围景观联系的过程。在规划阶段，往往需要通过场地分析来对景观规划、环境现状、施工配套及建成后交通流量等各种影响因素进行评价及分析。通过 BIM 结合地理信息系统(Geographic Information System，简称 GIS)，对场地及拟建的建筑物空间数据进行建模，帮助项目在规划阶段做出新建项目最理想的场地规划、交通流线组织关系、建筑布局等关键决策。

3. 建筑策划

建筑策划是在总体规划目标确定后，根据定量分析得出设计依据的过程。BIM 能够帮助项目团队通过对空间进行分析来理解复杂空间的标准和法规，从而节省时间，提供对团队产生更多增值活动的可能。设计团队还可以通过 BIM 连贯的信息传递或追溯，大大减少以后详图设计阶段发现不合格需要修改的巨大浪费。

4. 方案论证

在方案论证阶段，项目投资方可以使用 BIM 来评估设计方案的布局、视野、照明、安全、人体工程学、声学、纹理、色彩及规范的遵守情况，还可以做到建筑局部的细节推敲，迅速分析设计和施工中可能需要应对的问题。方案论证阶段还可以借助 BIM 提供方便的、低成本的不同解决方案供项目投资方进行选择，通过数据对比和模拟分析，找出不同解决方案的优点及缺点，帮助项目投资方节省建筑投资方案的成本和时间。

5. 可视化设计

BIM 的出现，使设计师不仅拥有了三维可视化的设计工具，更重要的是通过工具的提升，使设计师更直观、高效地与业主及最终用户进行交流。

6. 协同设计

协同设计可以使不同地方、不同专业的设计人员通过网络协同展开设计工作，是数字化建筑设计技术与快速发展的网络技术相结合的产物。BIM 模型可加载附加信息，促进各专业间的数据关联和共享，协同的范畴也从单纯的设计阶段扩展到建筑全生命周期，同时由于规划、设计、施工、运营等各方的集体参与，促进管理效率和综合效益的大幅提升。

7. 建筑系统分析

建筑系统分析是对照业主使用需求及设计规定来衡量建筑物性能的过程，包括能耗分析、内外部气流模拟、照明分析、人流分析等涉及建筑物性能的评估。BIM 可以验证建筑物是否按照特定的设计规定和可持续标准建造，通过这些分析模拟，最终确定、修改系统参数甚至系统改造计划，以提高整个建筑的性能。

8. 性能化分析

运用BIM技术，建筑师在设计过程中创建的虚拟建筑模型已经包含了大量的设计信息(几何信息、材料性能、构件属性等)，只要将模型导入相关的性能化分析软件，就可以得到相应的分析结果，原本需要输入大量数据的过程，如今可以自动完成，这大大降低了性能化分析的周期，提高了设计质量和服务效率。

9. 工程量统计

BIM是一个富含工程信息的数据库，计算机可以快速对各种构件进行统计分析，易实现工程量信息与设计方案的完全一致。通过BIM获得的准确工程量统计可以完成前期设计阶段中的成本估算、在业主预算范围内不同设计方案的探索或不同设计方案建造成本的比选，以及施工开始前的工程量预算和施工完成后的工程量决算。

10. 管线综合

随着现代建筑物规模和使用功能复杂程度的增加，对机电管线综合的要求也越来越高，利用BIM技术，通过搭建各专业的BIM模型，设计师能够在虚拟的三维环境下发现设计中的碰撞冲突，及时地排除，从而大大提高了管线综合的设计能力和工作效率，显著地减少了由此产生的变更申请单，降低了成本增长和工期延误。

11. 施工进度模拟

建筑施工是一个高度动态的过程，随着建筑工程规模不断扩大，复杂程度不断提高，使施工项目管理变得极为复杂。通过将BIM与施工进度计划相链接，将空间信息与时间信息整合在一个可视的5D(3D＋Time时间＋Cost成本)模型中，可以直观、精确地反映整个建筑的施工过程。5D施工模拟技术可以在项目建造过程中合理制定施工计划，精确掌握施工进度，优化使用施工资源及科学地进行场地布置，对整个工程的施工进度、资源、质量和成本进行统一管理及控制，以缩短工期、降低成本、提高质量。

12. 施工组织模拟

借助BIM对施工组织的模拟，项目管理能够非常直观地了解整个施工安装环节的时间节点和安装工序，并清晰把握在安装过程中的难点和要点，施工方也可以进一步对原有安装方案进行优化和改善，以提高施工效率和施工方案的安全性。

13. 数字化建造

通过BIM模型与数字化建造系统的结合，建筑行业可以实现建筑施工流程的自动化；BIM模型直接用于制造环节还可以在制造商与设计人员之间形成一种自然的反馈循环，即在建筑设计流程中提前考虑尽可能多地实现数字化建造；同时，标准化构件之间的协调有助于减少现场发生的问题，降低不断上升的建造、安装成本。

14. 物料跟踪

随着建筑行业标准化、工厂化、数字化水平的提升，以及建筑使用设备复杂性的提高，越来越多的建筑及设备构件通过工厂加工并运送到施工现场进行高效的组装。BIM模型恰好详细记录了建筑物及构件和设备的所有信息，而基于RFID技术的物流管理信息系统对物流过程信息都有非常好的数据库记录和管理功能，这样BIM与RFID正好互补，从而可以解决建筑行业对日益增长的物料跟踪带来的管理压力。

15. 施工现场配合

BIM不仅集成了建筑物的完整信息，还提供了一个三维的交流平台，可以让项目各方人员方便地协调项目方案，论证项目的可造性，及时排除风险隐患，减少由此产生的变更，从而缩短施工时间，降低由于设计协调造成的成本增加，提高施工现场生产效率。

16. 竣工模型交付

BIM能将建筑物空间信息和设备参数信息有机地整合起来，从而为业主获取完整的建筑物全局信息提供途径。通过BIM与施工过程记录信息的关联，能够实现包括隐蔽工程资料在内的竣工信息集成，不仅为后续的物业管理带来便利，并且可以在未来进行的翻新、改造、扩建过程中为业主及项目团队提供有效的历史信息。

17. 维护计划

在建筑物使用寿命期间，建筑物结构设施(如墙、楼板、屋顶等)和设备设施(如设备、管道等)都需要不断维护。BIM模型结合运营维护管理系统可以充分发挥空间定位和数据记录的优势，合理制定维护计划，对一些重要设备还可以跟踪维护工作的历史记录，因此能提高建筑物性能，降低能耗和修理费用，进而降低总体维护成本。

18. 资产管理

BIM中包含的大量建筑信息能够顺利导入资产管理系统，大大减少了系统初始化在数据准备方面的时间及人力投入。另外，由于传统的资产管理系统本身无法准确定位资产位置，BIM结合RFID的资产标签芯片还可以使资产在建筑物中的定位及相关参数信息一目了然，快速查询。

19. 灾害应急模拟

利用BIM及相应灾害分析模拟软件，可以在灾害发生前，模拟灾害发生的过程，分析灾害发生的原因，制定避免灾害发生的措施，以及发生灾害后人员疏散、救援支持的应急预案。另外，楼宇自动化系统能及时获取建筑物及设备的状态信息，通过BIM和楼宇自动化系统的结合，使BIM模型能清晰地呈现出建筑物内部紧急状况的位置，以及到达紧急状况点最合适的路线，救援人员可以由此做出正确的现场处置，提高应急行动的成效。

综上所述，对于实现建筑全生命期管理，提高建筑行业规划、设计、施工和运营的科学技术水平，促进建筑业全面信息化和现代化，BIM的应用具有巨大的应用价值和广阔的应用前景。

第二节　BIM安装软件运用

一、BIM安装软件概述

本文以广联达股份有限公司开发的“广联达BIM安装计量GQI2021”为例进行广联达办公楼“给水排水工程”软件运用讲解，软件安装操作如下。

1. BIM 安装软件运用准备

(1)软件安装。

1)广联达新驱动安装。搜索“广联达服务新干线”官方网站，进入网站下载“广联达加密锁驱动”并安装，如图 7-1 所示。

图 7-1　广联达加密锁驱动下载示例

2)“广联达 BIM 安装计量 GQI2021”安装。搜索“广联达服务新干线”官方网站，进入网站下载“广联达 BIM 安装计量 GQI2021”并安装，如图 7-2 所示。

图 7-2　广联达 BIM 安装计量 GQI2021 下载示例

(2)加密锁购置与检测。申购广联达云锁后，打开“广联达新驱动”，点击“加密锁检测”，购买授权后即可使用“广联达 BIM 安装计量 GQI2021”软件，如图 7-3 所示。

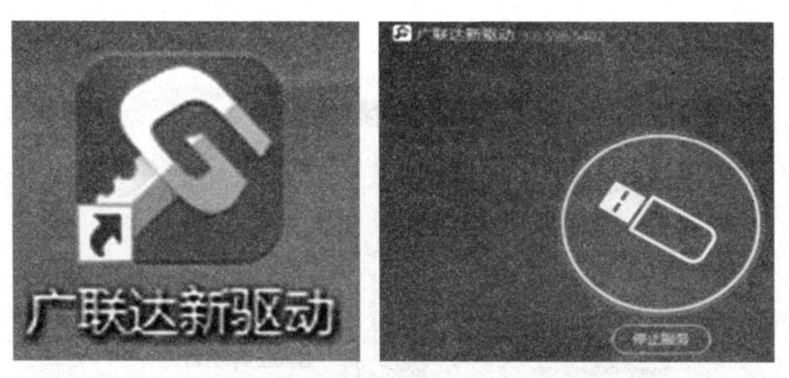

图 7-3　加密锁购置与检测示例

(3)打开“广联达 BIM 安装计量 GQI2021”软件，如图 7-4 所示。

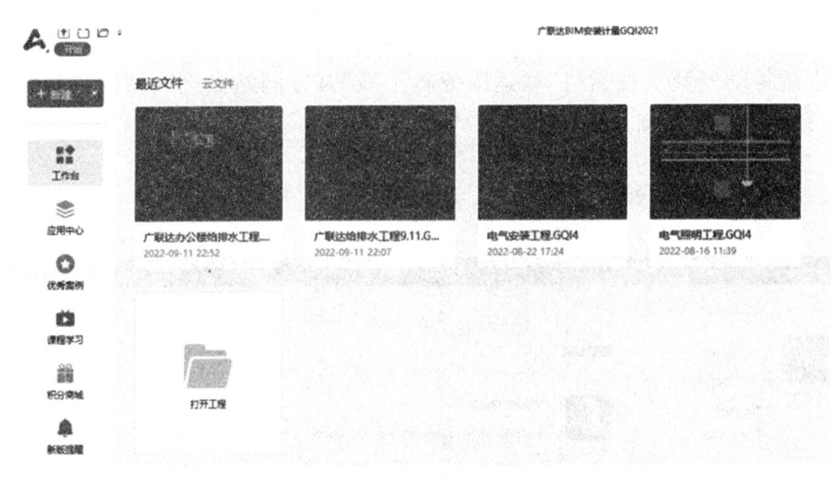

图 7-4　广联达 BIM 安装计量 GQI2021 启动示例

2. 案例操作步骤

案例实操分为三大步骤：算量准备、工程量计算、做法套用及报表，其中，算量准备步骤对各安装专业 BIM 软件操作步骤一致，如图 7-5 所示。

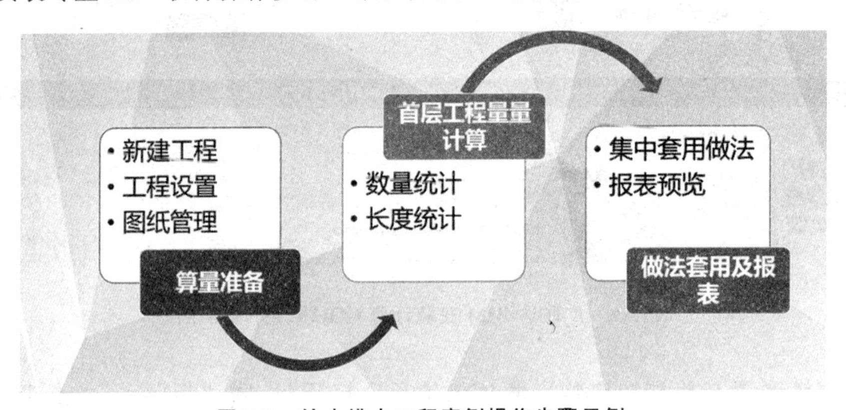

图 7-5　给水排水工程案例操作步骤示例

(1)新建工程，如图 7-6 所示。

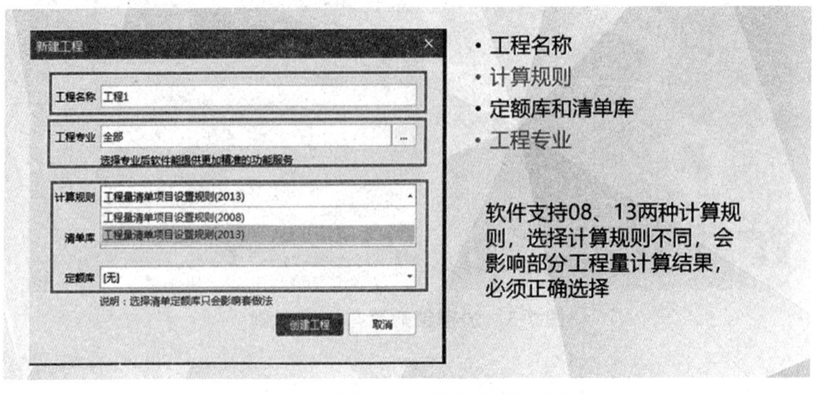

图 7-6　新建工程操作步骤示例

(2)工程设置，如图 7-7、图 7-8 所示。

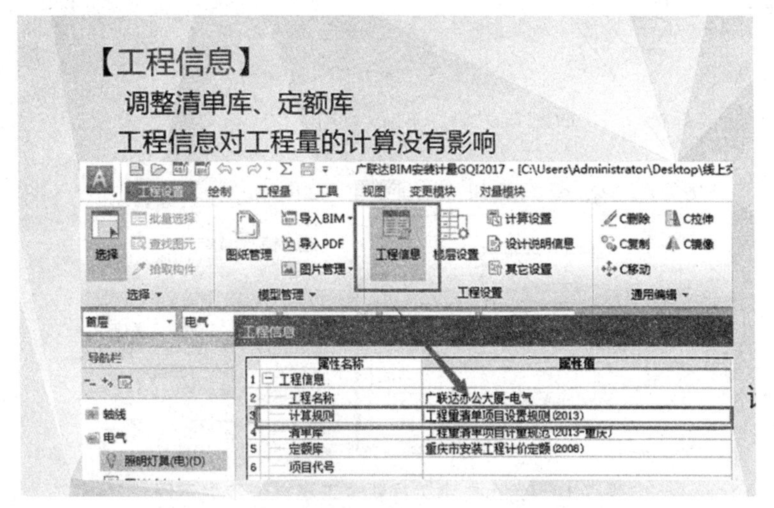

图 7-7　工程设置操作步骤示例

图 7-8　楼层设置操作示例

3. 图纸管理(图 7-9)

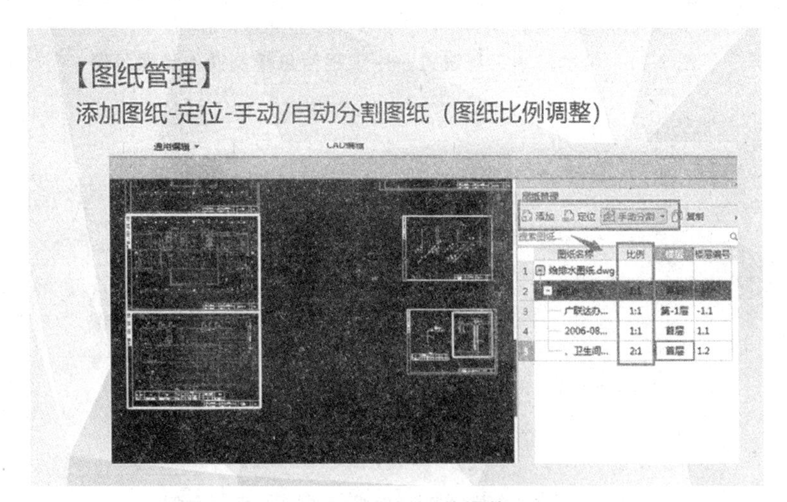

图 7-9　图纸比例调整操体示例

二、给水排水工程

1. 算量准备

(1)新建工程，如图 7-10 所示。

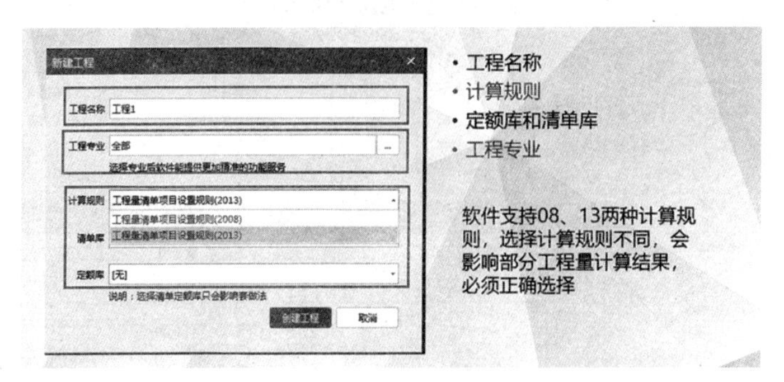

图 7-10　给水排水工程新建工程操作步骤示例

(2)工程设置。

1)工程信息，如图 7-11 所示。

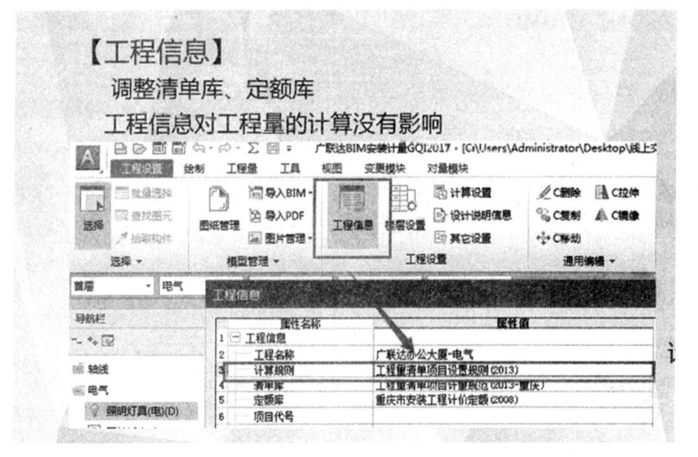

图 7-11　给水排水工程设置——工程信息编制操作步骤示例

2)楼层设置，如图 7-12 所示。

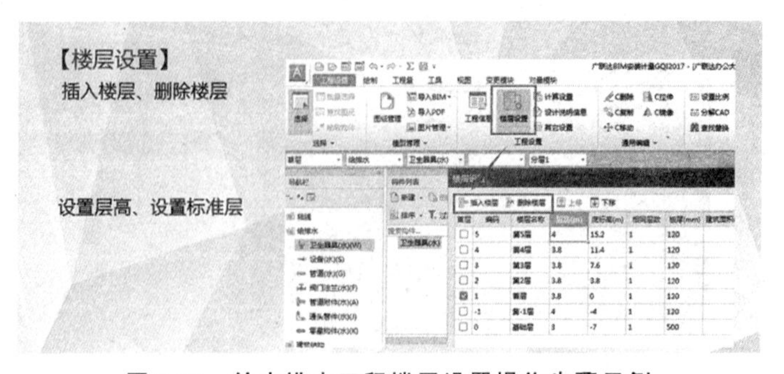

图 7-12　给水排水工程楼层设置操作步骤示例

3)计算设置，如图 7-13 所示。

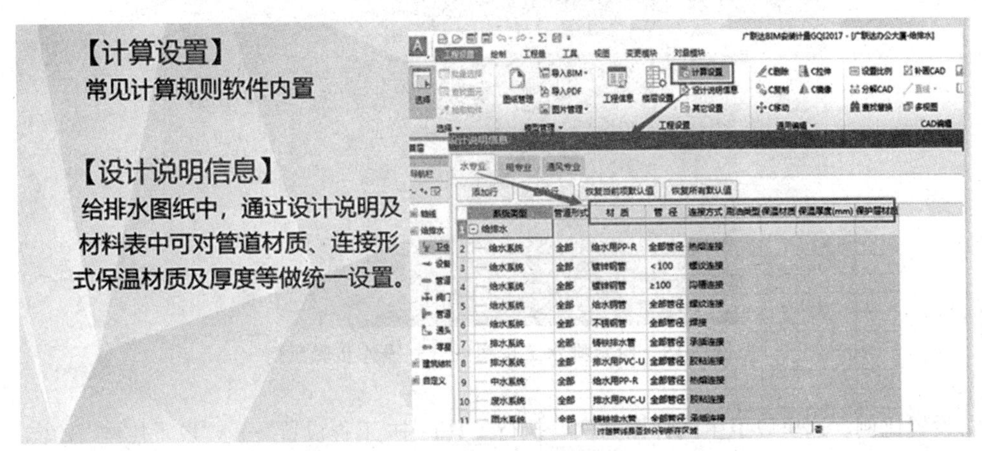

图 7-13　给水排水工程计算设置操作步骤示例

(3)图纸管理，如图 7-14 所示。

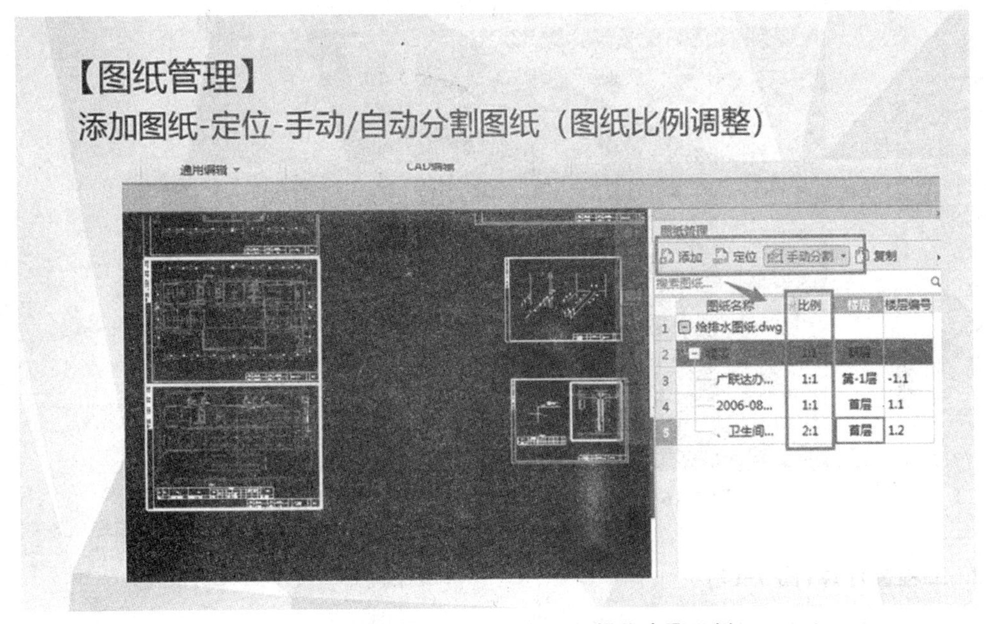

图 7-14　给水排水工程添加图纸操作步骤示例

1)添加图纸。执行工具栏中“工程设置”⟶“图纸管理”命令，或者执行工具栏中“模型”⟶“图纸管理”命令，单击“添加”按钮，将要计算的给水排水工程 CAD 图纸添加进软件。

2)定位图纸。执行工具栏中“工程设置”⟶“图纸管理”命令，或者执行工具栏中“模型”⟶“图纸管理”命令，单击“定位”按钮并单击状态栏中的“交点”按钮，点选每层同一位置的Ⓑ轴与Ⓒ轴，在两轴线交点处定位就完成了。

3)手动分割图纸/设置比例。

①手动分割图纸。执行“工程设置”⟶“图纸管理”命令，或者执行工具栏中“模型”⟶“图纸管理”命令，单击“手动分割”按钮后建立各层平面图及卫生间详图模型，如图 7-15 所示。

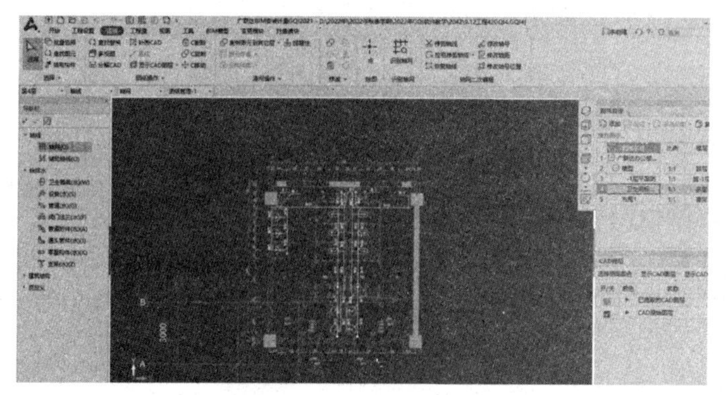

图 7-15　给水排水工程图纸分割操作步骤示例

②设置比例。这里以卫生间详图为例，执行工具栏中“工程设置”──►“设置比例”命令，框选所要设置的平面图或详图，单击鼠标右键，在所选任意轴线的第一点为黄色后单击鼠标左键选中，测量轴线长度，将尺寸输入窗口，显示的数字与轴线标识的数字一致后单击“确定”按钮，如图 7-16 所示。

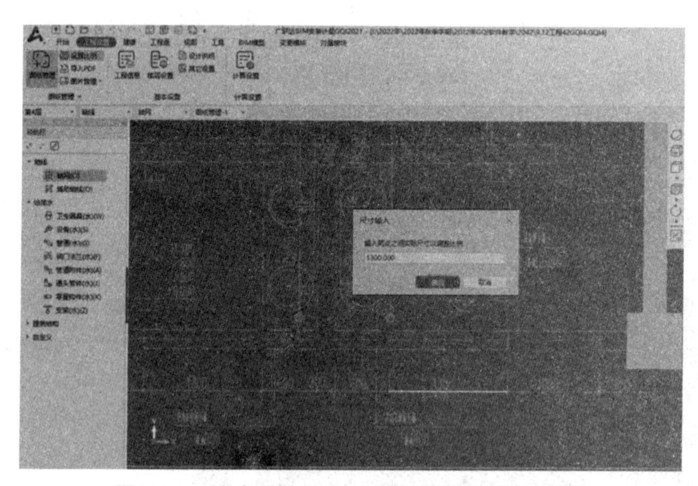

图 7-16　给水排水工程设置比例操作步骤示例

2. 工程量计算(图 7-17)

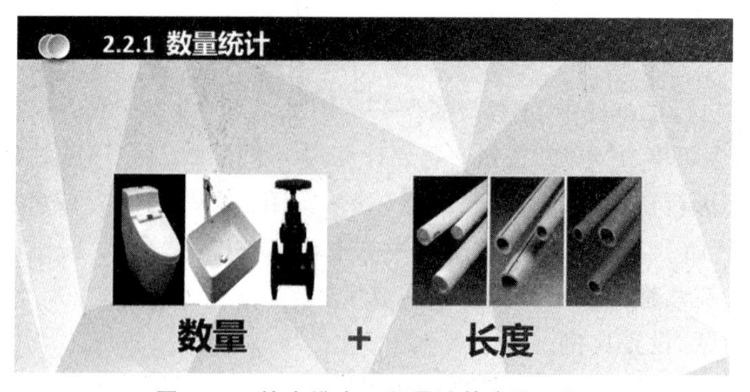

图 7-17　给水排水工程量计算步骤示例

(1)数量计算(以首层为例)(图 7-18)。

1)建构件。数量计算准备先要建构件，有以下两种方法：

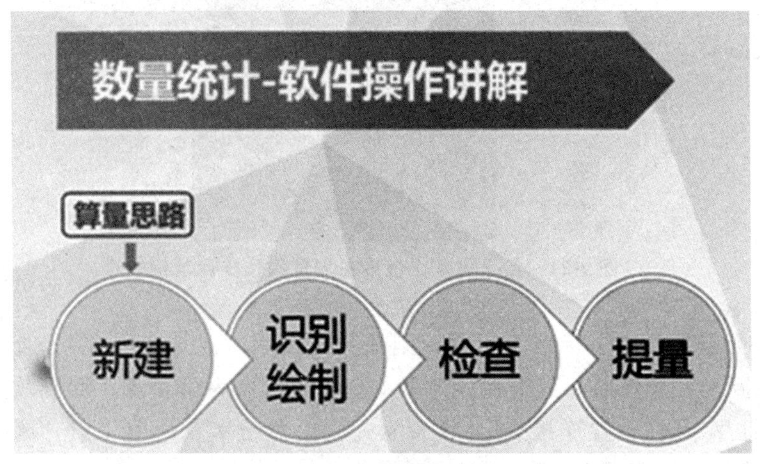

图 7-18　给水排水工程数量统计操作步骤示例

①手动建构件。找到“广联达办公楼”中各楼层中用水房间——标准卫生间(即卫生间详图)，结合材料表分析图纸中需要算数量的卫生器具为蹲式大便器、坐式大便器、立式小便器、台式洗脸盆、地漏、清扫口，阀门法兰，管道附件算数量的构件为水表，单击导航栏里给水排水卫生器具置进入到对应的“构件列表”，手动新建卫生器具“蹲式大便器”“坐式大便器”“立式小便器”“台式洗脸盆”“地漏”“清扫口”，并在每个构件属性里逐个输入上述卫生器具名称、标高，单击“确定”按钮，卫生器具就建好了(图 7-19)。

②材料表识别建构件。执行工具栏“建模”——▸“材料表”命令，框选所要识别的图纸(本案例为图例，图 7-20 即材料表)，单击鼠标右键，补充信息，删减增加表格，填写卫生器具安装高度，然后单击“确定”按钮，卫生器具构件就建好了。

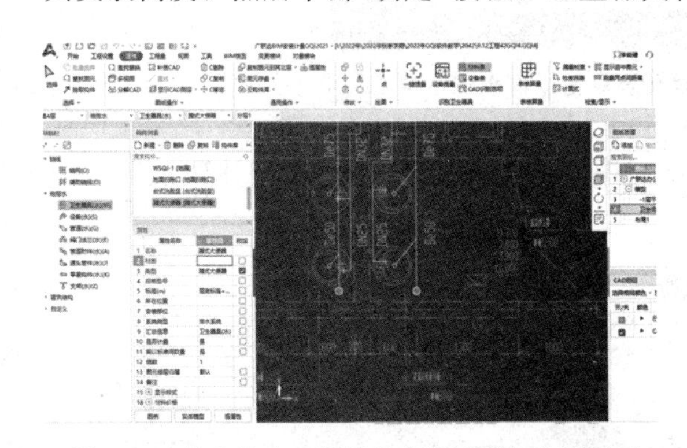

图 7-19　给水排水工程材料表识别操作步骤示例

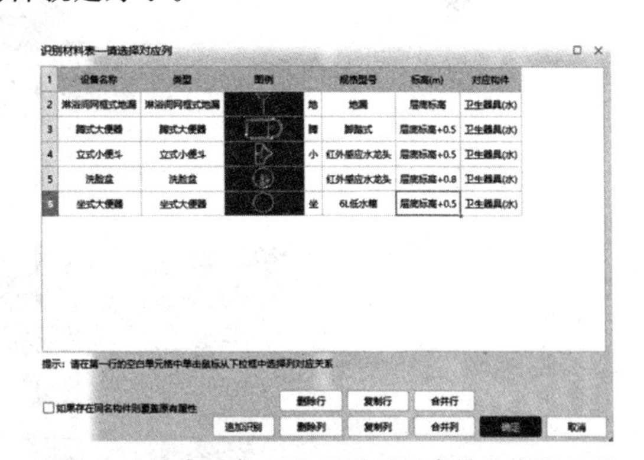

识别材料表—请选择对应列

1	设备名称	类型	图例		规格型号	标高(m)	对应构件
2	淋浴间网框式地漏	淋浴间网框式地漏		地	地漏	层底标高	卫生器具(水)
3	蹲式大便器	蹲式大便器		蹲	脚踏式	层底标高+0.5	卫生器具(水)
4	立式小便斗	立式小便斗		小	红外感应水龙头	层底标高+0.5	卫生器具(水)
5	洗脸盆	洗脸盆			红外感应水龙头	层底标高+0.8	卫生器具(水)
6	坐式大便器	坐式大便器		坐	6L低水箱	层底标高+0.5	卫生器具(水)

图 7-20　给水排水工程识别材料表操作步骤示例

2)算量。单击模型卫生间详图，绘图区显示卫生间详图，执行工具栏“建模”——▸“设备提量”命令，比如先计算坐式大便器，在绘图区“卫生间详图”找到坐式大便器，单击鼠标左键选中后单击鼠标右键(图 7-21)。

选中构件“坐式大便器”，检查对应属性中的标高和图例，一一确认对应后单击“识别范围”，框选整个卫生间详图，单击右键，回到绘图界面后单击属性左下方“选择楼层”，查看

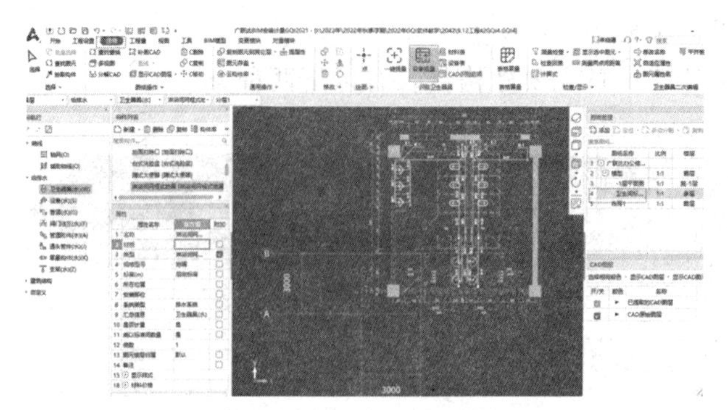

图 7-21　给水排水工程设备提量操作步骤示例

图纸了解到1～4层均设置了标准卫生间，则在选择楼层时点选1～4层，查看卫生间详图CAD图纸，找到坐式大便器，其给水点为第1点，排水点为第2点；回到软件中的绘图界面，在构建属性里单击“设置连接点”，设置坐式大便器给水点为第1点，删除原图例中的“×”，再设置排水点为第2点，单击“确定”按钮。

所有卫生器具均按上述步骤操作，完成数量计算(图 7-22)。

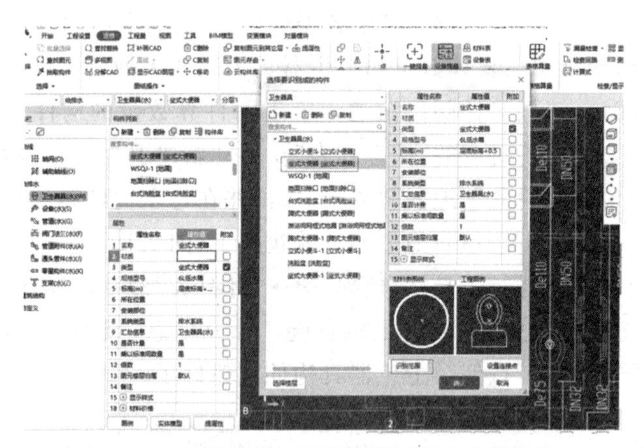

图 7-22　给水排水工程数量算量操作步骤示例

3)数量统计总结。如图 7-23 所示，按照下列操作步骤完成给水排水数量计算。

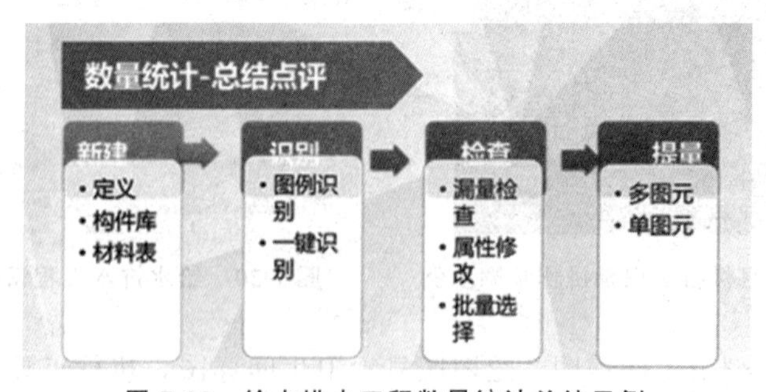

图 7-23　给水排水工程数量统计总结示例

(2)长度计算。给水排水工程长度计算项为管道，计算步骤：分析卫生间大样图及立管图找出管道的规格、标高等信息──→分析管道规格、标高、走向──→新建列项功能──→构件定义──→完善构件库(主要设置材质、管径、标高、系统分类等属性)。长度计算分为管道水平横管长度计算和立管计算，操作步骤如下：

1)水平横支管长度计算。

①建构件。单击“导航栏”管道，按照卫生间详图新建管道给水管 PPR *DN*25、PPR *DN*32、PPR *DN*50，修改属性连接方式为“丝扣连接”，标高为“层底标高＋0.6”，再修改材质；水平污水管 UPVC *De*110、UPVC *De*75、UPVC *De*50，修改属性连接方式为“黏合连接”，标高为“层底标高－0.55”，再修改材质。

②工程量长度计算。工程量长度计算共有三种方法：直线绘制、选择识别、自动识别。给水排水水平管道均按此计算。

a. 直线绘制。执行工具栏中“建模”──→“管道”命令，单击直线，在绘图区单击直线沿卫生间详图绘制。

b. 选择识别。执行工具栏中“建模”──→“管道”命令，单击“选择识别”，在卫生间详图绘图区单击鼠标左键选择直线，选择标识，单击鼠标右键确认。

c. 自动识别。执行工具栏中“建模”──→“管道”命令，单击“自动识别”，在卫生间详图绘图单击鼠标左键选择直线，选择标识，单击鼠标右键确认。

2)布置标准间。卫生标准间(卫生间详图)的器具、水平横支管建立、识别计算完成后，要将卫生间布置或设置在其他楼层上，同时也为了方便计算立管，所以要布置标准间(图 7-24)，步骤如下：

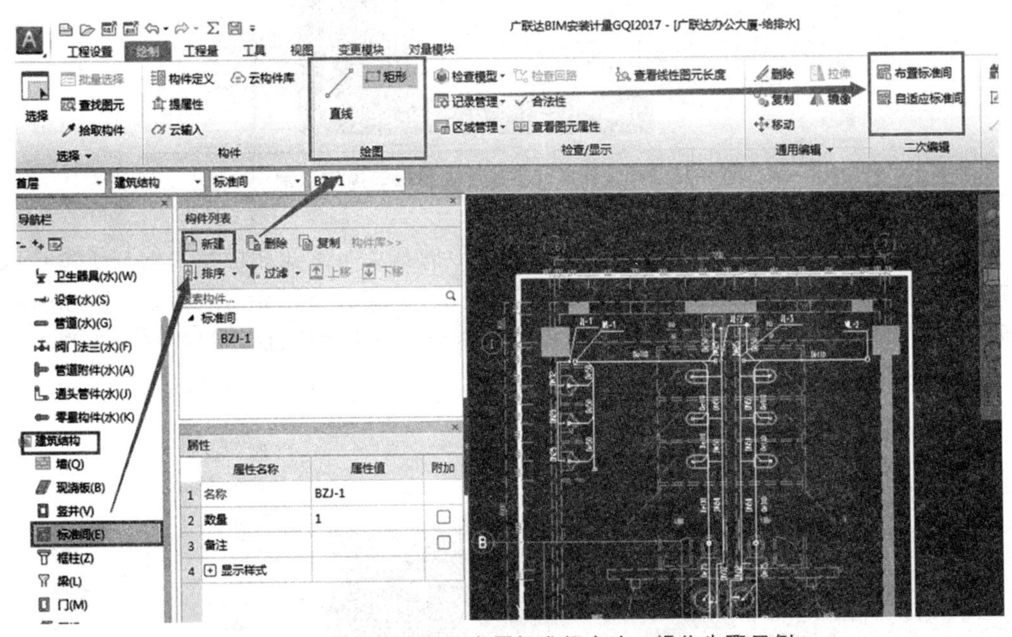

图 7-24 给水排水工程布置标准间方法 1 操作步骤示例

用矩形框选卫生间详图后，单击鼠标左键选择左上方柱子作为基点，在属性里填写名称、工程量，然后汇总计算(图 7-25)。最后在工程量里查看报表(图 7-26)。

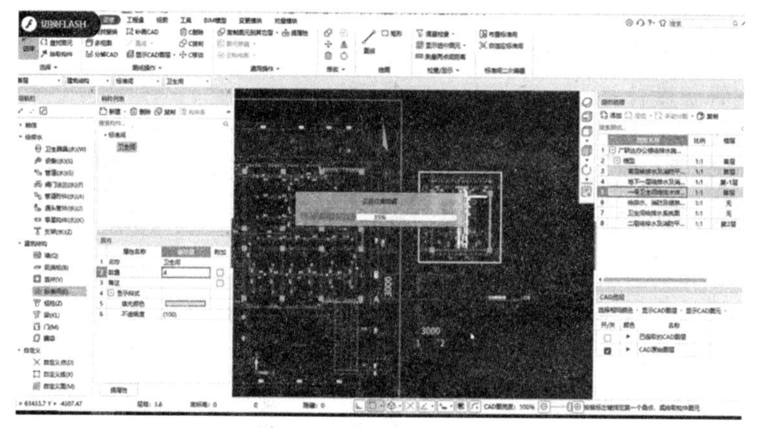

图 7-25　给水排水工程布置标准间方法 1 数量计算操作步骤示例

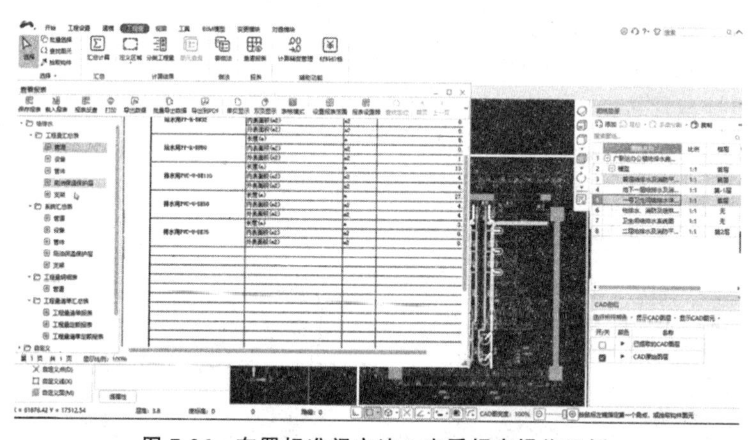

图 7-26　布置标准间方法 1 查看报表操作示例

选择右上方“布置标准间”，将刚才框选的矩形的基点布置在相应楼层的柱子上，或选择工具栏中“复制图元到其它层”后选择楼层(图 7-27)。或者布置完一层后，选择“建模”中三维下的显示设置，选择全部楼层。这时看三维模型，所有楼层都布置好了(图 7-28)。

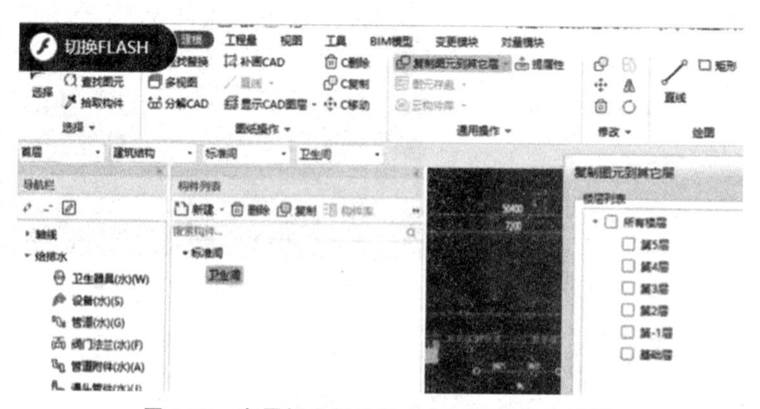

图 7-27　布置标准间方法 2 复制图元操作示例

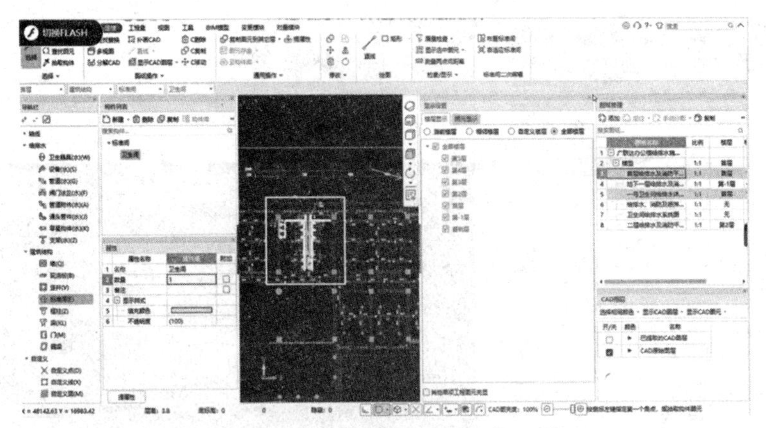

图 7-28　布置标准间方法 2 选择楼层操作示例

删除卫生间详图上的外部矩形框，这样在布置完卫生间后才不会重复计算卫生间详图上的器具和管道(图 7-29)。

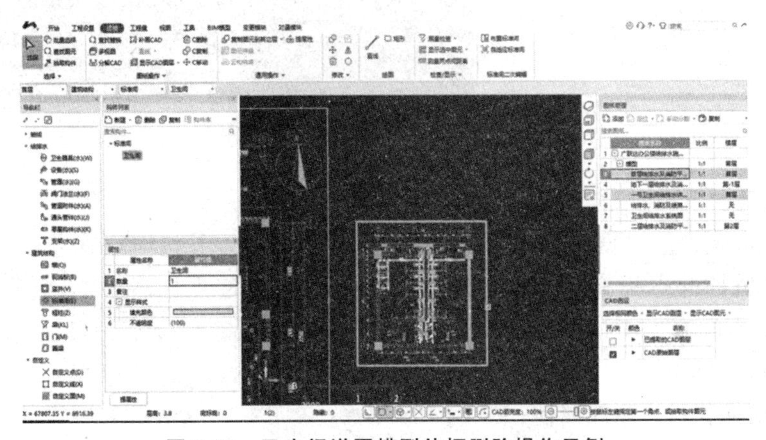

图 7-29　卫生间详图模型外框删除操作示例

单击右下方“跨图形选择”按钮，再点击卫生器具，框选卫生间详图(图 7-30)。然后在属性中将“是否计量”改为“否”，就不会计算各楼层又计算卫生间详图了(图 7-31)。

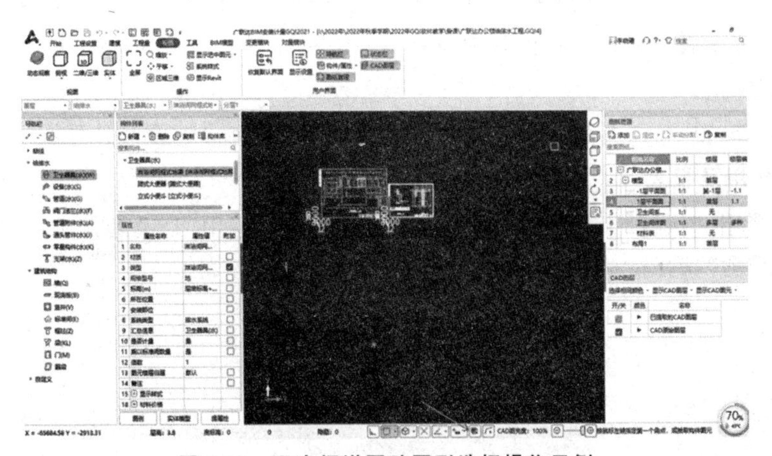

图 7-30　卫生间详图跨图形选择操作示例

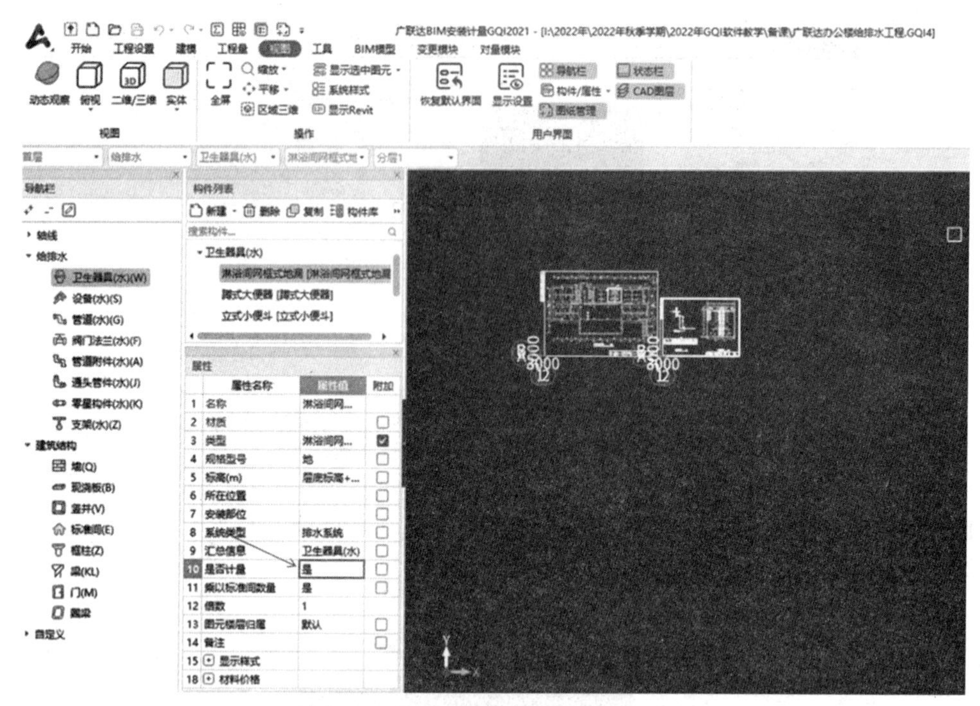

图 7-31　卫生间详图不计算操作示例

3)立管计算。

①布置给水立管。根据图纸建构件 JL-1、JL-2、JL-3，并按照立管直径在构件属性中设置各型号管道的起点标高、终点标高，如 JL-1 *DN*32(起点标高 8.4，终点标高 12.0)、JL-1 *DN*40(起点标高 4.40，终点标高 8.4)、JL-1 *DN*50(起点标高－1.2，终点标高 4.4)、JL-2 *DN*50(起点标高－1.2，终点标高 12.0)、JL-1 *DN*70(起点标高－1.2，终点标高 12.0)，对应图纸管材表修改属性。

②布置污水立管。根据图纸建构件 WL-1、WL-2，并按照立管直径在构件属性中设置各型号管道的起点标高、终点标高，如 WL-1(起点标高－5.2，终点标高 15.9)、WL-2(起点标高－5.2，终点标高 15.9)，修改属性为排水系统，材质为图示螺旋降噪塑料管。

4)参看三维。在工具栏“视图”左侧单击“动态观察”就可以打开导航栏中的“卫生器具”“设备”“管道”等参看计算过的构件三维及管道与卫生器具、设备的连接情况，并根据 CAD 图纸进行局部修正。

5)计算汇总。执行工具栏“工程量”⟶“汇总工程量”命令，全选计算。

3. 做法套用及报表

(1)做法套用。执行“工具栏”⟶“套用做法”命令，运用“自动套用清单”“匹配项目特征”“添加清单”或“选择清单”命令完成工程量清单编制(图 7-32)。

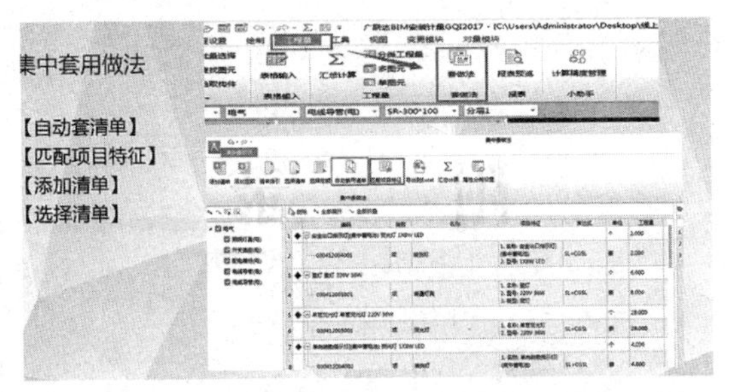

图 7-32　给水排水工程集中套用做法操作示例

(2)查看报表。汇总计算完工程量后，执行工具栏“工程量”⟶“查看报表”⟶“报表预览”⟶“报表反查”命令，再单击卫生器具工程量即可检查相应的计算公式，如图 7-33～图 7-35所示。

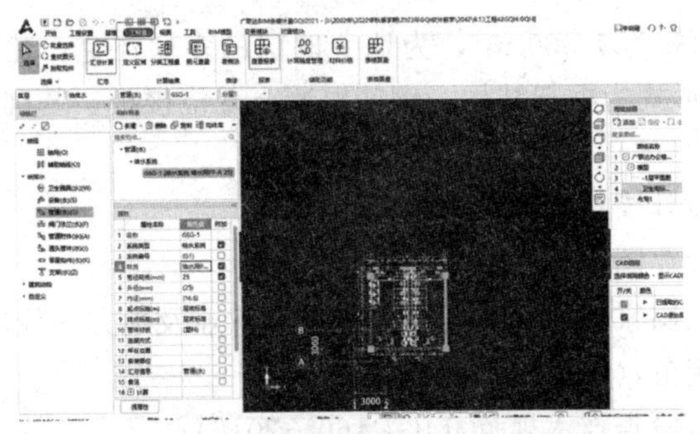

7-33　给水排水工程清单设置后查看报表操作示例

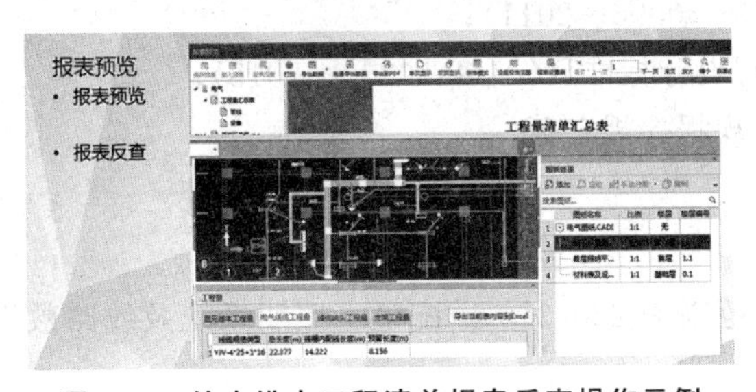

图 7-34　给水排水工程清单报表反查操作示例

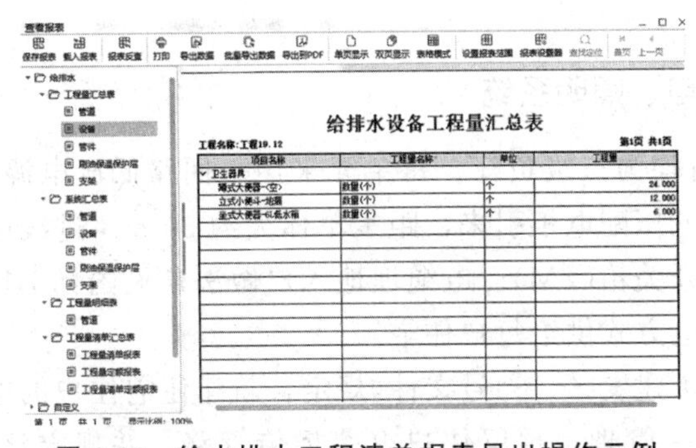

图 7-35　给水排水工程清单报表导出操作示例

附　　录

附录一　电气设计说明

一、设计依据

微课：施工图纸讲解

(1)3号住宅建筑面积为1 500 m^2，为地上四层的多层住宅。建筑总高度为14.60 m。结构形式为框架结构，钢筋混凝土现浇楼板，基础形式为挖孔桩形式。

(2)建设单位提供设计委托书及设计任务书。

(3)相关专业提供作业图及要求。

(4)本工程所遵循的国家现行有关规范、标准、行业及地方的标准、规定：

《建筑物防雷设计规范》(GB 50057—2010)；

《施工现场机械设备检查技术规范》(JGJ 160—2016)；

《建筑设计防火规范(2018年版)》(GB 50016—2014)；

《住宅设计规范》(GB 50096—2011)；

《有线电视网络工程设计标准》(GB/T 50200—2018)；

其他相关的规范、规程、规定等。

二、设计范围

本单体工程的设计范围为220/380 V配电、照明系统及线路敷设；接地保护系统及安全措施。

本工程电源分界点为单元一层的总电源进线箱内的进线开关。电源进户位置及过墙套管由本设计提供。

三、220/380 V配电、照明系统

(1)本工程用电设备均为三级负荷。每单元采用一回路低压电源(220/380 V)入户，电源由小区内土建变电站低压配电柜引来，距本单体大约50 m。进线电缆从建筑物的北侧埋地引入每单元的一层总开关箱(ZM)。电缆埋地入户做法参见国标D101-1～7图。本工程配电系统采用放射式的供电方式供给每户住宅。

(2)计费：据《××市建发〔××〕号文件》规定，新建住宅住户的电费计量装置仅在每单元一层做集中电表箱统一管理，预留住户电费远传管路，并规定每户住宅的用电标准为10 kW，车库的用电标准为每户2 kW。

(3)负荷计算：本工程共有住户 25 户，车库 17 户。每单元安装容量 $P_a=112(60)\mathrm{kW}$，计算容量 $P_p=83.4(54)\mathrm{kW}$，计算电流 $I_{in}(n)=140.1(91.2)\mathrm{A}[K_X=0.6(0.8)，\cos\varphi=0.9]$。总安装容量 $P_a=275$ kW，计算容量 $P_p=138$ kW，计算电流为 $I_{in}=232.2$ A($K_X=0.5$，$\cos\varphi=0.9$)。

(4)据甲方要求，本工程照明均采用白炽灯吸顶安装形式(除图中注明外)；插座除厨房、卫生间采用防溅插座外，其余均用普通型的安全插座；楼梯间照明采用红外自动感光声控照明吸顶灯。

(5)每户内照明、厨卫插座、普通插座、空调插座均由不同支路供电。除空调插座外，其余插座回路均设漏电保护，漏电动作电流为 30 mA。

四、导线选型及敷设

(1)室外电源进线由上一级配电开关确定，本设计所给定值为参考值。

(2)除图中注明外，本工程由配电箱配出的所有导线均采用 BV-500 V 聚氯乙烯绝缘铜芯导线穿阻燃型硬质塑料管(PC)保护，墙内、板内暗设。由住户开关箱(AM)配出的照明干线为 BV-2×4 $\mathrm{mm^2}$，支线为 BV-2×2.5 $\mathrm{mm^2}$(两个用电端以下为支线，余同)，插座回路干线为 BV-3×4 $\mathrm{mm^2}$。灯具高度低于 2.4 m 时，需增加一根 PE 线。线路过沉降缝时，加装沉降盒。线路过长时，加装过线盒。

五、设备的安装

除图中注明外，电源总开关箱(ZM)、集中电表箱(BM)、住户开关箱(AM)均为铁制定型箱，墙内暗设。ZM 箱下沿距地 1.5 m，BM 箱下沿距地 0.5 m，AM 箱下沿距地 1.8 m。跷板开关墙内暗设，底距地 1.2 m，防溅插座底距地 1.8 m，卧室、书房空调插座底距地 2.2 m，客厅空调插座底距地 0.3 m，其余插座底距地 0.3 m，有淋浴、浴缸的卫生间内的开关，插座设在 2 区以外。壁灯底距地 2.4 m。

六、建筑物防雷、接地系统及安全措施

(1)防雷：本建筑为一般性民用建筑物，按第三类防雷建筑物设计。屋顶避雷带利用 $\phi12$ 镀锌圆钢沿女儿墙与屋面四周支设，支高 0.15 m，间距 1 m(不同标高的避雷带应紧密焊接在一起)。防雷引下线利用结构柱内两根 $\phi16$ 的主筋连续焊接，上与避雷带、下与接地装置紧密焊接。

(2)接地及安全措施：①本工程等电位接地，电气设备的保护接地，有线电视、宽带网系统的接地共用统一的接地装置，要求接地电阻不大于 4 Ω，实测不满足要求时，增设人工接地极。②接地极利用建筑物基础承台梁中的上、下两层钢筋中的两根≥$\phi12$ 的主筋通长焊接，并和与之相交的所有挖孔桩内的四根大于 $\phi12$ 的主钢筋焊接连通。③凡正常不带电，而当绝缘破坏，有可能呈现电压的一切电气设备金属外壳，均应可靠接地。④本工程采用总等电位联结，总等电位板由紫铜板制成，总等电位箱底距地 0.3 m。应将建筑物内保护干线、设备进线总管、建筑金属结构等进行联结。总等电位箱联结干线，采用一根镀锌扁钢－40×4 由基础接地板引来，并从总等电位箱引出一根镀锌扁钢－40×4，引出室外散水

0.1 m，室外埋深0.8 m。当接地电阻值不能满足要求时，在此处补打人工接地极，直至满足要求。注意避开各单元的出入口处。总等电位联结线采用BV-1×25 mm，PC32，总等电位联结均采用等电位卡子，禁止在金属管道上焊接。⑤有淋浴室的卫生间采用局部等电位联结，设有局部等电位箱(LEB)，局部等电位箱暗装，底边距地0.5 m。将卫生间内所有金属管道、金属构件、建筑物金属结构联结，并通过钢芯绝缘导线BV-1×6-PC16与浴室内的PE线相连。具体做法参见《等电位联结安装》(02D501-2)。⑥有线电视系统引入墙、电话引入端等处设过电压保护装置。该装置由电视、电话施工部门负责安装。⑦本工程接地形式采用TN-C-S系统，电源在进户处做重复接地，并与弱电工程共用接地板。其工作零线和保护地线在接地点后严格分开。

七、其他

(1)凡与施工有关而又未说明之处，参见国家、地方标准图集施工，或与设计院协商解决。

(2)本工程所选设备、材料必须具有国家检测中心的检测合格证书(3C认证)，必须满足与产品相关的国家标准；供电产品、消防产品应具有入网许可证。

(3)施工时，应严格遵行国务院签发的《建设工程质量管理条例》的相关内容。

(4)本工程引用的国家及地方建筑标准设计图集：《等电位联结安装》(02D501-2)、《住宅建筑电话通信安装图》(辽93D601)、《新建住宅电气安装图》(辽2000D703)、《建筑防雷、接地设计与安装》(辽2002D501)、《住宅建筑有线电视、宽带网设计安装图》(LY203D01)、《建筑安全防范系统设计与安装》(辽2003D603)、《电缆敷设》(D101-1～7)。

八、编制计价表格

(1)按清单工程量计算规则计算工程量并填写计算表；按定额工程量计算规则计算相应的工程量，并写计算表；

(2)编制工程量清单；

(2)按施工图及工程量清单中描述的项目特征，编制综合单价分析表；

(3)按计价规则、程序计算该项目的工程造价：编制分部分项工程费用计价表、措施项目清单与计价表(一)、措施项目清单计价表(二)、其他项目清单与计价汇总表、暂列金额明细表、材料暂估单价表、专业工程暂估价表、主要材料表。

主要设备选用表

符号	图例符号	名称	规格、型号	备注
1	ZM	总电源箱	500 mm(h)×400 mm×200 mm	
2	BM	集中电能计量表箱	1 290 mm(h)×900 mm×180 mm	
3	AM	住户箱	250 mm(h)×390 mm×140 mm	
4	CM	车库预付费电表箱	350 mm(h)×440 mm×180 mm	

续表

符号	图例符号	名称	规格、型号	备注
5	⊗	防水型座灯头	250 V，4 A	用于厨、卫
6	✕	胶质座灯头	250 V，4 A	
7	Ⓢ	感光声控自熄座灯头	250 V，4 A	用于楼梯间
8	⊙	接线盒	75 mm×75 mm×60 mm	用于卫生间、车库
9	⊖	壁灯	220 V，25 W	
10		一位扳式暗开关	86K116 型，250 V，6 A	
11		二位扳式暗开关	86K216 型，250 V，6 A	
12		三位扳式暗开关	86K316 型，250 V，6 A	
13		双控一位扳式暗开关	250 V，6 A	
14		单相二极暗插座	250 V，16 A	位于其他房间
15		防溅型单相二极＋三极暗插座	250 V，16 A	用于厨、卫
16		安全型二极＋三极暗插座	250 V，16 A	
17		单相三极暗插座	250 V，16 A	位于客厅
18	MEB	总等电位联结箱	250 mm(h)×350 mm×140 mm	
19	LEB	局部等电位联结箱	75 mm(h)×160 mm×60 mm	

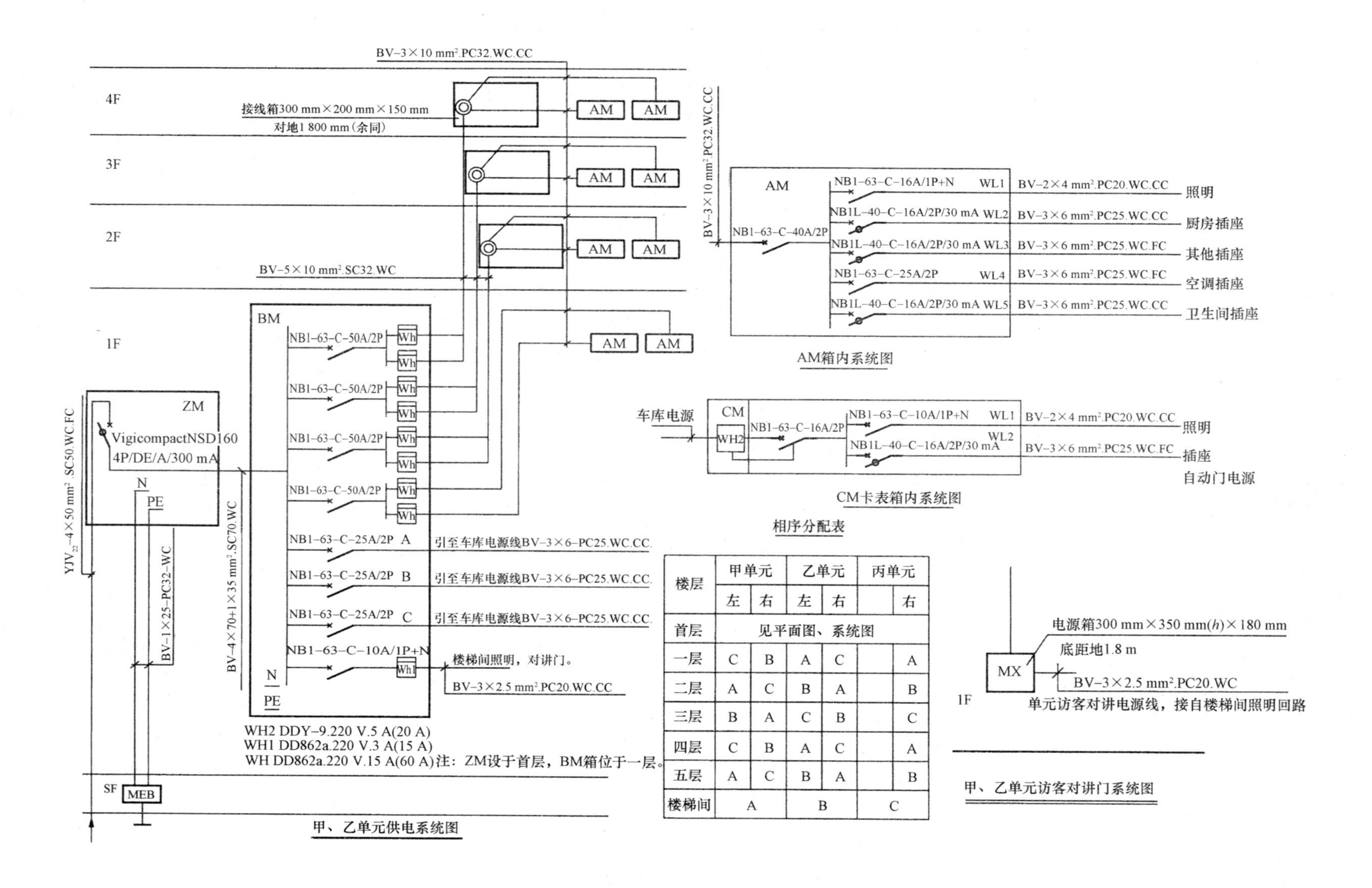

甲、乙单元供电系统图

AM箱内系统图

CM卡表箱内系统图

相序分配表

楼层	甲单元		乙单元		丙单元	
	左	右	左	右		右
首层	见平面图、系统图					
一层	C	B	A	C		A
二层	A	C	B	A		B
三层	B	A	C	B		C
四层	C	B	A	C		A
五层	A	C	B	A		B
楼梯间	A		B		C	

甲、乙单元访客对讲门系统图

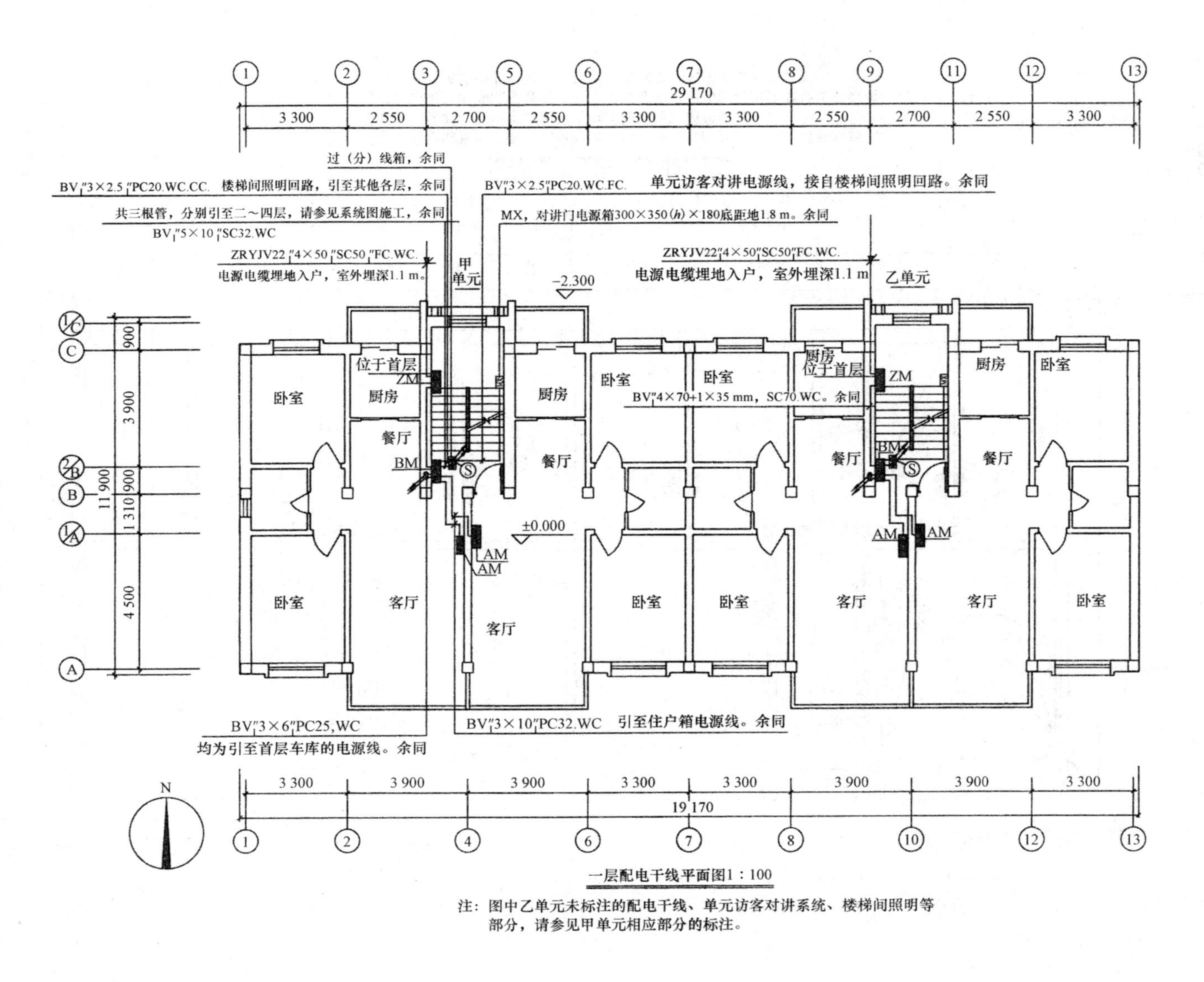

一层配电干线平面图1：100

注：图中乙单元未标注的配电干线、单元访客对讲系统、楼梯间照明等部分，请参见甲单元相应部分的标注。

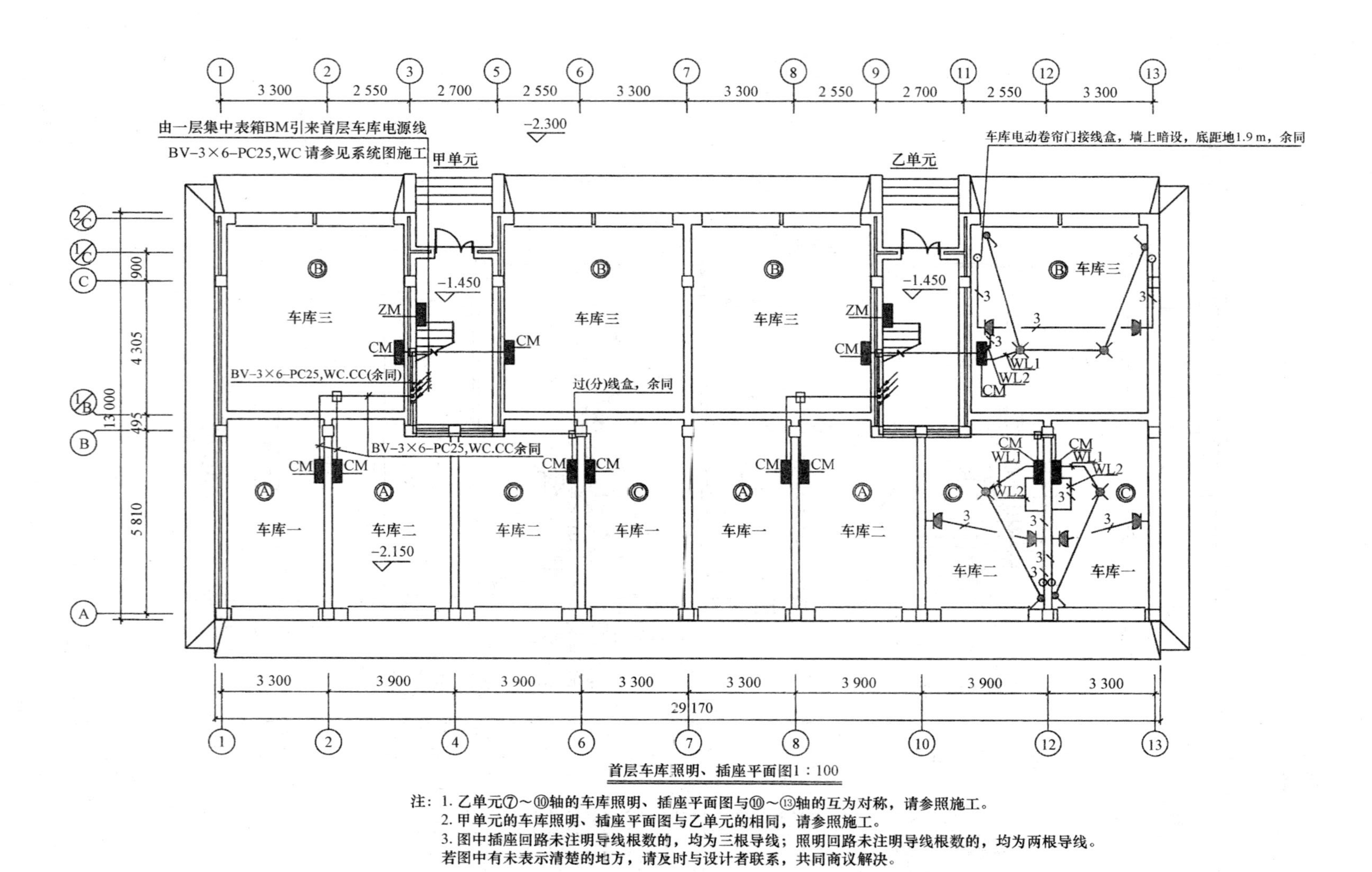

首层车库照明、插座平面图1：100

注：1. 乙单元⑦～⑩轴的车库照明、插座平面图与⑩～⑬轴的互为对称，请参照施工。
2. 甲单元的车库照明、插座平面图与乙单元的相同，请参照施工。
3. 图中插座回路未注明导线根数的，均为三根导线；照明回路未注明导线根数的，均为两根导线。若图中有未表示清楚的地方，请及时与设计者联系，共同商议解决。

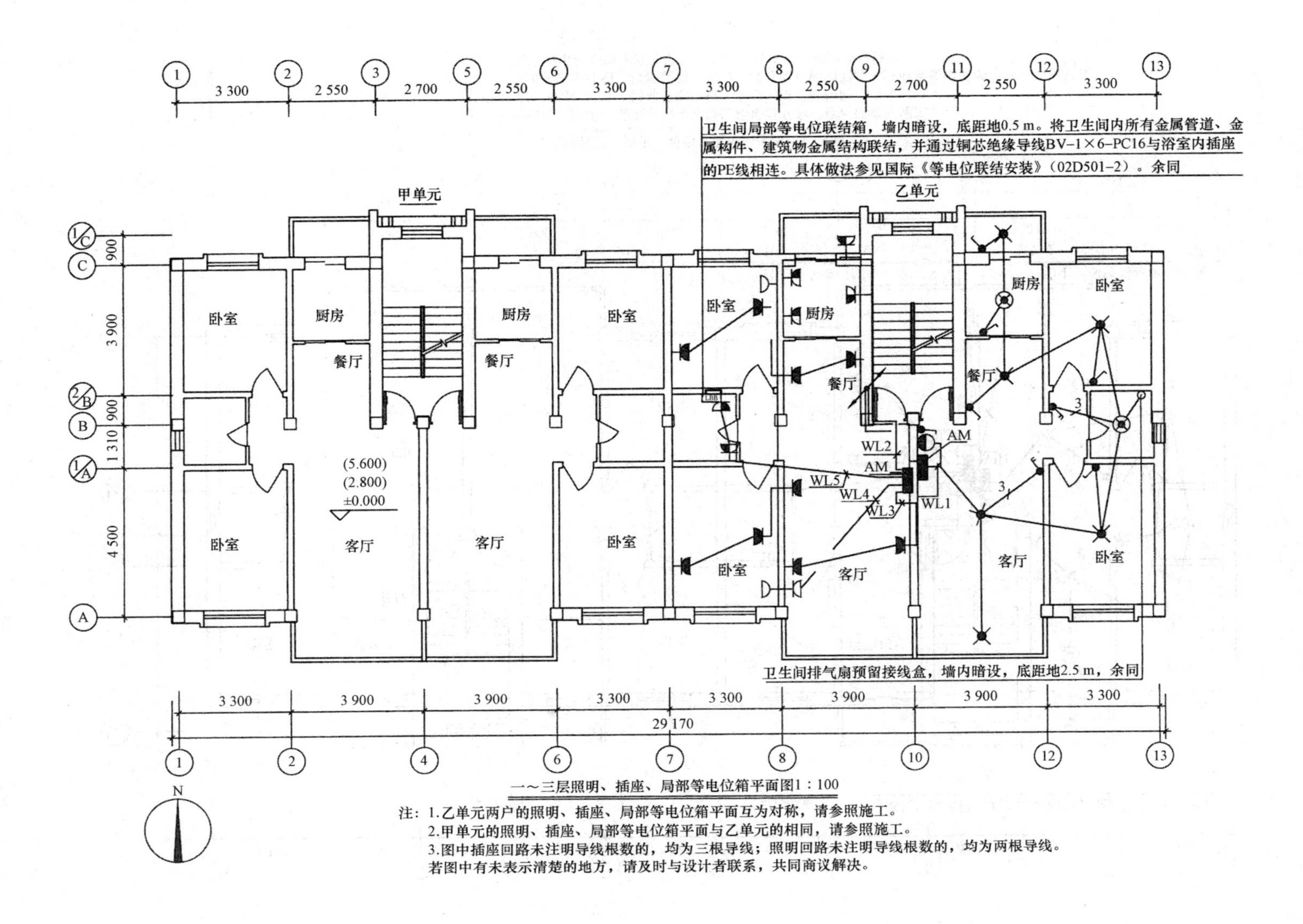

一～三层照明、插座、局部等电位箱平面图1：100

注：1.乙单元两户的照明、插座、局部等电位箱平面互为对称，请参照施工。
2.甲单元的照明、插座、局部等电位箱平面与乙单元的相同，请参照施工。
3.图中插座回路未注明导线根数的，均为三根导线；照明回路未注明导线根数的，均为两根导线。
若图中有未表示清楚的地方，请及时与设计者联系，共同商议解决。

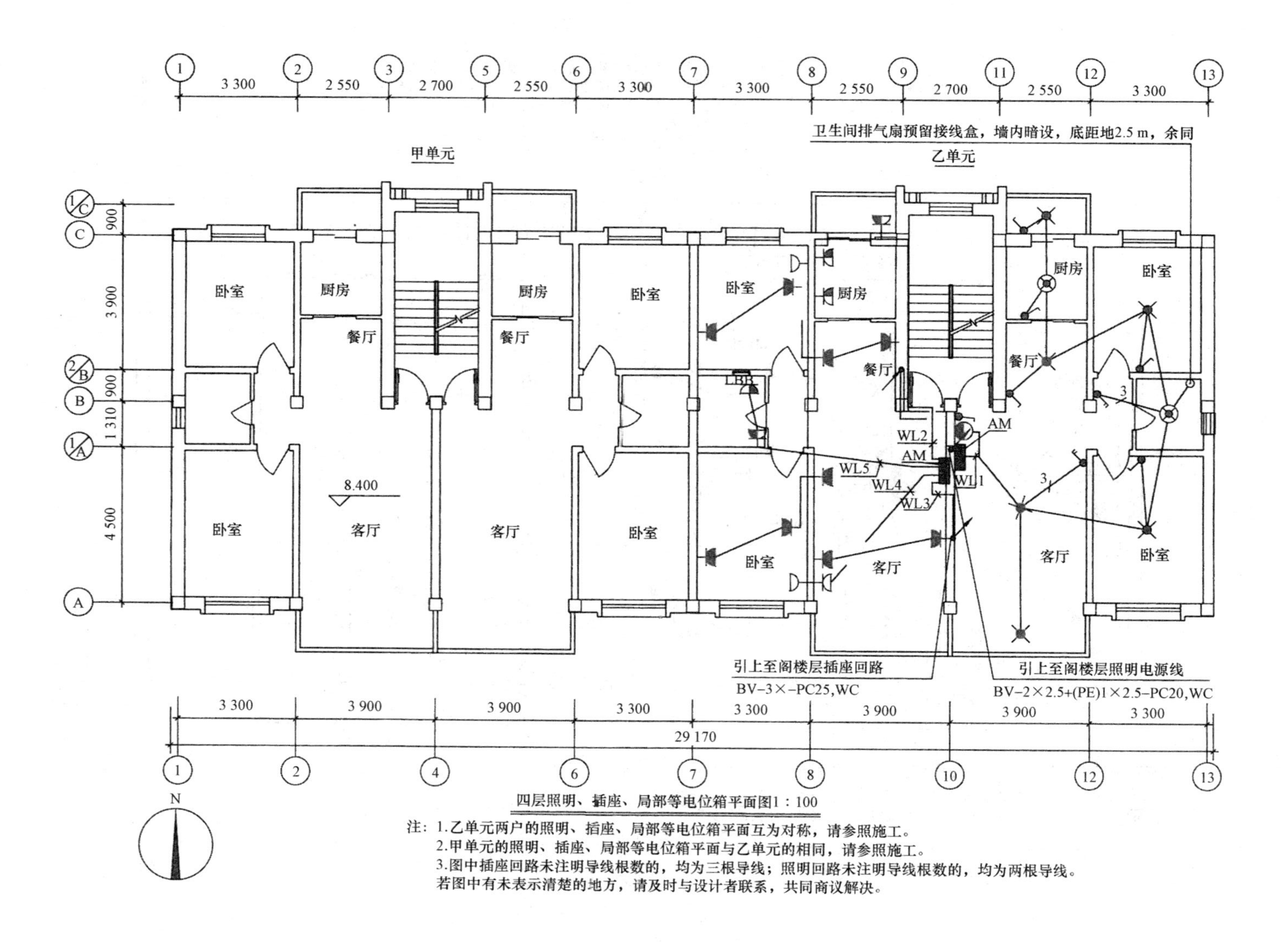

四层照明、插座、局部等电位箱平面图1：100

注：1.乙单元两户的照明、插座、局部等电位箱平面互为对称，请参照施工。

2.甲单元的照明、插座、局部等电位箱平面与乙单元的相同，请参照施工。

3.图中插座回路未注明导线根数的，均为三根导线；照明回路未注明导线根数的，均为两根导线。

若图中有未表示清楚的地方，请及时与设计者联系，共同商议解决。

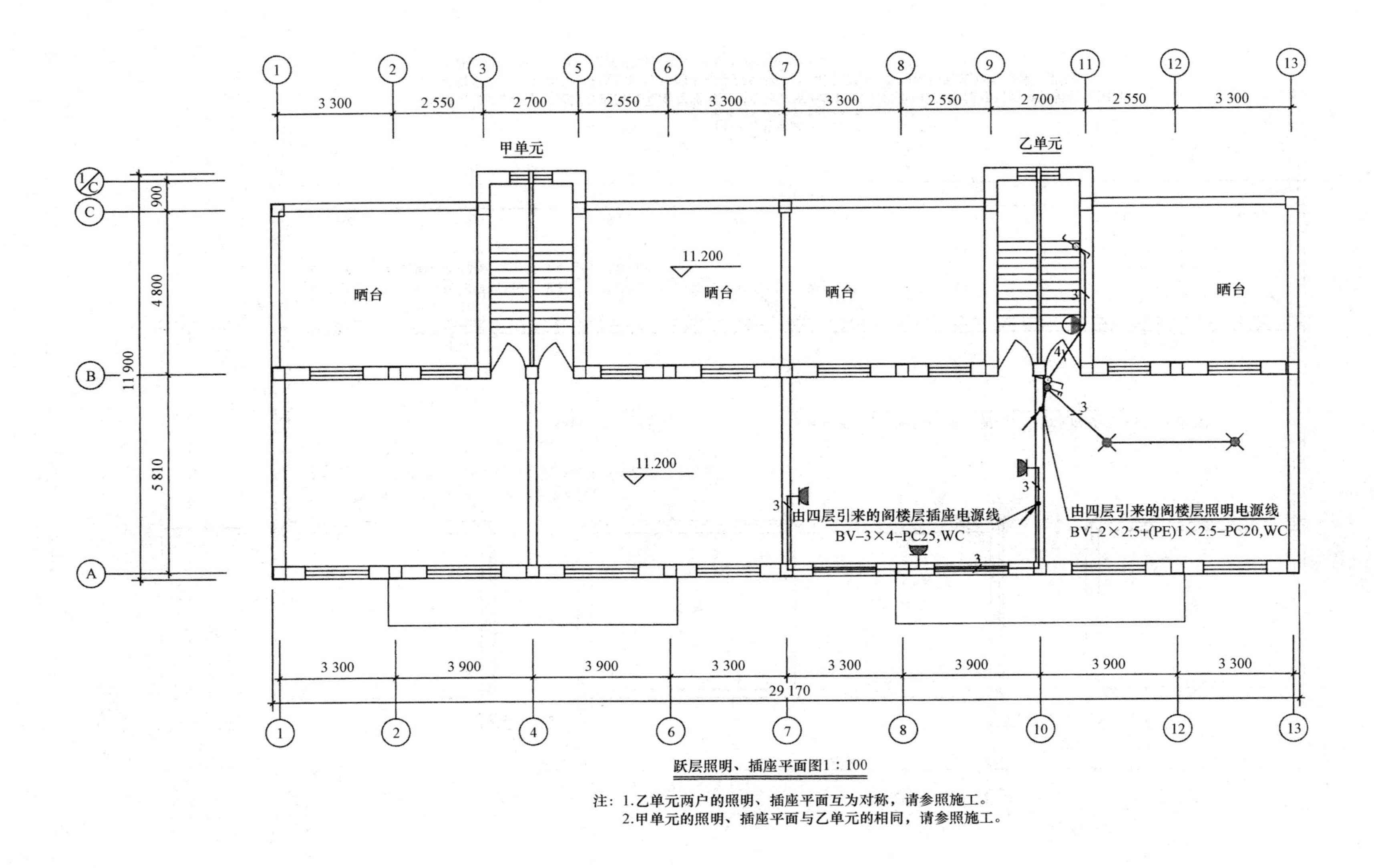

跃层照明、插座平面图1：100

注：1.乙单元两户的照明、插座平面互为对称，请参照施工。
2.甲单元的照明、插座平面与乙单元的相同，请参照施工。

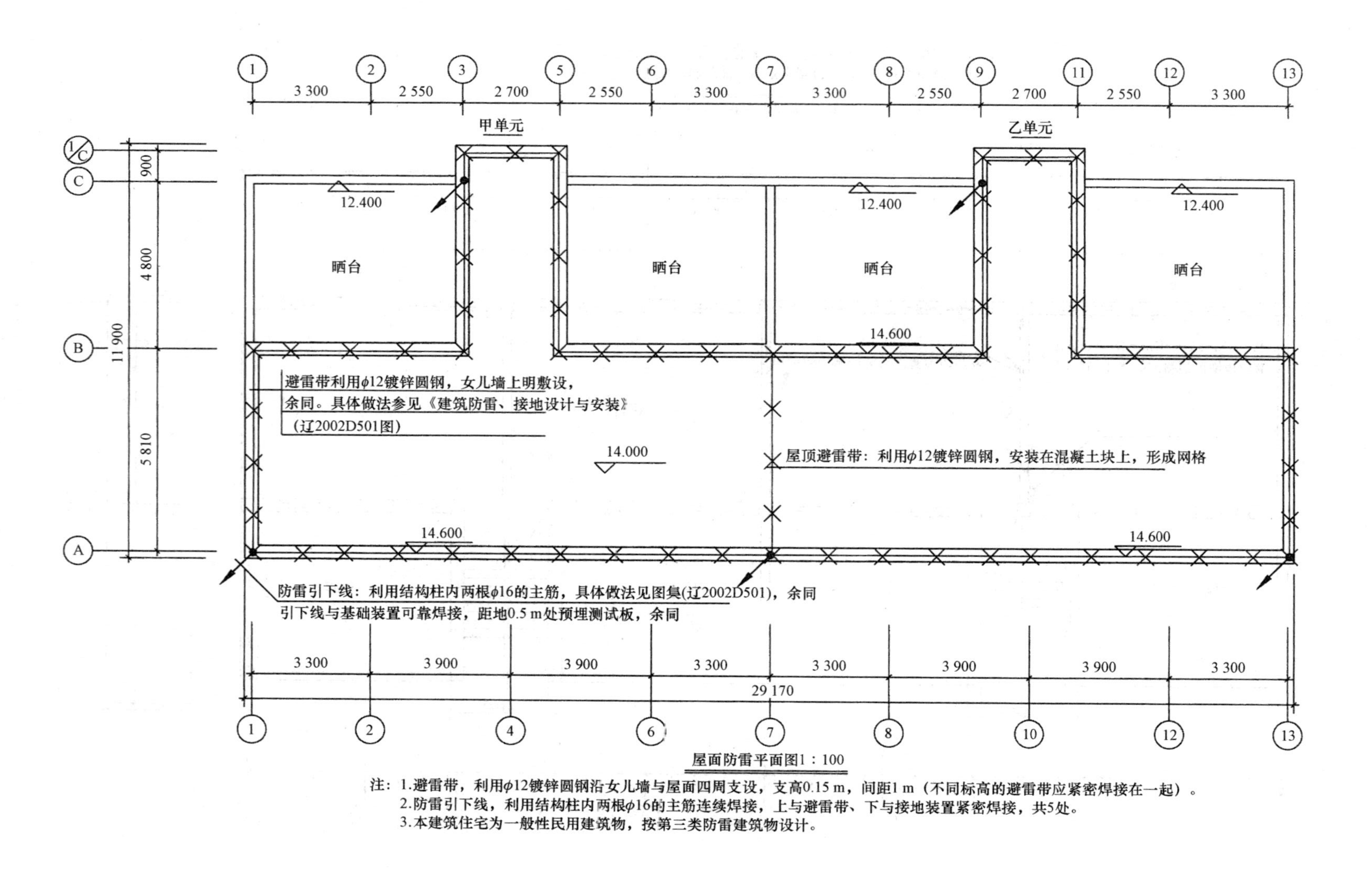

屋面防雷平面图1：100

注：1.避雷带，利用ϕ12镀锌圆钢沿女儿墙与屋面四周支设，支高0.15 m，间距1 m（不同标高的避雷带应紧密焊接在一起）。
2.防雷引下线，利用结构柱内两根ϕ16的主筋连续焊接，上与避雷带、下与接地装置紧密焊接，共5处。
3.本建筑住宅为一般性民用建筑物，按第三类防雷建筑物设计。

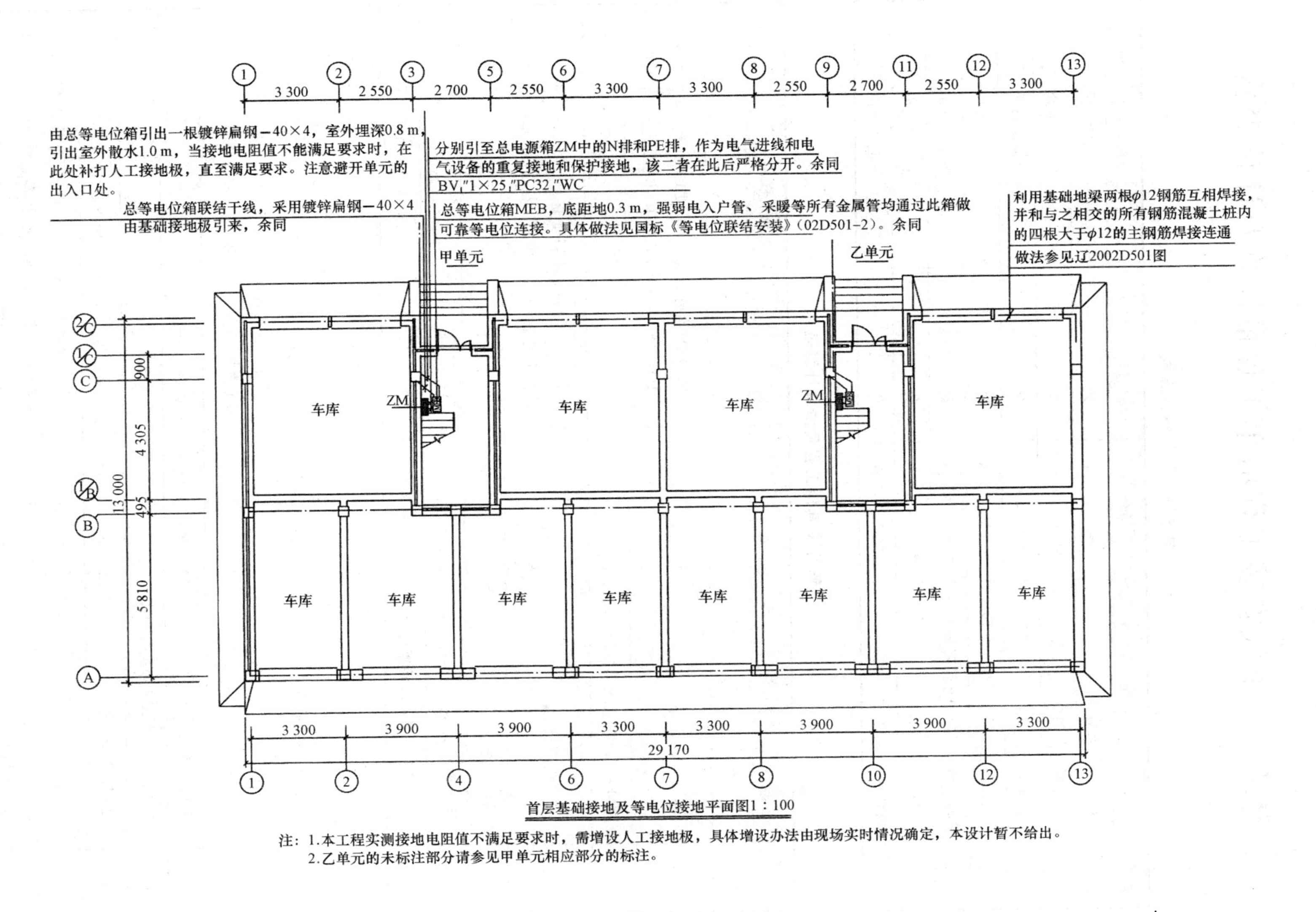

首层基础接地及等电位接地平面图1∶100

注：1.本工程实测接地电阻值不满足要求时，需增设人工接地极，具体增设办法由现场实时情况确定，本设计暂不给出。
2.乙单元的未标注部分请参见甲单元相应部分的标注。

附录二　电气安装工程清单工程量计算及计价表格

电器清单工程量计算表

序号	项目名称	规格型号	计量单位	数量	计算过程
1	单控单联开关暗装	250 V，6 A	套	96	平面图查出
2	单控双联开关暗装	250 V，6 A	套	36	平面图查出
3	双控单联开关暗装	250 V，6 A	套	8	平面图查出
4	单相暗插座二极＋三极安全形	250 V，15 A	套	180	平面图查出
5	单相暗插座二极＋三极防溅形	250 V，15 A	套	96	平面图查出
6	单相暗插座二孔	250 V，15 A	套	32	平面图查出
7	单相暗插座三孔	250 V，15 A	套	16	平面图查出

管线及其他工程量清单计算表

序号	项目名称	计量单位	数量	计算过程
一	进户线			
	镀锌钢管 SC50	m	14.30	{2.7(ZM至外墙皮水平长度)＋1(出户增加长度)＋[1.1(埋深)＋(2.3－1.45)＋1.5](垂直)}×2(2个单元)
二	ZM箱至BM箱配管配线			
1	镀锌钢管 SC70	m	14.1	[(1.5＋0.3)(ZM箱垂直)＋(0.5＋1.45＋0.3)(BIV/箱垂直)＋3(水平)]×2(2个单元)
2	管内穿线 35 mm^2	m	14.10	14.10×1
3	管内穿线 70 mm^2	m	56.40	14.10×4
三	BM箱至一层AM箱配管配线			
1	硬质塑料管 PC32	m	21.64	{[3.75(水平)＋(2.8－0.5－1.29)(BM箱上部垂直管)＋(2.8－1.8－0.25)(AM箱上部垂直管)](①～④轴用户)＋[3.55(水平)＋(2.8－0.5－1.29)(BM箱上部垂直管)＋(2.8－1.8－0.25)(AM箱上部垂直管)](④～⑦轴用户)}×2(2个单元)
2	管内穿线 10 mm^2	m	64.92	21.64×3
四	BM箱至二层AM箱配管配线			
1	镀锌钢管 SC32	m	5.62	(2.8－0.5－1.29＋1.8)×2(2个单元)
2	硬质塑料管 PC32	m	21.60	{[3.75(水平)＋(2.8－1.8)(接线箱上部配管)＋(2.8－1.8－0.25)(AM箱上部配管)](⑦～⑩轴用户)＋[3.55(水平)＋(2.8－1.8)(接线箱上部配管)＋(2.8－1.8－0.25)(AM箱上部配管)](⑩～⑬轴用户)}×2(2个单元)

续一

序号	项目名称	计量单位	数量	计算过程
3	管内穿线 10 mm^2	m	92.90	5.62×5(SC32 管内穿线)+21.60×3(PC32 管内穿线)
五	BN 箱至三层 AM 箱配管配线			
1	镀锌钢管 SC32	m	11.22	[(2.8−0.5−1.29+1.8)+2.8]×2
2	硬质塑料管 PC32	m	21.60	同二层
3	管内穿线 10 mm^2	m	120.90	11.22×5+21.60×3
六	BM 箱至四层 AM 箱配管配线			
1	镀锌钢管 SC32	m	16.82	[(2.8−0.5−1.29+1.8)+2.8×2]×2
2	硬质塑料管 PC32	m	21.60	同二层
3	管内穿线 10 mm^2	m	148.90	16.82×5+21.60×3
七	BM 箱至 A 相电车库 CM 箱配管配线			
1	硬质塑料管 PC25	m	16.90	{0.5(BM 箱下垂直)+2.55(②～③轴水平距离)+[2.4(接线盒至 CM 箱水平)+(2.15−1.5−0.35)(CM 箱垂直)]×2(2 条管路接至 CM 箱)}×2(2 个单元)
2	管内穿线 6 mm^2	m	50.70	16.90×3
八	BM 箱至 B 相电车库 CM 箱配管配线			
1	硬质塑料管 PC25	m	10.60	{[0.5(BM 箱下垂直)+1.2(水平至接线盒上方)+(2.15−1.5−0.35)(CM 箱垂直)](①～③轴车库 CM 箱)+2.7(③～⑤轴水平距离)+0.3(接线盒至楼板取)+(2.15−1.5−0.35)(CM 箱垂直)}×2(2 个单元)
2	管内穿线 6 mm^2	m	31.80	10.60×3
九	BM 箱至 C 相电车库 CM 箱配管配线			
1	硬质塑料管 PC25	m	19.90	{0.5(BM 箱下垂直)+1.2(水平)+(2.7+2.55)(③～⑥轴水平距离)+[1.2(水平)+(2.15−1.5−0.35)(CM 箱垂直)]×2(2 条管路)}×2(2 个单元)
2	管内穿线 6 mm^2	m	59.70	19.90×3
十	一层用户配管配线			
1	WTL1 回路(照明回路)(以乙单元一户为例)			
1.1	AM 箱至接线盒			
1.1.1	硬质塑料管 PC20	m	0.35	2.4−(1.8+0.25)(AM 箱上沿距地)
1.1.2	管内穿线 4 mm	m	0.70	0.35×2
1.2	接线盒至门厅壁灯			
1.2.1	硬质塑料管 PC20	m	0.70	0.7(水平量取)
1.2.2	管内穿线 2.5 mm^2	m	1.40	0.70×2 支线用 2.5 mm^2
1.3	门厅壁灯至其开关			
1.3.1	硬质塑料管 PC20	m	1.60	0.4(水平)+(2.4−1.2)(开关垂直)

续二

序号	项目名称	计量单位	数量	计算过程
1.3.2	管内穿线 2.5 mm²	m	3.20	1.60×2
1.4	接线盒至客厅灯			
1.4.1	硬质塑料管 PC20	m	2.90	(2.8－2.4)(垂直)＋2.5(水平量取)
1.4.2	管内穿线 4 mm²	m	5.80	2.90×2
1.5	客厅灯至开关			
1.5.1	硬质塑料管 PC20	m	3.90	2.3(水平)＋(2.8－1.2)(开关垂直)
1.5.2	管内穿线 2.5 mm²	m	11.70	3.90×3(支线)
1.6	客厅灯至南侧阳台灯			
1.6.1	硬质塑料管 PC20	m	3.60	3.6(水平量取)
1.6.2	管内穿线 2.5 mm²	m	7.20	3.60×2
1.7	客厅灯至南侧卧室灯			
1.7.1	硬质塑料管 PC20	m	3.60	3.60(水平量取)
1.7.2	管内穿线 4 mm²		7.20	3.60×2
1.8	南侧卧室灯至其开关			
1.8.1	硬质塑料管 PC20	m	4.10	2.5(水平)＋(2.8－1.2)(开关垂直)
1.8.2	管内穿线 2.5 mm²		8.20	4.10×2
1.9	南侧卧室灯至卫生间灯			
1.9.1	硬质塑料管 PC20	m	3.40	3.4(水平量取)
1.9.2	管内穿线 4 mm²	m	6.80	3.40×2
1.10	卫生间灯至其开关			
1.10.1	硬质塑料管 PC20	m	3.90	2.3(水平)＋(2.8－1.2)(开关垂直)
1.10.2	管内穿线 2.5 mm²	m	11.70	3.90×3
1.11	卫生间灯至卫生间排气扇预留接线盒			
1.11.1	硬质塑料管 PC20		1.50	1.2(水平)＋(2.8－2.5)(垂直)
1.11.2	管内穿线 2.5 mm²	m	3.00	1.50×2
1.12	卫生间灯至北侧卧室灯			
1.12.1	硬质塑料管 PC20		3.00	3.0(水平量取)
1.12.2	管内穿线 4 mm²	m	6.00	3.00×2
1.13	北侧卧室灯至其开关			
1.13.1	硬质塑料管 PC20		3.40	1.8(水平)＋(2.8－1.2)(开关垂直)
1.13.2	管内穿线 2.5 mm²	m	6.80	3.40×2
1.14	北侧卧室灯至餐厅灯			
1.14.1	硬质塑料管 PC20		3.20	3.20(水平量取)
1.14.2	管内穿线 4 mm²		6.40	3.20×2
1.15	餐厅灯至其开关			
1.15.1	硬质塑料管 PC20		3.10	1.5(水平)＋(2.8－1.2)(开关垂直)

续三

序号	项目名称	计量单位	数量	计算过程
1.15.2	管内穿线 2.5 mm^2		6.20	3.10×2
1.16	餐厅灯至厨房灯			
1.16.1	硬质塑料管 PC20		2.30	2.30(水平量取)
1.16.2	管内穿线 2.5 mm^2		4.60	2.30×2 支线
1.17	厨房灯至其开关			
1.17.1	硬质塑料管 PC20		2.80	1.2(水平)+(2.8−1−2)(开关垂直)
1.17.2	管内穿线 2.5 mm^2	m	5.60	2.80×2
1.18	厨房灯至北侧阳台灯			
1.18.1	硬质塑料管 PC20		2.00	2.0(水平量取)
1.18.2	管内穿线 2.5 mm^2		4.00	2.00×2
1.19	北侧阳台灯至其开关			
1.19.1	硬质塑料管 PC20		2.40	0.8(水平)+(2.8−1.2)(开关垂直)
1.19.2	管内穿线 2.5 mm^2		4.80	2.40×2
1.20	小计			
1.20.1	硬质塑料管 PC20		51.75	上述所有 PC20 之和
1.20.2	管内穿线 4 mm^2		32.90	上述所有 4 mm^2 导线之和
1.20.3	管内穿线 2.5 mm^2		80.20	上述所有 2.5 mm^2 导线之和
2	WL2 回路(厨房插座回路)(以乙单元一户为例)			
2.1	硬质塑料管 PC25		18.50	(2.8−1.8−0.25)(配电箱垂直)+10.75(至最末一个插座水平距离)+(2.8−1.8)×7(插座垂直配管)
2.2	管内穿线 4 mm^2		22.50	[3.5(最后两个插座连线水平距离)+(2.8−1.8)×4(插座垂直配管)]×3
2.3	管内穿线 6 mm^2		33.00	[18.5−7.5(上式中管的长度)]×3
3	WL3 回路(其他插座回路)(以乙单元一户为例)			
3.1	硬质塑料管 PC25		33.90	(1.8+0.1)(配电箱垂直)+27.6(至最末一个插座水平距离)+(0.3+0.1)×11(插座垂直配管)
3.2	管内穿线 4 mm^2	m	15.90	[4.5+(0.3+0.1)×2]×3
3.3	管内穿线 6 mm^2	m	85.80	(33.90−5.30)×3
4	WL4 回路(空调插座回路)(以乙单元一户为例)			
4.1	硬质塑料管 PC25		21.30	(1.8+0.1)(配电箱垂直)+14.2(至最末一个插座水平距离)+(0.3+0.1)×2(客厅插座垂直配管)+(2.2−0.3)(南侧卧室插座垂直)+(2.2+0.1)(北侧卧室插座垂直)+0.2(穿墙管)
4.2	管内穿线 6 mm^2	m	21.90	[(1.8+0.1)+5+(0.1+0.3)]×3

续四

序号	项目名称	计量单位	数量	计算过程
4.3	管内穿线 4 mm^2	m	28.00	[21.30－7.3(至第一个插座长度)]×2(后接 2 极插座)
5	WL5 回路(卫生间插座回路)(以乙单元一户为例)			
5.1	硬质塑料管 PC25	m	11.45	(2.8－1.8－0.25)(配电箱垂直)＋7.7(至最末一个插座水平距离)＋(2.8－1.8)×3(插座垂直配管)
5.2	管内穿线 6 mm^2	m	34.35	11.45×3
6	小计(全楼层)			
6.1	硬质塑料管 PC20		207.00	51.75×2(一梯两户)×2(2 个单元)
6.2	硬质塑料管 PC25		340.60	(18.5＋33.9＋21.3＋11.45)×2(一梯两户)×2(2 个单元)
6.3	管内穿线 2.5 mm^2		320.80	80.20×2(一梯两户)×2(2 个单元)
6.4	管内穿线 4 mm^2	m	397.20	(32.90＋22.50＋15.90＋28.00)×2(一梯两户)×2(2 个单元)
6.5	管内穿线 6 mm^2		700.20	(33.00＋85.80＋21.90＋34.35)×2(一梯两户)×2(2 个单元)
十一	二层用户配管配线(同一层)			
1	硬质塑料管 PC20	m	207.00	
2	硬质塑料管 PC25		340.60	
3	管内穿线 2.5 mm^2		320.80	
4	管内穿线 4 mm^2		397.20	
5	管内穿线 6 mm^2		700.20	
十二	三层用户配管配线(同一层)			
1	硬质塑料管 PC20		207.00	
2	硬质塑料管 PC25		340.60	
3	管内穿线 2.5 mm^2		320.80	
4	管内穿线 4 mm^2		397.20	
5	管内穿线 6 mm^2		700.20	
十三	四层用户配管配线(同一层，增加量算至阁楼层)			
1	硬质塑料管 PC20		207.00	
2	硬质塑料管 PC25		340.60	
3	管内穿线 2.5 mm^2		320.80	
4	管内穿线 4 mm^2		397.20	
5	管内穿线 6 mm^2		700.20	
十四	阁楼层配管配线			
1	WL1 回路(以一户为例)			
1.1	四层接线盒至阁楼开关			

续五

序号	项目名称	计量单位	数量	计算过程
1.1.1	硬质塑料管 PC20		2.80	(2.8－2.4)(四层垂直部分)＋1.2(开关距地高度)＋1.2(水平)
1.1.2	管内穿线 2.5 mm^2		8.40	2.80×3(火线、零线、保护线)
1.2	开关至第一盏灯具			
1.2.1	硬质塑料管 PC20		4.10	(2.8－1.2)(垂直)＋2.5(水平)
1.2.2	管内穿线 2.5 mm^2		12.30	4.10×3
1.3	第一盏灯具至第二盏灯具			
1.3.1	硬质塑料管 PC20		3.70	3.7(水平)
1.3.2	管内穿线 2.5 mm^2		7.40	3.70×2
1.4	阁楼双控开关至楼梯壁灯			
1.4.1	硬质塑料管 PC20		4.00	(2.8－1.2)(垂直)＋2(水平)＋(2.8－2.4)(壁灯垂直)
1.4.2	管内穿线 2.5 mm^2		16.00	4.00×4
1.5	楼梯壁灯至四层双控开关			
1.5.1	硬质塑料管 PC20		6.20	2.2(水平)＋(2.8＋2.4－1.2)(双控开关垂直)
1.5.2	管内穿线 2.5 mm^2		18.60	6.20×3
2	WL3 回路(自四层该回路第一插座起)(以一户为例)			
2.1	硬质塑料管 PC25		18.90	(2.8－0.3)(四层引上垂直)＋(1＋4＋3.3＋3.9＋2.2)(水平)＋(0.3＋0.1)×5(插座距地高度)
2.2	管内穿线 4 mm^2		56.70	18.90×3
3	小计(全层)			
3.1	硬质塑料管 PC20		83.20	20.80×2(一梯两户)×2(2 个单元)
3.2	硬质塑料管 PC25		78.60	18.90×2(一梯两户)×2(2 个单元)
3.3	管内穿线 4 mm^2		226.80	56.70×2(一梯两户)×2(2 个单元)
3.4	管内穿线 2.5 mm^2		250.80	62.70×2(一梯两户)×2(2 个单元)
十五	车库层配管配线			
1	车库一配管配线			
1.1	WL1 回路(照明回路)			
1.1.1	硬质塑料管 PC20		28.20	[(2.15－1.5－0.35)(CM 箱上部垂直配管)＋2.2(水平，至灯)＋3.6(水平，至开关)＋(2.15－1.2)(开关上部垂直配管)]×4(车库一数量)
1.1.2	管内穿线 2.5 mm^2		56.40	28.20×2
1.2	WL2 回路(插座回路)			
1.2.1	硬质塑料管 PC25		44.80	[(1.5＋0.1)(CM 箱下部垂直)＋(2.1＋1.4＋3.3)(水平)＋(0.3＋0.1)×3(插座垂直)＋(1.9－0.3)(电动卷帘门接线盒垂直配管)]×4(车库一数量)

续六

序号	项目名称	计量单位	数量	计算过程
1.2.2	管内穿线 4 mm^2		85.20	[1.4+(1.9−0.3)+3.3+(0.3+0.1)×2]×4(车库一数量)×3
1.2.3	管内穿线 6 mm^2		49.20	(44.80−7.1×4)×3
2	车库二配管配线			
2.1	WL1 回路(照明回路)			
2.1.1	硬质塑料管 PC20		33.80	[(2.15−1.5−0.35)(CM 箱上部垂直配管)+3.2(水平，至灯)+4(水平，至开关)+(2.15−1.2)(开关上部垂直配管)]×4(车库二数量)
2.1.2	管内穿线 2.5 mm^2		67.60	33.80×2
2.2	WL1 上回路(插座回路)			
2.2.1	硬质塑料管 PC25		47.60	[(1.5+0.1)(CM 箱下部垂直)+(2.1+1.4+4)(水平)+(0.3+0.1)×3(插座垂直)+(1.9−0.3)(电动卷帘门接线盒垂直配管)]×4(车库二数量)
2.2.2	管内穿线 4 mm^2		93.60	[1.4+(1.9−0.3)+4+(0.3+0.1)×2]×4(车库二数量)×3
2.2.3	管内穿线 6 mm^2		49.20	(47.60−7.8×4)×3
3	车库三配管配线			
3.1	WL1 回路(照明回路)			
3.1.1	硬质塑料管 PC20		51.20	[(2.15−1.5−0.35)(CM 箱上部垂直配管)+1.7(水平，至第一盏灯)+3.3(水平，至第一盏灯开关)+2.6(水平，至第二盏灯)+3(水平，至第二盏灯开关)+(2.15−1.2)×2(开关上部垂直配管)]×4(车库二数量)
3.1.2	管内穿线 2.5 mm^2		102.40	51.20×2
3.2	WL2 回路(插座回路)			
3.2.1	硬质塑料管 PC25		68.60	[(1.5+0.1)(CM 箱下部垂直)+(0.9+2.55+3.3+2.2×2)(水平)+(0.3+0.1)×3(插座垂直)+(1.9−0.3)×2(电动卷帘门接线盒垂直配管)]×4(车库二数量)
3.2.2	管内穿线 4 mm^2		171.00	[2.2×2+(1.9−0.3)×2+2.55+3.3+(0.3+0.1)×2]×4(车库二数量)×3
3.2.3	管内穿线 6 mm^2	m	34.80	(68.60−14.25×4)×3
4	小计			
4.1	硬质塑料管 PC20		113.20	
4.2	硬质塑料管 PC25		161.00	
4.3	管内穿线 2.5 mm^2		226.40	
4.4	管内穿线 4 mm^2		349.80	
4.5	管内穿线 6 mm^2		133.20	

续七

序号	项目名称	计量单位	数量	计算过程
十六	楼梯间感应灯及对讲门电源配管配线			
1	BM箱至分线箱(以甲单元为例)			
1.1	硬质塑料管PC20		0.71	2.8−0.5(BM箱下沿距地)−1.29(BM箱高度)−0.3(板下300 mm，分线箱的安装位置)
1.2	管内穿线2.5 mm^2		2.13	0.71×3
2	分线箱至对讲门电源箱MX(以甲单元为例)			
2.1	硬质塑料管PC20		8.05	(2.8−0.3)(垂直)+(2.7+2.5)(水平)+(1.8−1.45)(MX箱下部垂直)
2.2	管内穿线2.5 mm^2		24.15	8.05×3
3	分线箱至其他各层配管配线(以甲单元为例)			
3.1	硬质塑料管PC20		8.70	11.2−2.8+0.3
3.2	管内穿线2.5 mm^2		17.40	8.70×2
4	各层分线箱至声控灯(以甲单元为例)			
4.1	硬质塑料管PC20		6.60	[0.3(垂直)+2.7/2(水平)]×4(四层)
4.2	管内穿线2.5 mm^2		13.20	6.60×2
5	小计(全楼)			
5.1	硬质塑料管PC20		48.12	24.06×2(2个单元)
5.2	管内穿线2.5 mm^2		113.76	56.88×2(2个单元)

灯具工程量清单计算表

序号	项目名称	规格型号	计量单位	数量	计算过程
1	一般壁灯	220 V，25 W	套	4	平面图
2	防水灯头	250 V，4 A	套	32	平面图
3	节能座灯头	250 V，4 A	套	8	楼梯间声控灯
4	座灯头	250 V，4A	套	120	平面图

开关工程量清单计算表

序号	项目名称	规格型号	计量单位	数量	计算过程
1	单控单联开关暗装	250 V，6 A	套	96	平面图查出
2	单控双联开关暗装	250 V，6 A	套	36	平面图查出
3	双控单联开关暗装	250 V，6 A	套	8	平面图查出
4	单相暗插座二极+三极安全型	250 V，15 A	套	180	平面图查出
5	单相暗插座二极+三极防溅型	250 V，15 A	套	96	平面图查出
6	单相暗插座二孔	250 V，15 A	套	32	平面图查出
7	单相暗插座三孔	250 V，15 A	套	16	平面图查出

配线预留长度

序号	项目	预留长度/m	说明
1	各种开关箱、柜、板	高＋宽	盘面尺寸
2	单独安装(无箱、盘)的铁壳开关、闸刀开关、启动器、母线槽进出线盒等	0.3	以安装对象中心算起
3	由地坪管子出口至动力接线箱	1	以管口计算
4	电源与管内导线连接(管内穿线与软、硬母线接头)	1.5	以管口计算
5	出户线	1.5	以管口计算

定额工程量计算公式

序号	项目名称	计量单位	数量	计算过程
一	进户线			
	镀锌钢管 SC50		14.30	同清单项目工程量计算表
二	ZM 箱至 BM 箱配管配线			
1	镀锌钢管 SC70		14.10	同清单项目工程量计算表
2	管内穿线 35 mm^2		20.28	[14.10/2+(0.4+0.5)(ZM 箱半周长)+(0.9+1.29)(BM 箱半周长)]×1×2(2 个单元)
3	管内穿线 70 mm^2		81.12	[14.10/2+(0.4+0.5)(ZM 箱半周长)+(0.9+1.29)(BM 箱半周长)]×4×2(2 个单元)
三	BM 箱至一层 AM 箱配管配线			
1	硬质塑料管 PC32		21.64	同清单项目工程量计算表
2	管内穿线 10 mm^2		72.60	[21.64+(0.9+1.29)(BM 箱半周长)+(0.39+0.25)(AM 箱半周长)]×3
四	BM 箱至二层 AM 箱配管配线			
1	镀锌钢管 SC32		5.62	同清单项目工程量计算表
2	硬质塑料管 PC32		21.60	同清单项目工程量计算表
3	管内穿线 10 mm^2		122.48	[5.62+(0.9+1.29)(BM 箱半周长)×2(2 个 BM 箱)]×5(SC32 管内穿线)+[21.60+(0.39+0.25)(AM 箱半周长)×4(4 个 AM 箱)]×3(PC32 管内穿线)
4	接线箱 300 mm×200 mm×150 mm	个	2	每单元 1 个
五	BM 箱至三层 AM 箱配管配线			
1	镀锌钢管 SC32		11.22	同清单项目工程量计算表
2	硬质塑料管 PC32		21.60	同清单项目工程量计算表
3	管内穿线 10 mm^2		150.48	[11.22+(0.9+1.29)(BM 箱半周长)×2(2 个 BM 箱)]×5(SC32 管内穿线)+[21.60+(0.39+0.25)(AM 箱半周长)×4(4 个 AM 箱)]×3(PC32 管内穿线)

续一

序号	项目名称	计量单位	数量	计算过程
4	接线箱 300 mm×200 mm×150 mm	个	2	每单元1个
六	BM箱至四层AM箱配管配线			
1	镀锌钢管SC32		16.82	同清单项目工程量计算表
2	硬质塑料管PC32		21.60	同清单项目工程量计算表
3	管内穿线10 mm^2		178.48	[16.82+(0.9+1.29)(BM箱半周长)×2(2个BM箱)]×5(SC32管内穿线)+[21.60+(0.39+0.25)(AM箱半周长)×4(4个AM箱)]×3(PC32管内穿线)
4	接线箱 300 mm×200 mm×150 mm	个	2	每单元1个
七	BM箱至A相电车库CM箱配管配线			
1	硬质塑料管PC25		16.90	同清单项目工程量计算表
2	管内穿线6 mm^2	m	73.32	[16.90+(0.9+1.29)(BM箱半周长)×2(2路线管由BM配出)+(0.44+0.35)(CM箱半周长)×4(4个CM箱)]×3
3	接线盒	个	2	每单元配管回路上1个
八	BM箱至B相电车库CM箱配管配线			
1	硬质塑料管PC25		10.60	同清单项目工程量计算表
2	管内穿线6 mm^2		54.42	[10.60+(0.9+1.29)(BM箱半周长)×2(2路线管由BM配出)+(0.44+0.35)(CM箱半周长)×4(4个CM箱)]×3
3	接线盒	个	2	每单元配管回路上1个
九	BM箱至C相电车库CM箱配管配线			
1	硬质塑料管PC25		19.90	同清单项目工程量计算表
2	管内穿线6 mm^2		82.32	[19.90+(0.9+1.29)(BM箱半周长)×2(2路线管由BM配出)+(0.44+0.35)(CM箱半周长)×4(4个CM箱)]×3
3	接线盒	个	2	每单元配管回路上1个
十	一层用户配管配线			
1	WL1回路(照明回路)(以乙单元一户为例)			
1.1	AM箱至接线盒			
1.1.1	硬质塑料管PC20		0.35	同清单项目工程量计算表

续二

序号	项目名称	计量单位	数量	计算过程
1.1.2	管内穿线 4 mm^2		1.98	[0.35+(0.39+0.25)(AM箱半周长)]×2
1.2	接线盒至门厅壁灯			
1.2.1	硬质塑料管 PC20		0.70	同清单项目工程量计算表
1.2.2	管内穿线 2.5 mm^2		1.40	同清单项目工程量计算表
1.3	门厅壁灯至其开关			
1.3.1	硬质塑料管 PC20		1.60	同清单项目工程量计算表
1.3.2	管内穿线 2.5 mm^2		3.20	同清单项目工程量计算表
1.4	接线盒至客厅灯			
1.4.1	硬质塑料管 PC20		2.90	同清单项目工程量计算表
1.4.2	管内穿线 4 mm^2		5.80	同清单项目工程量计算表
1.5	客厅灯至开关			
1.5.1	硬质塑料管 PC20		3.90	同清单项目工程量计算表
1.5.2	管内穿线 2.5 mm^2		11.70	同清单项目工程量计算表
1.6	客厅灯至南侧阳台灯			
1.6.1	硬质塑料管 PC20	m	3.60	同清单项目工程量计算表
1.6.2	管内穿线 2.5 mm^2		7.20	同清单项目工程量计算表
1.7	客厅灯至南侧卧室灯			
1.7.1	硬质塑料管 PC20		3.60	同清单项目工程量计算表
1.7.2	管内穿线 4 mm^2		7.20	同清单项目工程量计算表
1.8	南侧卧室灯至其开关			
1.8.1	硬质塑料管 PC20		4.10	同清单项目工程量计算表
1.8.2	管内穿线 2.5 mm^2		8.20	同清单项目工程量计算表
1.9	南侧卧室灯至卫生间灯			
1.9.1	硬质塑料管 PC20		3.40	同清单项目工程量计算表
1.9.2	管内穿线 4 mm^2		6.80	同清单项目工程量计算表
1.10	卫生间灯至其开关			
1.10.1	硬质塑料管 PC20		3.90	同清单项目工程量计算表
1.10.2	管内穿线 2.5 mm^2		11.70	同清单项目工程量计算表
1.11	卫生间灯至卫生间排气扇预留接线盒			
1.11.1	硬质塑料管 PC20		1.50	同清单项目工程量计算表
1.11.2	管内穿线 2.5 mm^2		3.00	同清单项目工程量计算表
1.12	卫生间灯至北侧卧室灯			
1.12.1	硬质塑料管 PC20		3.00	同清单项目工程量计算表
1.12.2	管内穿线 4 mm^2		6.00	同清单项目工程量计算表
1.13	北侧卧室灯至其开关			
1.13.1	硬质塑料管 PC20		3.40	同清单项目工程量计算表

续三

序号	项目名称	计量单位	数量	计算过程
1.13.2	管内穿线 2.5 mm^2		6.80	同清单项目工程量计算表
1.14	北侧卧室灯至餐厅灯			
1.14.1	硬质塑料管 PC20		3.20	同清单项目工程量计算表
1.14.2	管内穿线 4 mm^2		6.40	同清单项目工程量计算表
1.15	餐厅灯至其开关			
1.15.1	硬质塑料管 PC20		3.10	同清单项目工程量计算表
1.15.2	管内穿线 2.5 mm^2		6.20	同清单项目工程量计算表
1.16	餐厅灯至厨房灯			
1.16.1	硬质塑料管 PC20		2.30	同清单项目工程量计算表
1.16.2	管内穿线 2.5 mm^2		6.40	同清单项目工程量计算表
1.17	厨房灯至其开关			
1.17.1	硬质塑料管 PC20		2.80	同清单项目工程量计算表
1.17.2	管内穿线 2.5 mm^2		5.60	同清单项目工程量计算表
1.18	厨房灯至北侧阳台灯			
1.18.1	硬质塑料管 PC20		2.00	同清单项目工程量计算表
1.18.2	管内穿线 2.5 mm^2		4.00	同清单项目工程量计算表
1.19	北侧阳台灯至其开关			
1.19.1	硬质塑料管 PC20		2.40	同清单项目工程量计算表
1.19.2	管内穿线 2.5 mm^2		4.80	同清单项目工程量计算表
1.20	小计			
1.20.1	硬质塑料管 PC20		51.75	上述所有 PC20 之和
1.20.2	管内穿线 4 mm^2		34.18	上述所有 4 mm^2 导线之和
1.20.3	管内穿线 2.5 mm^2		80.20	上述所有 2.5 mm^2 导线之和
1.20.4	接线盒	个	10	灯位盒与接线盒之和
1.20.5	开关盒	个	8	
2	WL2 回路(厨房插座回路)(以乙单元一户为例)			
2.1	硬质塑料管 PC25		18.50	同清单项目工程量计算表
2.2	管内穿线 4 mm^2		22.50	同清单项目工程量计算表
2.3	管内穿线 6 mm^2	m	34.92	{[18.5－7.5(上式中管的长度)]＋(0.39＋0.25)(AM 箱半周长)}×3
2.4	开关盒	个	4	4 个插座盒
3	WL3 回路(其他插座回路)(以乙单元一户为例)			
3.1	硬质塑料管 PC25		33.90	同清单项目工程量计算表
3.2	管内穿线 4 mm^2		15.90	同清单项目工程量计算表

续四

序号	项目名称	计量单位	数量	计算过程
3.3	管内穿线 6 mm^2		87.72	[(33.90－5.3)＋(0.39＋0.25)(AM 箱半周长)]×3
3.4	开关盒	个	9	9 个插座盒
4	WL4 回路(空调插座回路)(以乙单元一户为例)			
4.1	硬质塑料管 PC25		21.30	同清单项目工程量计算表
4.2	管内穿线 6 mm^2		23.82	[(1.8＋0.1)＋5＋(0.1＋0.3)＋(0.39＋0.25)(AM 箱半周长)]×3
4.3	管内穿线 4 mm^2		28.00	同清单项目工程量计算表
4.4	开关盒	个	3	3 个插座盒
5	WL5 回路(卫生间插座回路)(以乙单元一户为例)			
5.1	硬质塑料管 PC25		11.45	同清单项目工程量计算表
5.2	管内穿线 6 mm^2		36.27	[11.45＋(0.39＋0.25)(AM 箱半周长)]×3
5.3	开关盒	个	2	2 个插座盒
6	小计(全楼层)			
6.1	硬质塑料管 PC20	m	207.00	同清单项目工程量计算表
6.2	硬质塑料管 PC25	m	340.60	同清单项目工程量计算表
6.3	管内穿线 2.5 mm^2	m	320.80	80.2×2(一梯两户)×2(2 个单元)
6.4	管内穿线 4 mm^2		402.32	(34.18＋22.50＋15.90＋28.00)×2(一梯两户)×2(2 个单元)
6.5	管内穿线 6 mm^2		730.92	(34.92＋87.72＋23.82＋36.27)×2(一梯两户)×2(2 个单元)
6.6	接线盒	个	40	10×2(一梯两户)×2(2 个单元)
6.7	开关盒	个	104	26×2(一梯两户)×2(2 个单元)
十一	二层用户配管配线(同一层)			
1	硬质塑料管 PC20		207.00	
2	硬质塑料管 PC25		340.60	
3	管内穿线 2.5 mm^2		320.80	
4	管内穿线 4 mm^2		402.32	
5	管内穿线 6 mm^2		730.92	
6	接线盒	个	40	
7	开关盒	个	104	
十二	三层用户配管配线(同一层)			
1	硬质塑料管 PC20		207.00	
2	硬质塑料管 PC25		340.60	
3	管内穿线 2.5 mm^2		320.80	

续五

序号	项目名称	计量单位	数量	计算过程
4	管内穿线 4 mm^2		402.32	
5	管内穿线 6 mm^2		730.92	
6	接线盒	个	40	
7	开关盒	个	104	
十三	四层用户配管配线(同一层，增加量算至阁楼层)			
1	硬质塑料管 PC20		207.00	
2	硬质塑料管 PC25		340.60	
3	管内穿线 2.5 mm^2		320.80	
4	管内穿线 4 mm^2		402.32	
5	管内穿线 6 mm^2		730.92	
6	接线盒	个	40	
7	开关盒	个	104	
十四	阁楼层配管配线			
1	WL1 回路(以一户为例)			
1.1	四层接线盒至阁楼开关			
1.1.1	硬质塑料管 PC20		2.80	同清单项目工程量计算表
1.1.2	管内穿线 2.5 mm^2		8.40	同清单项目工程量计算表
1.2	开关至第一盏灯具			
1.2.1	硬质塑料管 PC20		4.10	同清单项目工程量计算表
1.2.2	管内穿线 2.5 mm^2	m	12.30	同清单项目工程量计算表
1.3	第一盏灯具至第二盏灯具			
1.3.1	硬质塑料管 PC20	m	3.70	同清单项目工程量计算表
1.3.2	管内穿线 2.5 mm^2		7.40	同清单项目工程量计算表
1.4	阁楼双控开关至楼梯壁灯			
1.4.1	硬质塑料管 PC20		4.00	同清单项目工程量计算表
1.4.2	管内穿线 2.5 mm^2	m	16.00	同清单项目工程量计算表
1.5	楼梯壁灯至四层双控开关			
1.5.1	硬质塑料管 PC20		6.20	同清单项目工程量计算表
1.5.2	管内穿线 2.5 mm^2	m	18.60	同清单项目工程量计算表
2	WL3 回路(自四层该回路第一插座起)(以一户为例)			
2.1	硬质塑料管 PC25	m	18.90	同清单项目工程量计算表
2.2	管内穿线 4 mm^2	m	56.70	同清单项目工程量计算表
3	小计(全层)			
3.1	硬质塑料管 PC20	m	83.20	20.80×2(一梯两户)×2(2 个单元)
3.2	硬质塑料管 PC25	m	75.60	18.90×2(一梯两户)×2(2 个单元)

续六

序号	项目名称	计量单位	数量	计算过程
3.3	管内穿线 4 mm^2		226.80	56.70×2(一梯两户)×2(2 个单元)
3.4	管内穿线 2.5 mm^2	m	250.80	62.70×2(一梯两户)×2(2 个单元)
3.5	接线盒	个	12	3×2(一梯两户)×2(2 个单元)
3.6	开关盒	个	24	6×2(一梯两户)×2(2 个单元)
十五	车库层配管配线			
1	车库一配管配线			
1.1	WL1 回路(照明回路)			
1.1.1	硬质塑料管 PC20		28.20	同清单项目工程量计算表
1.1.2	管内穿线 2.5 mm^2	m	62.72	[28.20+(0.44+0.35)(CM 箱半周长)×4(4 个 CM 箱)]×2
1.2	WL2 回路(插座回路)			
1.2.1	硬质塑料管 PC25		44.80	同清单项目工程量计算表
1.2.2	管内穿线 4 mm^2	m	85.20	同清单项目工程量计算表
1.2.3	管内穿线 6 mm^2		58.68	[(44.80−7.1×4)+(0.44+0.35)(CM 箱半周长)×4(4 个 CM 箱)]×3
2	车库二配管配线			
2.1	WL1 回路(照明回路)			
2.1.1	硬质塑料管 PC20		33.80	同清单项目工程量计算表
2.1.2	管内穿线 2.5 mm^2		73.92	[33.80+(0.44+0.35)(CM 箱半周长)×4(4 个 CM 箱)]×2
2.2	WL2 回路(插座回路)			
2.2.1	硬质塑料管 PC25		47.60	同清单项目工程量计算表
2.2.2	管内穿线 4 mm^2		93.60	同清单项目工程量计算表
2.2.3	管内穿线 6 mm^2		58.68	[(47.60−7.8×4)+(0.44+0.35)(CM 箱半周长)×4(4 个 CM 箱)]×3
3	车库三配管配线			
3.1	WL1 回路(照明回路)			
3.1.1	硬质塑料管 PC20		51.20	同清单项目工程量计算表
3.1.2	管内穿线 2.5 mm^2		108.72	[51.20+(0.44+0.35)(CM 箱半周长)×4(4 个 CM 箱)]×2
3.2	WL2 回路(插座回路)			
3.2.1	硬质塑料管 PC25		68.60	同清单项目工程量计算表
3.2.2	管内穿线 4 mm^2		171.00	同清单项目工程量计算表
3.2.3	管内穿线 6 mm^2		44.28	[(68.60−14.25×4)+(0.44+0.35)(CM 箱半周长)×4(4 个 CM 箱)]×3
4	小计			
4.1	硬质塑料管 PC20		113.20	

续七

序号	项目名称	计量单位	数量	计算过程
4.2	硬质塑料管 PC25		161.00	
4.3	管内穿线 2.5 mm^2		245.36	
4.4	管内穿线 4 mm^2		349.80	
4.5	管内穿线 6 mm^2	m	161.64	
4.6	接线盒	个	16	
4.7	开关盒	个	40	
十六	楼梯间感应灯及对讲门电源配管配线			
1	BM箱至分线箱(以甲单元为例)			
1.1	硬质塑料管 PC20		0.71	同清单项目工程量计算表
1.2	管内穿线 2.5 mm^2	m	8.70	[0.71+(0.9+1.29)(BM箱半周长)]×3
2	分线箱至对讲门电源箱 MX(以甲单元为例)			
2.1	硬质塑料管 PC20	m	8.05	同清单项目工程量计算表
2.2	管内穿线 2.5 mm^2		26.10	[8.05+(0.3+0.35)(MX箱半周长)]×3
3	分线箱至其他各层配管配线(以甲单元为例)			
3.1	硬质塑料管 PC20	m	8.70	同清单项目工程量计算表
3.2	管内穿线 2.5 mm^2	m	17.40	同清单项目工程量计算表
4	各层分线箱至声控灯(以甲单元为例)			
4.1	硬质塑料管 PC20	m	6.60	同清单项目工程量计算表
4.2	管内穿线 2.5 mm^2		13.20	同清单项目工程量计算表
5	小计(全楼)			
5.1	硬质塑料管 PC20		47.92	同清单项目工程量计算表
5.2	管内穿线 2.5 mm^2		130.74	65.37(上述各值之和)×2(2个单元)
5.3	接线箱	个	2	
5.4	接线盒	个	8	

灯具定额工程量

序号	项目名称	规格型号	计量单位	数量	计算过程
1	一般壁灯	220 V，25 W	套	4	平面图
2	防水灯头	250 V，4 A	套	32	平面图
3	节能座灯头	250 V，4 A	套	8	楼梯间声控灯
4	座灯头	250 V，4 A	套	120	平面图

防雷接地装置定额工程量

序号	项目名称	规格型号	计量单位	数量	计算过程
1	镀锌圆钢避雷网，女儿墙敷设	ϕ12		92.02	(28.8+5.81)×2+(4.8+0.9)×4
2	镀锌圆钢避雷网，混凝土块上敷设	ϕ12		5.81	④～⑩轴间距
3	防雷引下线	ϕ16		169.00	(14.6+2.3)×2×5
4	柱主筋与圈梁钢筋焊接		处	10	
5	总等电位联结箱安装		台	2	
6	测试板制作安装		套	5	
7	总等电位联结线，户内	－140×4		14.80	[1＋0.3＋(2.3－1.45)＋3.3＋0.3＋(2.3－1.45)＋0.8]×2(2个单元)
8	总等电位联结线，户外	－40×4		4.4	(1.2+1)×2(2个单元)
9	局部等电位联结箱		台	16	卫生间局部等电位联结
10	接地线	BV-25 mm		0.2	ZM箱至总等电位联结箱
11	保护管	PC32		0.2	ZM箱至总等电位联结箱
12	接地线	BV-6 mm		8	局部等电位联结
13	保护管	PC16		8	局部等电位联结

序号	项目名称	规格型号	计量单位	数量	计算过程
1	镀锌圆钢避雷网，女儿墙敷设	ϕ12		95.61	[(28.8+5.81)×2+(4.8+0.9)×4]×(1+3.9%)
2	镀锌圆钢避雷网，混凝土块上敷设	ϕ12		6.04	④～⑤轴间距5.81×(1+3.9%)
3	混凝土块制作		块	6	每延长米一块
4	防雷引下线	ϕ16		169.00	(14.6+2.3)×2×5
5	柱主筋与圈梁钢筋焊接		处	10	
6	总等电位联结箱安装		台	2	
7	测试板制作安装		套	5	
8	总等电位联结线，户内	－40×4		15.38	[1＋0.3＋(2.3－1.45)＋3.3＋0.3＋(2.3－1.45)＋0.8]×2(2个单元)×(1+3.9%)
9	总等电位联结线，户外	－40×4		4.57	(1.2+1)×2(2个单元)×(1+3.9%)
10	局部等电位联结箱		台	16	卫生间局部等电位联结
11	接地线	BV-25 mm^2		0.2	ZM箱至总等电位联结箱
12	保护管	PC32		0.2	ZM箱至总等电位联结箱
13	接地线	BV-6 mm^2		8	局部等电位联结
14	保护管	PC16		8	局部等电位联结

序号	项　　目	预留长度(附加)	说　明
1	电缆敷设弛度、波形弯度、交叉	2.5%	按电缆全长计算
2	电缆进入建筑物	2.0 m	规范规定最小值
3	电缆进入沟内或吊架时引上(下)预留	1.5 m	规范规定最小值
4	变电所进线、出线	1.5 m	规范规定最小值
5	电力电缆终端头	1.5 m	检修余量最小值
6	电缆中间接头盒	两端各留 2.0 m	检修余量最小值
7	电缆进控制、保护屏及模拟盘等	高＋宽	按盘面尺寸
8	高压开关柜及低压配电盘、箱	2.0 m	盘下进出线
9	电缆至电动机	0.5 m	从电动机接线盒起算
10	厂用变压器	3.0 m	从地坪起算
11	电缆绕过梁、柱等增加长度	按实计算	按被绕物的断面情况计算增加长度
12	电梯电缆与电缆架固定点	每处 0.5 m	规范最小值

电缆清单工程量统计表

序号	项目名称	规格型号	计量单位	数量	计算过程
1	电力电缆	ZRYJV22-4×50		118.64	[(1.2＋0.8×4－0.8/2＋0.37)(变电所内)＋50(变电所至住宅楼距离)＋2.5(住宅楼内水平)＋(0.5＋2.3－1.45＋1.1)(住宅楼内垂直)]×2
2	电缆保护管	SC50		14.64	[(1＋2.5＋0.5＋2.3－1.45＋1.1)(住宅楼内)＋(1＋0.37)(变电所)]×2

电缆定额工程量统计表

序号	项目名称	规格型号	计量单位	数量	计算过程
1	电缆沟挖填长度			93.00	[50－(3＋2＋2)＋2＋1.5]×2
2	顶管	ϕ100		14.00	(3＋2＋2)×2
3	电缆保护管安装	SC50		14.64	[(1＋2.5＋0.5＋2.3－1.45＋1.1)＋(1＋0.37)]×2
4	铺砂盖盖板		m	89.00	93.00－1×2×2
5	电缆沟内敷设	ZRYJV22-4×50	m	18.45	(1.2＋0.8×4－0.8/2＋1.5＋1.5＋2)×2×(1＋2.5%)
6	电缆埋地敷设	ZRYJV22-4×50	m	182.45	89.00×2×(1＋2.5%)
7	电缆穿管敷设	ZRYJV22-4×50	m	61.66	[14.00＋14.64＋(1.29＋0.9)]×2
8	户内电缆终端头制作、安装		个	4	2×2

序号	项目名称	单位	数量	计算公式
1	土石方工程	m^3	10.14	假设土质为普通土。 15 m 杆：a(b)＝1.0＋2×0.1＝1.2(m)，a_1b_1＝1.2＋2×2.3×0.3＝2.58(m)； 12 m 杆：a(b)＝0.8＋2×0.1＝1.0(m)，a_1b_1＝1.0＋2×2.0×0.3＝2.20(m)； 10 m 杆：a(6)＝0.8＋2×0.1＝1.0(m)，b_1＝1.0＋2×1.7×0.3＝2.02(m)。 V＝2.3/6×[1.22＋(1.2＋2.58)×2＋2.582]＋2.0/6×[1.02＋(1.0＋2.20)×2＋2.202]＋1.7/6×[1.02＋(1.0＋2.02)×2＋2.022]＝10.14
2	水泥电杆 10 m	根	1	
3	水泥电杆 12 m	根	2	
4	水泥电杆 15 m	根	5	
5	JKLYJ-3×240 铝芯交联聚乙烯绝缘架空电缆		1 008	(56＋53＋45＋45＋40＋40＋52＋2.5×2)×3
6	拉盘安装	块	4	
7	卡盘安装	块	6	
8	横担⊥75×8×1 500	根	5	
9	横担⊥75×8×2 240	根	5	
10	耐张横担⊥100×8×2 240	根	6	
11	拉线	根	4	
12	导线跨越	处	5	

工程量清单汇总表

序号	项目名称	规格型号	单位	数量	备注
1	成套配电箱安装(ZM)	500 mm×400 mm×200 mm	台	2	
2	集中计量表箱安装(BM)	1 290 mm×900 mm×180 mm	台	2	
3	配电箱安装(AM)	250 mm×390 mm×140 mm	台	16	
4	配电箱安装(CM)	350 mm×440 mm×180 mm	台	12	
5	配电箱安装(MX)	300 mm×350 mm×180 mm	台	2	
6	压铜接线端子	35 mm^2	个	4	
7	压铜接线端子	70 mm^2	个	16	
8	镀锌钢管	SC32	m	33.66	
9	镀锌钢管	SC50		14.30	
10	镀锌钢管	SC70		14.10	
11	硬质塑料管	PC16	m	8	
12	硬质塑料管	PC20		1 072.32	

续表

序号	项目名称	规格型号	单位	数量	备注
13	硬质塑料管	PC25	m	1 649.40	
14	硬质塑料管	PC32		86.64	
15	管内穿线	BV-2.5		1 910.10	
16	管内穿线	BV-14	m	2 185.88	
17	管内穿线	BV-12		3 303.38	
18	管内穿线	BV-10		524.04	
19	管内穿线	BV-25	m	0.2	
20	管内穿线	BV-35	m	20.28	
21	管内穿线	BV-70	m	81.12	
22	单控单联开关暗装	250 V，6 A	套	96	
23	单控双联开关暗装	250 V，6 A	套	36	
24	双控单联开关暗装	250 V，6 A	套	8	
25	单相暗插座二极＋三极安全型	250 V，15 A	套	180	
26	单相暗插座二极＋三极防溅型	250 V，15 A	套	96	
27	单相暗插座二孔	250 V，15 A	套	32	
28	单相暗插座三孔	250 V，15 A	套	16	
29	一般壁灯	220 V，25 W	套	18	
30	防水灯头	250 V，4 A	套	32	
31	节能座灯头	250 V，4 A	套	6	
32	座灯头	250 V，4 A	套	120	
33	接线箱		台	8	
34	接线盒		个	206	
35	开关盒		个	480	
36	镀锌圆钢避雷网，女儿墙敷设	ϕ12		95.61	
37	镀锌圆钢避雷网，混凝土块上敷设	ϕ12		6.04	
38	混凝土块制作		块	6	
39	防雷引下线	ϕ16		169.00	
40	柱主筋与圈梁钢筋焊接		处	10	
41	总等电位联结箱安装		台	2	
42	测试板制作、安装		套	5	
43	总等电位联结线户内	－140×4		15.38	
44	总等电位联结线户外	－140×4		4.57	
45	局部等电位联结箱		台	16	

分部分项工程费计价表

序号	定额编号	子目名称	工程量		单位价值/元						总价值/元			合计
			单位	数量	主材/设备		基价	其中			材料/	其中		
					单价	损耗		人工费	材料费	机械费	设备费	人工费	机械费	
1	2-264	成套配电箱安装，悬挂嵌入式，半周长 1 m,ZM	口	2	850.00	1.00	110.03	69.83	40.20		1 700.00	139.66	0.00	1 920.06
2	2-264	成套配电箱安装，悬挂嵌入式，半周长 1 m,AM	台	16	450.00	1.00	110.03	69.83	40.20		7 200.00	1 117.28	0.00	8 960.48
3	2-264	成套配电箱安装，悬挂嵌入式，半周长 1 m,CM	台	12	500.00	1.00	110.03	69.83	40.20		6 000.00	837.96	0.00	7 320.36
4	2-264	成套配电箱安装，悬挂嵌入式，半周长 1 m,MX	台	2	300.00	1.00	110.03	69.83	40.20		600.00	139.66	0.00	820.06
5	2-266	成套配电箱安装，悬挂嵌入式，半周长 2.5 m,BM	台	2	1 500.00		145.56	108.69	31.76	5.11	0.00	217.38	10.22	291.12
6	2-337	压铜接线端子，导线截面 35 mm^2 以内	10 个	0.400			66.32	24.06	42.26		0.00	9.62	0.00	26.53
7	2-338	压铜接线端子，导线截面 70 mm^2 以内	10 个	1.600			126.80	48.07	78.73		0.00	76.91	0.00	202.88
8	2-382	扳式暗开关(单控),单联	10 套	9.600	7.80	10.20	33.94	30.96	2.98		763.78	297.22	0.00	1 089.60
9	2-383	扳式暗开关(单控),双联	10 套	3.600	8.30	10.20	35.99	32.43	3.56		304.78	116.75	0.00	434.34
10	2-388	扳式暗开关(双控),单联	10 套	0.800	12.50	10.20	34.32	30.96	3.36		102.00	24.77	0.00	129.46
11	2-412	单相暗插座,15 A,2 孔	10 套	3.200	10.20	10.20	34.46	30.23	4.23		332.93	96.74	0.00	443.20
12	2-413	单相暗插座,15 A,3 孔	10 套	1.600	10.50	10.20	37.94	33.12	4.82		171.36	52.99	0.00	232.06
13	2-415	单相暗插座，15 A，5 孔，安全型	10 套	18.000	13.50	10.20	46.08	40.06	6.02		2 478.60	721.08	0.00	3 308.04
14	2-415	单相暗插座,15 A,5 孔,防溅型	10 套	9.600	16.80	10.20	46.08	40.06	6.02		1 645.06	384.58	0.00	2 087.42
15	2-945	送配电装置系统调试，1 kV 以下交流供电(综合)	系统	1			482.44	388.08	4.64	89.72	0.00	388.08	89.72	482.44
16	2-982	接地装置调试，接地网(系统)	系统	1		163.31	556.03	388.08	4.64	163.31	0.00	388.08	163.31	556.03

续表

序号	定额编号	子目名称	工程量		单位价值/元						总价值/元			合计
			单位	数量	主材/设备		基价	其中			材料/	其中		
					单价	损耗		人工费	材料费	机械费	设备费	人工费	机械费	
17	2-1112	钢管砖、混凝土结构暗配 $DN20$	100 m	0.337	15.44	103.00	465.60	327.39	110.26	27.95	535.94	110.33	9.42	692.85
18	2-1114	钢管砖、混凝土结构暗配 $DN50$	100 m	0.143	24.04	103.00	763.35	560.39	164.28	38.68	354.09	80.14	5.53	463.25
19	2-1115	钢管砖、混凝土结构暗配 $DN100$	100 m	0.141	40.90	103.00	1 069.65	813.06	200.61	55.98	593.99	114.64	7.89	7 414.81
20	2-1198	硬质聚氯乙烯管砖、混凝土结构暗配，公称口径 15 mm 以内	100 m	0.080	3.30	106.07	178.47	158.25	5.16	15.06	28.00	12.66	1.20	42.28
21	2-1199	硬质聚氯乙烯管砖、混凝土结构暗配，公称口径 20 mm 以内	100 m	10.723	3.45	106.07	188.62	168.08	5.48	15.06	3 923.99	1 802.32	161.49	5 946.56
22	2-1200	硬质聚氯乙烯管砖、混凝土结构暗配，公称口径 25 mm 以内	100 m	16.494	3.60	106.42	265.42	237.19	5.64	22 59	6 319.05	3 912.21	372.60	10 696.89
23	2-1201	硬质聚氯乙烯管砖、混凝土结构暗配，公称口径 32 mm 以内	100 m	1.864	3.80	106.42	280.41	252.01	5.81	22.59	349.40	217.74	19.52	591.67
24	2-1297	管内穿线，照明线路，铜芯，导线截面 2.5 mm^2 以内	100 m 单线	19.101	1.85	116.00	47.98	35.25	12.73		4 099.00	673.31	0.00	5 015.54
25	2-1298	管内穿线，照明线路，铜芯，导线截面 4 mm^2 以内	100 m 单线	21.859	2.88	110.00	37.62	24.65	12.97		6 924.93	538.82	0.00	7 747.27
26	2-1325	管内穿线，动力线路，铜芯，导线截面 6 mm^2 以内	100 m 单线	33.034	4.80	105.00	41.18	28.21	12.97		16 649.14	931.89	0.00	18 009.48
27	2-1326	管内穿线，动力线路，铜芯，导线截面 10 mm^2 以内	100 m 单线	5.240	7.99	105.00	49.38	33.51	15.87		4 396.10	175.59	0.00	4 654.85
28	2-1328	管内穿线，动力线路，铜芯，导线截面 25 mm^2 以内	100 m 单线	0.002	14.90	105.00	67.09	48.33	18.76		3.13	0.10	0.00	3.26
29	2-1329	管内穿线，动力线路，铜芯，导线截面 35 mm^2 以内	100 m 单线	0.203	29.75	105.00	70.37	51.14	19.23		634.12	1.38	0.00	648.41

续表

序号	定额编号	子目名称	工程量		单位价值/元						总价值/元			合计
			单位	数量	主材/设备		基价	其中			材料/设备费	其中		
					单价	损耗		人工费	材料费	机械费		人工费	机械费	
30	2-1331	管内穿线，动力线路，铜芯，导线截面 70 mm² 以内	100 m 单线	0.811	52.00	105.00	130.68	106.45	24.23		4 428.06	86.33	0.00	4 534.04
31	2-1476	接线箱安装，暗装，半周长 700 mm以内	10 个	0.800	85.00	10.00	379.78	373.63	6.15		680.00	298.90	0.00	983.82
32	2-1478	接线盒安装，暗装，接线盒	10 个	20.600	2.30	10.20	48.62	15.85	32.77		483.28	326.51	0.00	1 484.85
33	2-1479	接线盒安装，暗装，开关盒	10 个	48.000	1.85	10.20	32.07	16.91	15.16		905.76	811.68	0.00	2 445.12
34	2-1494	一般壁灯	10 套	1.800	30.00	10.10	101.39	67.24	34.15		545.40	121.03	0.00	727.90
35	2-1495	防水灯头	10 套	3.200	1.50	10.10	70.69	27.94	42.75		48.48	89.41	0.00	274.69
36	2-1496	节能座灯头	10 套	0.600	3.00	10.10	67.26	45.97	21.29		18.18	27.58	0.00	58.54
37	2-1497	座灯头	10 套	12.000	1.50	10.10	58.03	31.29	26.74		181.80	375.48	0.00	878.16
38	2-787	户内接地母线敷设	10 m	1.540	9.80	10.23	70.20	49.91	14.67	5.62	154.39	76.86	8.65	262.50
39	2-788	户外接地母线敷设，截面 200 mm² 以内	10 m	0.457	9.80	10.23	114.82	111.09	1.69	2.04	45.82	50.77	0.93	98.29
40	2-837	避雷引下线敷设，利用建筑物主筋引下	10 m	16.900			67.62	29.90	5.55	32.17	0.00	505.31	543.67	1 142.78
41	2-839	避雷网安装，沿混凝土块敷设	10 m	0.604	3.52	10.50	51.63	33.49	11.53	6.64	22.32	20.23	4.01	53.52
42	2-840	避雷网安装，沿折板支架敷设	10 m	9.561	3.52	10.50	136.36	99.13	23.95	13.28	353.37	947.78	126.97	1 657.11
43	2-841	避雷网安装，混凝土块制作	10 块	0.600			28.76	16.79	11.97		0.00	10.07	0.00	17.26
44	2-843	避雷网安装，柱主筋与圈梁钢筋焊接	10 处	1.000			163.99	91.08	26.95	45.96	0.00	91.08	45.96	163.99
45	2-324	端子箱安装，户内	台	2	35.00	1.00	119.04	80.50	31.90	6.64	7.00	16.00	13.28	308.08
46	2-325	端子板安装	组	2	22.00	1.00	6.43	2.90	3.53		44.00	5.80	0.00	56.86
47	2-324	端子箱安装，户内	台	16	25.00	1.00	119.04	80.50	31.90	6.64	400.00	1 288.00	106.24	2 304.64
48	2-325	端子板安装	组	16	18.00	1.00	6.43	2.90	3.53	0.00	288.00	46.40	0.00	390.88
小计											74 778.32	18 929.11	1 690.61	101 404.23
49	2-1986	脚手架搭拆费	项	1	按人工费的4%计算，其中人工工资占25%							189.29		757.16
		分部分项工程费合计									74 778.32	19 118.40	1 690.61	10 216.39
					调整人工价差后的分部分项工程费合计						74 778.32	24 319.44	1 690.61	107 362.43

序号	项目编码	项目名称	项目特征描述	计量单位	工程数量	金额/元		
						综合单价	合价	其中：暂估价
1	030404017003	配电箱安装	成套配电箱 ZM500 mm(h)×400 mm×200 mm 悬挂嵌入式	台	2			
2	030404017006	配电箱安装	成套配电箱 AM250 mm(h)×390 mm×140 mm 悬挂嵌入式	台	16			
3	030404017007	配电箱安装	成套配电箱 CM350 mm(h)×440 mm×180 mm 悬挂嵌入式	台	12			
4	030404017008	配电箱安装	成套配电箱 MX300 mm×350 mm(h)×180 mm 悬挂嵌入式	台	2			
5	030404017005	配电箱安装	成套配电箱 BM 1 290 mm(h)×900 mm×180 mm 悬挂嵌入式	台	2			
6	030404031081	开关安装	扳式暗开关(单控)，单联，250 V，6 A	套	96			
7	030404031082	开关安装	扳式暗开关(单控)，双联，250 V，6 A	套	36			
8	030404031087	开关安装	扳式暗开关(双控)，单联，250 V，6 A	套	8			
9	030404031111	插座安装	单相暗插座，15 A，2 孔	套	32			
10	030404031112	插座安装	单相暗插座，15 A，3 孔	套	16			
11	030404031157	插座安装	单相暗插座，15 A，5 孔安全型	套	180			
12	030404031114	插座安装	单相暗插座，15 A，5 孔防溅型	套	96			
13	030414002001	送配电装置系统调试	1 kV 以下交流供电(综合)	系统	1			
14	030414011002	接地装置调试	接地网(系统)	系统	1			
15	030411001037	电气配管	钢管砖、混凝土结构暗配 $DN32$		33.66			
16	030411001039	电气配管	钢管砖、混凝土结构暗配 $DN50$		14.30			
17	030411001040	电气配管	钢管砖、混凝土结构暗配 $DN100$		14.10			
18	030411001123	电气配管	硬质聚氯乙烯管砖、混凝土结构暗配，公称口径 15 mm		8.00			
19	030411001124	电气配管	硬质聚氯乙烯管砖、混凝土结构暗配，公称口径 20 mm		1 072.32			
20	030411001125	电气配管	硬质聚氯乙烯管砖、混凝土结构暗配，公称口径 25 mm		1 649.40			
21	030411001126	电气配管	硬质聚氯乙烯管砖、混凝土结构暗配，公称口径 32 mm		86.64			

续表

序号	项目编码	项目名称	项目特征描述	计量单位	工程数量	金额/元 综合单价	合价	其中：暂估价
22	030411004004	电气配线	管内穿线，照明线路，铜芯，导线截面 2.5 mm^2		1 874.16			
23	030411004005	电气配线	管内穿线，动力线路，铜芯，导线截面 4 mm^2		2 165.40			
24	030411004032	电气配线	管内穿线，动力线路，铜芯，导线截面 6 mm^2		3 084.20			
25	030411004033	电气配线	管内穿线，动力线路，铜芯，导线截面 10 mm^2		427.62			
26	030411004035	电气配线	管内穿线，动力线路，铜芯，导线截面 25 mm^2		0.20			
27	030411004036	电气配线	管内穿线，动力线路，铜芯，导线截面 35 mm^2		14.10			
28	030411004038	电气配线	管内穿线，动力线路，铜芯，导线截面 70 mm^2		56.40			
29	030412001012	其他灯具	一般壁灯，220 V，25 W	套	18			
30	030412001013	其他灯具	防水灯头，250 V，4 A	套	32			
31	030412001014	其他灯具	节能座灯头，250 V，4 A	套	6			
32	030412001015	其他灯具	座灯头，250 V，4 A	套	120			
33	030409003001	避雷引下线	1. 避雷网安装，用 $\phi12$ 圆钢女儿墙上敷设及沿混凝土块敷设。 2. 结构柱内两根 $\phi16$ 主筋做引下线与基础接地装置可靠焊接。 3. 基础地梁两根 $\phi12$ 钢筋互相焊接，并和与之相交的所有钢筋混凝土桩内的四根大于 $\phi12$ 的主筋焊接连通。 4. 接地母线采用－40×4 镀锌扁钢	m	169			
本页小计								
合计								

综合单价分析表

项目编码	030411001040		项目名称			电气配管		计量单位			
清单综合单价组成明细											
定额编号	定额名称	定额单位	数量	单价/元				合价/元			
				人工费	材料费	机械费	管理费和利润	人工费	材料费	机械费	管理费和利润
2-1115	钢管砖、混凝土结构暗配 *DN*70	100 m	0.01	813.06	2 130.61	55.98	408.77	8.13	2.01	0.56	4.09
人工单价		小计						8.13	2.01	0.56	4.09
元/工日		未计价材料费						42.13			
清单项目综合单价								56.92			
	主要材料名称、规格、型号					单位	数量	单价/元	合价/元	暂估单价/元	暂估合价/元
材料费	焊接钢管 *DN*70					1.03	40.90	42.13			
明细											
	其他材料费										
	材料费小计						42.13	0.00			
注：管理费费率 30%，利润率 20% 管理费＝(813.06＋55.98×8%)×30%×0.1＝24.53(元) 利润＝(813.06＋55.98×8%)×20%×0.1＝16.35(元)											

项目编码	030411001040			项目名称		电气配管		计量单位			
清单综合单价组成明细											
定额编号	定额名称	定额单位	数量	单价/元				合价/元			
				人工费	材料费	机械费	管理费和利润	人工费	材料费	机械费	管理费和利润
2-1115	钢管砖、混凝土结构暗配 *DN*70	100 m	0.141	813.06	200.61	55.98	408.77	114.64	28.29	7.89	57.64
人工单价		小计						114.64	28.29	7.89	57.64
元/工日		未计价材料费						593.87			
清单项目综合单价								56.92			
主要材料名称、规格、型号						单位	数量	单价/元	合价/元	暂估单价/元	暂估合价/元
材料费	焊接钢管 *DN*70					14.52	40.90	593.87			
明细											
	其他材料费										
	材料费小计						593.87	0.00			

工程量清单计价程序表

序号	名称	计算方法
一	分部分项工程费	$\sum$(清单工程量×综合单价)
二	措施项目费	按规定计算
三	其他项目费	按招标文件规定计算
四	规费	按规定计算
五	税金	(一+二+三+四)×规定税率
六	单位工程造价合计	一+二+三+四+五

投 标 总 价

招　标　人：

工 程 名 称：某住宅楼电气安装

投标总价(小写)：140 298.04元

(大写)：拾肆万贰佰玖拾捌元零角肆分

投　标　人：(略)

(单位盖章)

法定代表人

或其授权人：(略)

(签字或盖章)

编　制　人：(略)

(造价人员签字盖专用章)

编制时间：××年××月××日

总说明

1. 工程概况：(略)。

2. 招标范围：全部电气安装工程。

3. 投标报价编制依据：《建设工程工程量清单计价规范》、《建设工程工程量清单计价规范云南省实施细则》、《云南省建设工程造价计价规则(2013)》、××设计院设计的某住宅楼电气安装工程施工图纸。

单位工程投标报价汇总表

序号	单项工程名称	金额/元	其中：暂估价/元
1	分部分项工程	104 733.05	
1.1	C.2 电气设备安装工程	104 733.05	
2	措施项目	2 587.76	
2.1	安全文明施工费	1 807.76	
3	其他项目	22 187.50	
3.1	暂列金额	20 000	
3.2	专业工程暂估价	0	
3.3	计日工	2 187.50	
3.4	总承包服务费	0	
4	规费	6 163.33	
5	税金	4 626.40	
招标控制价合计：1+2+3+4+5		140 298.04	

分部分项工程量清单与计价表

序号	项目编码	项目名称	项目特征描述	计量单位	工程数量	金额/元			
						综合单价	合价	其中：暂估价	其中：人工费+机械费
1	030404017003	配电箱安装	成套配电箱 ZM500 mm × 400 mm × 200 mm，悬挂嵌入式	台	2	1 052.50	2 105.00		182.93
2	030404017006	配电箱安装	成套配电箱 AM250 mm(*h*)×390 mm×140 mm，悬挂嵌入式	台	16	586.84	9 389.44		1 117.28
3	030404017007	配电箱安装	成套配电箱 CM350 mm(*h*)×440 mm×180 mm，悬挂嵌入式	台	12	636.84	7 642.08		837.96
4	030404017008	配电箱安装	成套配电箱 MX300 mm×350 mm(*h*)×180 mm，悬挂嵌入式	台	2	436.84	873.68		139.66
5	030404017005	配电箱安装	成套配电箱 BM 1 290 mm(*h*)×900 mm×180 mm，悬挂嵌入式		2	1 754.92	3 509.84		270.87
6	030404031081	开关安装	扳式暗开关(单控)，单联，250 V，6 A	套	96	12.54	1 203.84		297.22
7	030404031082	开关安装	扳式暗开关(单控)，双联，250 V，6 A	套	36	13.31	479.16		43.17
8	030404031087	开关安装	扳式暗开关(双控)，单联，250 V，6 A	套	8	17.37	138.96		24.77
9	030404031111	插座安装	单相暗插座，15 A，2孔	套	32	15.01	480.32		96.74
10	030404031112	插座安装	单相暗插座，15 A，3孔	套	16	15.78	252.48		52.99
11	030404031157	插座安装	单相暗插座，15 A，5孔，安全型	套	180	19.92	3 585.60		721.08
12	030404031114	插座安装	单相暗插座，15 A，5孔，防溅型	套	96	23.28	2 234.88		384.58
本页小计							31 895.28		4 169.25

续表

序号	项目编码	项目名称	项目特征描述	计量单位	工程数量	金额/元			
						综合单价	合价	其中：暂估价	其中：人工费+机械费
13	030414002001	送配电装置系统调试	1 kV 以下交流供电（综合）	系统	1	665.92	665.92		477.80
14	030414011002	接地装置调试	接地网(系统)	系统	1	767.76	767.76		551.39
15	030411001037	电气配管	钢管砖、混凝土结构暗配，*DN*32		33.66	46.64	1 569.90		346.02
16	030411001039	电气配管	钢管砖、混凝土结构暗配，*DN*50		14.30	34.70	496.21		85.67
17	030411001040	电气配管	钢管砖、混凝土结构暗配，*DN*70		14.10	56.16	791.86		122.53
18	030411001123	电气配管	硬质聚氯乙烯管砖、混凝土结构暗配，公称口径 15 mm		8.00	5.95	47.60		13.86
19	030411001124	电气配管	硬质聚氯乙烯管砖、混凝土结构暗配，公称口径 20 mm		1 072.32	8.70	9 329.18		2 605.74
20	030411001125	电气配管	硬质聚氯乙烯管砖、混凝土结构暗配，公称口径 25 mm		1 649.40	8.61	14 201.33		4 842.64
21	030411001126	电气配管	硬质聚氯乙烯管砖、混凝土结构暗配，公称口径 32 mm		86.64	7.89	683.59		238.26
22	030411004004	电气配线	管内穿线，照明线路，铜芯，导线截面 25 mm^2		187.416	2.76	517.27		655.96
23	030411004005	电气配线	管内穿线，动力线路，铜芯，导线截面 4 mm^2		2 165.40	3.64	7 882.06		541.35
24	030411004032	电气配线	管内穿线，动力线路，铜芯，导线截面 6 mm^2		3 084.20	5.56	17 148.15		863.58
25	030411004033	电气配线	管内穿线，动力线路，铜芯，导线截面 10 mm^2		427.62	9.01	3 852.86		145.39
本页小计							57 593.69		11 490.19

续表

序号	项目编码	项目名称	项目特征描述	计量单位	工程数量	金额/元			
						综合单价	合价	其中：暂估价	其中：人工费＋机械费
26	030412004035	电气配线	管内穿线，动力线路，铜芯，导线截面 25 mm^2		0.20	16.50	3.30		0.10
27	030412004036	电气配线	管内穿线，动力线路，铜芯，导线截面 35 mm^2		14.10	32.14	453.17		7.19
28	030412004038	电气配线	管内穿线，动力线路，铜芯，导线截面 70 mm^2		56.40	56.32	3 176.45		59.78
29	030412001012	其他灯具	一般壁灯，220 V，25 W	套	18	43.02	774.36		120.96
30	030412001013	其他灯具	防水灯头，250 V，4 A	套	32	9.66	309.12		89.41
31	030412001014	其他灯具	节能座灯头，250 V，4 A	套	6	11.52	69.12		27.60
32	030412001015	其他灯具	座灯头，250 V，4 A	套	120	8.52	1 022.40		375.48
33	030409003001	避雷引下线	1. 避雷网安装，用 ϕ12 圆钢，女儿墙上敷设及沿混凝土块敷设。 2. 结构柱内两根 ϕ16 主筋做引下线，与基础接地装置可靠焊接。 3. 基础地梁两根 ϕ12 钢筋互相焊接，并和与之相交的所有钢筋混凝土桩内的四根大于 ϕ12 的主筋焊接连通。 4. 接地母线采用－40×4 镀锌扁钢	m	169	26.17	4 423.03		2 490.88
本页小计							10 230.95		3 171.40
合计							99 719.92		18 830.84

措施项目清单与计价表(一)

序号	项目名称	计算基础	费率/%	金额/元
1	安全文明施工费	人工费＋机械费×8%	12.56	1 807.76
2	夜间施工费	人工费＋机械费×8%	5.95	780
3	二次搬运费			
4	冬、雨期施工费			
5	大型机械设备进出场及安拆费			

续表

序号	项目名称	计算基础	费率/%	金额/元
6	施工排水			
7	施工降水			
8	地上、地下设施、建筑物的临时保护设施			
9	已完工程及设备保护			
10	各专业工程的措施项目			
合计			2 587.76	

措施项目清单与计价表(二)

序号	项目编码	项目名称	项目特征描述	计量单位	工程量	金额/元	
						综合单价	合价
本页小计							
合　计							

其他项目清单与计价汇总表

序号	项目名称	计量单位	金额/元	备注
1	暂列金额	项	20 000	明细详见暂列金额明细表
2	暂估价		0	
2.1	材料暂估价			明细详见材料暂估单价表
2.2	专业工程暂估价		0	明细详见专业工程暂估价表
3	计日工		2 187.50	明细详见计日工表
4	总承包服务费		0	明细详见总承包服务费计价表
合　计			22 187.50	

暂列金额明细表

序号	项目名称	计量单位	暂定金额/元	备　注
1	工程量清单中工程量偏差和设计变更	项	10 000	
2	政策性调整和材料价格风险	项	5 000	
3	其他	项	5 000	
合　计			20 000	

材料暂估单价表

序号	材料名称、规格、型号	计量单位	单价/元	备　注

专业工程暂估价表

序号	工程名称	工程内容	金额/元	备　注
合计				

计日工表

编号	项目名称	单位	暂定数量	综合单价/元	合价/元
	人工				
1	电工	工日	10	65	650
2	铆工	工日	4	65	260
3	电焊工	工日	4	65	260
4					
人工小计					1 170
	材料				
1	无缝钢管 ϕ25	m	15	18.50	277.50
2	金属软管	m	50	2.80	140
3					
材料小计					417.50
	施工机械				
1	交流电焊机 21 kV·A	台班	5	85	425
2	台式钻床钻孔直径 16 mm	台班	5	35	175
3					
施工机械小计					600
合　计					2 187.50

规费、税金项目清单与计价表

序号	项目名称	计算基础	费率/%	金额/元
1	规费			6 163.33
1.1	工程排污费	按市造价处规定		（略）
1.2	社会保险费及住房公积金	分部分项人工费＋单价措施项目人工费＋其他项目人工费	26	4 622.97
(1)	养老保险费			
(2)	失业保险费			
(3)	医疗保险费			
1.3	危险作业意外伤害保险	分部分项人工费＋单价措施项目人工费＋其他项目人工费	1	（略）
1.4	工程定额测定费	税前工程造价		0
2	税金	分部分项工程费＋措施项目费＋其他项目费＋规费	3.48	4 626.40
合　计				10 789.73

工程量清单综合单价分析表

项目编码	030404017003		项目名称			成套配电箱安装		计量单位	台		
清单综合单价组成明细											
定额编号	定额名称	定额单位	数量	单价/元				合价/元			
				人工费	材料费	机械费	管理费和利润	人工费	材料费	机械费	管理费和利润
2-264	成套配电箱安装，悬挂嵌入式，半周长 1 m	台	1	69.83	40.20		34.92	69.83	40.20	0.00	34.92
2-337	压铜接线端子	10 个	0.1	24.06	42.26		12.03	2.41	4.23	0.00	12.03
2-338	压铜接线端子	10 个	0.4	48.07	78.73		24.04	19.23	31.49	0.00	24.04
人工单价		小计						91.47	75.92	0.00	70.99
元/工日		未计价材料费						850.00			
清单项目综合单价								1 063.12			
材料费明细	主要材料名称、规格、型号					单位	数量	单价/元	合价/元	暂估单价/元	暂估合价/元
	成套配电箱 ZM500 mm(h)×400 mm×200 mm					台	1	850.00	850.00		
	其他材料费										
	材料费小计						850.00	0.00			

工程量清单综合单价分析表

项目编码		030413001015		项目名称		其他灯具		计量单位	套		
清单综合单价组成明细											
定额编号	定额名称	定额单位	数量	单价/元				合价/元			
				人工费	材料费	机械费	管理费和利润	人工费	材料费	机械费	管理费和利润
2-1497	座灯头	10套	0.10	31.29	26.74		15.56	3.13	2.67	0.00	1.57
人工单价		小计						3.13	2.67	0.00	1.57
元/工日		未计价材料费						1.52			
清单项目综合单价								8.89			
材料费明细	主要材料名称、规格、型号					单位	数量	单价/元	合价/元	暂估单价/元	暂估合价/元
	××牌座灯头					套	1.01	1.50	1.52		
	其他材料费										
	材料费小计					1.52	0.00				

其他清单综合单价分析表(略)。

工程量清单费用汇总表

序号	项目编码	项目名称/项目特征	计量单位	工程数量	金额/元		
					综合单价	合价	其中：人工费+机械费
1	030404017003	成套配电箱安装，悬挂嵌入式，半周长1 m	台	2	977.91	1 955.82	139.66
2	030404017006	成套配电箱安装，悬挂嵌入式，半周长1 m	台	16	577.91	9 246.56	1 117.28
3	030404017007	成套配电箱安装，悬挂嵌入式，半周长1 m	台	12	627.91	7 534.92	837.96

续表

序号	项目编码	项目名称/项目特征	计量单位	工程数量	金额/元		
					综合单价	合价	其中：人工费+机械费
4	030404017008	成套配电箱安装，悬挂嵌入式，半周长 1 m	台	2	427.91	855.82	139.66
5	030404017005	成套配电箱安装，悬挂嵌入式，半周长 2.5 m	口	2	1674.7	3 349.4	227.6
6	030404031036	压铜接线端子，导线截面 35 mm^2 以内	10 个	0.4	72.45	28.98	9.62
7	030404031037	压铜接线端子，导线截面 70 mm^2 以内	10 个	1.6	139.1	222.56	76.91
8	030404031081	扳式暗开关(单控)，单联	10 套	9.6	121.43	1 165.73	297.22
9	030404031082	扳式暗开关(单控)，双联	10 套	3.6	128.95	464.22	116.75
10	030404031087	扳式暗开关(双控)，单联	10 套	0.8	169.75	135.8	24.77
11	030404031111	单相暗插座，15 A，2 孔	10 套	3.2	146.24	467.97	96.74
12	030404031112	单相暗插座，15 A，3 孔	10 套	1.6	153.52	245.63	52.99
13	030404031114	单相暗插座，15 A，5 孔	10 套	18	194.04	3 492.72	721.08
14	030404031156	单相暗插座，15 A，5 孔	10 套	9.6	227.7	2 185.92	384.58
15	030414002001	1 kV 以下交流供电系统调试(综合)	系统	1	604.75	604.75	477.8
16	030411011002	接地网调试	系统	1	697.19	697.19	551.39
17	030411001037	砖、混凝土结构暗配，钢管公称口径 32 mm 以内	100 m	0.337	2 146.91	723.51	119.75
18	030411001039	砖、混凝土结构暗配，钢管公称口径 50 mm 以内	100 m	0.143	3 392.88	485.18	85.67
19	030411001040	砖、混凝土结构暗配，钢管公称口径 70 mm 以内	100 m	0.141	5 504.82	776.18	122.53
20	030411001123	砖、混凝土结构暗配，硬质聚氯乙烯管公称口径 15 mm 以内	100 m	0.08	572.73	45.82	13.86
21	030411001124	砖、混凝土结构暗配，硬质聚氯乙烯管公称口径 20 mm 以内	100 m	10.723	601.44	6 449.24	1 963.81

续表

序号	项目编码	项目名称/项目特征	计量单位	工程数量	金额/元		
					综合单价	合价	其中：人工费+机械费
22	030411001125	砖、混凝土结构暗配，硬质聚氯乙烯管公称口径 25 mm 以内	100 m	16.494	715.04	11 793.87	4 284.81
23	030411001126	砖、混凝土结构暗配，硬质聚氯乙烯管公称口径 32 mm 以内	100 m	0.864	755.11	652.42	237.26
24	030411004004	管内穿线，照明线路，铜芯导线截面 2.5 mm^2 以内	100 m 单线	19.101	271.61	5 188.02	673.31
25	030411004005	管内穿线，照明线路，铜芯导线截面 4 mm^2 以内	100 m 单线	21.859	360.73	7 885.2	538.82
26	030411004032	管内穿线，动力线路，铜芯导线截面 6 mm^2 以内	100 m 单线	33.034	552.4	18 247.98	931.89
27	030411004033	管内穿线，动力线路，铜芯导线截面 10 mm^2 以内	100 m 单线	5.24	896.91	4 699.81	175.59
28	030411004035	管内穿线，动力线路，铜芯导线截面 25 mm^2 以内	100 m 单线	0.002	1 647.8	3.30	0.1
29	030411004036	管内穿线，动力线路，铜芯导线截面 35 mm^2 以内	100 m 单线	0.203	3 207.17	651.06	10.38
30	030411004038	管内穿线，动力线路，铜芯导线截面 70 mm^2 以内	100 m 单线	0.811	5 617.93	4 556.14	86.33
31	030411005183	暗装接线箱，半周长 700 mm 以内	10 个	0.8	1 325.43	1 060.34	298.9
32	030411006185	暗装接线盒	10 个	20.6	76.14	1 568.48	326.51
33	030411006186	暗装开关盒	10 个	48	55.27	2 652.96	811.68
34	030413001012	一般壁灯	10 套	1.8	421.6	758.88	121.03
35	030413001013	防水灯头	10 套	3.2	92.99	297.57	89.41
36	030413001014	节能座灯头	10 套	0.6	109.32	65.59	27.58
37	030413001015	座灯头	10 套	12	81.19	974.28	375.48
38	030409001009	户内接地母线敷设	10 m	1.54	94.22	145.10	85.51
39	030409001010	户外接地母线敷设，截面200 mm^2 以内	10 m	0.457	153.57	70.18	51.7

续表

序号	项目编码	项目名称/项目特征	计量单位	工程数量	金额/元		
					综合单价	合价	其中：人工费+机械费
40	030409004003	避雷引下线敷设，利用建筑物主筋引下	10 m	16.9	83.51	1 411.32	1 048.98
41	030409005001	避雷网安装，沿混凝土块敷设	10 m	0.604	65.45	39.53	24.24
42	030409005002	避雷网安装，沿折板支架敷设	10 m	9.561	168.66	1 612.56	1 074.75
43	030409005003	避雷网安装，混凝土块制作	10 块	0.6	33.05	19.83	10.07
44	030409005005	避雷网安装，柱主筋与圈梁钢筋焊接	10 处	1	199.07	199.07	137.04
45	030404031023	端子箱安装户内	台	2	176.35	352.70	174.28
46	030404031024	端子板安装	组	2	29.17	58.34	5.8
47	030404031157	端子箱安装户内	台	16	166.35	2 661.60	1 394.24
48	030404031158	端子板安装	组	16	25.17	402.72	46.4
合　计						109 162.77	20 619.72

参考文献

[1] 贾宝秋，马少华．建筑工程技术与计量(安装工程部分)[M]. 北京：中国计划出版社，2009.

[2] 全国造价工程师执业资格考试培训教材编审委员会．建设工程技术与计量(安装工程)[M]. 北京：中国计划出版社，2013.

[3] 吴心伦．安装工程计量与计价[M]. 重庆：重庆大学出版社，2012.

[4] 温艳芳．安装工程计量与计价实务[M]. 北京：化工工业出版社，2013.

[5] 云南省建设厅．云南省建设工程工程量清单细目指南[M]. 昆明：云南科技出版社，2008.

[6] 李君宏．安装工程计量与计价[M]. 北京：中国建筑工业出版社，2010.

[7] 傅艺．建筑设备安装工程预算[M]. 北京：机械工业出版社，2010.

[8] 景星蓉．建筑设备安装工程预算[M]. 2 版．北京：中国建筑工业出版社，2008.

[9]《建筑智能化系统设备安装工程》编委会．建筑智能化系统设备安装工程[M]. 北京：水利水电出版社，2007.

[10] 张国栋．安装工程工程量清单分部分项计价与预算定额计价对照实例详解(给排水、采暖、燃气工程)[M]. 北京：中国建筑工业出版社，2012.

[11]《看范例快速学预算之安装工程预算》编委会．看范例快速学预算之安装工程预算[M]. 北京：机械工业出版社，2012.

[12]《工程量清单计价编制与典型实例应用图解》编委会．安装工程工程量清单计价编制与典型实例应用图解(安装工程)[M]. 2 版．北京：中国建材工业出版社，2009.

[13] 刘志兵．工程量清单计价编制与典型实例应用图解(安装工程)[M]. 3 版．北京：中国建材工业出版社，2014.

[14] 岳井峰．建筑电气安装工程预算入门与实例详解[M]. 北京：中国电力出版社，2011.